U0293146

中国腐蚀状况及控制战略研究丛书

“十三五”国家重点出版物出版规划项目

火电厂防腐蚀与水处理

葛红花　张大全　赵玉增　著

科学出版社

北京

内 容 简 介

火电是我国电力工业的重要组成部分。火力发电离不开水，不同的水处理过程会对电厂热力设备金属的腐蚀防护产生直接影响。本书结合著者多年来的研究成果，较系统地阐述了火电厂防腐蚀与水处理之间的关系。本书介绍了我国火力发电现状、火电厂金属腐蚀特点及火电厂水处理的重要性，简述了金属腐蚀与控制原理，研究讨论了锅炉给水处理、锅内水处理、凝汽器循环冷却水处理及腐蚀结垢控制技术、海水淡化设备腐蚀与控制以及热力设备停备用保护技术与应用，同时开展了我国火电厂腐蚀现状调查并对结果进行了分析。

本书适用于火力发电系统设计、建设和火电企业运行维护技术人员阅读，也可供电力类院校电厂化学和材料类专业师生参考。

图书在版编目（CIP）数据

火电厂防腐蚀与水处理/葛红花，张大全，赵玉增著. —北京：科学出版社，2017.5

（中国腐蚀状况及控制战略研究丛书）

“十三五”国家重点出版物出版规划项目

ISBN 978-7-03-052532-1

Ⅰ. ①火…　Ⅱ. ①葛…　②张…　③赵…　Ⅲ. ①火电厂–电厂设备防腐　②火电厂–水处理　Ⅳ. ①TM621.8

中国版本图书馆 CIP 数据核字（2017）第 075255 号

责任编辑：李明楠　孙静惠 / 责任校对：王　瑞

责任印制：肖　兴 / 封面设计：铭轩堂

科 学 出 版 社 出版

北京东黄城根北街 16 号

邮政编码：100717

http：//www.sciencep.com

三河市骏杰印刷有限公司 印刷

科学出版社发行　各地新华书店经销

*

2017 年 5 月第　一　版　开本：720 × 1000　1/16

2017 年 5 月第一次印刷　印张：20

字数：400 000

定价：118.00 元

（如有印装质量问题，我社负责调换）

丛 书 序

腐蚀是材料表面或界面之间发生化学、电化学或其他反应造成材料本身损坏或恶化的现象，从而导致材料的破坏和设施功能的失效，会引起工程设施的结构损伤，缩短使用寿命，还可能导致油气等危险品泄漏，引发灾难性事故，污染环境，对人民生命财产安全造成重大威胁。

由于材料，特别是金属材料的广泛应用，腐蚀问题几乎涉及各行各业。因而腐蚀防护关系到一个国家或地区的众多行业和部门，如基础设施工程、传统及新兴能源设备、交通运输工具、工业装备和给排水系统等。各类设施的腐蚀安全问题直接关系到国家经济的发展，是共性问题，是公益性问题。有学者提出，腐蚀像地震、火灾、污染一样危害严重。腐蚀防护的安全责任重于泰山！

我国在腐蚀防护领域的发展水平总体上仍落后于发达国家，它不仅表现在防腐蚀技术方面，更表现在防腐蚀意识和有关的法律法规方面。例如，对于很多国外的房屋，政府主管部门依法要求业主定期维护，最简单的方法就是在房屋表面进行刷漆防蚀处理。既可以由房屋拥有者，也可以由业主出资委托专业维护人员来进行防护工作。由于防护得当，许多使用上百年的房屋依然完好、美观。反观我国的现状，首先是人们的腐蚀防护意识淡薄，对腐蚀的危害认识不清，从设计到维护都缺乏对腐蚀安全问题的考虑；其次是国家和各地区缺乏与维护相关的法律与机制，缺少腐蚀防护方面的监督与投资。这些原因就导致了我国在腐蚀防护领域的发展总体上相对落后的局面。

中国工程院“我国腐蚀状况及控制战略研究”重大咨询项目工作的开展是当务之急，在我国经济快速发展的阶段显得尤为重要。借此机会，可以摸清我国腐蚀问题究竟造成了多少损失，我国的设计师、工程师和非专业人士对腐蚀防护了解多少，如何通过技术规程和相关法规来加强腐蚀防护意识。

项目组将提交完整的调查报告并公布科学的调查结果，提出切实可行的防腐蚀方案和措施。这将有效地促进我国在腐蚀防护领域的发展，不仅有利于提高人们的腐蚀防护意识，也有利于防腐技术的进步，并从国家层面上把腐蚀防护工作的地位提升到一个新的高度。另外，中国工程院是我国最高的工程咨询机构，没有直属的科研单位，因此可以比较超脱和客观地对我国的工程技术问题进行评估。把这样一个项目交给中国工程院，是值得国家和民众信任的。

这套丛书的出版发行，是该重大咨询项目的一个重点。据我所知，国内很多领域的知名专家学者都参与到丛书的写作与出版工作中，因此这套丛书可以说涉及了我国生产制造领域的各个方面，应该是针对我国腐蚀防护工作的一套非常全面的丛书。我相信它能够为各领域的防腐蚀工作者提供参考，用理论和实例指导我国的腐蚀防护工作，同时我也希望腐蚀防护专业的研究生甚至本科生都可以阅读这套丛书，这是开阔视野的好机会，因为丛书中提供的案例是在教科书上难以学到的。因此，这套丛书的出版是利国利民、利于我国可持续发展的大事情，我衷心希望它能得到业内人士的认可，并为我国的腐蚀防护工作取得长足发展贡献力量。

徐匡迪

2015 年 9 月

丛书前言

众所周知，腐蚀问题是世界各国共同面临的问题，凡是使用材料的地方，都不同程度地存在腐蚀问题。腐蚀过程主要是金属的氧化溶解，一旦发生便不可逆转。据统计估算，全世界每 90 秒钟就有一吨钢铁变成铁锈。腐蚀悄无声息地进行着破坏，不仅会缩短构筑物的使用寿命，还会增加维修和维护的成本，造成停工损失，甚至会引起建筑物结构坍塌、有毒介质泄漏或火灾、爆炸等重大事故。

腐蚀引起的损失是巨大的，对人力、物力和自然资源都会造成不必要的浪费，不利于经济的可持续发展。震惊世界的"11·22"黄岛中石化输油管道爆炸事故造成损失 7.5 亿元人民币，但是把防腐蚀工作做好可能只需要 100 万元，同时避免灾难的发生。针对腐蚀问题的危害性和普遍性，世界上很多国家都对各自的腐蚀问题做过调查，结果显示，腐蚀问题所造成的经济损失是触目惊心的，腐蚀每年造成损失远远大于自然灾害和其他各类事故造成损失的总和。我国腐蚀防护技术的发展起步较晚，目前迫切需要进行全面的腐蚀调查研究，摸清我国的腐蚀状况，掌握材料的腐蚀数据和有关规律，提出有效的腐蚀防护策略和建议。随着我国经济社会的快速发展和"一带一路"战略的实施，国家将加大对基础设施、交通运输、能源、生产制造及水资源利用等领域的投入，这更需要我们充分及时地了解材料的腐蚀状况，保证重大设施的耐久性和安全性，避免事故的发生。

为此，中国工程院设立"我国腐蚀状况及控制战略研究"重大咨询项目，这是一件利国利民的大事。该项目的开展，有助于提高人们的腐蚀防护意识，为中央、地方政府及企业提供可行的意见和建议，为国家制定相关的政策、法规，为行业制定相关标准及规范提供科学依据，为我国腐蚀防护技术和产业发展提供技术支持和理论指导。

这套丛书包括了公路桥梁、港口码头、水利工程、建筑、能源、火电、船舶、轨道交通、汽车、海上平台及装备、海底管道等多个行业腐蚀防护领域专家学者的研究工作经验、成果以及实地考察的经典案例，是全面总结与记录目前我国各领域腐蚀防护技术水平和发展现状的宝贵资料。这套丛书的出版是该项目的一个重点，也是向腐蚀防护领域的从业者推广项目成果的最佳方式。我相信，这套丛书能够积极地影响和指导我国的腐蚀防护工作和未来的人才培养，促进腐蚀与防护科研成果的产业化，通过腐蚀防护技术的进步，推动我国在能源、交通、制造业等支柱产业上的长足发展。我也希望广大读者能够通过这套丛书，进一步关注我国腐蚀防护技术的发展，更好地了解和认识我国各个行业存在的腐蚀问题和防腐策略。

在此，非常感谢中国工程院的立项支持以及中国科学院海洋研究所等各课题承担单位在各个方面的协作，也衷心地感谢这套丛书的所有作者的辛勤工作以及科学出版社领导和相关工作人员的共同努力，这套丛书的顺利出版离不开每一位参与者的贡献与支持。

侯保荣

2015 年 9 月

序

我国电力工业的发展是从火电开始的。国内第一台发电机组是1882年由英国人在上海创建的12千瓦发电机组。1949年中华人民共和国成立时，我国发电设备装机总容量185万千瓦，年发电量43亿千瓦时，分列世界第25位和第21位。随着我国经济的快速发展和人民生活水平的不断提高，几十年来电力工业获得迅猛发展。截至2016年年底，全国全口径发电装机容量已达16.5亿千瓦，位居世界第一，其中火电占65%以上。我国煤资源丰富，火力发电成本低、安全可靠，火电行业在我国社会经济发展中发挥了重要作用。

腐蚀是一种悄悄进行的破坏，是工业生产过程中的毒瘤。工业生产中金属材料的腐蚀不但致使企业因设备破坏、停工停产、产品质量下降等而产生巨大经济损失，同时也是影响安全生产的重要因素之一。电力工业由于其产品的特殊性，对安全运行的要求极为严格，电力设备腐蚀控制长期以来是电力安全运行的重要环节，因此，火电厂腐蚀防护新技术的研究、应用与推广具有重要意义。

金属腐蚀往往是在与水接触的界面上进行，其腐蚀程度除了与该金属的耐蚀性有关外，还取决于其所接触的介质侵蚀性，如水中含有的侵蚀性物质种类、浓度、水的温度、压力等均对金属腐蚀过程产生影响。火电厂热力设备中最常用的金属材料是钢铁及其合金、铜及其合金，这些材料在一般的水溶液中易发生腐蚀。火力发电需要用大量的水，如锅炉补给水、给水、凝汽器循环冷却水、凝结水、发电机内冷水等，这些水的水质好坏直接关系到相关设备的金属腐蚀程度和设备使用寿命。对不同的水质采用合适的水处理和防腐蚀技术，可有效降低金属腐蚀速率，延长设备使用寿命，保障电力安全运行。

该书结合著者多年来在火电厂工业水处理、停炉保护、凝汽器腐蚀防护等方面的研究成果和经验，较系统地阐述了火电厂防腐蚀与水处理之间的关系。该书为从事火电厂设计、选材、运行维护、水处理等的工程技术人员和大专院校相关师生提供了很好的参考。

2017年3月

前　言

电能具有清洁、无污染、来源广泛、使用方便的特点，是目前最重要的二次能源。电力工业是国民经济和社会发展的重要基础产业，它既是促进经济发展的生产资料，又是人类不可缺少的生活资料，电力工业的发展受到世界各国的高度重视。火力发电是历史最久、最重要的一种发电形式，目前中国火力发电装机容量占总装机容量的65%以上。随着国内电力供应的逐步宽松以及国家对节能减排的日益重视，我国开始加大力度调整火力发电行业的结构，“上大压小”，大力发展大容量、高参数、低耗能、少排放机组，更提出了“火电灵活性”的发电理念，同时烟气脱硫脱硝工程也在全国火电厂全面铺开，这些变化对火电厂的材料选择和失效控制提出了新的要求。

水是火力发电的重要原料。水既是发电的工质，又是常用的冷却介质，火力发电厂的大部分热力设备与水或汽直接接触，水、汽品质成为影响热力设备安全经济运行的重要因素之一。火电厂水处理的目的就是保证热力系统运行时各部位接触的水、汽品质良好，以防止热力设备金属表面的腐蚀、结垢和积盐。火电厂的水处理包括补给水处理、给水处理、锅内水处理、凝结水处理、循环冷却水处理、发电机内冷水处理等。沿海电厂由于淡水资源缺乏，多采用海水淡化处理来获得淡水。这些不同的水处理过程对发电设备金属的腐蚀与防护产生了直接影响。

本书是中国工程院重大咨询项目“我国腐蚀状况及控制战略研究”的重要成果之一。在侯保荣院士等的领导下，2015～2016 年著者在我国火力发电行业 60 多家电厂开展了腐蚀状况及控制技术、火电厂建设和运行中的防腐蚀投入、腐蚀损失等方面的调研。结合著者多年来的研究成果，本书较系统地阐述了火电厂防腐蚀与水处理之间的关系，首先介绍了火力发电现状、火电厂金属腐蚀特点及火电厂水处理的重要性，然后分章分别阐述了金属腐蚀与控制原理、锅炉给水处理、锅内水处理、凝汽器循环冷却水处理、海水淡化设备腐蚀与控制、热力设备停备用保护，最后详细分析了本次针对我国火电厂腐蚀现状调查的结果。

本书第 1 章、第 2 章（2.2）、第 3 章（3.1～3.6）、第 4 章（4.1～4.4）、第 5 章（5.1～5.4）、第 6 章（6.3）、第 7 章（7.1～7.3）由葛红花撰写，第 2 章（2.1、2.3～2.5）、第 3 章（3.7）、第 4 章（4.5）、第 5 章（5.5）、第 6 章（6.1～6.2）、第 7 章（7.4）由张大全撰写，第 8 章由赵玉增、葛红花撰写。在火电厂腐蚀现状调查中，作者团队受到华能国际电力股份有限公司陈戎、华电国际电力股份有限公司马天忠、华东电力设计院蔡冠萍、浙江省电力公司电力科学研究院祝郦伟和胡家元等专家的指导和帮助，以及校友江存武、张雅丽、王治国等的大力支持。研究生袁群、徐学敏、张敏、夏铁峰等在本书材料的整理过程中给予了很大帮助。在此谨表谢意。

由于作者水平有限，书中难免存在不妥之处，恳请读者批评指正。

作　者

2017年3月

目　录

第1章 绪　论

1.1 我国电力工业的发展

电力工业是国民经济和社会发展的重要基础产业，它既是促进国民经济发展的生产资料，又是人们生活中不可缺少的生活资料。

我国的电力工业始于1882年。1882年7月英国人在上海创建了我国第一台12kW的发电机组。至1936年，全国已有461个发电厂，发电装机总容量为630MW，年发电量17亿kW·h。1949年中华人民共和国成立时，全国发电设备装机总容量185万kW，年发电量43亿kW·h，分别名列世界第25位和第21位。随着社会进步和人民生活水平的提高，电力工业稳步发展，到2000年，全国发电设备装机总容量为31932万kW，位居世界第二。其中火电装机占74.4%，达23754万kW。进入21世纪，根据中央“经济要发展，电力工业必须先行”的要求，我国电力工业获得了迅速发展。表1-1为2003年以来我国电力年装机容量的增长情况，数据显示，从2003年开始，我国电力装机总容量从不足4亿kW到2015年年底装机总容量超过15亿kW，年增长速度在8%以上。电力工业的发展不仅关系到国家的经济建设，更重要的是它关系到整个社会的稳定与发展，其中电力生产与使用过程中如何保障电力安全尤为关键。一直以来国内外在电力生产过程中的安全事故时有发生，对社会造成了一定的影响。而这些事故的发生大都与电力材料及设备的使用相关，电力设备及材料发生腐蚀与失效而导致电力故障的事故并不少见，因此针对电力材料及设备进行防腐蚀研究对保障电力生产与使用的安全非常重要。

表1-1　2003年以来我国电力装机容量增长情况[1, 2]

年份	装机总容量/万kW	净增装机容量/万kW	同比增长/%
2003	39141	3484	9.77
2004	44239	5098	13.02
2005	51718	7479	16.91
2006	62200	10482	20.27
2007	71329	9129	14.68
2008	79253	7924	11.11
2009	87407	8154	10.29

续表

年份	装机总容量/万 kW	净增装机容量/万 kW	同比增长/%
2010	96641	9234	10.56
2011	105576	8935	9.25
2012	114076	8500	8.05
2013	124700	10624	9.31
2014	136019	11319	9.08
2015	150828	14809	10.89
2016	163195	12368	8.20

目前我国主要的发电方式为火电和水电，截至 2014 年 12 月 31 日，我国全口径火电装机容量为 91133 万 kW，占装机总容量的 67.00%；水电装机容量为 30210 万 kW，占装机总容量的 22.21%。2011 年与 2014 年我国各类发电机组的装机容量见表 1-2。可以看出，近年来水电、风电等绿色能源得到了快速发展，火电装机容量占比下降，但仍是我国发电的主要形式。

表 1-2　我国各类发电机组的装机容量构成情况

发电机组类型	2011 年年底		2014 年年底	
	装机容量/万 kW	占比/%	装机容量/万 kW	占比/%
火电	76546	72.50	91133	67.00
水电	23051	21.83	30210	22.21
核电	1257	1.19	1988	1.46
风电	4505	4.27	9581	7.04
其他	217	0.21	3107	2.28
合计	105576	100	136019	100

目前我国已成为世界上发电量最多的国家。2015 年我国发电装机总容量已达到 15.08 亿 kW，发电量达 5.6 万亿 kW·h，均稳居世界第一。同时，从 2014 年开始我国人均发电装机容量已达到 1kW，人均年用电量超过 4000kW·h，达到了世界平均水平。我国电力供应已从十年前的紧张短缺转向供需平衡，甚至宽松过剩。全国发电设备利用率出现下降，年平均利用小时已经降至 4286h，为 1978 年以来的最低水平。

1.2　火力发电现状

火电是目前我国的主要发电形式，其发电量占比高出世界平均水平约 28

个百分点。我国火电中绝大部分为煤电，占 90%以上。表 1-3 为 2005～2015 年我国发电量数据，显示 2005～2014 年间，我国年发电量呈逐年增加趋势，2014 年我国总发电量为 56496 亿 kW·h，较上年同期增长 4.01%，其中火力发电量为 42337 亿 kW·h，占 74.9%，同比下降 0.31%；水电发电量为 10643 亿 kW·h，占 18.8%，较 2013 年增长 15.65%。2015 年我国发电量首次出现下降，总发电量为 56045 亿 kW·h，较 2014 年下降 0.8%，其中火力发电量为 40972 亿 kW·h，占 73.1%，同比下降 3.2%；水电发电量为 11143 亿 kW·h，占 19.9%，较 2014 年增加 4.7%。

表 1-3 2005～2015 年我国发电量[3, 4]

年份	发电量/（亿 kW·h）	火电发电量/（亿 kW·h）	水电发电量/（亿 kW·h）
2005	25003	20474	3970
2006	28657	23696	4358
2007	32815	27229	4853
2008	34958	27072	6370
2009	37146	29828	6156
2010	42072	33319	7222
2011	47130	38337	6989
2012	49876	38928	8721
2013	54316	42470	9203
2014	56496	42337	10643
2015	56045	40972	11143

多年来，我国以燃煤为主的火力发电形式给大气环境带来了较大污染，同时大量的中小参数发电机组存在发电效率低、煤耗高等问题。为了满足社会发展对用电量的需求和节能降耗的要求，近些年新建的火力发电机组绝大部分为大容量、高参数机组。另外，随着社会对环保工作的日益重视，发电企业在烟气净化、废水处理等方面有较大的投入。

电力工业的快速发展给电力材料的应用带来了新问题，如近年来超超临界机组、超临界机组的推广应用，在提高机组运行效率的同时，运行参数（温度、压力）的提高使过热器氧化皮生长过快、易在机组启停过程中脱落，导致管道堵塞，造成多起安全事故等问题；由于全社会对环境保护的需要，火电厂全面应用脱硫脱硝设备，而材料防护技术未能及时跟上，造成脱硫系统（烟气换热器 GGH、烟囱等低温部位）腐蚀严重等问题；大气污染的日益加剧及极端气候的出现，带来输变电设备及线路腐蚀新问题等。

1.3 火力发电概述

火力发电的形式多样，依据燃料的不同可分为燃煤发电、燃油发电、燃气发电、余热发电等。我国的煤炭储量较为丰富，其是火力发电厂中所使用的主要燃料。

火力发电的生产过程可简要地概括为：将燃料（如煤炭、石油、天然气等）的化学能通过在锅炉里的燃烧转换成水蒸气的热能，然后在汽轮机内将水蒸气的热能转换成旋转机械能来驱动发电机，最后旋转机械能通过发电机的作用转换成电能并向外输出。火力发电系统由锅炉、汽轮机、发电机等主要设备及其他附属设备组成[5]，图 1-1 为火电厂工艺流程示意图。

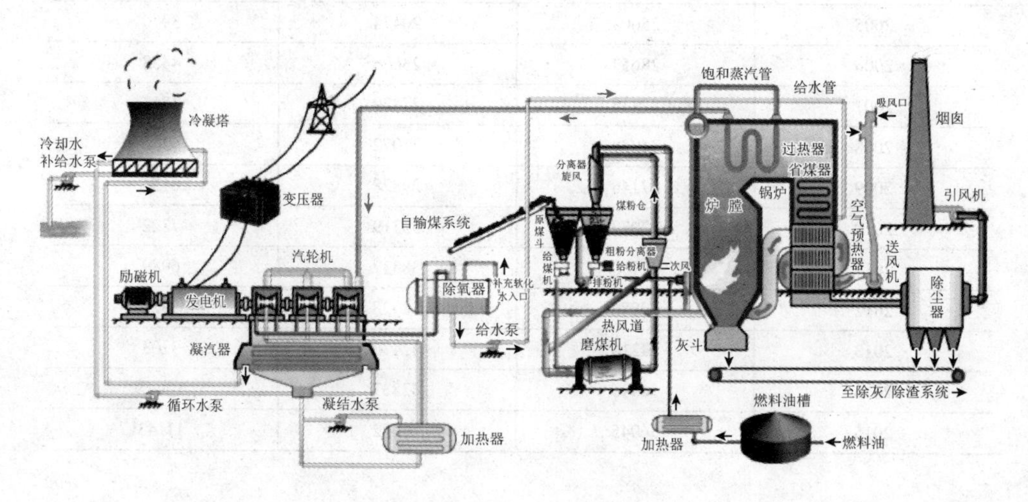

图 1-1　火电厂工艺流程示意图

火力发电系统主要包括燃烧系统、汽水系统、电气系统及控制系统等。

燃烧系统由燃料系统、送风系统等组成。首先将经过预处理的煤通过输煤装置送到锅炉原煤仓，经给煤机送入磨煤机磨制成煤粉，再由空气输送经过燃烧器后送入燃烧室。与此同时，冷空气由送风机送入空气预热器并加热成热空气，其中一部分作为煤粉制备系统中的干燥剂并输送煤粉进入炉膛，另一部分直接进入燃烧器。煤粉与空气在炉膛内充分混合并燃烧时，放出大量高温烟气。高温烟气与布置在炉膛四壁的水冷壁和炉膛上方的过热器进行强烈的热交换。煤粉燃烧后形成的灰分中大颗粒的灰渣从炉底排出，小颗粒的飞灰则随烟气流动上行进入烟道。烟气分别流经过热器、再热器、省煤器和空气预热器，进行对流换热。换热后的烟气通过除尘器除去大部分飞灰，并经过烟气净化装置脱硫脱硝后，经引风机送入烟囱排向大气。

汽水系统由锅炉、汽轮机、凝汽器、高低压加热器、凝结水泵和给水泵等组成，包括补给水系统、给水系统和循环水系统。生水经化学水处理系统严格除盐（去离子）后，成为补给水进入除盐水箱，补给水经过除氧器热力除氧后进入给水系统。锅炉给水经给水泵加压后送入处于烟道尾部的省煤器，在省煤器内给水被加热至接近饱和后，经导管引入布置在炉顶的汽包。汽包中的水沿着炉墙外的下降管下行至水冷壁下联箱，通过下联箱分配给并列的水冷壁管。饱和水在水冷壁中接受管外的辐射换热而成为汽水混合物向上流动，并通过导管引入汽包；进入汽包的汽水混合物被汽水分离器分离，分离出的水与省煤器来水再次通过下降管、下联箱进入水冷壁管受热，完成下一个循环。分离出的饱和蒸汽则引入过热器，在过热器内被过热到规定温度后，经主蒸汽管道送入汽轮机的高压缸膨胀做功，其排汽引回锅炉再热器，被加热到一定温度后又返回到汽轮机的中、低压缸继续膨胀做功。

电气系统由发电机、励磁装置、厂用电系统和升压变电站等组成。发电机的机端电压和电流随着容量的不同而各不相同，额定电压一般在 10～24kV，而额定电流可达 20kA 以上。在发电机产生的电能中，一小部分由厂用变压器降压后，经厂用配电装置由电缆供给送风机、磨煤机、给水泵等各种厂用用电设备；另一大部分则由主变压器升压后，经高压配电装置、输电线路送入电网。

控制系统由各种控制设备组成，用于保证各系统之间安全、合理、经济运行。

1.4　火电厂金属腐蚀特点

1.4.1　火电厂热力设备的金属材料

火电厂热力设备用金属材料主要有碳钢、合金钢、铜及铜合金、钛等。热力设备金属材料的选择必须考虑设备运行过程中金属材料所承受的温度、压力、介质和受力状况，主要部位可以选用的材料见表 1-4。

表 1-4　火电厂热力设备选用的主要材料[6, 7]

设备名称及条件		可选用材料	备注
锅炉水冷壁管和省煤器管	低压锅炉钢管（蒸汽温度＜450℃）	10 号和 20 号优质碳素钢	其他管子多采用合金钢，有低合金珠光体耐热钢、马氏体耐热钢和奥氏体耐热钢
	中、高压锅炉（蒸汽温度＞450℃）	20 号钢	
	亚临界及以上压力锅炉	优质碳素钢 20G、20MnG、25MnG	

续表

设备名称及条件		可选用材料	备注
锅炉汽包	低、中压	优质碳素钢 20G、22G	
	高压或超高压	普通低合金钢 14MnMoVg、18MnMoNbg	
过热器管	壁温≤500℃	20 号钢	
	壁温为 500～550℃	15CrMo	
	壁温为 550～580℃	12CrlMoV、12MoVWBSiRe	
	壁温为 600～620℃	12Cr2MoWVTiB 和 12Cr3MoVSiTiB	国外也采用马氏体耐热钢（Cr12%）和 Cr-Ni 奥氏体不锈钢 1Cr18Ni9Ti
汽轮机叶片		铬不锈钢 1Cr3、2Cr13 和强化型不锈钢 1Cr11MoV、1Cr12WMoV、2Cr12WMoVNbB	材料应有足够的常温和高温机械性能，良好的抗振性，较高的组织稳定性，良好的耐蚀性及冷、热加工工艺性能
汽轮机主轴、叶轮		中碳钢和中碳合金钢，如 35 号钢、34CrMo、35CrMoV、20CrWMoV 等	要求综合机械性能好，且有一定的抗蒸汽腐蚀能力
汽缸、隔板等静子部件		灰口铸铁、高强度耐热铸铁、铸钢或低合金耐热钢	
加热器和凝汽器	内陆地区，采用淡水冷却	铜合金管（HSn70-1A、H68A）或不锈钢管（TP304、TP316、TP317）	要求传热性能好，且有一定的强度和良好的耐腐蚀性能
	沿海地区，采用海水冷却	钛管、铝黄铜（HAl77-2A）、白铜管	
发电机空芯导线		纯铜	

1.4.2　火电厂腐蚀介质特点

水是火力发电的重要媒介，热力设备的腐蚀与水汽品质直接相关。图 1-2 是凝汽式火电厂水汽系统简图。

以下因素可以对热力设备的腐蚀产生影响：

1. 水中的杂质

进入电站锅炉的给水需经过严格的水质净化处理，以除去悬浮物、微生物、可溶性离子等各类杂质。但在热力设备实际运行中，还是不可避免地会有微量杂质混入水汽循环系统中。汽包锅炉由于蒸发量很大，炉水的浓缩倍率很高，例如，300MW 及以上的机组，炉水的浓缩倍率可达几十倍到几百倍，在高温高压条件下运行时，非常容易引起腐蚀，如介质浓缩腐蚀、应力腐蚀等。水中的杂质除了用单项指标如铁、铜、硅、钠等进行规定限制外，还用电导率指标来限制总含盐量或用氢电导率来表征除氢氧根以外的阴离子含量。

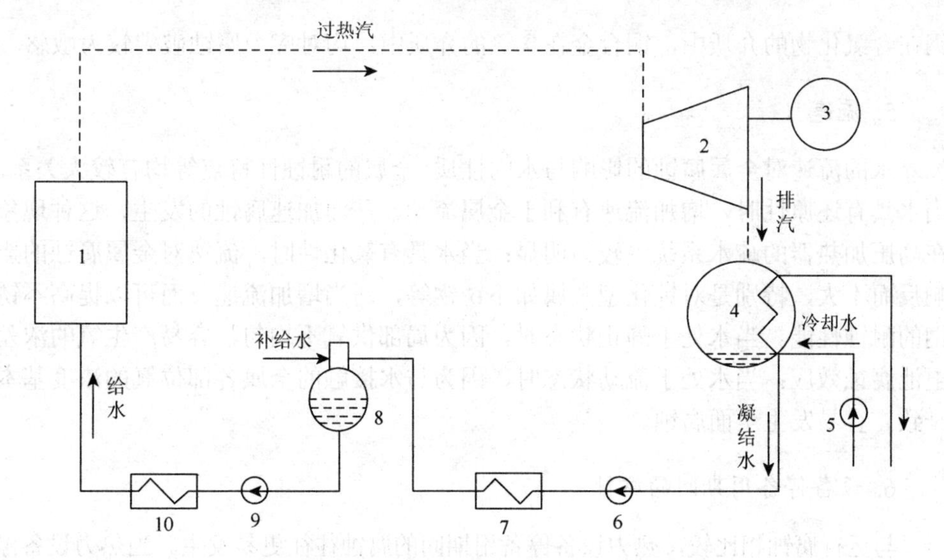

图 1-2 凝汽式火电厂水汽系统简图

1. 锅炉；2. 汽轮机；3. 发电机；4. 凝汽器；5. 冷却水泵；6. 凝结水泵；7. 低压加热器；8. 除氧器；9. 给水泵；10. 高压加热器

2. 水中溶解气体

水中溶解气体主要是指水中的溶解氧和二氧化碳，可由补给水带入、因凝汽器真空系统泄漏而进入以及微量杂质在炉内分解等造成。溶解氧是最常见的造成金属腐蚀的氧化性物质；二氧化碳气体溶解于水后会降低水的 pH，或使金属腐蚀原电池的驱动力增大。这些因素的改变都会影响金属的腐蚀过程。

3. 水的 pH

金属在水中的腐蚀与水的 pH 也有很大的关系。碳钢在 pH 为 9.6～11.0 的水中较耐腐蚀，铜合金在 pH 为 8.8～9.1 的水中较耐腐蚀。对于以上两种金属同时存在的系统，通常采取折中的方法来进行 pH 控制，例如，给水系统含铜合金时，一般规定将水的 pH 控制在 8.8～9.3 的范围内，这样可以使热力系统的钢铁类金属和铜合金均维持较小的腐蚀速率。在高温高压条件下，水的电导率、溶解氧含量和 pH 是影响金属腐蚀的关键因素。

4. 温度、压力及应力

一般情况下，温度越高金属的腐蚀速率越大；另外温度过高还会引起金属蠕变。热力设备承受压力过高，会使金属薄弱部位发生爆破。某些金属在特定的腐蚀环境中，在拉应力的作用下可产生应力腐蚀破裂，如碳钢在碱性介质中，不锈钢在含氯化物的介质中，铜合金在含氨的介质中，均对应力腐蚀破裂较为敏感。

5. 流速

水的流速对金属腐蚀的影响与水的性质、金属的耐蚀性特点等均有较大关系。当水具有还原性时，增加流速有利于金属流动，从而加速腐蚀的发生，这种现象在高压加热器的疏水系统中较为明显；当水具有氧化性时，流速对金属腐蚀的影响反而不大，特别是对钝化型金属如不锈钢等，适当增加流速反而可以提高不锈钢的耐蚀性能。当水处于静止状态时，因为局部供氧不均匀，容易产生氧的浓差电池腐蚀效应；当水处于流动状态时，因为与水接触的金属各部位氧的浓度基本一致，容易发生全面腐蚀。

6. 设备停备用期间的腐蚀

与运行腐蚀相比较，热力设备停备用期间的腐蚀往往更易发生。当热力设备停备用时，由于温度和压力逐渐下降，水汽系统中将发生蒸汽凝结，甚至形成负压，使系统外空气从设备密封性较差的部位或者检修部位进入水汽系统的内部，空气中的氧气溶解到水中，对金属产生腐蚀。同时，停备用放水不能保证每个部位均放空，有些部位仍有部分积水，这一方面使部分金属浸在水中，另一方面由于积水的蒸发，水汽系统内部湿度很大，形成氧浓差腐蚀电池，金属迅速发生腐蚀生锈。

1.4.3 火电厂金属材料腐蚀特点

由于火电厂的热力设备所处环境介质的特殊性，因此热力设备金属除了具有金属腐蚀的一般特点外，还有一些不同的特征。

（1）热负荷高的部位腐蚀严重。热负荷在热力设备腐蚀中具有重要的作用，运行时许多热力设备长时间处于高温高压状态下，热力设备的腐蚀与热负荷密切相关。例如，省煤器管、水冷壁管和过热器管的腐蚀大多集中在热负荷较高的部位，如炉管的向火侧。

（2）机组的运行工况对热力设备腐蚀的影响大。例如，生水水质和炉外水处理设备运行状态的变化、补给水质量的变化、热力设备运行状况的改变、给水处理方式的改变等都将引起水、汽品质的改变，并最终导致腐蚀的类型和程度也发生相应的改变。

（3）热力设备腐蚀速率随机组参数的提高而加快。机组参数的提高意味着水汽系统温度和压力的进一步提高，金属腐蚀反应的速率将加快。因此在相同水质条件下，高温高压机组比中温中压机组的腐蚀更严重，超高压机组比高压机组的腐蚀更严重。机组参数提高还将带来设备材质的改变，同时要求补给水的纯度更高，这些变化又将造成金属腐蚀形态的变化。

（4）热力设备的运行腐蚀程度与停备用期间的腐蚀有一定联系。热力设备停备用期间如果不采取有效的保护措施，大量空气的进入以及较高的相对湿度将导致设备金属发生更严重的腐蚀，当机组再次启动运行时，停备用期间的腐蚀坑将进一步发展，使运行腐蚀程度加剧，如成为腐蚀疲劳的疲劳源，使设备更易腐蚀破坏。

从腐蚀类型来看，火电厂热力设备金属的腐蚀可分为氧腐蚀、酸腐蚀、碱腐蚀、汽水腐蚀、锅炉烟侧的高温腐蚀、锅炉尾部受热面的低温腐蚀等类型。腐蚀形态多样，可分为电偶腐蚀、点蚀、缝隙腐蚀、磨损腐蚀、应力腐蚀、氢损伤、晶间腐蚀等。

1.5　火电厂水处理的重要性

1.5.1　水质不良的危害

水是火力发电的重要原料。水既是发电的工质，又是常用的冷却介质，火力发电厂的大部分热力设备都与水或汽直接接触，水、汽品质成为影响热力设备安全、经济运行的重要因素之一。

火电厂使用的水一般就近取材，使用电厂周边的江、河、湖、海、水库、井水等天然水源。在我国水源紧张的北方地区，不少电厂甚至将经过二级处理的城市污水作为冷却水水源。未经净化的天然水和城市污水中含有大量的杂质，若直接应用于汽水循环系统或循环冷却水系统，会对设备产生以下多种危害。

1. 热力设备腐蚀

水中含有的 O_2、H^+、Cl^-、S^{2-}和微生物如硫酸盐还原菌、铁细菌等可对与之接触的金属产生腐蚀作用，如热力设备的运行氧腐蚀、介质浓缩腐蚀、停备用腐蚀等，在承受应力部位，可产生应力腐蚀破裂、腐蚀疲劳等；在凝汽器冷却水侧，可发生铜管的脱锌腐蚀、微生物腐蚀、点蚀、氨蚀、冲刷腐蚀等腐蚀形态。这些腐蚀的发生无不与水中存在的腐蚀性物质相关，腐蚀不仅缩短了设备的使用寿命，更为严重的是危害到发电设备的安全、经济运行。

2. 热力设备结垢

热交换设备金属表面与含有一定硬度、碱度、悬浮物、微生物等物质的水接触时，将发生水垢（碳酸钙、硫酸钙等沉积物）、淤泥、生物沉积物等附着物的沉积。由于这些沉积物特别是水垢的导热性能差，其在换热管表面的附着极大地影响了热量传递，使换热效率大幅度降低，增加设备的运行能耗，一般换热面存在1mm 的水垢时可使燃料的使用量增加 3%～5%；结垢还使相应部位金属管壁的温度升高，壁温过高时可引起金属强度下降，从而危害机组的安全运行；结垢还会引起金属管壁的垢下腐蚀。

3. 过热器和汽轮机积盐

锅炉给水的水质不良直接影响锅炉产出的蒸汽品质，使蒸汽携带一定的杂质。这些随蒸汽带出的杂质又会沉积在蒸汽通过的各个部位，如过热器、再热器和汽轮机，这种现象称为积盐。过热器积盐可引起金属管壁过热甚至爆管；汽轮机内积盐将显著降低汽轮机的出力和效率，特别是对高温高压大容量汽轮机，它的高压部分蒸汽流通截面积小，少量积盐也会大幅度增加蒸汽流通的阻力，使汽轮机的出力下降。

1.5.2 火电厂水处理的主要内容

火电厂水处理的目的是保证热力系统运行时各部位接触的水、汽品质良好，以防止热力设备金属表面的腐蚀、结垢和积盐。火电厂的水处理工作主要包括以下内容：

1. 补给水处理

火电厂的原水（未经任何净化处理的天然水）中含有大量杂质，必须通过一定的净化处理工艺，使之成为合格的补给水。补给水处理包括去除水中悬浮物和胶体物质的混凝、沉降和澄清、过滤等处理；去除水中有机物质的吸附处理；去除水中微生物的杀菌处理；去除水中溶解性钙、镁离子的软化处理，或去除水中绝大部分可溶性盐类的除盐处理。这些制备补给水的处理过程，通常称为炉外水处理。

2. 给水的除氧处理

由于氧气分子对火电厂的主要金属材料——钢铁的腐蚀性，给水需要进行除氧处理（部分采用加氧处理的超临界、超超临界机组除外），以防止氧气分子进入锅炉后造成省煤器、水冷壁等部位金属的腐蚀。除氧处理的主要方式是热力除氧，即给水通过除氧器进行除氧；另外还辅以化学除氧法除去热力除氧后残留的氧，常采用的化学除氧剂有联氨、亚硫酸钠等。

3. 锅内水处理

锅内水处理即对汽包锅炉进行锅水的加药处理，处理的目的是提高汽水品质，防止热力设备的腐蚀、结垢和积盐。热力设备水汽循环中，作为工质的水和汽中会含有一定的杂质，这些杂质的来源主要包括：补给水中带入的杂质、凝结水中带入的杂质、金属腐蚀产物、供热用返回水带入的杂质以及水处理药剂带入的杂质等。锅内水处理方式有纯碱处理、磷酸盐处理、螯合剂处理、全挥发性处理、中性水处理、联合水处理等，并结合排污处理；可根据机组的运行参数合理选择处理方式。通过合适的锅内水处理可以防止锅炉管壁出现垢类沉积，并通过炉水pH的调节提高热力设备金属的耐蚀性能。

4. 凝结水处理

凝结水处理即对蒸汽冷凝而成的水进行处理，主要针对汽轮机凝结水，又称凝结水精处理。一般亚临界参数以上的汽包炉和直流炉机组，都设有凝结水处理装置。凝结水处理的目的，一是除去凝结水中的金属腐蚀产物，二是除去凝结水中微量的溶解性盐。凝结水中的金属氧化物颗粒可以通过过滤处理除去，微量的溶解性盐则多采用混床进行处理。

5. 凝汽器循环冷却水处理

凝汽器循环冷却水处理主要是为了防止热交换管的腐蚀、结垢和微生物滋生。在循环冷却水系统，通常通过投加阻垢缓蚀剂、杀生剂来进行冷却水的水质控制。

6. 发电机内冷水处理

对发电机内冷水的水质要求较高，通常采用除盐水，其电导率和含盐量很低。内冷水系统存在的主要问题是铜的腐蚀，以及腐蚀和气体溶入造成的内冷水电导率过高而使水的绝缘性降低。内冷水处理的目的就是解决这两个问题，通常有三种处理方式：中性处理（补换除盐水、小混床处理、除氧、采用密闭系统等）、碱性处理（直接加碱处理、补换碱性水处理、钠型小混床处理等）、缓蚀剂处理（缓蚀剂如苯并三氮唑、2-巯基苯并噻唑等）。

7. 海水淡化处理

淡水资源的日益紧张使人们将目光转向了海洋，通过海水淡化处理来获得需要的淡水。目前海水淡化已在沿海电厂广泛实施，但在海水淡化过程中，发现了较为严重的金属材料腐蚀问题，如一级反渗透产水的强腐蚀性问题、多效蒸发器的腐蚀问题等。

以上水处理过程为电力生产提供了合格的水质，最大限度地防止了火力发电过程中热力设备金属表面的腐蚀和结垢。然而水处理方式方法的选择、水处理技术水平的差异等均可能对热力设备的腐蚀结垢产生不一样的影响；热力设备金属材质的不同又需要用不同的水处理方式相匹配。本书将通过后续章节介绍金属腐蚀与控制原理，论述火力发电厂金属的腐蚀防护与锅炉给水处理、锅内水处理、循环水处理等之间的关系，分析水处理设备，特别是海水淡化设备腐蚀与控制，总结目前常用的热力设备停备用保护技术，并在最后列出作者最近完成的我国火电厂腐蚀状况调查结果，分析我国目前火电厂腐蚀与防护现状，为火力发电系统的安全、节能、可靠运行提供参考。

参 考 文 献

[1] 《中国电力年鉴》编辑委员会. 2014 中国电力年鉴. 北京：中国电力出版社，2014：12

[2] 《中国电力年鉴》编辑委员会. 2015 中国电力年鉴. 北京：中国电力出版社，2015：12

[3] 《中国电力年鉴》编辑委员会. 2012 中国电力年鉴. 北京：中国电力出版社，2012：12

[4] 中国电力新闻网. 2016 年全国电力供需形势分析预测. http：//www.cpnn.com.cn/zdzgtt/201602/t20160204_869117.html[2016-2-4]

[5] 韦钢，张永健，陆剑峰，等. 电力工程概论. 北京：中国电力出版社，2009

[6] 谢学军，龚洵洁，许崇武，等. 热力设备的腐蚀与防护. 北京：中国电力出版社，2011

[7] 赵永宁，邱玉堂. 火力发电厂金属监督. 北京：中国电力出版社，2007

第 2 章　金属腐蚀与控制原理

2.1　腐蚀电化学原理

腐蚀是材料和环境作用而导致的一种失效行为。大部分腐蚀现象本质上是电化学过程，其实质是在金属表面与电解质溶液所组成的系统中发生电化学反应，使金属离子化，生成氧化物、氢氧化物等，导致材料失效。电化学腐蚀反应是一种氧化还原反应，其中金属失去电子而被氧化，称为阳极反应过程，反应产物是进入介质中的金属离子或覆盖在金属表面上的金属氧化物（或金属难溶盐）；而介质中的物质从金属表面获得电子而被还原，称为阴极反应过程。在阴极反应过程中，获得电子而被还原的物质习惯上称为去极化剂。腐蚀电化学是研究腐蚀的理论基础之一。

2.1.1　腐蚀原电池的类型

在均匀腐蚀时，金属表面上各处进行阳极反应和阴极反应的概率没有显著差别，腐蚀电化学的阴极和阳极反应在金属表面随机进行。金属表面和电解质溶液相接触，形成了腐蚀原电池[1]。腐蚀原电池由四部分构成：阳极、阴极、外回路、电解液。腐蚀原电池的阴、阳极过程如下：

阳极过程：$Me \longrightarrow Me^{n+}+ne$

阴极过程：$D+ne \longrightarrow [D\cdot ne]$

电流流动：在溶液中是离子的迁移，在外回路上是电子运动。

常见一些阴极反应包括：$O_2+4H^++4e \longrightarrow 2H_2O$

$$O_2+2H_2O+4e \longrightarrow 4OH^-$$

$$2H^++2e \longrightarrow H_2$$

$$Me^{n+}+e \longrightarrow Me^{(n-1)+}$$

$$Me^++e \longrightarrow Me$$

腐蚀电化学过程也存在一些次生反应，如在中性 3%NaCl 溶液中的钢铁：

阴极反应：$O_2+2H_2O+4e \longrightarrow 4OH^-$

阳极反应：$Fe-2e \longrightarrow Fe^{2+}$

阳极产生的 Fe^{2+}和阴极产生的 OH^-发生反应：

$$Fe^{2+}+2OH^- \longrightarrow Fe(OH)_2$$

$Fe(OH)_2$进一步氧化：$4Fe(OH)_2+O_2+2H_2O \longrightarrow 4Fe(OH)_3$

$Fe(OH)_3$不稳定，能缓慢分解反应生成Fe_2O_3：

$$2Fe(OH)_3 \longrightarrow Fe_2O_3 + 3H_2O$$

铁锈是一种混合物，主要产物包括水合氧化铁、低价态的铁的氧化物等，如$Fe_2O_3 \cdot H_2O$、FeOOH、$Fe_xO_y \cdot Fe_2O_3 \cdot 2H_2O$等。

腐蚀原电池的主要特点包括：阴、阳极区肉眼可分或不可分，或交替发生；腐蚀体系从不稳定到稳定过渡，腐蚀过程是自发反应；只要介质中存在氧化剂（去极化剂），捕获金属氧化产生的电子，腐蚀就可发生；腐蚀电极上可能同时发生多个电极反应；腐蚀的二次产物对腐蚀影响很大。电化学腐蚀离不开金属/电解质界面电荷迁移，电子由低电位金属或区域传递到电位高的金属或区域，再转移给氧化剂；腐蚀电池阴极、阳极反应相对独立，但又必须耦合，形成腐蚀电池；阴极、阳极的腐蚀电流密度相等，无净电荷积累；腐蚀电池不对外做功，只是导致金属腐蚀破坏的短路原电池。

腐蚀原电池一般可分为腐蚀宏电池和腐蚀微电池。腐蚀宏电池的阴、阳极区可分辨，能稳定存在，通常腐蚀宏电池分为三种：①电偶腐蚀电池：两种不同电极电位的金属相互接触（或导线连接）并处于电解质溶液中，则电极电位较负的金属遭腐蚀（溶解），电极电位较正的金属得到了保护，这称为电偶腐蚀。影响电偶腐蚀的因素有两种金属电极电位的差值、阴极与阳极面积之比、电解质的导电率。②浓差电池是由同一种金属的不同部位所接触的溶液具有不同的浓度造成。③温差电池（热电偶电池）：浸入电解质溶液的金属处于不同温度下，形成温差电池，高温处形成阳极而腐蚀严重。腐蚀微电池的阴、阳极不可分辨，不稳定存在。腐蚀微电池是指整个金属表面上的物理化学性质不均匀，使金属表面建立起电极电位差，从而形成原电池。不均匀性主要包括：①金属化学成分不均匀，如存在夹杂物。金属中的杂质电极电位比本体金属高时，形成微阴极，通过电解质溶液形成许多短路微电池。②金属组织结构不均匀，相组织存在差异。③金属物理状态不均匀，存在机械损伤。④金属表面膜不完整。近年来，从亚微观（10～100Å）尺度下，考察金属表面显微结构的不均匀性，进而进行腐蚀研究，逐渐受到人们的重视。在此尺度下，腐蚀电化学的阴、阳极无序，呈统计分布、交替变化。微观尺度下不均匀性的主要考察因素包括：①合金成分差异。②晶体取向差异。③晶界存在异种夹杂物。④晶格不完整，结晶点阵中位错。⑤界面溶液涨落。⑥亚微观电化学不均匀。⑦应力作用形成位错定向移动。⑧交变力场作用——腐蚀疲劳等。

2.1.2 腐蚀电化学的基本概念

1. 界面双电层

腐蚀总是发生在相界面。对电极/溶液界面区结构，通常采用界面双电层模型来描述。金属的晶体结构由构成晶格的金属离子和在其间自由运动的电子组成。当金属浸入电解质溶液中时，由于极性很大的水分子与金属离子相吸引，一部分金属离子克服晶体中的电子引力而进入溶液中，在与金属表面相接触的液层中形成了水化离子。结果使金属表面带负电。金属表面在溶液中带上电荷后，由于静电引力会吸引该溶液中带相反电荷的离子，向金属表面靠拢，而集积在距金属/溶液界面一定距离的溶液一侧界面区内，以补偿其电荷平衡。带正电的溶液对金属离子产生排斥作用，阻碍了其继续溶解。已进入水中的金属离子还可再沉积到金属表面上[2]。最终金属离子的溶解和沉积这两个过程建立起动态平衡：

$$Me+nH_2O \rightleftharpoons Me^{+}\cdot nH_2O+e$$

溶液中过剩的金属离子在电极表面附近有一定的分布，形成图 2-1 所示的双电层结构。通常有以下几种界面双电层结构模型：①Helmholtz 平板双电层模型。②Gouy-Chapman 扩散双电层模型。③Stern 模型。④Grahame 模型。

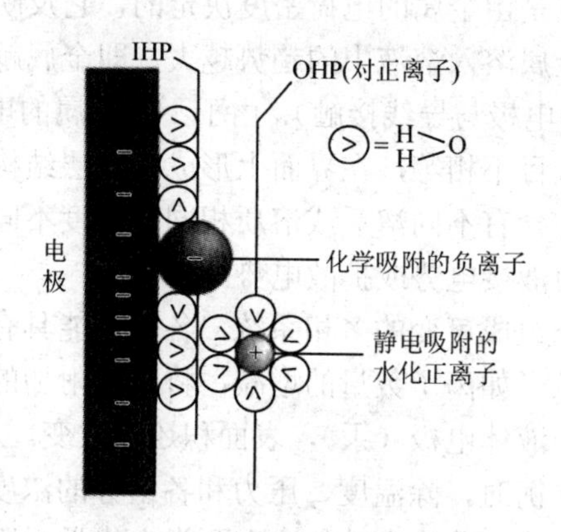

图 2-1　电极表面水分子的取向

电极/溶液界面双电层是存在界面电位差的本质原因。研究电极/溶液界面双电层结构一般是通过测定电极/溶液界面的界面张力、界面电容、粒子吸附量等一些参数与电极电位的关系进行研究，实验方法主要有电毛细曲线法和微分电容法[3, 4]。

2. 法拉第过程与非法拉第过程

通常电极上发生两种类型的过程，即法拉第过程与非法拉第过程。电荷（如电子）经过金属-溶液界面进行的传递过程，引起氧化或还原反应，这些反应由法拉第定律（即电流流过所引起的化学反应的量与通过的电量成正比）所支配，故称为法拉第过程。此外，在某种变化范围下，对于一个给定的电极/溶液界面不发生电荷传递反应，但是电极/溶液界面的结构发生改变，电势或溶液组成发生改变，这些过程称为非法拉第过程，如电极表面的吸附和脱附过程以及双电层的充放电过程等。

3. 电化学稳态与暂态

电化学稳态是指电化学系统的电极电位、电流、反应物浓度、电极表面状态等参数在给定时间内变化很小。电化学暂态是指未达到稳态以前的阶段。由于电化学反应是不断进行的，所以稳态和暂态是相对而言的。当对电极施加极化电位时，界面双电层要进行充电。在充电过程中电极的电位、电流等都在变化，所以为暂态过程，当充电结束时也就进入了稳态。

4. 电极电位和腐蚀电位

当金属浸在电解质溶液中建立双电层时，金属相与电解质溶液相之间便产生了电位差，即为该电极的绝对电极电位。对于多相电极系统，它应是组成电极的各个相间电位差的总和。现在电极电位通常是指电极与参考电极组成的电池电动势差。金属的电极电位是由金属的电荷密度决定的，它反映了金属溶入溶液的趋势。电极电位越负，金属溶入溶液中的趋势越大，即金属越容易被腐蚀。此外，不同金属接触界面（如电极与导线接触），由于不同金属的电子逸出功不同，在接触时相互逸出的电子数目不相等，在界面上形成双电层结构，由此产生的电势差称为接触电势。在两种含有不同溶质或溶质相同而浓度不同的溶液界面上，存在着微小的电势差，称为液接电势或扩散电势。

电化学系统是一个组成可变的多相系统，各相可能具有一定的内电势，在此电势的作用下，带电粒子如离子数量的增减，将引起附加的能量变化。此外，在某些特殊的情况下，如液体电极（汞），表面积还可改变。

电化学系统达到平衡时，除温度、压力和各组分的浓度具有恒定值外，两电极间还具有稳定的电势差，称为电动势。有两类电化学平衡：

（1）开路下的电化学平衡。这时电池不接负载，处于开路的条件下，不输出电能，不做电功，电池状态长时间不变，达到电化学平衡。

（2）闭路下的电化学平衡。这时电池接负载，处于闭路的条件下，对外输出电能，做电功。

在金属腐蚀过程中，腐蚀金属电极表面上常常有两个或多个电极反应同时进行，当这些电极反应的阴极反应和阳极反应同时以相等的速率进行时，电极反应将发生相互耦合，阴、阳极反应的电位由于极化而相互靠拢，最后达到一个共同的非平衡电位，称为混合电位，或称为腐蚀电位。

5. 电极反应和腐蚀速率

电极反应是伴随着两类导体相之间的电荷转移过程发生的，因此包含电子的得失，也就是电极材料必须放出电子或吸收电子。电极反应是氧化还原反应，是氧化态和还原态之间的相互转换。一个电极反应只有氧化还原反应中的一半：或是氧化反应，或是还原反应。此外，电极反应必须发生在电极表面上，电极表面的状况对于电极反应的进行有很大影响。参与电极反应的物质可以分别处于溶液和气体两个相，其中参与反应的物质中出现气体的电极反应称为气体电极反应。反应物和生成物都处于同一溶液相中的电极反应称为氧化还原电极反应。

电极反应存在两种类型，第一种类型中，电极材料本身并不参加电极反应，只是起到传递电子的作用，它的表面是进行电极反应的场所，通常称为惰性电极。因此，电极材料表面对有关物质的吸附作用、在电极表面上形成的表面中间产物的情况等，将影响电极反应的进行。在金属电极反应中，电极反应是构成电极材料的金属同溶液中的金属离子互相转化的反应，整个电极系统只有金属材料和溶液两个相，这称为第一类金属电极。第二种类型是：电极反应是构成电极材料的金属在溶液中的阴离子的参与下同金属的难溶盐互相转化的反应。除了金属电极材料与溶液两个相以外，还出现金属难溶盐（或在某些情况下是金属的难溶氧化物）第三相，这称为第二类金属电极。一块表面上附有 AgCl 晶体层的银片浸在 NaCl 的水溶液中。在电子导体相 Ag 与离子导体相 NaCl 的水溶液这两相之间有电荷转移时，发生如下电极反应：

$$Ag_{(M)} + Cl^-_{(sol)} \rightleftharpoons AgCl_{(s)} + e_{(M)}$$

电极反应总是伴随着电荷的转移过程进行的，遵循法拉第定律。构成电化学腐蚀过程的阳极反应都是金属电极反应，构成电化学腐蚀过程的阴极反应则在绝大多数情况下是前一种类型的电极反应，即气体电极反应和氧化还原电极反应，尤以涉及氢或氧的气体电极反应为多。在少数情况下，也存在由第一类金属电极反应作为电化学腐蚀过程的阴极反应的情况。

金属腐蚀损坏后，其质量、尺寸、力学性能、加工性能、组织结构及电极过程等都会发生变化。金属腐蚀程度的大小，根据腐蚀破坏形式的不同有不同的评定方法。在全面腐蚀情况下通常采用质量指标、深度指标和电流指标，并以平均腐蚀速率表示。电流密度法是以电化学腐蚀过程的阳极电流密度（A/cm^2）的大小来衡量金属腐蚀速率的大小。

6. 金属的钝化

对于一种活性金属或合金，导致其化学活性大大降低而成为耐腐蚀贵金属状态的现象称为钝化。引起金属钝化的方法有两种：①化学钝化。由某些钝化剂（化学药品）所引起的金属钝化现象，称为化学钝化，如浓 HNO_3、浓 H_2SO_4、$HClO_3$、$K_2Cr_2O_7$、$KMnO_4$ 等氧化剂都可使金属钝化。②电化学钝化。用电化学方法也可使金属钝化，如将 Fe 置于 H_2SO_4 溶液中作为阳极，用外加电流使阳极极化，采用一定仪器使铁电位升高一定程度，Fe 就钝化了。由阳极极化引起的金属钝化现象，称为阳极钝化或电化学钝化。各种金属的钝化现象有许多共同的特征：

（1）金属钝化的难易程度与钝化剂、金属本性和温度等有关。钝化剂的氧化性上升，则金属容易钝化；溶液的温度上升，则金属的钝化能力下降；不同的金属具有不同的钝化趋势，一些工业常用金属的钝化趋势按下列顺序依次减小：Ti、Al、Cr、Mo、Mg、Ni、Fe、Mn、Zn、Pb、Cu。这个顺序只表示钝化倾向的难易程度，并不代表它们的耐蚀性也依次递减。易钝化金属如钛、铝、铬在空气中也能钝化，称为自钝化金属。

（2）金属钝化后，其电极电位向正方向移动，使其失去了原有的特性，如钝化了的铁在铜盐中不能将铜置换出来。

（3）金属钝态与活态之间的转换往往具有一定程度的不可逆性。

（4）在一定条件下，利用外加阳极电流或局部阳极电流也可以使金属从活态转变为钝态。

金属钝化理论主要包括：①成相膜理论（薄膜理论）。成相膜理论认为：钝化是由于金属溶解时，在金属表面生成了致密的、覆盖性良好的固体产物保护膜，这层保护膜作为一个独立的相而存在，它或者使金属与电解质溶液完全隔开，或者强烈地阻滞了阳极过程的进行，即使金属转变为钝态。②吸附理论。吸附理论认为，金属钝化并不需要形成固态产物膜，只要在金属表面或部分表面上生成氧或含氧粒子的吸附层就足够使金属钝化。这些粒子在金属表面上吸附以后，就改变了金属-溶液界面的结构，并使阳极反应的活化能显著升高，因而金属表面本身的反应能力降低了，即呈现出钝态。成相膜理论与吸附理论的共同点在于：都认为在金属表面上生成一层极薄的膜，从而阻碍了金属的溶解。其区别在于：成相膜理论强调了钝化层的机械隔离作用，而吸附理论认为主要是吸附层改变了金属表面的能量状态，使不饱和键趋于饱和，降低了金属表面的化学活性，造成钝化。实际上金属的钝化过程比上述两种理论模型复杂得多。不少研究者认为这两种理论可以适当地统一起来，因为金属钝化过程中，根据不同的条件，吸附膜和成相膜均有可能分别起主导作用。成相膜理论和吸附理论相互结合还缺乏直接的实验证据，因而钝化理论还有待深入研究。

2.1.3 电化学腐蚀热力学

金属腐蚀过程热力学研究的是腐蚀反应发生的可能性，不能反映腐蚀反应进行的速率大小与进程。通过对电化学腐蚀热力学的研究，可以判断金属电化学腐蚀趋势及主要的腐蚀产物，阐述金属发生腐蚀的根本原因[5]。

1. 电位-pH 图

由于大多数金属腐蚀过程不仅与溶液中离子的浓度有关，还与溶液的 pH 有关，因此，电极电位与溶液的浓度和酸度存在一定的函数关系。为简化起见，往往将浓度指定为一个数值，则电位-pH 图是基于化学热力学原理建立起来的一种电化学的平衡图，其中的各条直线代表一系列的等温、等浓度的电位-pH 线，通过电位-pH 图，可知道腐蚀反应中各组分生成的条件及各组分稳定存在的电位-pH 范围，从而判断腐蚀可能性，研究腐蚀反应、行为和产物，研究腐蚀反应的可能途径[6]。图 2-2 为 Fe/H_2O 体系的电位-pH 图。

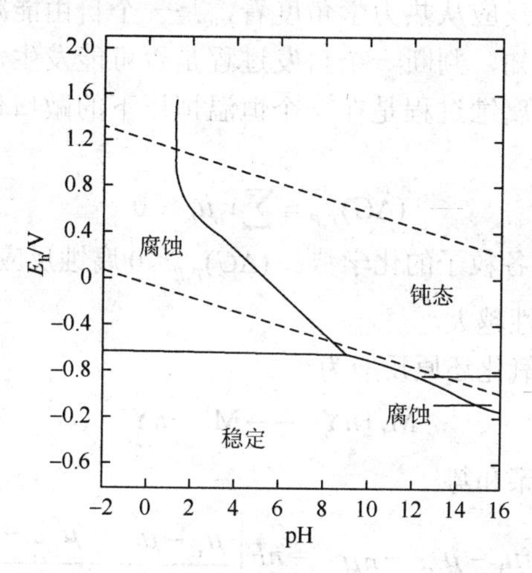

图 2-2　Fe/H_2O 体系的电位-pH 图

Fe/H_2O 体系的电位-pH 图分为三大区域：①腐蚀区，只有 Fe^{2+}、Fe^{3+}、FeO_4^{2-}、$HFeO_2^{2-}$ 稳定；②免蚀区，Fe 稳定，不发生腐蚀；③钝化区，Fe_2O_3、Fe_3O_4 稳定，表示金属氧化物稳定，即钝化。由 Fe/H_2O 体系的电位-pH 图可知，有三种方法避免 Fe 的腐蚀：①通过阴极保护降低电位；②通过阳极保护、钝化剂、缓蚀剂等升高电位；③提高溶液的 pH。

借助电位-pH 图研究金属腐蚀问题，存在如下几方面的局限性：

（1）由于金属的理论电位-pH 图是一种热力学的电化学平衡图，故它只能用来预示金属腐蚀倾向的大小，而无法预测腐蚀速率的大小。

（2）图中的各条平衡线，是以金属与其离子之间或溶液中的离子与含有该离子的腐蚀产物之间建立的平衡，往往与实际腐蚀体系有偏差。

（3）此图只考虑 OH^- 这种阴离子对平衡产生的影响。但在实际的腐蚀环境中，往往存在着 Cl^-、SO_4^{2-}、PO_4^{3-} 等阴离子，可能发生一些附加反应。

（4）理论电位-pH 图中的钝化区并不能反映各种金属氧化物、氢氧化物等究竟具有多大的保护性能。

（5）绘制理论电位-pH 图时，在一个平衡反应中，如涉及 H^+或 OH^-的生成，则认为整个金属表面附近液层同整体溶液的 pH 相等。但在实际的腐蚀体系中局部区域的 pH 可能不同；界面和溶液内部的 pH 也会有一定差别。

2. 腐蚀体系热力学分析

狭义的金属腐蚀，指由化学变化及电化学变化所引起的金属材料破坏。金属腐蚀的唯一原因是电解液中存在着可以使金属氧化的物质，导致了金属的热力学不稳定。金属的腐蚀反应从热力学角度看，是一个自由能减少的自发过程。通过热力学第二定律可知，判断一个自发过程是否可能发生，可通过吉布斯自由能变化来解释。通常腐蚀过程是在一个恒温恒压下的敞口体系中进行的。对于自发反应，有

$$(\Delta G)_{T,P} = \sum v_i \mu_I \leqslant 0$$

其中，μ_I 代表体系中各粒子的化学势。$(\Delta G)_{T,P}<0$ 腐蚀反应可发生，ΔG 值越负腐蚀反应发生的可能性越大。

腐蚀电池中总的氧化还原反应为

$$M_1 + nY \longrightarrow M_1^{n+} + nY^-$$

腐蚀反应的化学亲和势

$$A = (\Delta G)_{T,P} = \mu_{M_1} + n\mu_Y - \mu_{M_1^{n+}} - n\mu_{Y^-} = nF\left[\frac{\mu_Y - \mu_{Y^-}}{F} - \frac{\mu_{M_1^{n+}} - \mu_{M_1}}{nF}\right] = nF(E_{e2} - E_{e1})$$

式中，E_{e2}、E_{e1} 分别为阴极和阳极的平衡电位。

因此，一个腐蚀体系的腐蚀倾向也可以根据其体系的标准电极电位来判断。探讨腐蚀体系的热力学性质，可运用化学热力学理论与计算方法对腐蚀反应的标准吉布斯函数、反应平衡常数、平衡分压、电极电位等进行计算，从理论上解释各种因素对腐蚀反应的影响。近年来出现的非平衡态热力学（不可逆过程热力学），能对不可逆过程做定量描述，增补一些动力学分析手段后可得到与经典热力学一样的普遍适应的结论。

2.1.4 电化学腐蚀动力学

腐蚀过程动力学主要研究腐蚀进行的速率与机理问题，寻找影响腐蚀反应速率的因素，并借助控制这些因素降低腐蚀速率。腐蚀反应受许多环境因素的影响，不同的腐蚀类型如析氢腐蚀、应力腐蚀、小孔腐蚀等，它们的腐蚀动力学过程各不相同。腐蚀动力学模型的建立，对探讨金属腐蚀过程及其影响因素具有重要的

理论价值与实践意义。

1. 金属极化与腐蚀

当金属电极电位偏离腐蚀电极反应的平衡电位时，电极反应的平衡状态被破坏。电流流过电极而引起的电极电位变化称为极化作用。极化作用可以降低腐蚀速率。极化作用的大小可根据电极电位与腐蚀反应的平衡电位的差值，即过电位来衡量。消除或削弱极化现象的作用称为去极化作用。参与这种作用的物质称为去极化剂。在腐蚀电池的阳极上发生的去极化作用称为阳极去极化。在阴极上发生的去极化作用称为阴极去极化。

金属极化与腐蚀行为、腐蚀速率之间有密切的关系。金属腐蚀反应是金属与介质相互作用的结果，是典型的复相反应，在很多情况下，它是一个多步骤反应过程，其中阻力最大的步骤决定腐蚀反应的速率，称为速控步骤。阴极缓慢受阻即发生阴极极化，阳极缓慢受阻即发生阳极极化。各步骤具有不同的特征和规律性。通常可以分为以下几种情况：①传质过程受阻——浓度极化；②电化学反应受阻——电化学极化；③表面覆盖膜抑制作用——电阻极化。

1）电化学极化

电化学极化是电化学反应速控步骤，也称活化极化。当一定大小的电流通过电极时，如果单位时间内转移走的电子不能及时地被阳极反应补足，或单位时间内输送来的电子来不及全部被阴极反应消耗，则在电极表面出现剩余电荷的积累，使得电极电位偏离平衡电位。这种电子转移过程受到抑制而引起的极化称为电化学极化。它表明，为了使电子转移步骤以一定速度进行，需要一部分额外的推动力，而这个推动力就是电化学过电位（又称为活化过电位）。

极化现象以活化极化为主时，其电极电位与极化电流密度的关系可由塔费尔方程得到

$$\eta_a = E - E_e = a + b\lg i$$

式中，E 为电极的极化电位；E_e 为平衡电位；i 为金属腐蚀时电极极化的电流密度，A/m^2；a 为塔费尔参数，表示过电位对电极反应活化能影响份额，其值的大小与电极材料及表面状况、溶液组成、温度等因素有关；b 为塔费尔斜率，对于大多数金属，b 值都非常接近，大约在 116mV（在 60～120mV），这就是说，当电流密度增大 10 倍时，过电位就会增加 116mV。

2）浓差极化

在腐蚀过程中，金属阳极溶解产生的金属离子，首先进入阳极表面附近的液层中，使之与溶液深处产生浓度梯度，这种由电极表面与本体溶液间浓度差别引起的电极电位的改变称为浓差极化。由于阳极表面金属离子扩散速度的制约，阳极附近金属离子浓度逐渐升高，界面积累正电荷，相当于电极插入高浓度金属离

子的溶液中，导致电势变正，产生阳极极化。

3）电阻极化

当金属表面有氧化膜，或在腐蚀过程中形成膜时，膜的电阻率远高于基体金属，则电流通过电解质溶液和通过此膜时，所产生的欧姆电压降使电极发生极化，称为电阻极化。通常，电流通过电解质、表面覆盖膜（钝化膜、转化膜、涂层等）受阻，均会产生欧姆电位降。电阻极化的特点是：物质通过产物膜运动，钝化膜阻止电荷转移，满足欧姆定律，电位/电流同相位。

2. 析氢腐蚀动力学

溶液中的氢离子作为去极化剂，在阴极上放电，促使金属阳极溶解过程持续进行而引起的金属腐蚀，称为氢去极化腐蚀，或称析氢腐蚀。在酸性介质中常常发生这种腐蚀。氢去极化的步骤如下：

（1）水化氢离子 $H_2O{\cdot}H^+$ 向阴极表面迁移。

（2）水化氢离子在电极表面接受电子，同时脱去水分子，变成表面吸附氢原子 H_{ad}（氢离子的放电反应）。

$$H_2O \cdot H^+ + e \longrightarrow H_{ad} + H_2O$$

（3）吸附氢原子除了可能进入金属内部外，大部分在表面扩散并复合形成氢分子。

（a）两个吸附氢原子进行化学反应而复合成一个氢分子，发生化学脱附（化学脱附反应）：

$$H_{ad} + H_{ad} \longrightarrow H_2 \uparrow$$

（b）一个吸附氢原子与一个氢离子进行化学反应而复合成一个氢分子，发生化学脱附（电化学脱附反应）：

$$H^+ + H_{ad} + e \longrightarrow H_2 \uparrow$$

（4）氢分子聚集成氢气泡逸出。

发生析氢腐蚀的必要条件是金属的电极电位 E_1 必须低于氢离子的还原反应电位（析氢电位 E_H），即析氢电位 $E_H > E_1$。析氢电位等于氢的平衡电位 $E_{0,H}$ 与析氢过电位之差：$E_H = E_{0,H} - \eta_H$，氢的平衡电位 $E_{0,H}$ 可通过实验测定，也可根据 Nernst 方程计算。25℃时，$E_{0,H} = -0.591pH(V, SHE)$。

在析氢腐蚀中，以氢离子还原反应为阴极过程，析氢过电位对腐蚀速率有很大影响。析氢过电位越大，说明阴极过程受阻滞越严重，则腐蚀速率越小，因此改变析氢过电位就能控制析氢腐蚀。根据阴、阳极极化性能，析氢腐蚀速率可受阴极控制、阳极控制和混合控制。析氢过电位对腐蚀速率有很大影响，而影响析氢过电位的因素包括：①电极材料。不同金属电极在一定溶液中，η_H 与塔费尔常数有关。②电极表面状态。相同金属材料，粗糙表面上的η_H比光滑表面的小（粗糙表面的真实面积比光滑表面的表面积大、电流密度小）。③溶液组成。酸性溶液中，析氢过电位随 pH 增加而增加；碱性溶液中，析氢过电位随 pH 增加而减小。④温度。温度增加，析氢过电位减小。

析氢腐蚀属于活化极化体系，去极化剂为半径很小的氢离子，在溶液中有很大的迁移速度和扩散速度。还原产物氢分子以气泡形式离开电极析出，使金属表面附近的溶液得到充分的附加搅拌作用。去极化剂浓度比较大，在酸性溶液中去极化剂是氢离子，在中性或碱性溶液中的水分子直接还原。浓度极化很小，一般可忽略。其电极可以按照均相腐蚀电极处理，欧姆电阻可以忽略，只需要比较阴极反应和阳极反应的阻力。由于它的阳极反应也受活化极化控制，因此，比较电极反应的阻力，只需比较交换电流密度。析氢腐蚀有以下三种控制类型：①阴极极化控制。其特点是腐蚀电位与阳极反应平衡电位靠近，在阴极区析氢反应交换电流密度的大小将对腐蚀速率产生很大影响。②阳极极化控制。只有当金属在酸溶液中能部分钝化，造成阳极反应阻力大大增加，才能形成这种控制类型。③混合控制。其特点是：阴阳极极化程度相差不多，腐蚀电位离阳极反应和阴极反应平衡电位都足够远，减小阴极极化或减小阳极极化都会使腐蚀电流密度增大。

吸附在金属表面的氢原子能够渗入金属并在金属内扩散，就有可能造成氢鼓泡、氢脆等损害。因此，金属在酸性溶液中发生析氢腐蚀，金属的酸洗除锈、电镀、阴极保护，都应当注意是否会造成氢损伤问题。

3. 耗氧腐蚀动力学

以氧的还原反应为阴极过程的腐蚀称为耗氧腐蚀。在潮湿大气、淡水、海水、潮湿土壤，耗氧腐蚀具有更普遍、更重要的意义。在中性或碱性溶液中，氧分子还原的总反应为

$$O_2+2H_2O+4e \longrightarrow 4OH^-$$

在酸性溶液中，氧分子还原的总反应为

$$O_2+4H^++4e \longrightarrow 2H_2O$$

整个吸氧的阴极过程可分为以下几个分步骤：①氧向电极表面扩散；②氧吸附在电极表面上；③使氧离子化。

氧还原的阴极过程存在两种情况：离子化反应控制的电化学极化；出现极限扩散电流的浓差极化。

（1）当阴极极化电流密度 i_c 不太大且供氧充分时，发生电化学极化，则极化曲线服从 Tafel 关系式

$$\eta_{O_2} = a' + b' \lg i_c$$

式中，a'与电极材料、表面状态、溶液组成和温度有关；b'与电极材料无关。

氧离子化过电位越小，氧与电子结合越容易，腐蚀速率越大；一般金属上氧离子化过电位较高，多在 1V 以上。

（2）当阴极电流密度 i_c 增大，由于供氧受阻，产生了明显的浓差极化。此时浓差极化过电位与阴极电流密度 i_c 间的关系为

$$\eta_{O_2} = \frac{RT}{nF} \ln\left(1 - \frac{i_c}{i_d}\right)$$

式中，i_d 为极限电流密度。

（3）当 $i_c \to i_d$ 时，因为当阴极向负极极化到一定的电位时，除了氧离子化之外，已可以开始进行某种新的电极反应。当达到氢的平衡电位之后，氢的去极化过程开始与氧的去极化过程同时进行，两反应的极化曲线互相加和。

影响耗氧腐蚀的因素如下：①如果供氧速度快，腐蚀电流小于极限扩散电流，腐蚀速率取决于活化过电位。金属中的阴极杂质、合金成分和组织、微阴极面积对腐蚀速率有影响。②如果受氧的扩散控制，金属腐蚀速率取决于氧极限扩散电流密度。凡是影响溶解氧扩散系数 D、溶液中溶解氧的浓度 C 以及扩散层厚度 δ 的因素，都对腐蚀速率产生影响。

通常认为，耗氧腐蚀属于浓差极化体系，去极化剂为中性氧分子，只能依靠对流和扩散传输；一般在溶液中去极化剂溶解氧浓度不大，在一定条件下溶解氧的扩散受到限制；反应产物靠扩散或者迁移离开，无气泡逸出。金属发生耗氧腐蚀时，多数情况下阳极过程是金属的活性溶解，腐蚀过程处于阴极控制之下。耗氧腐蚀速率主要取决于溶解氧向电极表面的传递速度和氧在电极表面上的放电速度。氧从空气进入溶液并迁移到阴极表面发生还原反应，需要经过以下步骤：①氧穿过空气/溶液界面进入溶液。②在对流作用下，氧迁移到阴极表面附近。③在扩散层内，氧在浓度梯度作用下扩散至阴极表面。④在阴极表面氧分子发生还原反应——氧的离子化。

耗氧腐蚀的控制过程及特点：①腐蚀金属在溶液中的电位较正，腐蚀过程中氧的传递速度又很大，则金属腐蚀速率主要由氧在电极上的放电速度决定，如铜。②腐蚀金属在溶液中的电位较负，如碳钢，处于活性溶解状态而氧的传输速度又有限，则金属腐蚀速率将由氧的极限扩散电流密度决定。③腐蚀金属在溶液中的电位非常负，如 Zn、Mn 等，阴极过程将由氧去极化和氢离子去极化两个反应共同组成。④多数情况下，氧的扩散决定了整个吸氧腐蚀过程的速率。⑤腐蚀电流不受阳极曲线的斜率和起始电位的影响，此时，腐蚀速率与金属本身性质无关，如钢铁在海水中的腐蚀，普通碳钢和低合金钢的腐蚀速率没有明显区别。⑥在扩

散控制的腐蚀过程中，金属中的阴极性杂质或微阳极的数量的增加，对腐蚀速率的增加只起较小的作用。

2.1.5　腐蚀电化学研究方法

腐蚀电化学测试技术已成为重要的腐蚀研究方法，其具有下列三个特点：①能对各种金属腐蚀速率进行实时处理，检测灵敏度高，破坏性小；②检测速度快，能够对金属腐蚀状况进行长期连续或间断检测，特别适合于金属腐蚀试验监控；③可以同时进行大样本试验，获得测试的平均结果，提高腐蚀试验的精度。但是，由于实际腐蚀体系是十分复杂的，实验室的电化学测试结果须和其他定性或定量的腐蚀试验方法结合，进行综合分析评定。

腐蚀电位是腐蚀电化学过程的本质反映，是腐蚀微电池发生腐蚀反应热力学趋势的一种量度，也是测定腐蚀速率的基本参数之一。不同的腐蚀体系，其腐蚀电位是不同的，腐蚀电位可以反映腐蚀反应的进行情况，可以通过腐蚀电位测量研究金属的腐蚀行为。腐蚀电位测量一般有两类：①测量腐蚀体系无外加电流作用时的自腐蚀电位及其随时间的变化；②测量金属在外加电流作用下的极化电位及其随电流或随时间的变化。

1. 极化曲线

极化曲线表示电极电位与电流之间的关系，可分为阳极极化曲线和阴极极化曲线。通过测量电极的极化曲线可以获得金属的腐蚀速率。极化曲线上，根据极化值ΔE 的大小可分为三个区：微极化区、弱极化区和强极化区。不同的极化区域，腐蚀速率方程式可以简化成不同的形式，腐蚀速率测试的方法也不同。极化曲线测量金属腐蚀速率的方法中常用的有线性极化法、极化曲线法和 Tafel 直线外推法。

1）微极化区：线性极化法

线性极化法也称极化电阻法，是基于金属腐蚀过程的电化学本质而建立起来的一种快速测定腐蚀速率的电化学方法。如果在金属的腐蚀电位附近（±10mV 左右）通过外加微小电流使金属极化，则 $\Delta E/\Delta I$（即极化电阻 R_p）和在被测系统中所发生的金属腐蚀速率呈如下线性关系：

$$R_p=\Delta E/\Delta I$$

$$I_k=\frac{b_a b_c}{2.3(b_a+b_c)}\times\frac{\Delta I}{\Delta E}=\frac{B}{R_p}$$

式中，R_p 为 E-I 极化曲线在自腐蚀电位 E_k 附近的斜率，称为极化电阻；B 为总常数，$B=b_a b_c/2.3(b_a+b_c)$，b_a 和 b_c 为 Tafel 常数。上述就是线性极化方程式，也称 Stern-Geary 方程式。它表明金属的腐蚀速率与其极化电阻成反比。不同的腐蚀体系，可以通过比较 R_p 定性地判断其耐蚀性能。线性极化技术是一种快速、灵敏而连续的定量测定均匀腐蚀速率的电化学方法，对腐蚀体系的干扰小，测量时间短，可以提供瞬时的腐蚀信息，并已成功用于工业腐蚀监控。

2）强极化区：Tafel 直线外推法

当极化电位偏离腐蚀电位超过±70mV 时，其被认为是强极化区。对于活化控制的腐蚀体系，在强极化区内极化电流和极化电位之间符合 Tafel 关系

$$\eta = a + b\lg|i|$$

式中，a、b 为 Tafel 参数，它们取决于电极材料、电极表面状态、温度和溶液组成等。在强极化区内若将 η 对 $\lg i$ 作图，则可以得到直线关系，称为 Tafel 直线。可以将阳极极化曲线和阴极极化曲线在大电流区的 Tafel 线性段外延至腐蚀电位处，求得腐蚀电流密度。

Tafel 直线外推法对腐蚀体系极化较强、电极电位偏离自腐蚀电位较远，对腐蚀体系的干扰太大。其次，由于极化到 Tafel 直线段所需电流较大，易引起电极表面的状态、真实表面积和周围介质的显著变化；而且大电流作用下溶液欧姆电势降对电势测量和控制的影响较大，可能使 Tafel 直线变短，也可能使本来弯曲的极化曲线部分变直，从而带来误差。第三，在有些腐蚀体系中，由于浓差极化或阳极钝化等因素的干扰，Tafel 直线段不甚明显，在用外推法作图时容易引起一定的人为误差。通常要得到满意的结果，Tafel 区至少要有一个数量级以上的电流范围，但体系中存在一个以上的氧化还原过程，Tafel 直线通常会变形，往往得不到这种结果。

3）弱极化区：极化曲线法

弱极化区的极化电位偏离腐蚀电位±(20～70)mV，20 世纪 70 年代起逐渐出现了一些利用弱极化区的极化测量，来确定腐蚀过程的电化学动力学参数 η_a、η_c 和腐蚀速率 I_{corr} 的方法。

弱极化区的极化测量法既可以避免 Tafel 直线外推法中强极化引起的金属表面状态、溶液成分以及腐蚀控制机理的改变，又可以避免线性极化法中 Tafel 常数的选取或测定以及近似线性区范围的选取等引起的误差，测得的腐蚀速率的准确度较高。由于弱极化区的测量对被测电极体系的扰动小得多，测量周期也短，计算结果更加可靠。

2. 电化学阻抗

交流阻抗技术测量金属腐蚀，其特点是微小的交流正弦波信号在同一电极上交替地进行阳极和阴极极化，对电极过程的影响较小，可分辨腐蚀过程的各个分步骤，如吸附膜、成相膜的形成和生长，确定扩散、迁移过程的存在及相对速率。

测量电化学阻抗谱的目的主要有两个：一是根据测得的阻抗谱，推测电极过程中包含的动力学步骤以解释电极过程的动力学机理，或推测电极系统的界面结构以研究电极界面过程机理；二是确定电极过程及界面过程动力学模型之后，通过阻抗谱的信息确定物理模型的参数，推算电极过程的一些动力学参数，研究电极过程动力学。等效电路是传统、直观的电化学阻抗谱的解析方法，通过建立一个所测的电化学阻抗谱的等效电路，并根据等效电路建立动力学模型，通过阻抗谱的解析确定等效元件参数值，推算电极过程的动力学参数值。

2.2　腐蚀控制原理及常用方法

2.2.1　金属腐蚀防护基本原理

金属腐蚀是因金属与周围环境介质发生作用（化学、电化学或物理溶解）而产生的，从热力学的角度来说是由于金属与环境介质构成了一个热力学不稳定的体系。因此，要抑制金属的腐蚀，必须提高腐蚀体系中金属的稳定性，具体来说，可以从提高金属本身耐蚀性、环境介质和金属/介质界面条件的改变、其他腐蚀条件的改善等方面对金属进行防护。

1. 提高金属材料的耐蚀性能

1）提高金属材料的热力学稳定性[7]

通过冶炼等方法改变合金组成，提高金属材料在环境介质中的热力学稳定性，这可以从根本上抑制金属的腐蚀。

2）增大阴极反应阻力

多数金属的腐蚀在腐蚀原电池中发生，腐蚀原电池包含阴极过程、阳极过程和电流的流动三个工作历程。这三个过程既相互独立，又彼此密切联系，只要其中一个过程受阻滞不能进行，腐蚀原电池就不能工作，金属电化学腐蚀过程也就停止了。

增大阴极反应阻力就是通过抑制阴极过程的进行来控制腐蚀原电池的工作电流，从而降低金属的腐蚀速率。可以用图2-3的腐蚀极化图来说明，图中$E_{e,c}K$为腐蚀原电池中理想的阴极极化曲线（表示不同电位下去极化剂的反应速率），$E_{e,a}A$表示理想的阳极极化曲线（表示不同电位下金属氧化反应速率），这两条理想极化曲线的交点对应于腐蚀体系的自腐蚀电位E_{corr}与自腐蚀电流密度i_{corr_1}。当阴极反应阻力增加，理想阴极极化曲线的斜率增大，$E_{e,c}K'$就是阴极反应阻力增大后的理想阴极极化曲线，此时腐蚀体系的自腐蚀电流密度降为i_{corr_2}。

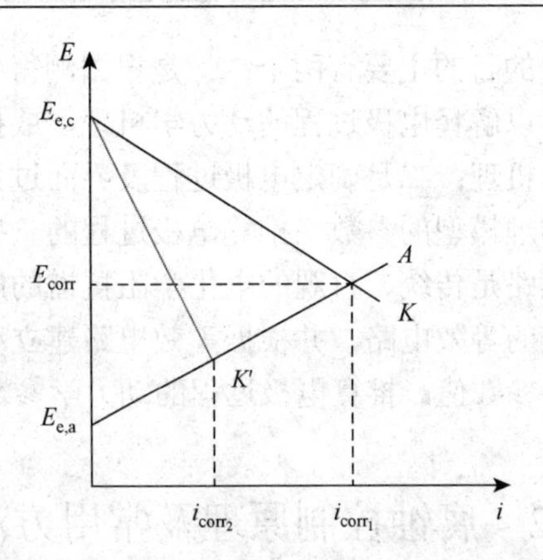

图 2-3　增大阴极反应阻力抑制金属腐蚀示意图

增大阴极反应阻力，可以通过减小阴极区面积、增加阴极反应过电位等措施来实现。例如，钢铁中降低杂质 C、S 的含量可以减小钢铁表面的阴极区面积；在金属中加入高析氢过电位合金元素可以提高金属表面析氢反应的阻力，抑制析氢腐蚀。

3）增大阳极反应阻力

增大阳极反应阻力就是提高金属阳极溶解过程的阻力，可以用图 2-4 的腐蚀极化图来说明。图 2-4 中当阳极反应阻力增加，理想阳极极化曲线的斜率增大，$E_{e,a}A'$就是阳极反应阻力增大后的理想阳极极化曲线，此时腐蚀体系的自腐蚀电流密度从 i_{corr_1} 降为 i_{corr_2} 。

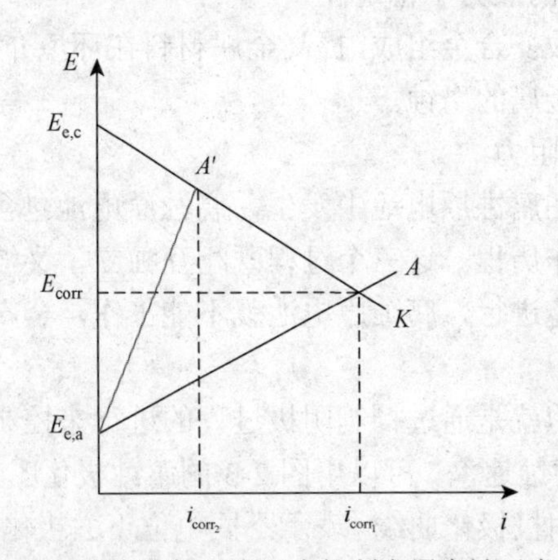

图 2-4　增大阳极反应阻力抑制金属腐蚀示意图

通过冶炼的方法在金属中添加易钝化的合金元素，提高金属的钝化性能，可以有效地增大阳极反应阻力。例如，在铁中加入铬、镍等合金元素，冶炼得到的不锈钢具有优异的钝化性能，在一般介质中的阳极溶解过程阻力很大。

2. 改变环境

金属腐蚀的发生离不开周围环境介质的作用，通过降低环境介质的侵蚀性可以有效控制腐蚀。

1）去除环境中的侵蚀性物质

环境介质中的侵蚀性物质较多，如氧气分子和氢离子是最常见的腐蚀去极化剂；氯离子和硫离子等通过改变金属表面膜的性质而促进金属的腐蚀；环境中腐蚀性微生物造成金属的微生物腐蚀；等等。去除或减少环境介质中这些直接导致或促进金属腐蚀的物质，可以防止或减缓金属腐蚀的发生。

2）使用缓蚀剂

缓蚀剂是指一种以适当的浓度和形式存在于环境（介质）中，可以防止或减缓腐蚀的化学物质或几种化学物质的混合物。缓蚀剂通过在金属表面形成钝化膜、吸附膜或沉淀膜而对金属起到保护作用，这些保护性膜的存在可以显著增加腐蚀原电池的阴极或阳极反应阻力。

3）改变其他条件

环境介质的温度、流速，金属设备承受的应力条件等均对金属的腐蚀过程产生影响，如介质流速过大引起的冲刷腐蚀、流动加速腐蚀，应力和腐蚀介质共同作用下引起的应力腐蚀破裂、腐蚀疲劳等。因此应力、流速等这些特定腐蚀条件的改善，可以在一定程度上抑制金属的腐蚀。

3. 将金属材料与腐蚀介质隔离开

在金属表面形成保护层，防止腐蚀性介质与金属基体直接接触，是目前防止金属腐蚀的最主要方法。这种保护层常见的有非金属涂层、金属涂镀层、各类衬里等。另外还包括一些暂时性保护方法，如防锈油、防锈纸等。

4. 从电化学角度进行保护

根据金属电化学腐蚀原理，腐蚀原电池的阴极反应和阳极反应速率与电极电位直接相关。通过对腐蚀体系进行极化，控制被保护金属的电位，可以降低金属的腐蚀速率。对金属进行电化学保护的方法有阴极保护和阳极保护两大类，阴极保护通过降低腐蚀体系的电位来抑制腐蚀，阳极保护则通过升高电位使金属发生钝化而抑制腐蚀。

5. 改进设计

金属构件的腐蚀还与结构设计有关，不良设计可以促进腐蚀，如缝隙腐蚀、电偶腐蚀等。因此在设计时，应充分考虑材料匹配、结构间连接、焊接质量等对金属腐蚀可能产生的影响，通过合理设计来控制腐蚀。

2.2.2 常用的防腐蚀方法

1. 合理选材[2]

根据环境介质特点和材料特性进行合理选材，是防止金属腐蚀的基本原则。首先可以考虑介质的性质、温度和压力，如氧化性介质可以选用钝化型材料，还原性介质可以采用非金属耐蚀材料，高温、高压设备应选用耐高温、耐压材料等。其次要考虑设备的用途及结构设计特点，如泵用材料，应具有良好的铸造性能和抗磨损性能。还要考虑环境介质对材料的腐蚀及产品的特殊要求，如在医药、食品工业中，选用的材料不应有毒性，可以选用不锈钢、钛及其合金、搪瓷等耐蚀材料。另外还需考虑材料的性能，如强度、塑性及加工工艺性能等是否满足要求。最后，需要考虑材料的价格和来源，优先考虑价廉、来源广的材料。

2. 介质处理

通过介质处理除去有害成分，如除去介质中的溶解氧和氢离子含量，降低空气中的水分等。

例如，锅炉给水的除氧处理，采用了热力除氧和化学除氧相结合的方法。其中热力除氧是主要的除氧手段，主要是在除氧器中，将水加热到沸点，使水中的各种气体解析出来。通过热力除氧后，给水中的大部分溶解氧被除去，但仍会有微量的溶解氧存在，因此电厂再采用化学除氧剂进行辅助除氧，联氨（N_2H_4）是最常用的化学除氧剂，它可与氧气分子发生如下反应：

$$N_2H_4+O_2 \longrightarrow N_2+2H_2O$$

反应产物为氮气和水，因此联氨除氧后不会增加炉水的电导率，也不产生有害物质。另外，联氨还可将 Fe_2O_3 还原为 Fe_3O_4，FeO 还原为 Fe，Cu_2O 还原为 Cu，可以防止炉内铁垢和铜垢的生成。

火电厂热力设备运行时，还需要调节炉水的 pH 至 8.8～9.3。在这个 pH 范围内，热力设备的主要金属材料，如碳钢、合金钢、铜及铜合金，均具有比较小的腐蚀速率。通常采用加氨（NH_3）处理来调节炉水的 pH，这种方法价格低廉，控制 pH 较稳定，但 NH_3 可造成铜、锌部件的腐蚀。也有用有机胺如吗啉、环己胺等代替氨水，但这些药剂的价格较高。

金属在气相环境中的腐蚀与气体的相对湿度有很大关系，在一定范围内，一般气体的相对湿度越大，金属表面越易形成水膜，金属的腐蚀速率越大。降低空气中的水分可以抑制气相环境中金属的腐蚀，通常采用除湿的方法，如干燥剂吸收、冷凝法除水分（空调）、提高气体温度（降低相对湿度）等。热力设备在停备用时，热炉放水后，设备内的相对湿度较大，可以采用干燥剂吸收等除湿方法进行停炉保护。

3. 缓蚀剂保护

少量或微量的缓蚀剂加入环境介质，可以大幅度降低金属的腐蚀速率。利用缓蚀剂控制金属的腐蚀，基本上不改变腐蚀环境、不增加设备投资，缓蚀效果不受设备形状的影响，当腐蚀环境发生变化时还可通过改变缓蚀剂种类和浓度来保持防腐蚀效果，并且同一配方的缓蚀剂有时可同时防止多种金属在不同环境下的腐蚀。因此缓蚀剂保护也是重要的腐蚀控制方法之一。

从分子结构来看，缓蚀剂可分为无机化合物和有机化合物两大类，典型的无机缓蚀剂有钼酸盐、钨酸盐、磷酸盐等，有机缓蚀剂则包括有机胺、有机磷化合物、羧酸及其盐类、磺酸及其盐类、杂环化合物等。

从电极过程来看，缓蚀剂通过抑制腐蚀原电池的阳极过程或（和）阴极过程而减缓金属腐蚀。从金属表面结构来看，缓蚀剂通过在金属表面形成氧化膜、沉淀膜或吸附膜等保护膜而抑制腐蚀。

4. 电化学保护

金属的电化学保护法分为阴极保护法和阳极保护法两类。

1）阴极保护法

阴极保护法是对被保护金属进行阴极极化而抑制金属腐蚀的方法，又分为外加电流阴极保护法和牺牲阳极法。

外加电流阴极保护法是使用直流电源，将直流电源的负极与被保护金属相连接，使被保护金属发生阴极极化而降低腐蚀。图 2-5 为外加电流阴极保护法示意图，其中 $E_{e,a}A$ 表示不同电位下金属溶解（氧化）速度，可以看出，当腐蚀金属的电位从自腐蚀电位 E_{corr} 下降为阴极极化电位 E_a 时，金属的溶解速度从自腐蚀电流密度 i_{corr} 下降为 i_a；当腐蚀金属电位下降为金属电极的平衡电位 $E_{e,a}$ 及以下时，金属的溶解速率为零，即金属受到完全保护。

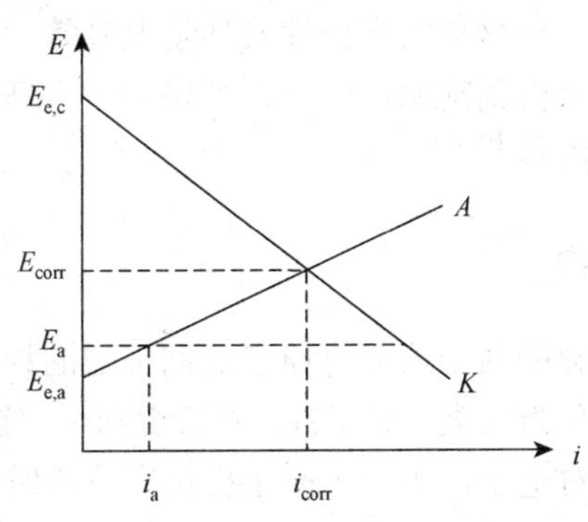

图 2-5　外加阴极电流保护法示意图

牺牲阳极法是将被保护金属与某种电位更低的金属（牺牲阳极）相连接，从而使腐蚀体系的电位降低，其保护原理与图 2-5 在本质上是一致的。常见的牺牲阳极材料有锌及其合金、铝及其合金、镁及其合金，其中电导率低的淡水体系中多采用镁基合金，电导率高的海水体系中多采用锌基合金和铝基合金。

2）阳极保护法

阳极保护法就是将被保护的金属（设备）与直流电源的正极相连接，使金属阳极极化到钝化区而受到保护。采用阳极保护的前提条件是：被保护的腐蚀体系必须可以发生钝化，即阳极极化曲线存在钝化区。这种腐蚀体系的环境介质中一般存在着氧化性物质，在升高电位时可以使金属表面钝化。

5. 金属表面处理

通过表面处理进行金属腐蚀控制是最常用的方法，如采用涂层保护、衬里防护、金属涂镀层保护等。

2.3　防腐蚀化学品理论基础

防腐蚀化学品属于专用化学品的一种，它是指单独或联合使用，能够显著降低金属腐蚀速率的化学物质，包括缓蚀剂、防锈添加剂、防锈颜料、防腐蚀涂料等。不同结构的化学品具有特定的化学行为和物理性质，研究化合物的结构与性能的相互关系是应用化学研究的基本内容。防腐蚀化学品的分子结构对防腐蚀性能有决定性的影响，20 世纪 40 年代在油田开采的实践中就发现了甲苯胺化合物的邻位效应，即邻甲苯胺的缓蚀效果比对甲苯胺和间甲苯胺高。研究饱和环亚胺化合物的缓蚀作用时发现，随着环上亚甲基（—CH_2—）数目的增多，C—N—C 键角相应增大，其缓蚀效率不断提高。防腐蚀化学品的效果既取决于其本身的性质，又取决于被保护金属的性质[8, 9]。此外，还取决于使用的环境条件——腐蚀介质的组成、性质，与其他材料的配伍性及环境温度等。由于不同条件下金属腐蚀过程的机制并没有完全得到阐明，所以在严格的科学基础上了解防腐蚀化学品的作用机理仍存在一定困难[10, 11]。

2.3.1　化学键与分子结构

化学键是分子内相邻的两个或多个原子之间强烈的相互作用，它是形成分子结构的基础[12]。化学键分为三类：离子键、共价键和金属键。配位键属于共价键，它是由一个原子提供孤对电子，另一个原子提供空轨道所形成的共价键。

键价理论是最早发展起来的化学键理论，又称电子配对法，其核心思想是原子间相互接近、轨道重叠，原子间共用自旋相反的电子对，可以使能量降低而成键。共价键具有方向性和饱和性。共价键的数目由原子中单电子数决定（包括原有的和激发而生成的）。各原子轨道的空间分布是固定的，为了满足轨道的最大重叠，原子间成共价键时，具有方向性。形成共价键的两个原子间的连线称为键轴。按成键与键轴之间的关系，共价键的键型主要分为两种：①σ 键。σ 键特点：将成键轨道沿着键轴旋转任意角度，图形及符号均保持不变，即键轨道对键轴呈圆柱形对称，或键轴是 n 重轴。②π 键。π 键特点：成键轨道围绕键轴旋转 180°时，图形重合，但符号相反。

化学键的形成情况，通常用键能、键长和键角等几个键参数来表达。键长、键能决定共价键的强弱和分子的稳定性：原子半径越小，键长越短，键能越大，分子越稳定。键角决定分子空间构型。另外，相同的键，在不同化合物中，键长和键能不相等。

2.3.2 酸碱理论及应用

酸碱理论有一个发展和完善的过程，Arrhenius 提出了酸碱的电离理论，认为酸就是在水溶液中电离产生氢离子的物质，碱就是在水溶液中电离产生氢氧离子的物质。Franklin 提出了酸碱溶剂理论，认为物质经过离解而产生作为溶剂特征的正离子的为酸，产生作为溶剂特征的负离子的为碱，酸和碱的作用就是正离子与负离子化合形成溶剂分子的过程。Brönsted 提出酸碱质子理论，“凡是能够释放出质子（H^+）的物质，无论它是分子、原子或离子，都是酸；凡是能够接受质子的物质，无论它是分子、原子或离子，都是碱”。酸碱质子理论扩大了酸碱的范畴，并适用于非水溶剂体系，甚至液相体系和气相体系。Lewis 提出酸碱电子理论：“碱是具有孤对电子的物质，这对电子可以用来使别的原子形成稳定的电子层结构。酸则是能接受电子对的物质，它利用碱所具有的孤对电子使其本身的原子达到稳定的电子层结构。”这种新的理论的核心是将碱作为电子对的给体，而酸作为电子对的受体，这种酸碱理论适用范围更广，由于孤对电子的给出和接受符合配位化学的理念，Lewis 酸碱理论与配位化学紧密地联系到了一起，较好地说明了不含质子物质的酸碱性。Pearson 提出了软硬酸碱理论。他根据对电子对控制能力的强弱把酸碱分为了三大类，硬酸（碱）、软酸（碱）、交界酸（碱）。把接受孤对电子能力强、对外层电子吸引得紧、没有易极化的电子轨道、电荷半径比较大的金属离子称为硬酸；把接受电子能力弱、对外层电子抓得松、易极化、电荷半径比较小的称为软酸，介乎二者之间的金属离子称为交界酸。按同样道理也把配体分为软、硬和交界三类。给出电子对的原子电负性大、对外层电子吸引力强、不易失去电子、变形性小的称为硬碱；给出电子对的原子电负性小、对外层电子吸引力弱、易给出电子、变形性大的称为软碱；介乎二者之间的称为交界碱。

这种理论对解释酸碱反应所生成的配合物的稳定性有着极高的理论价值，该理论提出了一般规则：硬亲硬，软亲软，软硬交接不稳定。就是说软-软、硬-硬化合物较为稳定，软-硬化合物不够稳定。软硬酸碱理论对路易斯酸碱反应的方向问题作出了突出贡献。

有机缓蚀剂与金属的作用不仅仅是吸附，有机分子的极性基团吸附于金属表面后，必然有一个生成络合物的过程。当金属与有机缓蚀剂接触时，有机分子立即吸附于金属表面，由于有机缓蚀剂的极性基有孤对电子，金属及其离子有空轨道，故二者共用电子对发生络合反应。缓蚀剂极性基团与被保护金属之间的匹配关系本质上就是酸、碱作用生成稳定的、不溶的络合物。因为金属及其离子是碱，有机缓蚀剂的极性基团是酸，它们之间的相互作用就是广义的酸碱作用。吸附越强，形成的络合物越稳定，越不易溶解，有机缓蚀剂的缓蚀效率就越高。

利用软硬酸碱规则可预测配合物之间稳定性的相对大小，进而分析缓蚀剂与金属之间的相互作用。根据酸碱原则提出的被保护金属与有机缓蚀剂极性基之间的定性匹配关系，对于缓蚀剂的开发有一定参考价值。

2.3.3 表面化学

腐蚀是发生在金属表面或界面的一种现象，表面处理是一种常用的防止腐蚀的方法。表面化学的理论和研究方法已经渗透到催化、电化学、腐蚀等众多学科中。表面化学是了解防腐蚀化学品作用机制的理论基础之一。

1. 固体表面与界面

一般的金属材料都以晶体形态存在，晶体是原子、离子或分子在三维空间呈周期性规则排列，即长程有序。非晶态金属，没有固定熔点等，在短程可能存在若干有序结构。金属材料的界面有三种：表面，即金属材料与气体或液体的分界面；晶界，即多晶材料内部成分、结构相同而取向不同的晶粒（或亚晶）之间的界面；相界，即金属材料中成分、结构不同的两相之间的界面。

固体表面活性位置是指在某一方面具有活性的微观表面原子基团。表面活性位可以是离子型晶体的表面阳离子，它与体相阳离子不同，未被足够数额的阴离子所补偿，因而具有高度的电子亲和力。表面活性位也可以是具有高电场的一个部位，这种部位可以把极性分子吸引上来。这样一些位置的密度可以是10^{19}个/m^2，即每一个表面原子作为一个位置。另一方面，表面活性位可以和不均匀表面的各种缺陷关联，如平台、台阶、扭折、表面吸附、表面空位、位错，如晶体台阶上的位置或位错在表面露头处的位置。在晶体台阶上会有这样一些位置，在它们上面吸附物可以与几个晶格原子相互作用，因而总的相互作用可以很强。当表面被台阶覆盖时，氧分子碰撞硅的表面后黏附上去的概率提高了 500 倍。表面活性位也可以是表面杂质，混合氧化物对气态电子给体（碱），如氨，常表现出较任一单独氧化物更强的吸引力。

表面态是固体自由表面或固体表面活性位的局部电子能级。只要周期性遭到败坏，表面上就会出现局部特征表面态，或者当表面原子的电子亲和力与体相原子不同时，表面原子占据的能级与体相价电子不同。许多因素可以引起表面态能级的变化。表面杂质、吸附质，甚至溶液中邻近的离子，都会产生局部表面能级。与金属腐蚀相关的能级是具有交换电子或共享电子活性的金属表面能级。

2. 吸附作用

当接近表面时，每一个原子或分子都会遇到一个引力使其同表面结合，这一过程称为吸附（adsorption）。表面上发生吸附作用的固体称为吸附剂（adsorbent）；被吸附的物质称为吸附质（adsorbate）。吸附通常可分为物理吸附和化学吸附。物理吸附是一种物理作用，没有电子转移，没有化学键的生成与破坏，也没有原子重排等。化学吸附是吸附剂表面分子与吸附质分子发生了化学反应，在红外、紫外-可见光谱中会出现新的特征吸收带。物理吸附力包括：色散力、诱导力和取向力等。化学吸附力主要来源于吸附键，吸附键是吸附质与吸附剂之间发生了电子的转移或共有所形成的化学键。吸附键的特点：①吸附质粒子仅与一个或少数几个吸附剂表面原子相键合；②吸附键的强度依赖于表面的结构，在一定程度上与底物整体电子性质也有关系。化学吸附速率取决于：①气体分子对固体表面的碰撞频率；②是否碰撞在表面上空着的活性点上；③吸附活化能。

表面化学反应是指吸附物质与固体相互作用形成了一种新的化合物。当吸附物与固体表面的电负性相差较大，化学亲和力很强时，化学吸附会在表面上导致新相的生成，即表面化合物。表面化合物的特点：①是一种二维化合物，不同于一般的化学吸附态，具有一定的化合比例，且随键合性质的不同表现不同性能；②不同于体相的化合物，在相图中通常也不存在。

影响表面吸附力的因素有：①吸附键性质会随温度的变化而变化。物理吸附只发生在接近或低于被吸附物质所在压力下的沸点温度。化学吸附发生的温度远高于沸点温度。随温度的增加，被吸附分子中的键还会陆续断裂，以不同形式吸附在表面上。②吸附键断裂与压力变化的关系。固体表面加热到相同温度时，被吸附物压力的变化将导致发生脱附。③表面不均匀性对表面键合力的影响。表面有阶梯和褶皱等不均匀性存在，对表面化学键有明显的影响。④其他吸附物对吸附质键合的影响。

在稀溶液中，一般认为物质在固体表面的吸附是单个离子型或分子型吸附。吸附可能以下述方式进行。①离子交换吸附：吸附于固体表面的反离子被同电性的离子所取代。②离子对吸附：离子吸附于具有相反电荷的、未被反离子所占据的固体表面位置上。③氢键形成吸附：吸附剂分子或离子与固体表面极性基团形成氢键而吸附。④π电子极化吸附：吸附物分子中含有富余电子的芳香核时，与吸附剂表面的强正电性位置相互吸引而发生吸附。⑤London 引力（色散力）吸附：此种吸附一般总是随吸附物的分子增大而增大，而且在任何场合皆发生，即在其他所有吸附类型中皆存在，可作为其他吸附的补充。⑥憎水作用吸附：表面活性剂亲油基在水介质中易于相互联结形成“憎水链”，当浓度增大到一定程度时，有可能与已吸附于表面的其他表面活性剂分子聚集而吸附，或以聚集状态吸附于表面。

金属自溶液中的吸附可以直接测量。在一定温度时吸附质吸附量与溶液浓度之间的平衡关系曲线即吸附等温线。根据吸附等温线可了解吸附量与吸附质溶液浓度的变化关系，进而比较不同吸附剂的吸附效率和所能达到的最大吸附程度，提供被吸附分子（或离子）在表面上所处状态的线索，使我们对吸附质的吸附改变固体表面性质的规律有进一步的认识。主要有以下吸附等温方程：①Langmuir 吸附理论——单分子层吸附等温方程；②Freundlich 吸附等温方程；③Temkin 吸附等温方程；④BET 多分子层吸附等温方程。

在吸附过程中的热效应称为吸附热。物理吸附过程的热效应相当于气体凝聚热，很小；化学吸附过程的热效应相当于化学键能，比较大。吸附一般是放热过程，虽然热力学放热过程的焓变应为负值，但一般 ΔH_{ads} 表示为正值。吸附原子或分子在表面的停留时间可用吸附热估算。根据被吸附原子在基底上的吸附位置，一般可分为顶吸附、桥吸附、填充吸附和中心吸附四种形式。缓蚀剂的研究从艺术转变为科学（from art to science），开始于对吸附现象的认识。少量的缓蚀剂能够有效地抑制金属腐蚀，首先必须在金属表面富集，这就是吸附作用。金属自溶液中吸附缓蚀剂，即缓蚀剂分子或离子在金属-溶液界面上富集。缓蚀剂在金属表面的吸附，不仅能改变腐蚀过程局部反应动力学，而且能改变金属的表面状态，特别是能改变发生吸附的活化表面的面积。吸附现象具有竞争性，有机缓蚀剂大都具有极性基团，能排除金属表面已吸附的水分子。有机化合物在金属表面的吸附作用有三个途径：

（1）有机化合物 π 电子和金属正电荷之间的相互作用；

（2）N、S 等杂原子上的孤对电子和金属正电荷之间的相互作用；

（3）有机化合物的质子化片段和金属负电荷之间的相互作用。

2.3.4 配位化学

配位化学是研究金属原子或离子与无机、有机的离子或分子相互反应形成配位化合物的特点以及它们的成键、结构、反应、分类和制备的学科。防腐蚀化学品的作用过程涉及与金属表面的原子或氧化膜之间的相互作用，配位化学是研究防腐蚀化学作用机理的重要理论基础之一。

配位化合物（coordination compound）简称配合物，是由可以给出孤对电子或多个不定域电子的一定数目的离子或分子（称为配体）和具有接受孤对电子或多个不定域电子的空轨道（称为空位）的原子，或离子（俗称中心原子）按一定的组成和空间构型形成的化合物。配合物的组成包括：

（1）配体。配体大多是含有孤对电子的分子或离子，如配体中直接与中心原子配位形成 σ 配位键的原子称为配位原子，一般配位原子至少有一对未键合的孤对电子，配位原子主要是周期表中Ⅴ、Ⅵ、Ⅶ主族的元素。有些配体是依靠提供 π 电子和中心原子形成配位键，这种配体称为 π 键配体，如某些烯、炔、芳烃作为配体即属此类。还有的配体可以用 π*轨道接受中心原子的反馈电子，这类配体如 CN^-、CO、NO（亚硝基）等，称为 π 酸配体。此外，单齿配体是指一个配体和中心原子只以一个配位键相结合的配体。多齿配体是指一个配体和中心原子以两个或两个以上的配位键相结合的配体。

（2）中心原子。它位于配合物中心位置，一般是金属离子，特别是过渡金属离子，也有中性金属原子的情况。

（3）内界和外界。配合物中，由中心原子和配体组成的化学质点（离子、分子）称为配合物的内界，这是配合物的特征部分，书写化学式时用方括号括起来，其无论在晶体中或溶液中都结合得比较牢固，有一定的稳定性，难以解离。不在内界中的其他简单离子，同中心原子结合得比较松弛，并使整个配合物呈中性，容易解离，在书写时放在方括号外，称为外界。

（4）配位数，即直接同中心原子配位的配位原子的数目。一般中心原子较常见的配位数是 6、4、2 等。中心原子配位数如同化合价一样是不变化的，它主要取决于中心离子极化力和配体的电荷、半径、电子层构型和彼此间的极化作用，以及配合物形成时的外界条件（温度和反应物浓度等因素）。

在配位化合物中，中心原子与配位体之间以配位键相结合。解释配位键的理论有键价理论、晶体场理论和分子轨道理论。配合物稳定常数即配合物生成反应的平衡常数，配位化合物的稳定性与金属离子和配体有关。

（1）金属离子性质对配合物稳定性的影响。由于配合物的生成主要是在带正电的金属离子和配体阴离子或偶极子之间进行的，金属离子的离子势（阳离子电荷与其半径之比）越大，相同配体的配合物越稳定。金属离子与配体以离子键为主时：M^{n+}电荷相同：半径越小，稳定性越大；M^{n+}半径相同：电荷越大，稳定性越大。金属离子与配体以共价键为主时：金属离子的电负性越大，越接近配位原子，稳定性越大。晶体场稳定化能对配合物稳定性的影响：M^{n+}电荷相同，半径相近时，稳定性顺序为 $Mn^{2+} < Fe^{2+} < Co^{2+} < Ni^{2+} < Cu^{2+}$，

Cu^{2+}＞Zn^{2+}。

（2）配体性质对配合物稳定性的影响。配合物的稳定性还与配体阴离子的可极化性有关。在一定限度内，阴离子的可极化性越大，配体的碱性越强，配体也越易成为电子给体，相应配合物越稳定。与配合物稳定性有关的还有螯合作用，即双齿以上的配体在多于一个的位置上与金属离子连接成环。螯环的形成使螯合物比非螯合物具有特殊的稳定性。通常，螯合程度增加时，配合物的稳定性也就增加，如乙二胺配合物的稳定性比氨配合物大。饱和螯环：五元环较稳定；不饱和螯环：六元环较稳定。分子的张力越小，螯环越稳定。

有机缓蚀剂绝大部分含有杂原子或π共轭体系，从配位化学理论看，它们是含有孤对电子的原子，称为配位原子，主要属于周期表Ⅴ、Ⅵ、Ⅶ三个主族。而有色金属离子与铁离子属于中心原子，缓蚀剂的作用过程存在配位作用和配位键的形成。在火力发电厂，向锅炉内加入的络合剂，如乙二胺四乙酸铵盐，可以和炉水的铁等阳离子形成配位化合物，这作为一种炉内水处理的方法，可以避免锅炉介质浓缩腐蚀。

2.3.5　化学结构与防腐蚀性能的关系

有机缓蚀剂的分子结构对缓蚀性能有决定性的影响，因此人们开展化学结构和防腐蚀性能的关系研究。从改变金属的表面状态考虑，可把缓蚀剂分为界面型缓蚀剂（interface inhibitor）和相间型缓蚀剂（interphase inhibitor）两类（表2-1），其中界面缓蚀剂是吸附的缓蚀剂分子形成二维的膜，一般是单分子层的Langmuir吸附，也称吸附型缓蚀剂；相间型缓蚀剂也称成膜型缓蚀剂，是在金属表面形成三维的新相（有一定厚度的表面膜），这种膜可以是难溶的氧化物或盐的沉积物，也可以是吸附的有机分子发生多层的聚合效应所形成的。界面型缓蚀剂主要应用于酸性溶液，成膜型缓蚀剂主要用于中性溶液。

表2-1　缓蚀剂种类及特点

缓蚀剂类型	细分类型	特点
成膜型缓蚀剂	阳极成膜	钝化膜，ΔE_{corr}是较大的正值，大于100mV
		阳极难溶盐膜，不能使金属钝化，如硅酸盐、磷酸盐
	阴极成膜	腐蚀电位少许负移，如Zn^{2+}
界面型（吸附型）缓蚀剂	几何覆盖效应	均匀覆盖
	活性位置覆盖效应	活性点覆盖
	参与电极反应	负催化效应
		次生的缓蚀作用

目前有各种量子化学计算方法用于缓蚀剂的研究，以研究分子结构参数和缓蚀效率之间的关系[13-15]。对于沉淀型缓蚀剂，人们需要进一步研究的是晶核的构成以及它们随时间增长的问题，通过控制这一过程，可以改变沉淀的形成，从而影响包裹的密度以及渗透性，这涉及聚集体和分形几何学科。缓蚀剂在起作用的过程中，常常形成不同程度的分子聚集体，分子聚集体的形成对于缓蚀剂分子在金属表面的吸附排列方式有显著的影响，由此也可影响到缓蚀剂的作用效果。以分子的组装、裁剪为特征的超分子化学的发展，给缓蚀剂的研究开发提供了新的途径和方向。

近年来迅速发展的超分子组装技术，提供了按设定方式修饰固体表面的方法，给缓蚀机理的研究注入了新的活力。自组装膜（self-assembled membrane，SAM）是分子在溶液（或气态）中自发通过化学键牢固地吸附基体上而形成的，对电化学反应具有钝化作用。自组装膜中分子成键有序排列，缺陷最少，呈结晶态，易于用近代物理和化学方法加以表征。研究缓蚀机理需要了解缓蚀剂在金属表面的微观吸附状态，如分子的取向和排列方式，但是运用常规的试验方法直接获取分子去向和排列特征十分困难，因此在金属表面组装有序的微观结构对探求金属和缓蚀剂吸附层界面间的详尽信息具有极其重要的意义[16-18]。

人们期望根据吸附性、溶解性、化学性等要求有目的地合成出所需要的高效缓蚀剂（即分子裁剪，molecular tailor），这无疑将使防腐蚀化学品的应用领域更为宽广。总之，人们对防腐蚀化学品的应用和开发正在向为人类生活空间提供无毒、无公害防腐蚀技术的目标努力。深入研究防腐蚀化学品的作用机理和分子构效关系，合成新的高效缓蚀分子，可为防腐蚀新材料的设计提供基础。

2.3.6 缓蚀剂的协同作用

两种或两种以上的缓蚀剂复配使用时，其缓蚀作用和原先单独使用时相比得到显著加强的现象称为缓蚀剂的协同作用（synergistic effect），反之称为缓蚀剂的拮抗作用（antagonistic effect）。缓蚀剂的协同作用在缓蚀过程中是一个广泛存在的现象[19, 20]。例如，有机胺或有机碱的盐类作为缓蚀剂加到硫酸溶液中，对铁的腐蚀抑制并不明显，若同时加入卤素离子，则缓蚀作用可得到显著增强；Zn^{2+}在冷却水系统中作为缓蚀剂其效果并不理想，但是和其他缓蚀剂如铬酸盐、磷酸盐复配使用，可以降低它们的使用浓度，显著提高其缓蚀性能。根据金属腐蚀体系的特征，充分发挥各种缓蚀剂的协同作用，可以降低对环境危害大的缓蚀剂的使用量，提高缓蚀剂的缓蚀效率。开发出不同环境条件下的缓蚀剂使用配方，是缓蚀剂应用过程中一个极为重要的环节。但是由于几种缓蚀剂存在所带来的金属腐蚀过程的复杂性，所以很难有一个统一的理论对缓蚀剂协同作用的机理作出满意的解释，该领域的理论研究落后于实际应用的发展，这也是当前为提高缓蚀剂的效率而急需研究的重点课题。

带正电荷的季铵盐离子在有卤素离子（Cl^-、Br^-、I^-）存在的条件下就会得到比它单独存在时更高的缓蚀功能，对这一协同作用现象，人们分别用零电荷电位移动、电极双电层微分电容降低来解释。胺类化合物在过氯酸溶液中与卤素离子产生的协同作用，可能存在以下三种吸附模型：重叠吸附、共吸附和静电共吸附。硫酸介质中 KI 和 BTA 对铜的协同缓蚀作用，则被认为是优先吸附在铜表面的 I^- 可以进一步吸附质子化的 $BTAH^+$（有机阳离子），然后形成 Cu（IBTA）聚合膜，这种表面膜比单独 BTA 存在下形成的表面膜更厚，聚合度更高，因而缓蚀作用也得到了显著增强。苯并三氮唑衍生物 1-[（1′，2′-二羧）乙基]苯并三唑（BTM）和 KI 在硫酸介质中存在协同缓蚀作用，研究认为 I^- 优先吸附在 Cu 表面，降低了铜表面的正电性，从而有利于 BTM 阳离子的吸附，提高了 BTM 对铜在酸性介质中的缓蚀作用。高效缓蚀剂还存在“活性离子吸附→聚合成膜”协同缓蚀作用模型。活性吸附的离子在可以相互反应的有机物和金属之间起架桥作用，各缓蚀组分迅速在金属表面吸附并发生缩聚反应形成金属表面聚合覆盖层，这种吸附的聚合膜可以不断修复和增厚，使金属和腐蚀介质隔离而显示出良好的缓蚀效果。

近中性介质缓蚀剂产生协同作用的原因可能是不同缓蚀剂的分子或离子产生溶度积更小的沉积物，导致阳极或阴极区被更大面积地覆盖，所以起到更好的缓蚀作用[21, 22]。氧化型缓蚀剂和非氧化的沉淀型的缓蚀剂存在协同作用，如亚硝酸盐+苯甲酸盐是在汽车散热系统中使用最广泛和最有效的缓蚀剂；铬酸盐+正磷酸盐即使在高浓度盐水中也是很有效的缓蚀剂。阳极型缓蚀剂和阴极型缓蚀剂也存在协同作用，如硫酸锌和铬酸钠，可以构成铬酸锌保护膜。对于 Zn^{2+}和二羟乙基膦酸在低氯（60ppm，1ppm 为 10^{-6}）溶液中的协同作用，发现碳钢表面缓蚀膜包含 $Zn(OH)_2$、Fe_2O_3 和磷酸铁复合物，铁的腐蚀溶解反应是由可溶性磷酸铁和氢离子通过缓蚀层的扩散过程来控制的，Zn^{2+}和二羟乙基膦酸复配使用，表面复合膜更加致密而显著地阻滞了铁的腐蚀溶解反应。

针对无机阳离子同有机物的协同作用产生的原因，大多数观点认为它们间形成了配合物，从而提高了缓蚀率。通过对稀土元素与有机物的协同作用的一系列研究，认为镧（III）离子与铈（V）离子为镧系元素，有较多空轨道可以与有机分子中杂原子的孤对电子配位成键，形成配合物吸附于金属表面，并能进一步在金属表面生成表面化合物或致密的氧化膜，从而使金属的耐蚀性大大增加。而阳离子 Na^+、Al^{3+}、Zn^{2+}与硫脲在硫酸溶液中对碳钢存在缓蚀协同效应，发现 Zn^{2+}与硫脲产生的协同作用大于另外两种阳离子，这是因为 Zn^{2+}与硫脲形成配合物的能力强于 Na^+、Al^{3+}，形成的配合物吸附于阳极区，是单分子层的物理吸附。

2.4　缓蚀剂合成及其应用

缓蚀剂是一种防腐蚀化学品，少量加入到腐蚀环境中，便可通过在金属表面或表面附近的作用，显著降低金属材料的腐蚀速率。在电力生产过程中，缓蚀剂的应用已成为最重要的工艺防腐蚀手段，应用于循环冷却水处理、炉内水处理等。

2.4.1　缓蚀剂的作用特征及分类

使用缓蚀剂是一种经济有效、适用性强的金属腐蚀防护方法，其具有以下特点：①防腐蚀效果优良；②基本上不增加设备投资，几乎不改变腐蚀环境条件，使用方便；③缓蚀剂的效果不受设备形状的影响；④可根据不同的腐蚀环境，设计使用不同的缓蚀剂的配方；⑤同一缓蚀剂配方有时可以同时防止多种金属的腐蚀。缓蚀剂只适用于腐蚀介质有限量的系统，如密闭或半密闭系统、循环或半循环系统。如果缓蚀剂性能优异且使用剂量很低（一般指每升几微克）时，也可用于一次直流系统。对于敞开系统，也可以采取间歇预膜和缓蚀组装的方法进行腐蚀防护。缓蚀剂的应用具有较高的选择性，不同介质和不同的金属材料会采用不同的缓蚀剂，甚至同一种介质当操作条件（如温度、浓度、流速等）改变时，所应使用的缓蚀剂也会完全改变。正确选用适用于特定系统的缓蚀剂，应按实际使用条件进行必要的缓蚀剂筛选和评价试验。

缓蚀剂的种类繁多，常从多种角度对缓蚀剂进行分类：①无机缓蚀剂、有机缓蚀剂和天然产物缓蚀剂。早期的缓蚀剂主要采用天然有机原料，如淀粉、糖浆、鸡蛋和天然胶等。由于天然产物来源不稳定，从 20 世纪 30 年代起人们大量采用合成化学品作为缓蚀剂。常用的无机缓蚀剂包括铬酸盐、亚硝酸盐、磷酸盐、硅酸盐、钼酸盐、钨酸盐、稀土化合物等。常用的有机缓蚀剂包括有机胺、醛类、炔醇类、有机磷化合物、有机硫化合物、有机羧酸及其盐类、有机磺酸及其盐类、有机杂环化合物，其分子结构特征是含有杂原子或具有共轭体系。②阳极型缓蚀剂、阴极型缓蚀剂和混合型缓蚀剂。根据抑制的电极过程不同，对缓蚀剂进行分类：阳极型缓蚀剂，能使阳极极化增大，降低阳极反应速率，腐蚀电位正移；阴极型缓蚀剂，能使阴极极化增大，提高阴极反应的析氢或吸氧过电位，降低阴极腐蚀速率，腐蚀电位负移；混合型缓蚀剂，能阻滞阳极溶解，又能增大阴极极化，使腐蚀反应难以进行。③成膜型缓蚀剂和吸附型缓蚀剂。根据在金属表面的状态，缓蚀剂可分为成膜型缓蚀剂和吸附型缓蚀剂。成膜型缓蚀剂是一种在金属表面生成缓蚀膜而阻碍腐蚀过程的缓蚀剂。缓蚀膜又分为两种：钝化膜和沉淀膜。钝化膜是铬酸盐、硝酸盐、亚硝酸盐及重铬酸盐等氧化剂加入到腐蚀介质中后在金属表面生成的氧化膜或钝化膜，可抑制腐蚀过程；沉淀膜是通过有机类缓蚀剂分子和腐蚀过程中生成的金属离子相互作用而形成不溶性配合物，沉积到金属表面而起缓蚀作用，如苯并三氮唑（BTA）与铜反应生成聚合物沉淀保护膜而对铜起缓蚀作用，硫醇、喹啉与铁在酸性介质中反应，生成沉淀而抑制腐蚀。吸附型缓蚀剂在金属表面形成连续的吸附膜，将腐蚀介质与金属隔离而起到保护作用[23-25]。

2.4.2 聚合型缓蚀剂

聚合物用作缓蚀剂有很长的历史，早期使用的淀粉、鸡蛋、糖蜜等铁板酸洗缓蚀剂，就是天然高分子物质。这些天然产物的组成不稳定，缓蚀效果也各不相同。许多高效缓蚀剂可以在金属表面发生原位聚合作用，如炔醇类化合物是盐酸介质中耐高温的高效缓蚀剂，一般认为炔醇化合物在 Fe^{3+}的催化下，三键打开形成聚合物被膜，随着时间的增长，被膜不断增厚，从而显示出较好的缓蚀能力。苯并三氮唑能和一价铜离子以共价键和配位键结合，相互交替形成链状聚合物，在铜表面形成多层保护膜，是铜及其合金的特效缓蚀剂。一般聚合物的毒性较其单体显著降低，吸附成膜性比其单体好，在金属表面又有较大的覆盖面积，因而其表现出较好的缓蚀效果[26]。许多水溶性高分子缓蚀剂也可以用于液相系统中金属的保护。对氨基苯醌聚合物是通过二胺、三胺和苯醌的均聚反应合成的，在酸性水溶液中是可溶的，其分子中的富 π 电子和 N 原子上的孤对电子能够同金属表面 d 轨道作用，吸附在金属表面上的活性位置而阻滞金属的溶解反应，形成一个致密的保护膜而显示出良好的保护性能。聚乙烯吡唑啉酮和聚乙二胺在 2mol/L 硫酸溶液中对铜具有较好的缓蚀作用，对铜电极的阳极和阴极电化学过程均有阻滞作用。导电聚合物材料如聚苯胺、聚吡咯已广泛应用于金属的防腐蚀涂层，其优点在于可以在金属表面形成一个钝化的氧化物保护膜，当金属涂层有缺陷时由于其导电性可使整个金属处于钝化态。导电聚合物可广泛用于热交换系统、太阳能转换装置、地下储罐、海洋和其他室外暴露环境的金属构件、混凝土中的钢筋、桥梁及汽车涂层的防腐蚀处理。

有机聚合物的分子结构如聚合度的大小、共聚体的特性以及分子的空间取向等和其缓蚀能力有关。研究发现，在循环冷却水中对碳钢的保护过程中，阴离子聚合物的缓蚀效果比阳离子聚合物好；阴离子聚合物的缓蚀能力和其数均分子量有关，数均分子量在 10^3 数量级具有最大的缓蚀能力。有机聚合物用作缓蚀剂的最重要的前提是：

（1）它们是聚合的或能够在金属表面原位聚合；

（2）能够在金属表面形成单层或多层膜，并且是无缺陷的致密的阻障膜；

（3）为了在表面金属原子和被吸着物质间形成强的和有效的共价键，给体轨道和受体轨道能量与对称性应当匹配。

2.4.3　气相缓蚀剂

气相缓蚀剂（vapor phase inhibitor，VPI），又称挥发性缓蚀剂（volatile corrosion inhibitor，VCI）或气相防锈剂，常温下能自动挥发出缓蚀成分，吸附在金属表面，从而防止金属腐蚀。气相缓蚀剂使用时不必直接接触金属表面，具有防锈效果好、操作简便、成本较低等特点，特别适合于结构复杂的金属制品与构件的非涂装性保护[27]。气相缓蚀剂起源于抑制蒸汽空间有冷凝水的管线腐蚀的缓蚀剂，因第二次世界大战时用于美军枪械等武器的防锈包装而得到快速发展。一般认为气相缓蚀剂的作用机制是缓蚀剂由于挥发而使空间为未电离的分子饱和，这些分子只有当缓蚀剂和水汽被金属表面吸附以后才起水解和电离作用，从而发挥其缓蚀作用。因此，决定气相缓蚀剂效果的因素有：①蒸气压；②吸附能及缓蚀剂与金属表面结合的牢固程度；③缓蚀剂对决定腐蚀过程电化学反应的阻滞程度[28, 29]。与油封相比，气相防锈包装可省掉包装前的涂油和启封后的清洗工序，具有干净清洁、使用方便的特点，最适用于机械设备的封存保护。近年来，气相缓蚀技术在火力发电厂热力设备停备用保护和异形管道的防腐蚀方面得到了一定程度的应用。

2.4.4　环境友好缓蚀剂

缓蚀剂作为一种防腐蚀化学品，其开发与应用越来越重视环境保护的要求。为降低缓蚀剂在使用过程中对环境和人类造成的危害，人们做了大量有毒缓蚀剂的替代工作[30, 31]。电厂常采用联氨-氨的给水处理方式，联氨的毒性大，这一方法受到越来越多的限制。经常作为缓蚀剂使用的铬酸盐如重铬酸钾（$K_2Cr_2O_7$）和重铬酸钠（$Na_2Cr_2O_7$）、砷酸盐、锡酸盐，由于毒性大，已逐渐被禁止使用。在循环冷却水系统中，目前大都采用磷系复合配方，但磷酸盐能引起水源的富营养化。多年来非磷有机缓蚀剂一直是人们寻找的目标。*S*-羧乙基硫代琥珀酸是近年来为满足环保要求而出现的新型非磷缓蚀剂，具有溶于水，生物降解性好，低毒，在宽 pH 范围内均具有缓蚀和阻垢性能。聚天冬氨酸（PASP）是受海洋生物代谢启发而研制的一种生物高分子，可用于循环水处理以及解决油田中 CO_2 的腐蚀问题。聚天冬氨酸对环境没有毒性，并且能够全部降解为无毒的物质，是公认的性能优良的绿色缓蚀阻垢剂。目前国内外都在致力于多元羧酸、羟基羧酸、不饱和羧酸、含磺酸基高分子共聚物、氨基酸和多糖等全有机系复合水处理药剂的开发[32]。

在冷却水系统，锌盐（$ZnSO_4$）是一种常用的复配剂，和铬酸盐等钝化膜型缓蚀剂以及有机多元膦酸、聚羧酸等有机缓蚀剂复配使用可以降低它们的使用量，并可以防止磷酸盐、硅酸盐和硫酸盐使用量过多而生成沉淀。对 Zn^{2+} 来说，它在水中排放的允许浓度为 0.5mg/L，过量排放会对人体造成重金属离子危害。近期，循环冷却水中 Zn^{2+} 排放所造成的环境问题引起了人们的关注。

酸洗缓蚀剂应具有使用方便、低毒、低剂量、无怪味、低色度的特点，既具有较好的缓蚀效果，又具有较好的抑制酸雾的能力。火力发电厂设备酸洗介质有盐酸、有机酸、EDTA 等。氢氟酸清洗法具有溶解硅垢的特殊能力，对铁的氧化物溶解速度快、效率高，三价铁离子积聚引起的腐蚀程度低，其不足之处在于氢氟酸易在空气中发烟，蒸气具有强烈的腐蚀性和毒性。咪唑啉化合物毒性低，能降低氢氟酸使用浓度。天然物质来源广、价格低廉、对环境无污染且易生物降解，人们关注天然产物缓蚀剂的研发，如植物的茎、叶提取液等作为酸洗缓蚀剂，从豆渣中提取混合氨基酸用作缓蚀剂。以毛发、羽毛等角蛋白质为原料，采用酸解法生产胱氨酸过程中产生的滤液（废水），制备工业酸洗缓蚀剂。利用化工、医药行业工业副产物生产制造缓蚀剂，可以变废为宝，符合环保发展方向。

2.4.5 氨基酸缓蚀剂

氨基酸类化合物具有无毒、易降解的特点，是具有碱性氨基和酸性羧基的两性化合物，其可以通过蛋白质水解制得，在自然环境中能够全部分解，因而在 20 世纪 80 年代后成为备受关注的绿色环保型缓蚀剂[33-35]。

美国 Donlar 公司于 20 世纪 90 年代初期开发了聚天冬氨酸（polyaspartic acid，PASP），其可生物降解，具有优异的缓蚀阻垢分散性能，并已被证明对碳钢、铜等有良好的缓蚀性能。PASP 从原料、生产到最终产品均对环境无毒无公害。为了提高 PASP 的性价比，满足水处理中缓蚀阻垢的应用要求，人们对聚天冬氨酸进行结构优化，并研究开发其他种类的可生物降解的氨基酸类聚合物。在 PASP 中引入羟基和磺酸基，可增加其溶解度和缓蚀性能。一种含异羟肟酸（氨基酸）支链的聚合物对碳钢具有较好的缓蚀保护作用，其结构式如图 2-6 所示。

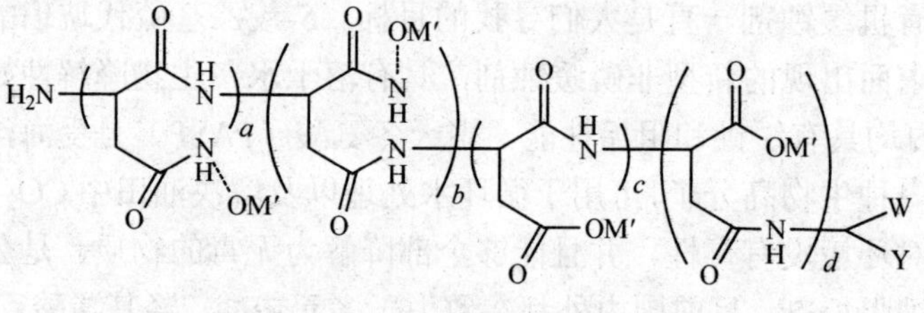

图 2-6　含异羟肟酸（氨基酸）支链的化合物

W 是 CO_2M 或 CONHOH，M 是金属离子；Y 可能是 $CH_2CONHOH$ 或 CH_2CO_2M，M 是金属离子；M′是碱金属、碱土金属和铵根离子

氨基酸衍生物还可以用于防止金属的大气腐蚀。3-(苯甲酰基)-*N*-(1, 1-二甲基-2-羟乙基)-丙氨酸（TALA，结构式如图 2-7 所示）对湿大气中的低碳钢具有缓蚀作用。

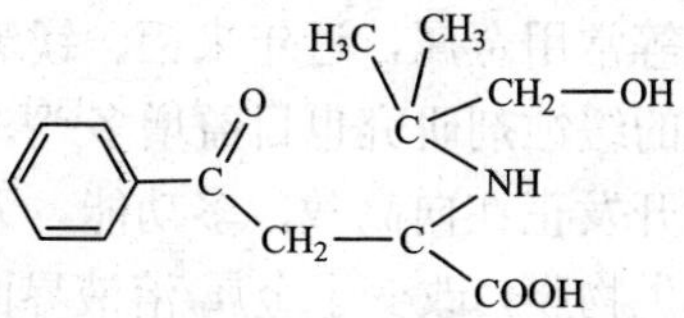

图 2-7　3-(苯甲酰基)-*N*-(1, 1-二甲基-2-羟乙基)-丙氨酸结构式

TALA 对碳钢具有良好的保护效果，可以用于汽车零配件的清洗，以防止它们在储运过程中产生锈蚀。

脂肪酸酰氯与氨基酸反应合成的 *N*-酰基氨基酸及其盐表面活性剂，可用作中性水体系中碳钢的缓蚀剂，且具有一定抵抗温度和浓度波动的能力。*N*-油酰基肌氨酸钠对经过加氨调节后的高温除盐水有良好的缓蚀作用，属于阳极型缓蚀剂，且与大多数除盐水缓蚀剂有良好的协同效应。除了针对碳钢以外，人们还广泛考查了氨基酸化合物对铝、铜、铅等金属的缓蚀作用。精氨酸、组胺酸、谷氨酸、天冬酰胺、丙氨酸、氨基乙酸对 0.1mol/L 的 NaCl 溶液中铝的点蚀具有抑制作用。深入了解氨基酸类缓蚀剂的缓蚀机理，开发高效的氨基酸缓蚀剂新品种，设计和构筑氨基酸类超分子组装体系，满足工业各过程的应用需求，将是防腐蚀化学品发展的重要方向。

2.4.6　缓蚀剂研究开发展望

随着缓蚀剂应用开发的深入，缓蚀剂的作用功能和应用范围不断拓宽。在研究适用于液相、气相的缓蚀剂之后，又发展了适用于气液相、气/液/固多相体系的缓蚀剂；为适应深井采油的需要，又开发出耐高温缓蚀剂等。由于在许多情况下局部腐蚀比均匀腐蚀具有更大的破坏性和危险性，所以局部腐蚀的缓蚀剂越来越受到人们的普遍重视。早期的点蚀缓蚀剂是普通的亚硝酸盐、铬酸盐、磷酸盐、钼酸盐等，它们均可以使腐蚀点再钝化和封闭。近年来许多有机化合物用作点蚀缓蚀剂，如苯胺、苯甲醛、偶氮化物、呋喃基丙烯化合物可作为不锈钢的点蚀缓蚀剂，丁二酸盐对铁在碱性氯离子条件下的点蚀有明显的抑制作用。应力腐蚀是材料、应力和环境介质三种因素共同作用下产生的一种腐蚀破坏形式，应力腐蚀缓蚀剂是在材料及其所承受的外力不变的情况下，通过改变环境因素和其间的交互效应，有效抑制裂纹萌生或减缓裂纹扩展的缓蚀剂。钢筋阻锈剂是提高混凝土结构耐久性的重要方法之一，$Ca(NO_2)_2$ 作为掺入型阻锈剂的主流产品在工程上得到了大量应用。有机钢筋阻锈剂可以通过在混凝土孔隙间的扩散到达钢筋表面，形成有效的保护膜。有机钢筋阻锈剂不仅能够掺入到混凝土的原料中使用，也可以直接涂覆在混凝土表面，通过自发的渗透过程到达钢筋表面，最终在钢筋表面成膜，实现对钢筋的保护，这就是渗透（迁移）型阻锈剂。长期以来，缓蚀剂的主要防护对象为钢铁、铜等常用金属，近年来铝、镁等轻金属的研究和应用发展较快，关于这些合金材料的缓蚀剂研究也日益增多[36]。

目前缓蚀剂的研究与开发正在向高效、多功能、无公害的技术目标发展。微生物能够在金属表面形成生物膜，改变了金属/溶液界面的电化学过程，从而影响金属的腐蚀。微生物诱导腐蚀（microbe induced corrosion，MIC）已得到了广泛研究。微生物导致的缓蚀作用近期引起了人们的关注，生物膜缓蚀剂已成为绿色缓蚀技术研究的一个重要方向。在缓蚀作用过程中，如何有效控制缓蚀剂的释放，对于减少缓蚀剂的用量、降低缓蚀剂的毒性、发挥缓蚀剂作用具有重要的意义。例如，将微胶囊技术应用于缓蚀剂的研究，通过囊壁材料的选择，可以开发出压敏、热敏、光敏等具有环境刺激响应功能的缓蚀材料。

总之，结合工程实践，不断开发混凝土钢筋阻锈剂、多相系统用缓蚀剂、点蚀缓蚀剂、轻合金缓蚀剂和耐高温缓蚀剂及其应用技术；加快有毒、有害缓蚀剂的替代工作，开发高效的环境友好缓蚀剂新品种；运用现代物质结构理论和先进的分析测试技术，结合量子化学理论研究，研究缓蚀剂分子在金属表面上的吸附行为及作用机理，深入了解缓蚀剂的缓蚀协同作用；根据金属腐蚀体系的特征，开发环境敏感的智能缓蚀材料，将是缓蚀剂应用过程中一个极为重要的环节。

2.5 缓蚀组装技术

自组装膜（self-assembled membrane，SAM）是成膜物质通过分子间及其与基底材料间的化学作用而自发形成的一种热力学稳定、排列规则的分子膜。SAM 从组成结构上可分为三部分：一是分子的头基，它与基底表面上的反应点以共价键（如 Si—O 键及 Au—S 键等）或离子键（如 $—CO_2^-Ag^+$）结合，这是一个放热反应，活性分子会尽可能占据基底表面上的反应点；二是分子的烷基链，键与键之间靠范德华作用使活性分子在固体表面有序且紧密排列，相互作用能一般小于 40kJ/mol，分子链中间可通过分子设计引入特殊的基团使 SAM 具有特殊的物理化学性质；三是分子末端基团，如$—CH_3$，—COOH，—OH，$—NH_2$，—SH，$—CH═CH_2$ 及 —C≡CH 等，其意义在于通过选择末端基团以获得不同物理化学性能的界面或借助其反应活性构筑多层膜。自组装技术可应用于金属表面保护，在火力发电厂热力设备的预膜处理方面具有一定的应用前景。

2.5.1 缓蚀自组装技术

自组装技术提供了按设定方式修饰固体表面的方法，自组装膜对离子传输和电子隧道产生高能垒，对电化学反应具有钝化作用，对基底金属具有保护作用。同时，研究缓蚀机理需要了解缓蚀剂在金属表面的微观吸附状态，如分子的取向和排列方式，但是运用常规的试验方法直接获取分子取向和排列特征十分困难，因此在金属表面组装有序的微观结构技术，也给缓蚀机理的研究注入了新的活力。目前，自组装技术在 Au、Ag、Cu 等金属防护上的应用已趋于成熟。目前常用的自组装体系主要有脂肪酸类、烷基硫醇类、有机硅烷类、席夫碱类等[37-39]。

烷基硫醇类是最早用于自组装的一类体系，可用于防止铜的大气氧化。由于 S 原子与金属键的结合强度高，反应条件容易控制，自组装膜高度有序。研究表明，S—Cu 键的形成首先是由于 S—H 键断裂，而后形成 S—Cu 键，对于链长大于 16 个碳原子的烷基硫醇自组装膜，它对铜的腐蚀和氧化过程有较好的抑制作用。增加烷基硫醇的链长可降低 Cu 的氧化速率，即当自组装膜的厚度每增加 6Å，铜的氧化速率会降低 60%。硫酚类缓蚀剂对铜的缓蚀效率的影响与其结构和苯环上的取代基的位置有关，取代基的类型对铜的缓蚀效率的影响遵循如下规律：$—CH(CH_3)_2$＞$—CH_3$＞—F＞$—NHCOCH_3$＞$—NH_2$。相对于苯环上—SH 的位置，在苯环上的$—NH_2$ 的位置对铜的缓蚀效率的影响遵循如下规律：邻位＞间位＞对位[40, 41]。

脂肪酸及其衍生物是通过羧基与要吸附的金属表面发生酸碱反应，通过离子键与金属表面相连，形成自组装膜。通过偏振光椭圆率测量仪和反射红外检测了碳原子数从 4 到 20 的脂肪酸在银、铜、铝上 SAM 的结构。研究结果表明，不同的材料表面上，SAM 的结构（羧基与基底的键合方式、分子链的取向及存在的缺陷程度等）存在很大的差别，其中，脂肪酸在铜表面的吸附的空间结构与在铝上的吸附一致，此外，分子链中碳原子的个数不同（奇数或偶数），末端基团（$—CH_3$）的取向也不同，这些结果从反射红外及接触角测量的实验中得到了证实[42]。席夫碱基团通过碳-氮双键（C═N）上的氮原子及与之相邻的具有孤对电子的氧（O）、硫（S）、磷（P）等原子作为给体（供体）与金属原子（或离子）配位，从而吸附在铜的表面，形成自组装膜。在海水环境中对铜的缓蚀效率达到 90%以上。

有机硅类 SAM 包括：烷基氯代硅烷、烷基烷氧基硅烷和烷基氨基硅烷。有机硅类 SAM 要求基体羟基化。硅烷通过与基体表面的硅醇（SiOH）聚合形成以 Si—O—Si 键连接的单分子膜。以有机硅烷为例，其组装机理为：头基$—SiCl_3$ 吸收溶液中或固体表面上的水发生水解，生成硅醇基$—Si(OH)_3$，然后与基底表面—OH 以 Si—O—Si 共价键结合，单分子膜中分子之间也以 Si—O—Si 聚硅氧烷链聚合，形成网状结构。有机硅烷 SAM 的质量除了与基底及烷基本身的结构有关外，水的含量也是一个非常关键的因素。另外，组装温度及组装时间也直接影响组装效果。

2.5.2　氨基酸缓蚀自组装膜

氨基酸分子中同时存在羧基和氨基，含有 S、N、O 等杂原子，有可供利用的孤对电子，可与金属形成配位化合物。研究开发氨基酸缓蚀组装技术，对于绿色缓蚀技术发展具有重要的意义。作为构成蛋白质和多肽基元的氨基酸，主要有20种，在带电、极性、与水的作用以及质子交换等方面都可以有很大的可变性，因此氨基酸完全可以通过其特征官能团吸附到金属的表面上，形成自组装膜，发挥对金属基体的保护作用[43-45]。

精氨酸（Arg）是一种α-氨基酸，等电点为10.76。相对于其他氨基酸，精氨酸分子中含有更多的N。我们采用电化学方法研究了精氨酸自组装膜对铜在0.5mol/L HCl溶液中的保护作用。结果表明，Arg分子可以在铜表面形成稳定的Arg SAM，且SAM抑制了铜的阴极氧的扩散过程，Arg的最佳组装条件为在10^{-3}mol/L组装溶液中浸泡6h。当pH为5时形成的自组装膜比其他pH下形成的自组装膜要稳定致密。碘离子的加入可进一步提高Arg SAM对铜的缓蚀效率，其中在酸性情况下的KI与Arg的协同作用要好于在碱性情况下，缓蚀效率可达到89%。这可能是由于I^-的特性吸附使电极表面带有过剩的负电荷，而组装溶液在酸性情况下，精氨酸上的氨基带的电荷比在碱性情况下要正，这一结果可从量子化学参数中看出。因此，在酸性组装溶液情况下，精氨酸能更好地与碘离子发生协同作用[46]。

组氨酸（His）属于碱性氨基酸或杂环氨基酸，分子中含有咪唑环。我们采用电化学阻抗技术研究了His在铜表面成膜的工艺条件。His可以在铜表面自组装成膜，对铜有一定的缓蚀效率。当His组装浓度为10^{-2}mol/L，组装时间为2h，组装溶液pH为10时，His在铜表面的吸附效果最好。碘离子的加入可进一步提高His在铜表面的吸附，其缓蚀效率可达到87%。量子化学计算表明His是通过羧基中的氧吸附到铜表面，起到缓蚀作用。在不同pH的情况下，组氨酸分子中的特征官能团的原子带有不同的电荷，羧基中的氧的电负性更低，因此羧基更容易吸附到铜的表面，而且pH=10时羧基上的氧的电负性要比其他pH条件下更低，更容易吸附。碘离子的加入可进一步提高组氨酸自组装膜对铜的缓蚀作用。在一定的浓度范围内，随着碘离子浓度的增加缓蚀效率也增加，当在10mmol/L组氨酸溶液中加入5mmol/L KI时，缓蚀效率可达到89%，低频区的Warburg阻抗基本消失。这表明KI的加入使得His自组装膜在铜表面的覆盖度和致密度明显增加，从而提高其保护效果[47]。

谷氨酸（Glu）是生物机体内氮代谢的基本氨基酸之一，其分子中含有两个羧基。研究发现，Glu分子可以在铜表面形成稳定的Glu SAM，Glu的最佳组装条件为在10^{-2}mol/L组装溶液中浸泡12h。谷氨酸在铜表面的吸附符合Langmuir吸附等温式，是一种自发行为，但Glu分子在铜表面的吸附既有物理吸附又有化学吸附。在pH为10时形成的Glu自组装膜比其他pH条件下形成的自组装膜要稳定致密。在不同pH情况下，Glu分子中的特征官能团的原子带有不同的电荷，相对于氨基，羧基中的氧的电负性更低，因此羧基更容易吸附到铜的表面。当 pH≥12 时，铜在组装溶液中很容易发生氧化，形成 CuO 的表面膜，不利于离子化的 Glu 在其表面吸附。碘离子的加入可进一步提高谷氨酸自组装膜对铜的缓蚀作用。碘离子与谷氨酸的浓度比对在铜表面形成的膜有很大的影响，当碘离子与谷氨酸的浓度比为 1∶1 时保护效率最高，保护效率可提高到 75%[48]。

2.5.3　自组装缓蚀膜的表征技术

随着自组装膜应用领域的不断拓展，人们不断地寻求更新、更快、更加简便和智能化的自组装膜表征技术，常用的表征方法有电化学方法、扫描电子显微镜法（SEM）、X 射线光电子能谱法（XPS）和红外光谱法（infrared spectroscopy）等[49-51]。

1. 电化学方法

对于自组装缓蚀膜，可采用阻抗谱、循环伏安法及极化曲线等电化学测试技术来定性、定量地表征自组装膜的电极过程和缓蚀性能。电化学阻抗谱（EIS）可以表征自组装膜表面的电子传递行为，研究膜自身的电阻特征及其对溶液和基底间的电子传递的阻碍作用，研究自组装膜的致密性、自组装膜的质量、膜电容、膜在金属表面的覆盖度及缺陷大小等。通过测量金属的极化曲线可得到金属的腐蚀电流密度等数值，还可得到阴、阳极反应的 Tafel 斜率等相关电极过程的动力学参数。循环伏安法（CV）是电化学研究中经常用到的测试方法，可以通过改变电极电位的扫描速度来考察所研究体系的电化学性质。在自组装膜的测定方面，可通过 CV 的屏蔽效应研究自组装膜的结构、影响因素和最佳成膜条件。

2. X 射线光电子能谱法

X 射线光电子能谱法是目前所有表面能谱中获得化学信息最多的一种非破坏性高灵敏的分析方法。当 X 射线照射样品时，会产生光电效应，即使原子内层电子受激发出放光电子，通过分析光电子动能和数量，能定性测定元素及其化学价态，并可充分了解化学环境对电子结合能、化学位移的影响。利用 XPS 也可以进行定量分析，对于同一种元素，光电子的谱峰强度（峰面积或峰高）大小能反映元素浓度或含量的多少。XPS 中的携上峰现象，还可以诊断物质的结构。运用 XPS 方法可获得 SAM 组成、表面吸附、表面态、能带结构和分子的化学结构。

3. 红外光谱法

红外光谱技术，包括水平衰减全反射-傅里叶变换红外光谱（ATR-FTIR）和掠角反射红外光谱（GIR-IR），可提供自组装膜的稳定性和膜中分子堆积、取向、膜的结构和功能间的关系等分子水平的信息。GIR-IR 具有高灵敏度、低噪声以及不破坏样品等优点。水平衰减全反射-傅里叶变换红外光谱已经广泛应用于生物膜质体的性质研究，有助于在分子水平上了解生物膜的结构与功能的关系[52]。

用于表面自组装单分子膜的谱学表征方法还有表面增强拉曼光谱（surface enhanced Raman spectroscopy，SERS）、原子力显微术（atomic force microscopy，AFM）、接触角（contacting angle）测量和石英晶体微天平（quartz crystal microbalance，QCM）技术，它们都可以从不同角度对自组装膜进行表征。STM是利用导体针尖（tip）与样品之间的隧道电流，并用精密压电晶体控制导体针尖沿样品表面扫描，以原子尺度记录样品表面形貌以及获得原子排列、电子结构等信息。

2.5.4 缓蚀组装技术发展

对于一些相对活泼的工业金属如 Cu、Fe、Al 和不锈钢等，因为这些金属在空气中极易氧化，其表面状态受环境因素影响较大，会进一步影响自组装膜和金属表面之间的相互作用，导致自组装膜的稳定性较差。开展工业上广泛使用的金属的缓蚀自组装技术研究，对自组装技术应用更有实际意义。当前国内外对自组装成膜过程中自组装膜的倒塌、针孔缺陷等问题的解决还不够成熟，需要不断探索开发新的自组装体系和方法，以提高膜的保护效率，通过形成双层或多层组装膜来调整膜的结构，增强其稳定性。

1. *混合自组装技术*

采用混合自组装技术，可以提高缓蚀组装膜的稳定性和缓蚀作用性能。例如，利用自组装技术在铜电极表面上制备了纯烯丙基硫脲自组装膜，并以十二烷基硫醇进一步修复得到混合自组装膜。混合膜对铜的腐蚀具有 91.2%的缓蚀效率。而混合自组装膜经过交流电处理后，最大缓蚀效率为 98.5%，而且不论交流电处理与否，混合自组装膜在很宽的电位范围内均表现出很好的稳定性。先将 Cu 还原，然后在 N_2 的保护下浸入烷基硫醇中形成 SAM，在 Na_2SO_4 中测定电极的极化电阻，发现 SAM 对 Cu 仅具有中等的保护能力。在此基础上，在铜表面制备了 $HO(CH_2)_{11}SH$ 自组装膜，并利用三氯硅烷（$C_nH_{2n+1}SiCl_3$）与自组装膜表面的 OH 发生反应得到烷基硅氧膜，形成复合自组装膜。复合双层膜的形成减少了膜中的缺陷，增加了膜的厚度，有效地提高了膜的防腐蚀能力[53-55]。

2. *层-层自组装技术*

层-层自组装，即利用逐层交替沉积的方法，借助各层分子间的弱相互作用（如静电引力、氢键、配位键等），使层与层自发地缔合形成结构完整、性能稳定、具有某种特定功能的分子聚集体或超分子结构。层-层自组装技术具有许多优点，如对成膜基质没有特殊限制，不需要专门的设备，成膜驱动力的选择较多，制备的薄膜具有良好的机械和化学稳定性，薄膜的组成和厚度可控，等等。层-层自组装技术构筑多层超薄膜的大体步骤可以概括为：基质预处理（1）→A 层膜材料的吸附（2）→清洗（3）→B 层膜材料的吸附（4）→清洗（5）→重复（2）、（3）、（4）、（5）……层-层自组装技术根据成膜驱动力的不同，可以分为静电层-层自组装、氢键层-层自组装、共价键层-层自组装等多种类型。此外，除了依靠静电和氢键作用构筑多层膜，其他的弱相互作用，如配位作用、电荷转移、特异性分子识别等也可用来作为成膜驱动力。

3. 可控组装

揭示组装基元间的弱键作用的本质和协同规律是自组装技术的基本科学问题。自组装技术主要涉及三个问题：首先，如何依据需求的功能设计结构；其次，选择或创制什么基元，以构筑所需要的结构；最后，用或建立何种方式组装基元，实现功能可控。结构构筑与功能组装相结合，寻找可控自组装新方法，发展功能导向的自组装新体系和新技术，是自组装发展过程中的重要内容。人们尝试表面分子多孔网络的精确可控组装，利用层内氢键、层间氢键以及多级氢键网络实现了分子多孔网络的孔间距、孔形貌和孔对称性的精确调控，发展分子组装结构调控方法。例如，利用机械与化学结合的方法，基于金刚石刀具切削的自组装加工技术，在氢终止的硅表面上制备了十六烯自组装单分子膜，实现了硅基底上的可控自组装。利用超两亲分子的功能基元，组装功能超两亲分子；在超两亲分子中，构筑基元通过非共价键相互连接，由于非共价键具有良好的可控性和可逆性，可以通过外界刺激响应，调控其两亲性，实现可控的自组装与解组装[56, 57]。点击化学是一种在温和条件下高反应趋势的共价键反应。将点击化学引入自组装单分子膜，既能实现结构可控，同时又能实现自组装膜功能的调控。在单分子尺度上对功能分子单元进行观察和操纵，掌握其结构和各种物理化学性质，最终实现性能的可控，这对可控自组装技术发展具有重要作用。

参 考 文 献

[1] 魏宝明. 金属腐蚀理论及应用. 北京：化学工业出版社，1984

[2] 梁成浩. 现代腐蚀科学与防护技术. 上海：华东理工大学出版社，2007

[3] 杨辉，卢文庆. 应用电化学. 北京：科学出版社，2015

[4] 吴辉煌. 应用电化学基础. 厦门：厦门大学出版社，2006

[5] 杨绮琴，方北龙，童叶翔. 应用电化学. 广州：中山大学出版社，2001

[6] 宋诗哲. 腐蚀电化学研究方法. 北京：化学工业出版社，1988

[7] 龚敏，佘祖孝，陈琳. 金属腐蚀理论及腐蚀控制. 北京：化学工业出版社，2009

[8] 吴继勋. 金属防腐蚀技术. 北京：冶金工业出版社，1998
[9] 郑家燊. 缓蚀剂的研究现状及其应用. 腐蚀与防护，1997，18（1）：34-37
[10] 郑家燊，黄魁元. 缓蚀剂科技发展历程的回顾与展望. 材料保护，2000，33（5）：11-15
[11] 张大全，徐群杰，陆柱. 苯并三唑和咪唑分子内缓蚀协同作用的研究. 中国腐蚀与防护学报，2009，19（5）：280-284
[12] 高振衡. 物理有机化学. 北京：高等教育出版社，1982：89-131
[13] 张大全，高立新，周国定. 国内外缓蚀剂研究开发与展望. 腐蚀与防护，2009，30（9）：604-610
[14] 张大全. 绿色化学及其技术在缓蚀剂研究开发中的应用. 材料保护，2002，35（1）：29-31
[15] 张大全，庞学良. 聚合物缓蚀剂的研究开发及应用. 腐蚀与防护，2000，21（7）：300-303
[16] 王嵬，张大全，张万友，等. 国内外混凝土钢筋阻锈剂研究进展. 腐蚀与防护，2006，27（7）：369-371
[17] 高立新，张大全，陆柱. 含吗啉单元的二元胺型气相防锈剂的研究. 材料保护，2000，33（6）：39-41
[18] 张大全，高立新，周国定，等. HCl 溶液中巯基杂环化合物对铜的缓蚀作用. 应用化学，2002，19（6）：535-538
[19] 叶康民. 缓蚀剂的协同效应. 材料保护，1990，23（1）：37-39
[20] 郭兴蓬，俞敦义，叶康民. 缓蚀剂研究中的电化学方法——某些问题与新方法. 材料保护，1992，25（10）：24-28
[21] 张大全，高立新，周国定，等. 苯并三唑和 8-羟基喹啉对铜的缓蚀协同作用. 物理化学学报，2002，18（1）：74-78
[22] 王大鹏，高立新，张大全. 碱性溶液中 L-半胱氨酸对 AA5052 铝合金阳极缓蚀作用研究. 中国腐蚀与防护学报，2015，（4）：311-316
[23] 王佳，曹楚南，陈家坚. 缓蚀剂理论与研究方法的进展. 腐蚀科学与防护技术，1992，4（2）：79-86
[24] 曹楚南. 缓蚀剂研究中的电化学测量技术. 材料保护，1990，23（1）：40
[25] 董俊华，林海潮，曹楚南，等. 硬软酸碱原理与缓蚀剂设计. 辽宁石油化工大学学报，1995（4）：42-46
[26] 张大全，庞学良. 聚合物缓蚀剂的研究开发及应用. 腐蚀与防护，2000，21（7）：300-303
[27] 张大全. 大气腐蚀和气相缓蚀剂应用技术. 上海电力学院学报，2006，22（3）：273-277
[28] 张大全. 气相缓蚀剂及其应用. 北京：化学工业出版社，2007
[29] 张大全. 气相防锈材料的开发与应用. 腐蚀与防护，2007，28（7）：325-328
[30] 张大全，陆柱. 各类缓蚀剂开发和应用过程中环境影响的探讨. 腐蚀与防护，1999，20（3）：99-102
[31] 郑红艾，张大全，邢婕. HCl 溶液中氨基酸类化合物对铜的缓蚀作用. 腐蚀与防护，2007，28（12）：607-609
[32] 张大全. 缓蚀技术研究进展及在能源工业中的应用. 上海电力学院学报，2013，29（4）：355-363
[33] 张大全，朱瑞佳，高立新. 氨基酸类缓蚀剂的研究开发进展. 上海电力学院学报，2007，23（3）：240-243
[34] Zhang D Q，Cai Q R，Gao L X，et al. Effect of serine，threonine and glutamic acid on the corrosion of copper in aerated hydrochloric acid solution. Corrosion Science，2008，50（12）：3615-3621
[35] Zhang D Q，Cai Q R，He X M，et al. Corrosion inhibition and adsorption behavior of methionine on copper in HCl and synergistic effect of zinc ions. Materials Chemistry and Physics，2009，114（2-3）：612-617
[36] 张大全. 多单元有机缓蚀剂的合成和缓蚀性能研究. 上海：华东理工大学，1999
[37] 崔晓莉，江志裕. 自组装膜技术在金属防腐蚀中的应用研究. 腐蚀与防护，2001，22（8）：335-338
[38] 杨生荣，任嗣利，张俊彦，等. 自组装单分子膜的结构及其自组装机理. 高等学校化学学报，2001，22（3）：470-476
[39] 张大全，高立新，汪知恩. NaCl 溶液中烷基咪唑对铜的缓蚀作用研究. 中国腐蚀与防护学报，2009，22（4）：237-240

[40] 杨学耕，陈慎豪，马厚义，等. 金属表面自组装缓蚀功能分子膜. 化学进展，2003，15（2）：123-128

[41] 王春涛，陈慎豪，赵世勇，等. 烯丙基硫脲和十二烷基硫醇对铜的缓蚀作用. 化学学报，2003，61（2）：151-155

[42] 李瑾，张大全. 缓蚀膜自组装技术的研究与发展. 腐蚀与防护，2010，31（3）：183-187

[43] 张大全，谢彬，李瑾，等. 谷氨酸自组装膜对铜的缓蚀机理研究. 中国腐蚀与防护学报，2011，31（1）：56-61

[44] 刘培慧，高立新，张大全. 铜表面苯丙氨酸和色氨酸复合自组装膜的缓蚀性能研究. 中国腐蚀与防护学报，2012，32（2）：163-167

[45] 张大全，冯晶晶，高立新. Cu 表面氨基酸混合组装体系的缓蚀作用. 中国腐蚀与防护学报，2009，28（4）：235-239

[46] Zhang D Q, He X M, Cai Q R, et al. Arginine self-assembled monolayers against copper corrosion and synergistic effect of iodide ion. Journal of Applied Electrochemistry，2009，39（8）：1193-1198

[47] Zhang D Q，He X M，Cai Q R，et al. pH and iodide ion effect on corrosion inhibition of histidine self-assembled monolayer on copper. Thin Solid Films，2010，518（10）：2745-2749

[48] Zhang D Q，Cai Q R，He X M，et al. Inhibition effect of some amino acids on copper corrosion in HCl solution. Materials Chemistry and Physics，2008，112（11）：353-358

[49] Zhang D Q，Gao L X，Cai Q R，et al. Inhibition of copper corrosion by modifying cysteine self-assembled film with alkylamine/alkylacid compounds. Materials and Corrosion，2010，61（1）：16-21

[50] Zhang D Q，Zeng H J，Zhang L，et al. Influence of oxygen and oxidant on corrosion inhibition of cysteine self-assembled membranes for copper. Colloids and Surfaces A：Physicochemical and Engineering Aspects，2014，445：105-110

[51] Aramaki K，Shimura T. Self-assembled monolayers of carboxylate ions on passivated iron for preventing passive film breakdown. Corrosion Science，2004，46（2）：313-328

[52] Aramaki K，Shimura T. Protection of passivated iron against corrosion in a 0.1 M $NaNO_3$ solution by coverage with an ultrathin polymer coating of carboxylate SAM. Corrosion Science，2009，51（9）：1887-1893

[53] Aramaki K，Shimura T. Complete protection of a passive film on iron from breakdown in a borate buffer containing 0.1 M of Cl^- by coverage with an ultrathin film of two-dimensional polymer. Corrosion Science，2006，48（1）：209-225

[54] Aramaki K，Shimura T. Preparation of a two-dimensional polymer film on passivated iron by modification of a carboxylate ion self-assembled monolayer with alkyltriethoxysilanes for preventing passive film breakdown. Corrosion science，2005，47（6）：1582-1597

[55] Aramaki K，Shimura T. An ultrathin polymer coating of carboxylate self-assembled monolayer adsorbed on passivated iron to prevent iron corrosion in 0.1 M Na_2SO_4. Corrosion Science，2010，52（1）：1-6

[56] Zhang D Q, Gao L X, Zhou G D. Self-assembled urea-amine compound as vapor phase corrosion inhibitor for mild steel. Surface and Coatings Technology，2010，204（9）：1646-1650

[57] Zhang D Q, Liu P H, Gao L X, et al. Photosensitive self-assembled membrane of cysteine against copper corrosion. Materials Letters，2011，65（11）：1636-1638

第 3 章　锅炉给水处理

电力生产的安全稳定运行对一个国家的经济发展和人民日常生活均具有重要影响。目前我国电力生产主要还是依靠火力发电，而锅炉作为一种具有受热承压能力的热能动力设备在电厂被广泛运用[1]。锅炉在运行过程中，对于给水水质的要求极高。如果水质不达标，在热负荷较高的锅炉受热面易出现结垢和腐蚀，导致锅炉传热效率和金属材料的机械强度降低，甚至会引起爆炸等安全事故。因此，研发和应用先进的锅炉给水处理技术，保证给水质量，是火力发电厂的一项重要工作。

3.1　锅炉给水处理概述

3.1.1　锅炉组成及工作过程

1. 锅炉的组成

锅炉主要由锅炉本体（锅、炉）和辅助装置（附件仪表和附属设备）构成。锅炉的作用是将燃料充分燃烧，通过传热过程将炉水变为合格的水蒸气，蒸汽带动汽轮机发电，最终把燃料中的化学能转化为电能。

1）锅炉的本体

锅和炉是锅炉的本体部分。其中炉是指燃料燃烧的场所，主要由燃烧设备、炉墙、钢架和炉拱等部分组成。燃料经燃烧设备在炉膛中燃烧产生灼热烟气，灼热的烟气通过炉膛和烟道经锅炉受热面向锅水传递热量，最后烟气通过锅炉的尾部从烟囱排出。锅相当于盛水的容器，相对于炉而言要复杂一些，主要包括锅筒、水冷壁管、过热器、省煤器等受压部件。

（1）锅筒。

锅筒又称汽包，为长圆筒形，长度约等于锅炉宽度。锅筒的主要作用是接纳补充给水，向循环回路供水，进行汽水分离并储存、汇集蒸汽，并向过热器输送饱和蒸汽。根据锅筒的个数，可分为单锅筒蒸汽锅炉和双锅筒蒸汽锅炉。单锅筒蒸汽锅炉的锅筒下部全为热水，锅筒上部为蒸汽空间。双锅筒蒸汽锅炉的下锅筒全为热水，上锅筒上部为蒸汽空间，下部为热水。

（2）水冷壁管。

在炉膛四周竖直布置的管子称为水冷壁管。它是锅炉的主要受热面，用来吸收高温烟气辐射传来的热量，同时冷却燃烧产物，起到保护炉墙的作用。

（3）过热器。

过热器一般由蛇形管构成。它的主要作用是加热从锅筒中送来的饱和蒸汽，提高蒸汽温度，改善蒸汽品质，使之成为过热蒸汽，提高电站的发电效率和减少供热管道内的冷凝损失。

（4）省煤器。

省煤器也是由许多平行的蛇形管构成，布置在锅炉尾部的烟道内。它的主要作用是提高给水温度，减小排烟热损失，提高电站的热效率。

2）锅炉的辅助装置

（1）附件仪表。

锅炉上需安装一些附件仪表，以保障锅炉的正常安全运行。常见有压力表、水位表、温度仪表、排污装置、自动调节装置等，此外还包括工业电视和计算机等。

（2）附属设备。

附属设备是安装在锅炉上的必备设备，主要有给水系统、通风系统、燃料供应系统、除尘系统、除渣系统等，如水处理设备（离子交换系统、反渗透水处理系统等）、鼓风机、引风机、除渣机、除尘器等。

2. 锅炉的工作过程

锅炉在运行时包括三个同时进行着的过程：燃烧过程、烟气传热过程和水的汽化过程。在适当的温度下，可燃物质与经通风系统输送到炉膛内的空气充分混合，释放出大量热量。炉膛的热量通过辐射传递给四周的水冷壁，水冷壁以对流传热方式将热量传递给锅水。水温不断升高，开始汽化，形成汽水混合物，经过汽水分离后蒸汽进入主汽阀输出使用。如果对蒸汽品质的要求较高，可以将蒸汽引入过热器中再加热形成过热蒸汽输出使用。

3.1.2　锅炉的水循环

锅炉中的水在循环回路中的流动称为锅炉水循环，稳定的水循环对锅炉的安全运行具有重要意义。锅炉金属的受热面一直在高温条件下工作，如果没有连续不断的循环水进行冷却，则会导致管壁温度急剧升高。温度过高时，管壁会发生龟裂，腐蚀结垢更易发生，严重时有爆炸危险。

锅炉的水循环分为自然循环和强制循环两种情况。蒸汽锅炉的水循环一般为自然循环，而热水锅炉和直流锅炉的水循环大都为强制循环[2]。

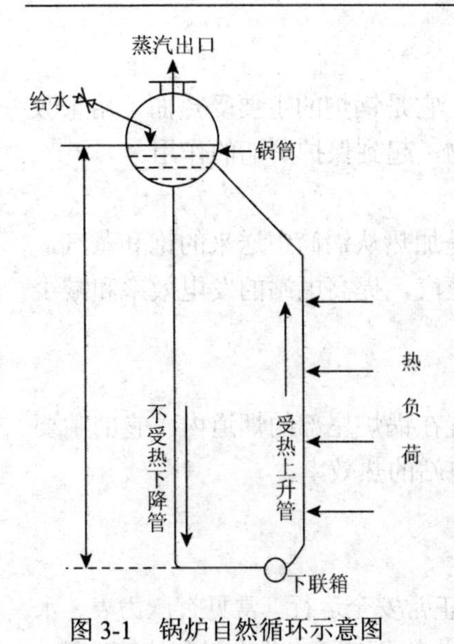

图 3-1　锅炉自然循环示意图

1. 自然循环原理

锅炉自然循环的原理可由图 3-1 来说明。将水注入锅筒至一半位置，加热右边的上升管，左边下降管不加热。加热一段时间后，右管内的水温逐渐升高，最后呈沸腾状态，形成汽水混合物，向上流动。左边下降管中的水则向下流动，通过下联箱流入右侧的上升管中。这样，上升管、锅筒、下降管及下联箱便组成了一个循环水路。形成水循环的原因是，上升管中水加热后变成汽水混合物，密度变小，而下降管中的水为冷水，密度大，形成的密度差导致锅炉中的水流动而循环。密度差越大，对水循环的推动力也就越大。这种依靠水的密度差发生的循环流动即为自然循环。

2. 强制循环原理

与自然循环相比，锅炉水的强制循环则是在循环回路的下降管侧增设循环泵，提供额外压头，以弥补自然循环驱动力的不足，提高锅炉水循环的可靠性。水循环动力由循环泵及运动压头共同提供。锅炉水的强制循环具有以下优点：

（1）由于循环泵可以提供足够的压头和流量，因此在升炉、停炉期间的工况水循环均可正常进行。此外，强制循环锅炉的水冷壁管径一般比自然循环锅炉小，可以采用节流圈来调整各管的出口蒸汽干度。

（2）锅炉升炉期间，由循环泵所提供的压头可通过省煤器再循环管，使炉水在省煤器与汽包之间建立起足够的流量，省煤器内的水不致汽化，气体不致储积，无需进行排污换水，从而降低热量的损失。

（3）循环泵前后压差在一定程度上反映了循环回路的流通阻力。从投运开始，记录和分析此压差，可以检测回路内部是否有结垢、是否存在异物。

（4）水的循环流速可以通过循环泵进行控制，锅炉运行的压力范围和滑参数运行范围均可以扩大。但循环泵也带来设备投资、维护方面的问题。

3.2　水的预处理

3.2.1　预处理概述

电厂用水水源（原水）一般为电厂周围的地表水（江河水、水库水等）或地下水，而这些水源水都含有一定的杂质，不能直接用作锅炉补给水，必须经过处理使之符合相关标准才可供锅炉使用。电厂给水处理包括水的预处理和水的净化处理。水的预处理目的是除去原水中的悬浮物、胶体物质以及部分有机物，以满足后续处理对进水水质的要求。

水的预处理流程为：

原水→混凝→沉淀澄清→过滤

一般经过混凝沉淀处理后，水的浊度（ZD）如果小于10FUT，这个水可以满足工业用水要求。再经过过滤处理后，ZD小于5FUT，则满足除盐处理进水水质的要求[3]。

3.2.2 水的混凝处理

1. 混凝机理

天然水中的泥沙一般通过重力自然沉降的方法去除。水中的杂质（如沉土、腐殖质、菌类、藻类等）容易在水中形成溶胶状态的胶体微粒，由于胶体微粒在水中的无规则布朗运动和静电斥力作用而呈现出较好的抗沉降稳定性和聚合稳定性，基本不能通过重力作用而沉降。因此，必须通过添加混凝剂破坏这些溶胶的稳定性，使细小的微粒凝聚，再絮凝成较大的颗粒而沉降，这个过程称为混凝。

2. 混凝过程

混凝过程是指从向水中投加混凝剂开始，到最终形成絮凝体大颗粒的整个过程。其主要分为以下两个阶段：

1）凝聚阶段

这个阶段在混合池或混凝管中进行，包括胶体的脱稳和形成微小凝絮的过程，是混凝过程中最重要的阶段。

2）絮凝阶段

这个阶段在絮凝池中完成，主要是小的凝絮体在流体动力的作用下再相互碰撞形成大的絮凝体。

3. 混凝剂

常用的混凝剂有无机盐类、无机盐聚合物类以及有机类化合物。

1）无机盐类混凝剂

（1）铝盐混凝剂。

常用铝盐混凝剂有硫酸铝 $Al_2(SO_4)_3 18H_2O$ 和明矾 $Al_2(SO_4)_3 \cdot K_2SO_4 \cdot 24H_2O$。硫酸铝使用方便，对处理后的水质无不良影响，但水温低时，水解困难，形成的絮凝体比较松散。此外，对水的 pH 的适应范围较窄，一般在 5.5～8。

（2）铁盐混凝剂。

常用的铁盐混凝剂有三氯化铁水合物 $FeCl_3·6H_2O$ 和硫酸亚铁的水合物 $FeSO_4·7H_2O$。

三氯化铁水合物为红褐色晶体，极易溶于水，形成的矾花密度较大，容易发生沉降，处理低温、低浊水的效果比铝盐好。但三氯化铁晶体易吸潮，水溶液对金属有一定的腐蚀性。

硫酸亚铁水合物，俗称绿矾，易溶于水，混凝效果不如三价铁盐。因此，使用时应先将 Fe^{2+}氧化成 Fe^{3+}。

2）无机盐聚合物类混凝剂

（1）聚合氯化铝。

聚合氯化铝（PAC），分子式简写为$[Al_2(OH)_mCl]_n$。聚合氯化铝对高浊度、低浊度、高色度及低温水都有较好的混凝效果。其形成絮凝体快，且颗粒大而重，易沉淀，投加量比硫酸铝低，适用的 pH 范围较宽，在 5～9 之间，在电厂被广泛应用。但 PAC 中含有大量的 Cl^-，对不锈钢的腐蚀性强，所以投加设备要采用耐氯的材质。

（2）聚合硫酸铁。

聚合硫酸铁（PFS）为红褐色的黏稠状液体，分子式为$[Fe_2(OH)_n·(SO_4)_{(3-n)/2}]_m$。它可以与水以任何比例快速混合，加速絮凝成大颗粒，适用原水的 pH 范围较宽，一般为 4～11。当原水 pH 在 5～8 范围内时，混凝效果更好。此外，用聚合硫酸铁净化后的水质 pH 和碱度降低，不增加氯离子含量，对设备管道的腐蚀性小，可以延长排污周期，减少污染。

3）有机类化合物

用作混凝剂的有机类化合物主要是人工合成的高分子化合物，如聚丙烯酰胺、聚丙烯酸钠、聚乙烯吡啶等，但以聚丙烯酰胺的用量最大。

4. 影响混凝效果的因素

水的混凝效果除了与所选用的混凝剂有关外，还与以下因素相关：

1）水的 pH 和碱度

使用无机盐类混凝剂时，对水的 pH 有一定的要求，pH 过高或过低都会影响混凝效果。此外，一些碱性物质对溶液的 pH 有一定的缓冲作用。如果水中碱度不足，为维持一定的 pH，还需投加石灰或碳酸钠等加以调节。

2）水温

无机盐类混凝剂溶于水时发生吸热反应，所以水温低时不利于混凝剂的水解。水温低时，水的黏度较大，胶粒的布朗运动减弱，相互间碰撞机会减少，不易凝聚。此外，水的黏度较大时，水流阻力增大，使絮凝体的形成长大受到阻碍，从而影响混凝效果。

3）接触介质

在水中保持一定数量的接触介质，可以使混凝过程更快、更完全地进行。在电厂水处理系统中，混凝过程一般在澄清池内进行。其利用澄清池内泥渣起接触作用，吸附水中的悬浮杂质和混凝处理时的细小絮状体。当混凝在过滤器中进行时，滤料也起到一定的接触介质的作用。

3.2.3　沉淀与澄清

沉淀处理是在原水完成混凝之后进行的。混凝为沉淀创造了条件，沉淀则是在混凝的基础上完成颗粒与水的分离，两个过程相互配合共同除去水中的悬浮物和胶体等杂质。用于沉淀的设备称为沉淀池，根据沉淀池的结构可分为平流沉淀池、辐射式沉淀池、斜板和斜管沉淀池等。

新形成的沉淀泥渣因具有较大的表面积和吸附活性，可作为接触介质，对水中尚未脱稳的胶体进一步产生接触混凝作用，加速沉淀速度，此过程即为澄清。用于澄清的设备称为澄清池，根据其结构可分为机械加速澄清池、水力循环澄清池等。

3.2.4　水的过滤处理

过滤就是将含有一定浊度的原水通过一定厚度的粒料或非粒状材料，去除水中浊度，使水进一步净化的过程。

1. 过滤原理

1）沉淀机理

当水中颗粒的直径大于滤料间的空隙时，颗粒就会吸附在滤料上面，形成一层附加的滤膜。在以后的过滤中，这层滤膜也会起过滤作用。这种过滤称为薄膜过滤。

2）固着机理

当水中悬浮颗粒直径小于滤料间的空隙时，悬浮颗粒和滤料之间以及已沉积的杂质之间存在吸附作用，悬浮颗粒可以固着在滤料表面，使得滤料颗粒间的空隙逐渐减小，这种过滤作用称为渗透过滤。

2. 电厂用水过滤过程的特点

电厂用水的过滤过程有以下特点：

（1）在发电厂中，需要过滤的水的悬浮物含量不高，一般小于 20mg/L，但水量较大。

（2）电厂用水一般采用颗粒滤料的过滤方法。常用的滤料有石英砂、无烟煤、重质矿石等。

（3）电厂用水的滤速较快，一般大于 5m/h。设备简单，易于反洗。

3. 过滤设备

按承压情况，过滤设备分为压力式和重力式两大类。前者一般为过滤器，后者一般为过滤池。

压力式过滤器中滤料可分为单层和双层。一般要求单层滤料过滤器的进水浊度小于 15～20mg/L；双层滤料过滤器的进水浊度小于 100mg/L。出水浊度一般要求小于 5mg/L。这种过滤器占地小，运转管理方便，在工业锅炉水处理中应用较广泛。

重力式无阀滤池的过滤过程是依靠水的重力自动流入滤池进行过滤或反洗，这种滤池没有阀门，比较适用于工矿、小型水处理工程及较大型的循环冷却水系统中作旁滤池用。这种滤池的缺点是冲洗时自耗水量较大。

3.3 水的净化处理

原水经过预处理后，水中的溶解盐类并未减少。为除去水中的溶解盐类物质，还需对水进一步净化处理。目前电厂常用的两种除盐的方法为离子交换水处理和膜法水处理[3,4]。

3.3.1 离子交换水处理

1. 离子交换水处理的基本原理

离子交换水处理是指利用固体离子交换剂除去水中离子态杂质的水处理方法。其基本原理是，固体离子交换剂中的离子与水中的某些特定离子进行交换，从而达到提取或去除水中某些离子的目的。离子交换反应属于可逆的等当量的交换反应。水处理中普遍用作离子交换剂的物质是离子交换树脂。

2. 离子交换树脂

离子交换树脂是一种功能高分子材料，带有能进行离子交换的活性官能团，具有网状结构，一般为球形颗粒状。

1）离子交换树脂的结构

（1）高分子骨架：由不溶性的、交联的高分子聚合物构成树脂的骨架，使树脂具有良好的化学稳定性和机械强度。

（2）离子交换基团：离子交换基团连接在高分子聚合物骨架上，可以是带有可交换离子的离子型官能团，如—SO_3Na，—COOH；或者是带有极性的非离子型官能团，如—$N(CH_3)_2$，—$N(CH_3)H$。

（3）孔：离子交换树脂中存在着高分子结构中的凝胶孔和高分子结构之间的毛细孔。

2）离子交换树脂的分类

工业水处理中常用的离子交换树脂的分类见表3-1。

表3-1 工业水处理常用的离子交换树脂的分类

类别	酸碱性	交换基团	交换基团名称
阳离子交换树脂	强酸性	—SO_3H	磺酸基
	弱酸性	—COOH	羧酸基
阴离子交换树脂	强碱性	—NOH	季铵基
	弱碱性	—NHOH	叔铵基

3. 水的离子交换处理

1）水的阳离子交换处理

水的阳离子交换处理指通过离子交换除去水中的阳离子。常用的阳离子交换法有钠（Na）离子交换和氢（H）离子交换。根据应用目的的不同，组成的水处理工艺有钠离子交换软化处理和氢-钠（H-Na）离子交换软化除碱处理。

（1）钠离子交换软化处理。

如果水处理的目的只是除去水中的Ca^{2+}、Mg^{2+}，可采用钠离子交换软化处理，出水硬度升高为钠离子交换运行的终点。经过一级钠离子交换后，可使水的硬度降至30μmol/L，能满足低压锅炉对补给水的要求。如果水质要求更高，可以将两个钠离子交换器串联运行，这种处理方式称为二级钠离子交换系统。

用钠离子交换进行水处理的缺点是不能除去水中的碱度。进水中的碳酸盐碱度，不论是以何种形式存在，经钠离子交换后，均转变为$NaHCO_3$。若作为锅炉补给水，$NaHCO_3$会在锅炉中受热分解产生NaOH和CO_2，造成的结果是炉水碱性过强，为苛性脆化提供了条件，并且CO_2还会使凝结水管道发生酸性腐蚀。

（2）氢-钠离子交换软化除碱处理。

锅炉用水的碱度需要彻底去除。如果既需除去水中的碱度，又要求不增加水的含盐量，可以采用氢-钠离子交换软化除碱处理。使用强酸性氢离子交换树脂的氢-钠离子交换器，由于出水中有酸度，所以可以利用其出水来中和一部分水中的碱度。这种方法的处理系统可以是氢离子交换器和钠离子交换器组成的并联或串联系统。一般经氢-钠并联系统处理后水的碱度可降至 0.35～0.5mmol/L，经氢-钠串联系统处理后水的碱度可降至 0.5～0.7mmol/L。

2）水的阴离子交换处理

通过阳离子交换设备后，水中阳离子全部转化为H^+，这时水中残余的是各种酸，包括强酸（HCl、H_2SO_4）和弱酸（如H_2CO_3、H_2SiO_3）等。可以利用氢氧（OH）型离子交换树脂去除水中的阴离子。

（1）强碱性阴离子交换树脂。

锅炉用水中的硅酸化合物可直接进入蒸汽，因此必须彻底去除。强碱性阴离子交换树脂的交换特性，主要看其除硅特性。进行除硅处理时注意以下几个方面：①强碱性阴离子交换必须在强酸性阳离子交换之后。这是因为强碱性阴离子树脂必须在酸性条件下才可以彻底除硅。②强碱性阴离子交换树脂进水中的 Na^+含量必须很小。③强碱性阴离子交换树脂必须可以再生，有足够的再生度。

（2）弱碱性阴离子交换树脂。①弱碱性阴离子交换树脂只能交换水中SO_4^{2-}、Cl^-、NO_3^-等强酸性阴离子，而对弱酸性阴离子HCO_3^-的交换能力很弱，对更弱的弱酸阴离子$HSiO_3^-$不能交换。②弱碱性阴离子交换树脂极易用碱再生。③弱碱性阴离子交换树脂对有机物吸附的可逆性比强碱阴离子交换树脂好，可在再生时被洗脱出来。

3.3.2 膜法水处理

膜法水处理是利用选择性透过膜为分离介质，当膜两侧存在某种推动力（如压力差、浓度差、电位差）时，使溶剂与溶质或微粒分离的办法。一般包括电渗析、反渗透、超滤等。用选择性透过膜进行分析分离时，使溶质通过膜的方法称为渗析，而使溶剂通过膜的方法称为渗透。

1. 电渗析水处理

电渗析是膜分离技术的一种，它是在直流电场作用下，以电位差为推动力，利用离子交换膜的选择透过性，把电解质从溶液中分离出来，从而实现溶液的淡化、浓缩、精制或纯化。

1）电渗析除盐的原理

把阳离子交换膜和阴离子交换膜交替排列于正负两个电极之间，并用特制的隔板将其隔开，组成脱盐（淡化）和浓缩两个系统。向隔室通入盐水后，在直流电场作用下，阳离子向阴极迁移，阴离子向阳极迁移，但由于离子交换膜的选择透过性，淡室中的盐水被淡化，浓室中的盐水被浓缩，从而实现脱盐目的。

2）电渗析技术的特点

（1）能量消耗低。

电渗析除盐过程中，只是用电能来迁移水中的盐分，而大量的水不发生相的变化，其耗电量大致与水中的含盐量成正比，尤其是对每升含盐量为数千毫克的苦咸水，其耗电量更低。

（2）药剂耗量少，环境污染小。

电渗析法处理水时，仅酸洗时需要少量的酸。因此电渗析法是耗用药剂少、环境污染小的一种除盐手段。

（3）操作简单，易于实现机械化、自动化。

电渗析器一般在恒定直流电压下运行，不需要通过频繁地调节流速、电流及电压来适应水质、温度的变化。因此，容易做到机械化、自动化操作。

2. 反渗透水处理

1）反渗透的原理

自然渗透为溶剂通过半透膜进入溶液或溶剂从稀溶液向浓溶液渗透。而反渗透则是溶剂从浓溶液向稀溶液渗透，即在浓溶液一边加上比自然渗透压更高的压力，扭转自然渗透方向，把浓溶液中的溶剂压到半透膜的另一边的稀溶液中，这和自然界正常渗透过程相反。

2）反渗透水处理的优点

（1）无需用酸碱再生，可连续运行，产水水质稳定。

（2）无再生污水，不需要污水处理设备。节省了反冲和清洗用水。

（3）使用简单方便，运行成本低。

3）反渗透与其他除盐设备的组合

（1）反渗透-离子交换除盐系统。

反渗透与离子交换联合组成的除盐系统是目前使用较为广泛的除盐水处理系统。在这种系统中，反渗透作为离子交换的预脱盐系统，可以除去原水中约95%的盐分和绝大部分的其他杂质，如胶体、有机物、细菌等；反渗透产水中剩余的盐分则通过后继的离子交换系统除去。

在锅炉补给水处理中常用的系统组合形式有：①预处理→反渗透→脱碳器→混合离子交换器；②预处理→反渗透→脱碳器→阳离子交换器→阴离子交换器；③预处理→反渗透→脱碳器→阳离子交换器→阴离子交换器→混合离子交换器。

（2）反渗透-电去离子除盐系统。

反渗透与电去离子（RO-EDI）除盐联合组成的除盐系统的基本组成形式为：预处理→反渗透→EDI。在这种系统中，预处理通常采用微滤或其他过滤等方式，原水经预处理后，达到反渗透进水的要求；在反渗透装置中，进水中的绝大部分盐分、有机物和其他各种杂质被除去；在EDI装置中，反渗透产水中的剩余盐分被除去。

3.4 凝结水处理

凝结水是蒸汽凝结而成的水。一般情况下，凝结水是比较纯净的。但在实际的工业生产过程中，凝结水会受到不同程度的污染。在发电厂中，凝结水的污染主要由以下原因引起[5]：

（1）锅炉蒸汽携带的挥发性物质溶于凝结水中；

（2）热力系统管道的腐蚀产物带入凝结水；

（3）汽轮机凝汽器的冷却水因泄漏而进入凝结水系统；

（4）停炉保护剂的残留物也可能会污染凝结水。

3.4.1 凝结水处理的目的及作用

（1）去除凝结水中的金属腐蚀产物，缩短机组启动时间。

（2）去除凝结水中的微量溶解盐类，提高凝结水水质，保证给水品质和蒸汽质量。

（3）冷却水泄漏时，去除因泄漏带入的悬浮固形物和溶解盐类，为机组正常程序停机争取时间。

3.4.2 凝结水的过滤

凝结水的过滤处理主要是滤去凝结水中的金属腐蚀产物微粒（铁、铜氧化物等）及悬浮物。常用的过滤设备有覆盖过滤器、管式微孔过滤器、电磁过滤器。

1. 覆盖过滤器

覆盖过滤器是在滤元上涂一层粉状滤料作为滤层，起到过滤作用，可以有效地滤除水中的微粒，可去除凝结水中80%～90%的金属腐蚀产物。覆盖过滤器的运行操作一般分为铺膜、过滤（运行）、爆膜（去膜）三个步骤。

2. 管式微孔过滤器

管式微孔过滤器用合成纤维绕制成具有一定空隙度的滤层，不用铺覆滤料。这是一种精密过滤设备，在凝结水处理中的过滤精度为1～20μm。

3. 电磁过滤器

电磁过滤器内部填充强磁性物质，外侧装有能改变磁场强度的电磁线圈。直流电接通后，线圈产生强磁场，可以使填充物磁化，再通过磁化基体（填料）对水中磁性物质颗粒的磁力吸引，将杂质吸着在被磁化了的填料表面，达到水的净化。

3.4.3　凝结水的混床除盐

凝结水中的盐类主要来自两个方面，一是蒸汽中带入的杂质；二是凝汽器泄漏带入的杂质。凝结水处理要求的出水纯度较高，树脂必须再生彻底，加之凝结水处理量大，凝结水处理所用混床多为体外再生混床，即运行制水时树脂在混床内，再生时将树脂移出混床体外，在专用再生设备中进行再生。

1. 凝结水混床的工作特点

（1）运行流速高。一般在100～120m/h，最高运行流速为150m/h。

（2）工作压力大。一般采用2.5～3.5MPa的工作压力。

（3）失效树脂易体外再生。

2. 混床树脂的比例

阴、阳树脂的比例通常是：氢型混床为1∶2或2∶3；铵型混床为1∶1；有前置氢床时为2∶1或3∶2；冷却水为海水或高含盐水时为3∶2。

3. 影响混床出水水质的因素

（1）由于再生用碱不纯，出现混床放氯现象，导致出水Cl^-浓度比进水的大。出水电导率随Cl^-泄漏量的增加而增高。

（2）混床中阴、阳树脂混合不均。当同时存在放氯的情况时，会使混床出水pH偏低。

3.4.4　凝结水处理的工艺流程

1. 按压力分类

凝结水处理系统按系统的压力可分为两类。

1）低压凝结水处理系统

主要流程：凝结水→一级凝结水泵→凝结水处理装置→二级凝结水泵→低压加热器→除氧器→净化水。该系统比较复杂，是有两级凝结水泵的系统。

2）中压凝结水净化系统

主要流程：凝结水→主凝泵→凝结水处理装置→低压加热器→除氧器→净化水。该系统运行操作简便，易实现自动控制，减少电能消耗。

2. 按设备组成分类

凝结水处理系统按设备的组成可以分为两类。

1）含前置过滤器的系统

含前置过滤器的系统，主要有以下几种流程：

（1）凝结水→覆盖过滤器→混合床。

（2）凝结水→树脂粉覆盖过滤器→混合床。

（3）凝结水→管式微孔过滤器→混合床。

（4）凝结水→电磁过滤器→混合床。

（5）凝结水→氢型阳床→混合床。

2）无前置过滤器的系统

无前置过滤器的系统，主要有以下两种流程：

（1）凝结水→树脂粉覆盖过滤器。

（2）凝结水→空气擦洗高速混床。

3.5　锅炉给水质量标准

采用合格的水质，是锅炉安全、稳定产出合格蒸汽和热水的前提。为了防止和减缓锅炉等热力设备腐蚀、结垢和积盐，对给水、补给水中各种物质的允许含量制定相应标准非常重要。对锅炉给水、凝结水和补给水水质，国家标准GB/T 12145—2016《火力发电机组及蒸汽动力设备水汽质量》中做出了明确规定[6]：

3.5.1　给水质量标准

（1）锅炉给水的质量，应符合表3-2的规定。表中AVT（R）为还原性全挥发处理（all-volatile treatment（reduction））的简称，是指锅炉给水通过加氨和还原剂(除氧剂，如联氨)处理；AVT(O)为弱氧化性全挥发处理(all-volatile treatment（oxidation））的简称，是指锅炉给水只通过加氨处理。

表3-2　锅炉给水质量标准

控制项目		标准值和期望值	锅炉过热蒸汽压力/MPa					
			汽包炉				直流炉	
			3.8～5.8	5.9～12.6	12.7～15.6	>15.6	5.9～18.3	>18.3
氢电导率（25℃）/(μS/cm)		标准值	—	⩽0.30	⩽0.30	⩽0.15[a]	⩽0.15	⩽0.10
		期望值	—	—	—	⩽0.10	⩽0.10	⩽0.08
硬度/(μmol/L)			⩽2.0	—	—	—	—	—
溶解氧[b]/(μg/L)	AVT（R）	标准值	⩽15	⩽7	⩽7	⩽7	⩽7	⩽7
	AVT（O）	标准值	⩽15	⩽10	⩽10	⩽10	⩽10	⩽10

续表

控制项目	标准值和期望值	锅炉过热蒸汽压力/MPa					
		汽包炉				直流炉	
		3.8～5.8	5.9～12.6	12.7～15.6	＞15.6	5.9～18.3	＞18.3
铁/(μg/L)	标准值	⩽50	⩽30	⩽20	⩽15	⩽10	⩽5
	期望值	—	—	—	⩽10	⩽5	⩽3
铜/(μg/L)	标准值	⩽10	⩽5	⩽5	⩽3	⩽3	⩽2
	期望值	—	—	—	⩽2	⩽2	⩽1
钠/(μg/L)	标准值	—	—	—	—	⩽3	⩽2
	期望值	—	—	—	—	⩽2	⩽1
二氧化硅/(μg/L)	标准值	应保证蒸汽二氧化硅符合标准			⩽20	⩽15	⩽10
	期望值				⩽10	⩽10	⩽5
氯离子/(μg/L)	标准值	—	—	—	⩽2	⩽1	⩽1
TOCi[c]/(μg/L)	标准值	—	⩽500	⩽500	⩽200	⩽200	⩽200

a. 没有凝结水精处理除盐装置的水冷机组，给水氢电导率应不大于 0.30μS/cm。

b. 加氧处理时，溶解氧指标按表 3-4 控制。

c. TOCi 指总有机碳离子，为有机物中总的碳含量与氧化后产生阴离子的其他杂原子之和。

（2）当给水采用全挥发处理时，给水的调节指标应符合表 3-3 的规定。

表 3-3　全挥发处理给水的调节控制标准

炉型	锅炉过热蒸汽压力/MPa	pH（25℃）	联氨含量/(μg/L)	
			AVT（R）	AVT（O）
汽包炉	3.8～5.8	8.8～9.3	—	—
	5.9～15.6	8.8～9.3（有铜给水系统）或 9.2～9.6[a]（无铜给水系统）	⩽30	—
	＞15.6			
直流炉	＞5.9			

a. 凝汽器冷却管为铜管，其他换热器管为钢管的机组，给水 pH 宜为 9.1～9.4，并控制凝结水铜含量小于 2μg/L。无凝结水精除盐装置、无铜给水系统的直接空冷机组，给水 pH 应大于 9.4。

（3）当采用加氧处理时，给水溶解氧、pH、氢电导率（25℃）应符合表 3-4 的规定。

表 3-4　加氧处理给水 pH、氢电导率和溶解氧的含量

pH（25℃）	氢电导率（25℃）/(μS/cm)		溶解氧/(μg/L)
	标准值	期望值	标准值
8.0～9.3	⩽0.15	⩽0.10	10～150[a]

注：采用中性加氧处理的机组，给水的 pH 宜为 7.0～8.0（无铜给水系统），溶解氧宜为 50～250μg/L。

a. 氧含量接近下限值时，pH 应大于 9.0。

采用给水加氧处理，一般认为有以下几个优点：

（1）给水加氧处理时，钢材表面形成双层氧化膜，表面层为溶解度较低的三价铁氧化物，可减小给水中的铁腐蚀产物量，降低锅炉受热面上腐蚀产物的沉积，延长锅炉运行时间。

（2）给水加氧处理时，汽水回路中氨的含量大幅度减小，因此减少了凝汽器铜合金材料发生氨蚀的危险。

（3）给水加氧处理时，可以减少给水运行时的监督项目，如联氨和氨。

3.5.2　凝结水质量标准

汽轮机凝结水是锅炉给水的主要部分，凝结水的质量也是检验汽轮机凝汽器及其真空系统严密性的标志之一。凝结水泵出口的水质硬度及钠、溶解氧的含量和氢电导率（25℃）应符合表 3-5 的规定。

表 3-5　凝结水泵出口的水质标准

锅炉过热蒸汽压力/MPa	硬度/(μmol/L)	钠含量/(μg/L)	溶解氧[a]/(μg/L)	氢电导率（25℃）/(μS/cm)	
				标准值	期望值
3.8～5.8	≤2.0	—	≤50	—	
5.9～12.6	≈0	—	≤50	≤0.30	—
12.7～15.6	≈0	—	≤40	≤0.30	≤0.20
15.7～18.3	≈0	≤5[b]	≤30	≤0.30	≤0.15
＞18.3	≈0	≤5	≤20	≤0.20	≤0.15

a. 直接空冷机组凝结水溶解氧浓度标准值为小于 100μg/L，期望值小于 30μg/L。配有混合式凝汽器的间接空冷机组凝结水溶解氧浓度宜小于 200μg/L。

b. 凝结水有精除盐装置时，凝结水泵出口的钠浓度可放宽至 10μg/L。

凝结水经精处理除盐后，水中二氧化硅、钠、铁、氯的含量和氢电导率应符合表 3-6 的规定。

表 3-6　凝结水除盐后水质标准

锅炉过热蒸汽压力/MPa	氢电导率（25℃）/(μS/cm)		二氧化硅/(μg/L)		钠/(μg/L)		氯离子/(μg/L)		铁/(μg/L)	
	标准值	期望值	标准值	期望值	标准值	期望值	标准值	期望值	标准值	期望值
≤18.3	≤0.15	≤0.10	≤15	≤10	≤3	≤2	≤2	≤1	≤5	≤3
＞18.3	≤0.10	≤0.08	≤10	≤5	≤2	≤1	≤1	—	≤5	≤3

3.5.3 锅炉补给水质量标准

锅炉补给水水质控制，以不影响锅炉给水质量为前提，提供符合机组运行要求的水质。

（1）澄清器出水水质应满足下一级处理对水质的要求。澄清器出水浊度正常情况下要求小于5FTU，短时间可允许小于10FTU。

（2）离子交换器的进水，应注意水中浊度、有机物和残余氯的含量。

（3）离子交换器的出水标准按表3-7控制。

表3-7 锅炉补给水质量标准

<table>
<tr><th rowspan="2">锅炉过热蒸汽压力/MPa</th><th rowspan="2">二氧化硅/(μg/L)</th><th colspan="2">除盐水箱进水电导率（25℃）/(μS/cm)</th><th rowspan="2">除盐水箱出口电导率（25℃）/(μS/cm)</th><th rowspan="2">TOCi [a] /(μg/L)</th></tr>
<tr><th>标准值</th><th>期望值</th></tr>
<tr><td>5.9～12.6</td><td>—</td><td>≤0.20</td><td>—</td><td rowspan="3">≤0.40</td><td>—</td></tr>
<tr><td>12.7～18.3</td><td>≤20</td><td>≤0.20</td><td>≤0.10</td><td>≤400</td></tr>
<tr><td>>18.3</td><td>≤10</td><td>≤0.15</td><td>≤0.10</td><td>≤200</td></tr>
</table>

a. 必要时监测。对于供热机组，补给水TOCi含量应满足给水TOCi含量合格要求。

3.6 给水水质与金属腐蚀

发电厂给水水质决定了热力系统的水汽品质，而热力设备水汽侧金属的腐蚀与水汽品质直接相关，水汽中含有的各类杂质可或多或少地、直接或间接地参与金属的腐蚀过程。

3.6.1 锅炉给水杂质引起的腐蚀

在锅炉给水中，往往溶有微量的腐蚀性气体如氧和二氧化碳，以及H^+、Cl^-、HCO_3^-等杂质离子，导致热力设备金属的腐蚀[7, 8]。

1. 溶解氧的腐蚀

1）腐蚀原理

水中溶解氧导致的金属腐蚀是最普遍的腐蚀形式，即耗氧腐蚀，这是一种电化学腐蚀。以金属铁的耗氧腐蚀为例，铁电极和氧电极组成腐蚀原电池，由于铁电极电位比氧电极电位低，铁电极为阳极，发生氧化反应；氧电极作为阴极，发生还原反应。电极反应式如下：

阳极反应：$Fe \longrightarrow Fe^{2+} + 2e$

阴极反应：$O_2+2H_2O+4e \longrightarrow 4OH^-$

阴极和阳极反应的产物可进一步发生二次反应：

$$Fe^{2+}+2OH^- \longrightarrow Fe(OH)_2$$

$$4Fe(OH)_2+2H_2O+O_2 \longrightarrow 4Fe(OH)_3$$

$$Fe(OH)_2+2Fe(OH)_3 \longrightarrow Fe_3O_4+4H_2O$$

腐蚀产物 $Fe(OH)_2$ 不稳定，可进一步发生反应，最终形成 Fe_3O_4。

2）腐蚀特征

在中性或碱性水质中发生的耗氧腐蚀，主要表现为局部的坑点或溃疡腐蚀。腐蚀部位覆盖有腐蚀产物，在腐蚀坑周围及蚀坑底部基体不发生明显变化。

3）腐蚀部位

溶解氧引起的腐蚀必定发生在含有溶解氧的水汽中，在锅炉给水系统中发生氧腐蚀的部位，取决于水中溶解氧的含量和设备运行的条件。氧腐蚀多发生在含氧量较高的开口水箱、给水管路、省煤器等处。一般情况下，给水中的氧在进入锅炉之前已消耗完，但当给水的氧含量很高时，炉管、过热器甚至蒸汽管路都可能发生氧腐蚀。

4）影响氧腐蚀的因素

（1）水中氧的含量。

当水中含有其他电解质时，水中氧含量越高，铁的腐蚀速率越快。但在高纯水中，水中氧浓度在一定范围时，金属表面可形成保护膜，使金属腐蚀速率降低。

（2）pH。

当水的 pH 小于 4 时，主要发生酸性腐蚀，铁表面不会形成保护膜；H^+浓度越高，铁的腐蚀速率越快。水的 pH 在 4～9 之间时，铁的腐蚀速率变化不大，主要发生水中溶解氧的去极化腐蚀。当 pH 大于 9 时，随着 pH 的增加，腐蚀速率降低，这是因为 OH^-浓度增高时，在铁的表面会形成保护膜。当水的 pH 增大到 14 时，由于保护膜在强碱中溶解，腐蚀速率又增加。此时发生如下反应：

$$Fe_3O_4+4NaOH \longrightarrow 2NaFeO_2+Na_2FeO_2+2H_2O$$

（3）水温。

在密闭式的给水系统中，一般温度越高，电极反应速率越大，铁的腐蚀速率越快。在敞开式系统中，水温升高可降低水中溶解氧的含量，铁在这种系统中腐蚀速率随温度的变化有极值，一般温度为 80℃时腐蚀最严重。

（4）水质。

水中各种杂质离子对金属的腐蚀也有影响，如水中的 Cl^-有破坏金属表面保护膜的能力，可促进金属腐蚀。一般水的含盐量越高，金属腐蚀越快。

（5）水流速度。

一般情况下，水流速度越大，氧的扩散越快，因此金属的腐蚀速率也就越大。但当水中溶解氧含量足以使金属表面钝化时，水流速度增加，反而使金属腐蚀速率降低。但水流速度过大时，由于水流的机械冲刷作用，保护膜受到破坏，腐蚀速率进一步增加。

2. 游离二氧化碳的腐蚀

1）腐蚀原理

CO_2 的腐蚀就是水中含有酸性物质时，引起的氢去极化腐蚀。CO_2 在水溶液中发生如下反应：

$$CO_2+H_2O \rightleftharpoons H^+ +HCO_3^-$$

阳极反应：$Fe \longrightarrow Fe^{2+} +2e$

阴极反应：$2H^+ +2e \longrightarrow H_2$

CO_2 溶于水虽然只显弱酸性，但在纯度很高的水中，还会显著降低其 pH。

2）腐蚀特征

金属受游离 CO_2 的腐蚀产生的腐蚀产物都是易溶于水的，在金属表面不易形成保护膜，因此腐蚀特征是金属均匀变薄。这种腐蚀不一定会很快引起金属的严重损伤，但由于大量铁的腐蚀产物带入锅内，往往会引起结垢等许多问题。

3）腐蚀部位

给水中的 CO_2 主要来源于补给水。补给水中常含有碳酸类化合物，如 HCO_3^- 和 CO_3^-，这些物质进入给水系统后，会全部分解，放出 CO_2。

$$2HCO_3^- \longrightarrow CO_2\uparrow + H_2O+ CO_3^{2-}$$

$$CO_3^{2-}+ H_2O \longrightarrow CO_2\uparrow +2OH^-$$

CO_2 腐蚀多为均匀腐蚀，多数发生在凝结水系统和疏水系统。

3. 氧和二氧化碳共存产生的腐蚀

给水中如果同时含有 O_2 和 CO_2，会显著加速金属的腐蚀。这是因为氧电极电位高，为阴极，侵蚀性大；CO_2 使水呈微酸性，可破坏金属保护膜。

除氧器后的第一个设备为给水泵，所以当除氧不彻底时，更容易发生这类腐蚀。此外，这里还具备两个促进腐蚀的条件：温度高、轴轮的快速转动，均不利于保护膜的形成。

在用除盐水作为补给水时，由于给水的缓冲性小，因此一旦有 O_2 和 CO_2 进入给水中，给水泵就会发生这样的腐蚀。此时，给水泵的叶轮和导轮均会发生腐蚀，一般腐蚀由泵的低级部分至高级部分逐渐增加。

3.6.2　给水系统金属腐蚀的控制

1. 给水除氧

氧浓度是影响锅炉氧腐蚀的最主要因素，防止氧腐蚀的主要方法就是减少水中溶解氧含量。给水除氧的方法有热力除氧法和化学除氧法等。

1）热力除氧

利用亨利定律，在敞开设备中将水加热到沸点，使水沸腾，水中的溶解氧将解吸出来，这就是热力除氧的原理。与此同时，当水达到沸点时，水中的二氧化碳也同样可以被解吸出来。因此热力除氧法不仅可以去除水中的溶解氧，也能同时除去大部分溶解的二氧化碳、氨、硫化氢等腐蚀性气体。

热力除氧在热力除氧器中进行。热力除氧器按其工作压力不同，可分为真空式、大气式和高压式三种。真空式除氧器的工作压力低于大气压力；大气式除氧器的工作压力稍高于大气压力，又称低压除氧器；高压式除氧器的工作压力比较高，称为高压除氧器。热力除氧器按结构形式又可分为：淋水盘式除氧器、喷雾填料式除氧器、膜式除氧器等。

2）化学除氧

将化学药剂加入到给水中与水中的氧起化学反应而去除氧气的方法称为化学除氧法。常用的化学除氧药剂有：亚硫酸钠、联氨、铁屑等。

（1）亚硫酸钠除氧。

亚硫酸钠易溶于水，可作为还原剂和水中的溶解氧反应生成硫酸钠，反应方程式为

$$2Na_2SO_3+O_2 \longrightarrow 2Na_2SO_4$$

亚硫酸钠和氧气的反应速率与温度、pH、氧浓度、Na_2SO_3的过剩量有关。温度高，反应速率快，除氧率也高。水的 pH 对反应速率的影响很大，pH 高时反应速率较低；在中性的水中，反应速率最高。当水中含有有机物及SO_4^{2-}，反应速率会显著降低。

亚硫酸钠适用于中低压锅炉的除氧处理。采用亚硫酸钠除氧，亚硫酸钠与氧反应生成硫酸钠，使锅水的总溶解固形物增加，不仅增加了排污量，而且蒸汽品质也可能受到影响。因此，亚硫酸钠除氧不适用于中、大型锅炉。

（2）联氨除氧。

联氨又称肼，在碱性介质中是一种很强的还原剂，可将水中的溶解氧还原，反应式如下：

$$N_2H_4+O_2 \longrightarrow N_2+2H_2O$$

反应产物 N_2 对热力系统没有任何害处。温度大于 200℃时，水中的 N_2H_4 还

可以将 Fe_2O_3 还原成 Fe_3O_4、FeO 乃至 Fe。联氨还能将 CuO 还原为 Cu_2O 或 Cu。联氨的这些性质，对防止锅炉内产生铁垢和铜垢有一定的作用。所以，它被广泛用于高压锅炉给水的化学除氧。

联氨除氧的优点在于反应后的产物以及过剩联氨在高温下的分解不会使锅水的含盐量增加，同时又可防止铁垢和铜垢的生成。但联氨在低温时与水中溶解氧的反应速率慢，且可能对人有致癌作用。在使用时，需注意防护问题。

（3）新型化学除氧剂。

联氨除氧是一项成熟的技术，但联氨的毒性迫使人们开发新的除氧剂。近几年开发的新型化学除氧剂有二甲基酮肟、乙醛肟和异抗坏血酸钠等。

二甲基酮肟的毒性是联氨的 1/20，是一种低毒的除氧剂。尽管二甲基酮肟比联氨贵 3 倍，但其加入量只是联氨的 1/8，因此可节约大量的药剂费用。异抗坏血酸钠是一种食品添加剂，其除氧反应速率快，除氧率高。二甲基酮肟和异抗坏血酸钠不仅可作为锅炉给水的除氧剂，而且在热力设备备用期间，采用湿法保护时，对金属具有明显的缓蚀作用。

3）真空除氧

真空除氧的原理和热力除氧的原理相似，也是利用水在沸腾状态时气体的溶解度接近于零的特点，除去水中溶解的氧和二氧化碳等气体。由于水的沸点和压力有关，在常温下，可利用抽真空的方法使之呈沸腾状态，以除去所溶解的气体。水的温度一定时，压力越低，水中残余的二氧化碳含量越少。

2. 给水 pH 的调节

为了防止锅炉给水对金属材料的酸腐蚀，通常要进行给水的 pH 调节。对于高、中压以上锅炉给水 pH 调节，通常采用加氨或有机胺处理。给水 pH 调节的实质是中和水中的 CO_2。

1）加氨处理

提高给水 pH 的实用方法是往给水中加氨水，从而提高给水的 pH，反应式如下：

$$NH_3+H_2O \rightleftharpoons NH_4OH$$

$$NH_4OH+H_2CO_3 \longrightarrow NH_4HCO_3+H_2O$$

$$NH_4OH+NH_4HCO_3 \longrightarrow (NH_4)_2CO_3+H_2O$$

由以上反应可知，加氨后水中的 CO_2 大多转变为 NH_4HCO_3 和 $(NH_4)_2CO_3$。这些物质在锅炉内又分解为 CO_2 和 NH_3，这些挥发性气体随蒸汽一起经过过热器和凝汽器，有一部分还会进入凝结水中。另一方面，在给水进行加氨处理时，由于氨的分配系数大，氨会在热力系统的一些部位聚集而形成氨的富集区，在这些区域中如果有铜合金，将发生铜合金的氨腐蚀。

2）加有机胺处理

胺是氨的有机衍生物，按给水处理目的的不同可分为中和胺和成膜胺。

（1）中和胺。

中和胺用于调节给水的 pH，呈碱性，容易挥发，能中和给水中的酸性物质，且不会造成铜的腐蚀。常用的中和胺有吗啉、环己胺等。

（2）成膜胺。

锅炉水处理中使用的成膜胺一般是具有 10～20 个碳原子的直链有机化合物，分子式为 $C_nH_{2n+1}NH_2$。目前电厂使用较广泛的有十八烷基胺、十六烷基胺等。成膜胺的作用原理为，成膜胺可以在金属表面形成有机保护膜，将金属基体与侵蚀性水隔离，从而起到防腐蚀作用。成膜胺有较强的渗透性，可以透过金属表面的铁锈等沉积物，形成一定厚度的保护膜，对金属起到较好的保护作用。

3.7　电厂给水处理杀菌剂

微生物的大量繁殖给电厂水处理系统带来许多危害，微生物在成长和繁殖过程中放出的黏液会成为媒介物，将水中的黏泥和植物残骸等一起黏附在流水通道，而且会诱导金属腐蚀。在实际运行系统中，最为有效的方法是投加杀菌剂控制系统中的微生物。目前大型火力发电厂中常用的杀菌方式是加液氯或次氯酸钠，有些电厂还间断地配合使用有机胺类杀菌剂以防止微生物对常用杀菌剂产生抵抗力，增强系统的杀菌效果。

3.7.1　杀菌剂的主要种类

杀菌剂根据氧化性主要分两大类，一类是氧化性杀菌剂，主要包括氯气（二氧化氯）、溴类杀菌剂等。另一类是非氧化性杀菌剂，主要包括异噻唑啉酮、戊二醛、季铵盐、季膦盐等[9]。

1. 氧化性杀菌剂

氧化性杀菌剂杀菌力强、作用快，并且来源广泛，价格低廉。其杀菌机理主要是药剂穿透微生物的细胞膜，与细菌体内的代谢酶发生氧化作用，使其活性减弱或者消失，甚至破坏细胞壁，使细菌体的生长和繁殖受阻。氧化性杀菌剂主要包括氯系列，如 Cl_2、三氯异三聚氰酸、NaClO、稳定性 ClO_2 等；溴系列，如溴素、氯溴、二溴海因等；臭氧、高铁酸钾等。氧化性杀菌剂的缺点是利用率较低，药效持续时间短并具有一定的腐蚀性。

氯气具有较强的氧化性，能够破坏细菌、真菌及藻类的酶系统，是常用的广谱性杀菌剂，具有价格低廉、杀菌力强、工艺简单、使用方便等优点。氯气在高 pH 的条件下杀菌活性差。如果水中含有较多的有机物，经氯气处理，易产生三氯甲烷，三氯甲烷是一种致癌物质，同时其半衰期长，易对环境造成危害，因此各国相继出台法规，日益严格控制余氯的排放量。因此人们开发出一些氯的替代物，如 ClO_2、溴类杀生剂、臭氧等。二氧化氯的杀生能力较氯强，约为氯的 2.5 倍，具有剂量小、作用快、杀菌力强等特点。缺点是沸点较低（11℃），气体或液体均不能运输，必须配专门的发生器在现场制作和使用。溴类杀菌剂可以弥补氯类杀菌剂主要缺点，溴在 pH 8.0 以上时较氯有更高的杀生活性，在一些存在工艺污染如有机物或氨污染的系统中，溴的杀生活性高于氯；游离溴和溴化合物衰变速率快，对环境的污染小。目前，人们常用的溴类杀菌剂主要有以下几种[10]：①卤化海因。主要有溴氯二甲基海因（BCDMH）、二溴二甲基海因（DBDMH）、溴氯甲乙基海因（BCMEH）等。有报道表明，BCMEH 效果最佳，0.45kg 的 BCMEH 相当于 3.18kg 的 Cl_2。②活性溴化物。活性溴化物是由 NaBr 经氯源（HOCl）活化而制得的液体或固体产物。特点是可大幅度降低氯的用量，并相应降低总余氯量。③氯化溴。氯化溴是一种高度活泼的液体，需由加料系统加到水中，因危险性较大，限制了其推广应用。

2. 非氧化性杀菌剂

非氧化性杀菌剂包括离子型和非离子型两类。离子型杀菌剂包括季铵盐、季鏻盐、羧酸盐等，非离子型杀菌剂包括异噻唑啉酮、醛类、烷基胍、二硫氰基甲烷、有机锡化合物等。季铵盐类杀菌剂具有广谱、高效、化学性质稳定、杀菌性能不受 pH 影响等优点。季铵盐是有机胺盐的一种，具有一般阳离子化合物的特性，具有穿透性以及表面活性，对菌藻、污泥具有剥离作用。早期的季铵盐以烷基二甲基苄基氯化铵为代表。目前国内广泛使用的洁尔灭和新洁尔灭均属于此类产品。随着时间的推移和技术进步，该类季铵盐不足之处也逐步显现出来，主要表现在药剂持续时间短、细菌易于对其产生抗药性、使用剂量大（100mg/L 以上）、费用高，且使用时泡沫多、不易清除等。此外，极易和水中的阴离子发生化学反应而失去杀菌性能，且对真菌的处理能力较差，当水中的微生物主要是霉菌和真菌时，需要配合灭杀真菌性能良好的杀菌剂使用。为了增强季铵盐类杀菌剂的杀菌性能，开发出了双烷基季铵盐、双季铵盐、聚季铵盐等。有机氮硫类药剂可以与微生物蛋白质中的半胱氨酸基相结合，使生物酶丧失功能，使微生物死亡。许多有机硫化合物杀生剂对于真菌、黏泥形成菌，尤其是硫酸盐还原菌十分有效。目前使用较普遍的有异噻唑啉酮、二硫氰基甲烷、大蒜素（硫酮类化合物）。异噻唑啉酮的杀菌性能具有广谱性，对黏泥具有剥离作用，在低浓度下有效，一般有效浓度在

0.5mg/L，就能很好地控制细菌的生长。其混溶性好，能与缓蚀剂、阻垢分散剂及大多数阴离子、阳离子和非离子表面活性剂相容，对环境无害。该药剂在水溶液中降解速度快，对 pH 适用范围广，一般 pH 在 5.5～9.5 均能适用，同时具有投药间隔时间长、不起泡沫等优点[11]。戊二醛几乎无毒，适用范围宽，耐较高温度，是杀硫酸盐还原菌的特效药，其本身可以生物降解。缺点是与氨、胺类化合物发生反应而失去活性。

3.7.2　水处理杀菌剂发展方向

杀菌剂的选择主要考虑杀菌剂的广谱高效，与其他化学药剂配伍性，与电厂使用条件相容性等。为了防止微生物出现抗药性，电厂常采用多种杀菌剂交替使用，避免出现抗药性，使药效下降。随着人们对健康和环保的重视，杀菌剂发展的目标是开发高效、快速、广谱且价格低廉，并具有使用方便、工艺简单、低毒环保等特性的杀菌剂，主要发展方向包括[12, 13]：

（1）水系统中微生物种类的多样性，决定了杀菌剂种类的多样性。正确解决环境安全与杀菌效果之间的矛盾是杀生剂领域所面临的挑战。寻找氯气和氯化产物的安全替代产品，是目前杀菌剂发展的重点。

（2）研究杀菌剂之间的协同效应，加强杀菌机理的研究。在现有杀菌剂品种的基础上，开发复配产品，最大限度地发挥现有品种的潜力。

（3）开发有针对性的特效杀生剂，如用于特殊原水的特效杀菌剂等。

3.7.3　硼化溴基杀菌剂在燃机电厂原水净化中的应用

某燃机发电有限公司的工业用水取自河水，经过投加聚合氯化铝（PAC）反应沉淀后，供锅炉补给水系统及其他用水部门使用。在投入使用初期，采用固体缓释氯片进行原水的消毒杀菌，使用一段时间后，其存在的问题也逐渐暴露出来，其存在的问题主要有：①固体缓释杀菌剂在使用中只能采用人工投加，无法满足制水过程的自动加药、自动控制的要求；②固体缓释杀菌剂在平稳控制余氯的同时，也存在溶解缓慢的弱点，在气温较低的季节，其溶解十分缓慢，无法保证杀菌的要求；③在气温较高的季节，药剂的溶解速度太快，又无法控制，水体中的余氯太高，影响后段工序中反渗透设备的使用；④氯类杀菌剂在水体中易生成氯仿等致癌物质，影响水的安全使用。

与固体氯缓释片相比，溴基杀菌剂具有高效广谱、容易降解、无残留残毒、对环境无污染等优点，同时，兼有杀菌灭藻、杀黏除垢和缓蚀等功能。近年来，以溴代氯是开发循环水杀菌剂的重点。某电厂由原先的固体氯缓释片改为液态活性溴杀菌剂，采用硼化溴基杀菌剂并对原水进行消毒杀菌，取得了明显的实际效果[14]。

1. *硼化溴基杀菌剂的性能及效果评价*

硼化溴基杀菌剂的主要性能指标见表 3-8。杀菌效果评价采用现场原水系统菌种经实验室富集培养，测定方法参照中国石油化工集团公司《冷却水分析和实验方法》中的相关测试法。试验结果见表 3-9。

表 3-8　PX 硼化溴基杀菌剂的性能指标

项目	外观	pH	密度/(mg/L)	含量/%	LD_{50}/(mg/kg)
指标	棕色液态	13.5±0.5	1.45±0.1	≥30	＞5000

表 3-9　PX 硼化溴基杀菌剂与固体氯缓释片的杀菌效果比较

浓度/(mg/L)	杀菌率/%	
	PX 硼化溴基杀菌剂	固体氯缓释片
2	99.34	99.76
4	99.81	98.80

注：杀菌剂的接触时间为 2h，初始菌数 10^5 个/mL。

从表 3-9 可以看出，在可以接受的浓度条件下，硼化溴基杀菌剂具有与成熟固体氯缓释片相当的杀菌效果，然而由于溴类杀菌剂本身的性质和特点，该杀菌剂具有比氯制剂更长效的微生物抑制能力。图 3-2 为不同接触时间下，两种杀菌剂的杀菌效果比较。

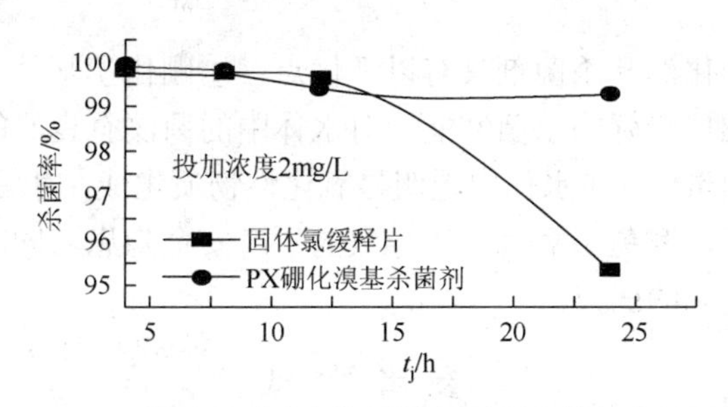

图 3-2　PX 硼化溴基杀菌剂与固体氯缓释片的抑菌效果比较

由图 3-2 可知，固体氯缓释片的杀菌效果随时间的延长急剧下降。而硼化溴基杀菌剂在实验时间内，杀菌率均维持在 99%以上。硼化溴基杀菌剂对细菌、真菌、藻类等具有良好的灭杀作用，在水中投加 2mg/L 时可使水中的细菌存活率减少 4～6 个数量级。表 3-10 为 PX 硼化溴基杀菌剂对不同微生物的灭杀作用。硼化溴基杀菌剂在水中水解，主要形成次溴酸，以次溴酸的形式释放出溴，从而起到杀菌效果。使用溴基杀菌剂，并不需要将余氯控制在使用其他种类氧化型杀菌剂要求的 0.2～0.5mg/L 的水平，且对异养菌灭杀效果较好。同时，氯比溴具有更高的氧化性，同等剂量时，溴基杀菌剂对金属的腐蚀性小于氯基杀菌剂。因此，溴基杀菌剂具有很好的市场应用前景。

表 3-10　PX 硼化溴基杀菌剂与固体氯缓释片细菌存活率的比较

杀菌剂	EC 菌	PS 菌	SF 菌
PX 硼化溴基杀菌剂	0.0005	0.03	0.0008
固体氯缓释片杀菌剂	1	80	10

2. 硼化溴基杀菌剂的现场应用

某电厂采用计量泵自动连续投加 PX 硼化溴基杀菌剂以来，有效地提高了药剂的投加净度，使水体中的细菌数得到了有效平稳控制。表 3-11 为不同时期水中细菌数的检验结果。

表 3-11　现场细菌数监测（个/mL）

日期	细菌数	日期	细菌数
2007-05-10	710	2007-08-25	970
2007-06-23	560	2007-09-26	810
2007-07-24	1000	2007-10-27	600

综上所述，硼化溴基杀菌剂具有以下优点：①硼化溴基杀菌剂能在实现自动加药的情况下，维持较好的杀菌性能，对水体中的菌藻有良好的抑制作用；②硼化溴基杀菌剂投加量低，在水体中无明显氧化性物质生成，对后续工段均无影响；③该药剂安全可靠，避免了氯气等所导致的生产安全隐患，同时也弥补了固体类杀菌剂溶解无法控制的弱点。

参 考 文 献

[1]　江楠，冯毅. 锅炉压力容器安全技术及应用. 北京：中国石化出版社，2013

[2]　周本省. 工业水处理技术. 北京：化学工业出版社，2002

[3]　丁桓如，吴春华，龚云峰，等. 工业用水处理工程. 北京：清华大学出版社，2005

[4]　傅毓赟，马东伟，马克，等. 火电厂及核电站水处理. 北京：化学工业出版社，2014

[5]　李春林，杨宏伟. 工业蒸汽凝结水的腐蚀与防护. 全面腐蚀控制，2005，19（3）：22-26

[6]　GB/T 12145—2016. 火力发电机组及蒸汽动力设备水汽质量

[7]　凌汉宏. 高压锅炉水侧腐蚀的原因及防治. 热电技术，2002，23（4）：29-32

[8] 张玉忠，彭晓敏，康利君. 低压锅炉运行中的氧腐蚀及新型除氧剂的应用. 工业水处理，2004，24（10）：64-66
[9] 李本高，张宜梅. 循环水常用的几种主要杀菌剂的结构和杀菌效果. 石油炼制与化工，1998，29（4）：52-55
[10] 王锦堂. 我国工业用水新杀菌剂的结构特点与合成方法. 现代化工，2001，21（10）：9-12
[11] 黄仙红. 循环水处理杀菌剂的研究进展. 广东化工，2009，36（9）：77-79
[12] 王湘. 有机溴杀菌剂的实验室评价及工业应用. 工业水处理，2001，21（8）：38-39
[13] 常英，刘智安，薛金英. 中水回用电厂循环冷却水杀菌剂的优化. 工业水处理，2011，31（12）：28-30
[14] 姚勇，张大全. PX 硼化溴基杀菌剂在燃机电厂原水净化中的应用. 上海电力学院学报，2009，25（3）：237-239

第 4 章　锅内水处理

4.1　锅内水处理概述

热力设备水汽循环中，作为工质的水和汽中均会有一定的杂质存在，这些杂质随水、汽进入锅炉、汽机等设备，通过一定的物理、化学变化，可能导致热力设备金属表面腐蚀、结垢等现象的发生，从而影响设备的安全、经济运行。锅内水处理就是向给水或锅内投加适当的药剂，防止或抑制锅内金属表面的腐蚀和结垢。例如，某些药剂可与锅内的结垢物质（主要是钙、镁盐类）发生反应，生成细小松散的水渣或呈分散状态的悬浮颗粒，然后通过锅炉排污排出，或者使其成为溶解状态存在于炉水中，防止在锅炉管壁上沉积[1]。这种水处理的过程是在锅内进行的，所以称为锅内水处理。

4.1.1　炉水中杂质的来源

炉水中杂质的主要来源有以下几个方面：

1. 补给水带入的杂质

经过除盐处理的补给水，尽管除去了大部分悬浮杂质、硬度与盐类，但进入锅内的水中仍存在一定的杂质。若水处理设备运行操作不当，进入锅内的水中杂质的含量会进一步增加。

2. 凝结水带入的杂质

凝结水由做功后的蒸汽冷却而成，冷却设备为凝汽器，冷却介质通常为冷却水（多为未经处理的地表水）。如果凝汽器冷却管发生腐蚀损坏，或凝汽器存在其他原因的不严密现象，则含大量杂质的冷却水就会泄漏到凝结水中，使凝结水和给水的水质明显恶化。冷却水泄漏对凝结水的污染，是杂质进入热力系统的主要途径之一。

3. 被带入锅内的腐蚀产物

发电厂热力设备的主要金属材质为碳钢及合金钢、铜及铜合金，这些金属材料在机组启动、运行、停备用等过程中，都可能发生腐蚀，腐蚀产物是锅内的又一杂质来源。

4. 药剂杂质的污染

锅内加药处理使用的化学药剂，常含有一定的杂质。使用含有杂质的药剂进行锅内处理时，这些杂质就被带入到了锅内，这不仅使锅内的杂质含量增加，还可能影响锅内水处理的效果。

5. 供热返回水带入的杂质

供热机组产生的蒸汽，在用户使用过程中，可能会受到不同程度的污染，如供热系统的腐蚀产物、防腐蚀添加剂等，随返回水进入锅内。

4.1.2 锅内水垢的生成及危害

1. 水垢的生成

含有杂质（主要是钙、镁离子）的给水进入锅炉后，经过不断蒸发、浓缩而达到过饱和程度时，会析出固体沉淀物。吸附在受热面上的沉淀物为水垢，悬浮在炉水中的沉淀物称为水渣。在蒸汽锅炉中，产生水垢沉淀的原因主要有[2, 3]：

（1）炉水在锅炉受热面发生局部浓缩，使某些盐类产生结晶析出；

（2）炉水中的某些固体颗粒在受热面发生焦结与黏结；

（3）炉水中的有机胶状物质和矿质胶状物在受热面沉积；

（4）受热面金属表面沉积物与金属之间发生局部化学过程。

2. 水垢的危害

水垢的生成对锅炉的安全、经济运行危害很大，主要表现在以下几个方面[3]：

1）锅炉的热经济性降低

水垢的导热性很差，比钢铁的导热能力低几十倍。水垢的存在会使锅炉的受热面传热性能大幅度下降，提高排烟温度，增加燃料消耗量。

2）金属受热面过热

水垢易结附在热负荷高的金属受热面上。水垢导热性差，导致结垢部位金属壁温过高，引起金属强度下降，发生过热部位变形、鼓泡。严重时发生爆炸。

3）破坏正常锅炉水循环

金属表面水垢的生成使受热面内流通截面减小，管内水循环的流动阻力增加，结垢严重时甚至完全堵塞管道。

4）引起垢下腐蚀

锅炉壁面结垢部位温度高，当垢层底部有介质进入时，可产生介质浓缩腐蚀等腐蚀形态。

5）增加锅炉检修量

锅炉受热面的水垢，特别是管内水垢，难以清除。由水垢引起锅炉的腐蚀、泄漏等问题不仅降低锅炉寿命，还会耗费大量人力、物力进行维护，增加检修费用。

4.2 锅内加药处理方法

锅内加药处理是锅炉补给水、凝结水、生产返回水处理的补充处理。锅内加药处理一般有以下几种处理方法[3]：纯碱处理法、磷酸盐处理法、全挥发性处理法、中性水处理法、联合水处理法、聚合物处理法、螯合剂处理法。

4.2.1 纯碱处理法

1. 纯碱处理原理

纯碱处理是往锅内投加工业碳酸钠（Na_2CO_3），增加炉水中CO_3^{2-}浓度，在锅水维持一定碱度和pH的情况下，通过无定形水渣的形成，减少锅水中Ca^{2+}浓度。

（1）在锅内，纯碱与钙的非碳酸盐作用而除去水中Ca^{2+}，可以防止生成硫酸钙和硅酸钙等水垢，反应式如下：

$$CaSO_4+Na_2CO_3 \longrightarrow CaCO_3\downarrow+Na_2SO_4$$

$$CaCl_2+Na_2CO_3 \longrightarrow CaCO_3\downarrow+2NaCl$$

（2）碳酸钠与水中的钙盐和镁盐（碳酸盐硬度和非碳酸盐硬度）反应：

$$H_2O+Na_2CO_3 \longrightarrow 2NaOH+CO_2$$

$$Ca(HCO_3)_2+2NaOH \longrightarrow CaCO_3\downarrow+Na_2CO_3+2H_2O$$

$$Mg(HCO_3)_2+2NaOH \longrightarrow Mg(OH)_2\downarrow+2Na_2CO_3+2H_2O$$

$$Mg_2SO_4+2NaOH \longrightarrow Mg(OH)_2\downarrow+Na_2SO_4$$

$$MgCl_2+2NaOH \longrightarrow Mg(OH)_2\downarrow+2NaCl$$

2. 纯碱处理的适用条件

（1）当钙的非碳酸盐硬度比较大时，特别是硫酸根含量高时，要求多加纯碱。

（2）当原水的非碳酸盐硬度中镁盐所占的比例较大，且锅炉工作压力低，纯碱的水解速率小，生成的氢氧化钠少时，不适合采用单一纯碱处理，需补加一定的氢氧化钠。

4.2.2 磷酸盐处理法

磷酸盐处理法就是向锅炉水中投加磷酸盐的碱性处理方法。该方法的优点是：

对酸和碱均有较强的缓冲能力，防止酸性和碱性腐蚀；可以和残余硬度反应，以水渣形式排放；改善汽轮机的沉积物的化学性质，减少汽轮机的腐蚀[4]。

1. 磷酸盐处理原理

在碱性炉水中加入磷酸盐溶液，并使炉水中磷酸根浓度维持在一定范围，水中的钙离子与磷酸根反应生成碱式磷酸钙，反应如下：

$$10Ca^{2+} + 6PO_4^{3-} + 2OH^- \longrightarrow 3Ca_3(PO_4)_2 \cdot Ca(OH)_2 \downarrow$$

碱式磷酸钙是一种难溶物质，在炉水中以分散、松软的水渣形式存在，易通过排污排出锅炉，不会黏附在受热面形成二次水垢。但当炉水中 PO_4^{3-} 加入量较多时，镁离子可与磷酸根结合生成磷酸镁，磷酸镁在高温水中溶解度很小，可以黏附在受热面，形成松软的二次水垢。

炉水中维持一定浓度的 PO_4^{3-}，既能起到防垢的目的，又能达到防腐蚀的作用。

2. 炉水磷酸盐-pH 协调控制

炉水磷酸盐-pH 协调控制是向锅内加入磷酸三钠和磷酸氢二钠，使炉水中游离的氢氧化钠全部转变为磷酸三钠，反应为

$$Na_2HPO_4+NaOH \longrightarrow Na_3PO_4+H_2O$$

本方法实施的关键是控制 Na^+/PO_4^{3-} 摩尔比（R）在适当范围内。R 值大于 2.85 时，析出沉淀后，炉水中会产生游离的氢氧化钠；当炉水中 Na_2HPO_4 含量过高时，pH 降低不利于防止水冷壁管的腐蚀，故 R 值不应低于 2.13。炉水的 R 值控制在 2.5～2.8 范围内比较安全。但此法在应用中易出现磷酸盐暂时消失的问题；R 值不易控制，炉水 pH 及 PO_4^{3-} 含量波动较大；采用此种方法处理的锅炉，腐蚀爆管的现象仍时有发生。

4.2.3　全挥发性处理法

全挥发性处理（AVT）是指在给水中只添加挥发性的氨和联氨的处理方法，一般用于给水纯度高的超高参数汽包炉和直流锅炉。直流锅炉没有汽包，不能通过锅炉排污的方法除去炉水中的浓缩盐类及沉淀物；超高参数汽包炉对炉水的纯度及设备的腐蚀控制要求更高。采用全挥发性处理，一方面可以减少设备的腐蚀，另一方面也不会使炉水中的盐含量增加，因而被广泛应用。

1. 全挥发性处理原理

全挥发性处理是在深度除氧的前提下，用氨和联氨维持一个最佳的除氧碱性工况，达到抑制铜和钢铁腐蚀的目的。这种水处理方式通过加氨提高给水 pH，使

给水系统钢和铜表面形成致密的保护性钝化膜。加入联氨的目的是辅助除氧，用于除去经热力除氧后水中残余的氧，并使给水保持还原性条件。

2. 全挥发性处理的优点与不足

1）全挥发性处理的优点

全挥发性处理使水汽系统的腐蚀减小，金属表面不易出现各类沉积物，可以避免沉积物下的碱性腐蚀；炉水含盐量低，蒸汽品质好；汽包炉采用全挥发性处理可以避免磷酸盐“隐藏”现象的发生。

2）全挥发性处理的不足

炉水的pH难以控制，易造成酸腐蚀；铜管凝汽器空抽区、汽侧易发生氨蚀、氨引起的应力腐蚀破裂等；凝结水除盐设备的运行周期短。

4.2.4　中性水处理法

中性水处理（NWT）是使水的pH保持中性（一般为6.5～7.5），通过在给水中加氧或过氧化氢来控制腐蚀。水中的溶解氧对与之接触的钢铁材料有促进腐蚀和抑制腐蚀的双重作用[5]。当水中溶解氧作为腐蚀的去极化剂时，氧的存在促进了钢铁的腐蚀；而当水中溶解氧的存在可以使钢铁发生钝化时，则溶解氧起到了抑制钢铁腐蚀的作用。在实际工况条件下，氧以哪一种作用为主，取决于具体条件。

根据铁-水体系的电位-pH图，当水的pH约为7时（给水不调pH），铁的电位在–0.5V左右，处于腐蚀区，钢铁可发生腐蚀。锅炉给水采用除氧的全挥发处理时，水的pH一般控制在9～10之间，在约–0.5V的电位下，铁处于钝化区，钢铁不易腐蚀。在流动的高纯水中加入氧或过氧化氢后，铁的电位升高数百毫伏，达到0.3～0.4V，也进入钝化区，钢铁受到保护。有氧的情况下，铁和水中的溶解氧发生如下反应：

$$3Fe^{2+}+3H_2O+1/2O_2 \longrightarrow Fe_3O_4+6H^+$$

碳钢表面膜的结构由下面反应确定：

$$2Fe_3O_4+H_2O \longrightarrow 3Fe_2O_3+2H^++2e$$

$$Fe_3O_4+2H_2O \longrightarrow 3FeOOH+H^++e$$

反应生成的FeOOH也会转化为Fe_2O_3，生成的Fe_2O_3沉积在Fe_3O_4孔隙之中，使钢表面生成致密、稳定的保护膜，防止基体金属的腐蚀。

加氧时碳钢表面形成的表面膜具有双层结构，内层是紧贴在钢表面的磁性氧化铁层Fe_3O_4，外层是含尖晶石型的Fe_2O_3氧化物层。水中氧的存在加快了Fe_3O_4内伸层的形成速度，外层Fe_2O_3的生成使Fe_3O_4表面孔隙和沟槽被封闭，而且Fe_2O_3的溶解度远低于Fe_3O_4，因此使形成的氧化物保护膜更致密稳定。

中性水处理对给水电导率要求严，一般要求氢电导率小于 0.15μS/cm。给水中氧含量控制范围一般为 0.1～10mg/L，以 200μg/L 较好。中性处理只能用于直流炉，不能用于汽包锅炉，因为汽包锅炉的电导率控制不能满足要求。

中性水处理可以使锅炉的腐蚀速率显著下降，延长凝结水净化设备的运行周期。但采用该处理法，给水的缓冲性能差，锅炉运行时水质控制较困难。另外，也可能造成系统中铜合金的腐蚀（铜合金不易被氧钝化）。

4.2.5　联合水处理法

联合水处理法（CWT）是在给水中同时加氧和加氨以控制锅炉腐蚀的方法。这种水处理方法首先通过加氨将给水的 pH 控制在碱性范围内，再通过加氧使钢铁表面钝化。这种方法克服了 AVT 处理时炉水中含铁量高、结垢严重的缺点；也克服了 NWT 中性条件下缓冲性能小的不足，是一种比较理想的给水处理方法。

1. CWT 工况的运行控制

CWT 运行时，对水的氢电导率要求高，因为只有在纯水中氧才能对钢起到钝化作用，一般要求凝结水精处理出口水的氢电导率小于 0.12μS/cm。除氧器入口氧浓度一般控制在 30～150μg/L，我国电力行业标准 DT/T 805.1—2011 推荐的控制范围为 30～100μg/L。汽包炉水 pH 控制在 9.0～9.5，pH 过低将使碳钢的腐蚀加速，而 pH 过高又会缩短凝结水净化设备的运行周期。

2. CWT 处理的优点

CWT 处理的优点主要有：①因锅炉的腐蚀减小，水中含铁量降低；②锅炉壁面沉积物减少，使化学清洗间隔缩短；③由于 CWT 只加入少量的氨，pH 比 AVT 时低，对铜的腐蚀性较小；④延长凝结水净化设备的运行周期，缩短锅炉启动时间。

4.2.6　聚合物处理法

聚合物处理法是采用有机聚合物单独或与其他药剂联合使用对炉水进行处理的一种方法。该方法主要是利用聚合物的分散作用来减少锅内水垢的沉积。

锅内水处理一般选用分子量较低的阴离子型聚合物，常用的阴离子型聚合物有聚丙烯酸、聚甲基丙烯酸、水解聚马来酸酐和羧甲基纤维素。上述聚合物在水中可以电离出负离子，被炉水中的悬浮颗粒及金属表面吸附，使悬浮颗粒不易在金属表面沉积，可随锅炉排污而除去。

4.3　锅内水处理加药及锅炉排污

4.3.1　锅内水处理的加药方法

锅内水处理的加药方法有两种：一是间断加药；二是连续加药。小锅炉一般采用间断加药，每隔一定时间向炉水或给水中加一次药。连续加药是以一定浓度的药液，连续地向炉水或给水中加药。连续加药要求炉水保持一定的药剂浓度，使各项水质指标保持平稳，有效起到防垢、防腐的作用。

4.3.2 加药装置和加药系统

（1）药剂直接加入至水箱和水池。适合于无省煤器的锅炉。

（2）小锅炉的锅内加药，可采用在给水泵的低压侧，利用高位药箱的重力作用均匀地加到给水泵入口侧低压管内，随给水进入锅炉。

（3）对于中、高压锅炉，一般采用高压柱塞加药泵向锅炉汽包内加药。首先将磷酸盐配制成 5%～8%的储备溶液。加药时由柱塞连续地将计量泵中配好的稀磷酸盐通过调节柱塞加药泵的冲程和药液浓度均匀地打入汽包。

4.3.3 锅内加药处理时的注意事项

（1）药剂的配制用水应采用补给水，不允许用生水，且应先将药剂充分溶解后再加入系统。

（2）加药时，应先排污再加药，以免新加入的药剂被排出锅炉，加药量视炉水水质情况而定。

（3）应按规定定期或连续加药，并定期进行排污。定期化验结果，确定加药量。

（4）因高水位运行易使蒸汽带水，影响蒸汽品质，故锅炉不要经常在高水位下运行。

4.3.4 锅炉排污

1. 锅炉排污的目的

锅炉排污的目的是使锅炉炉水中的含盐量和含硅量维持在极限容许值以下，以便去除炉水中的悬浮水渣；以及防止因锅炉炉水中含盐量、含硅量和含铁量过高而影响蒸汽品质。

2. 锅炉排污的方式

锅炉排污的方式主要有两种：连续排污和定期排污。

1）连续排污

连续排污是连续不断地从气泡中排出一定量的炉水。连续排污点应设在炉水中含盐量较高的部位，以减少排污量，提高排污效果。排污装置应能沿汽包长度方向均匀排出炉水，以免引起炉水各部分的水质不均匀。

2）定期排污

定期排污是在锅炉运行中，将炉水中的沉渣和铁锈从汽水系统的较低处定期排出的过程。由于锅炉低负荷时，水渣易沉积，因此定期排污最好在此时进行。排污间隔应根据炉水水质决定，水渣多，间隔时间短；水渣少，间隔时间长。

3. 锅炉的排污装置

对应于锅炉的排污方式，锅炉的排污装置也有两种，分为连续排污装置和定期排污装置。

1）连续排污装置

连续排污装置一般采用直径为28～60mm的钢管作排污管，在其上方等距离开孔，排污管走向与汽包纵向一致。连接在排污管开孔处的短管称为吸污管，它的直径要小于排污管。为了减少因连续排污而损失的水量和热量，一般将连续排污水引进扩容器，这是因为排污水在扩容器中压力突然降低，又可使部分水转变为蒸汽，这部分蒸汽可以回收利用。扩容器中的水还可以通过热交换器，回收部分热量后再排出。

2）定期排污装置

定期排污装置主要用来排除积聚在锅炉底部的水渣。有水冷壁管的锅炉，在下联箱底部应设有定期排污管道，以排除联箱底部的泥垢水渣。定期排污间隔时间较长，排出的水量相对较少，损失的热量也不多，因此一般排污水不回收利用。

4.4　锅炉水汽质量标准

根据国家标准GB/T12145—2016《火力发电机组及蒸汽动力设备水汽质量》，炉水和蒸汽品质应符合规定要求[6]：

4.4.1　锅炉炉水质量标准

炉水的质量直接影响蒸汽的品质，且对锅炉局部发生酸性或碱性腐蚀也会产生一定的影响。尽管对补给水和凝结水进行了较为严格的水处理，但微量的杂质和腐蚀产物等在锅炉内不断浓缩聚集还会形成沉积物。因此，通过控制锅内杂质的含量和加入适当的药剂，有助于阻止锅内沉积物的形成和腐蚀的发生。

汽包炉炉水的电导率及氯离子、二氧化硅等的含量应符合表4-1的规定。炉水中磷酸根含量和pH指标参照表4-2控制。

表 4-1　汽包炉炉水电导率及氯离子、二氧化硅含量标准

锅炉汽包压力/MPa	处理方式	二氧化硅/(mg/L)	氯离子/(mg/L)	电导率（25℃）/(μS/cm)	氢电导率（25℃）/(μS/cm)
3.8～5.8	炉水固体碱化剂处理	—	—	—	—
5.9～10.0		≤2.00[a]	—	<50	—
10.1～12.6		≤2.00[a]	—	<30	—
12.7～15.6		≤0.45[a]	≤1.50	<20	—
>15.6	炉水固体碱化剂处理	≤0.10	≤0.40	<15	<5[b]
	炉水全挥发处理	≤0.08	≤0.03	—	<1.0

a. 汽包内有清洗装置时，其控制指标可适当放宽。炉水二氧化硅浓度指标应保证蒸汽二氧化硅浓度符合标准。
b. 仅适用于炉水氢氧化钠处理。

表 4-2　汽包炉炉水 pH 和磷酸根含量标准

锅炉汽包压力/MPa	处理方式	磷酸根标准值/(mg/L)	pH[a]（25℃）	
			标准值	期望值
3.8～5.8	炉水固体碱化剂处理	5～15	9.0～11.0	—
5.9～10.0		2～10	9.0～10.5	9.5～10.0
10.1～12.6		2～6	9.0～10.0	9.5～9.7
12.7～15.6		≤3[a]	9.0～9.7	9.3～9.7
>15.6	炉水固体碱化剂处理	≤1[a]	9.0～9.7	9.3～9.6
	炉水全挥发处理	—	9.0～9.7	—

a. 控制炉水无硬度。

4.4.2　蒸汽质量标准

汽包炉的饱和蒸汽和过热蒸汽质量以及直流炉的主蒸汽质量应符合表 4-3 的规定。

表 4-3　蒸汽质量标准

锅炉过热蒸汽压力/MPa	氢电导率（25℃）/(μS/cm)		钠/(μg/kg)		二氧化硅/(μg/kg)		铁/(μg/kg)		铜/(μg/kg)	
	标准值	期望值	标准值	期望值	标准值	期望值	标准值	期望值	标准值	期望值
3.8～5.8	≤0.30	—	≤15	—	≤20	—	≤20	—	≤5	—
5.9～15.6	≤0.15[a]	—	≤5	≤2	≤15	≤10	≤15	≤10	≤3	≤2
15.7～18.3	≤0.15[a]	≤0.10[a]	≤3	≤2	≤15	≤10	≤10	≤5	≤3	≤2
>18.3	≤0.10	≤0.08	≤2	≤1	≤10	≤5	≤5	≤3	≤2	≤1

a. 表面式凝汽器、没有凝结水精除盐装置的机组，蒸汽的脱气氢电导率标准值≤0.15μS/cm，期望值≤0.10μS/cm；没有凝结水精除盐装置的直接空冷机组，蒸汽的氢电导率标准值≤0.30μS/cm，期望值≤0.15μS/cm。

在制定蒸汽质量标准时应考虑以下条件：

（1）杂质含量应尽量减少以保护汽轮机少结盐，甚至不结盐；

（2）蒸汽中允许的杂质含量不应影响电厂的正常运行；

（3）应能达到蒸汽纯度标准；

（4）极限浓度容易测定。

4.5 多元胺锅炉水处理剂

采取锅炉给水处理的技术措施，能有效地减少高压锅炉水侧腐蚀[7, 8]。某电厂四台9E燃气-蒸汽联合循环机组自2005年6月投入商业运行以来，一直采用传统的锅炉给水加氨、加联氨，锅炉炉水加磷酸三钠的炉内水处理方法。给水加氨所用液氨属于易挥发性有毒、有害化学品，人体吸入后极易造成肺功能损伤；同时联氨属于极毒并致癌的危险化学品，严重污染环境和危害人体健康；而炉水采用加磷酸三钠处理后，须通过锅炉定期排污的方式除去所产生的水渣，以达到减缓水汽系统腐蚀的目的，造成了大量的能量损耗，降低了热效率。

传统的氨-联氨的锅炉给水处理方式，产生的蒸汽有可能引发致毒因素，影响食品、药品等用热单位的蒸汽使用安全，急需开发高效、低毒的炉内水处理新技术。近年来，基于多元胺的炉内水处理技术，被视为传统处理工艺的替代者，在欧洲的热电厂中得到广泛的应用。多元胺炉内水处理技术通过聚氨和碱性胺的复配，达到调节锅炉补水和冷凝水pH的目的，能够有效保护蒸汽和冷凝系统。在热传递效果方面，多元胺比传统的磷酸盐处理显著提升（40%～150%）[9]。在存储和使用过程中，多元胺的环境安全程度高，排放水中仅仅含有极低浓度的胺类物质。我们结合炉内水处理工艺应用实例，将多元胺炉内水处理工艺应用于燃气-蒸汽联合循环机组并进行适用性评价，考察该工艺的安全性、稳定性、经济性及环保指标，在此基础上对原炉内水处理工艺进行改造。

4.5.1 多元胺在模拟高温高压水汽中的腐蚀抑制作用

多元胺是一种新型的锅炉炉内水处理剂，下面模拟锅炉运行的高温高压水汽条件，考察多元胺对金属材料的保护效果[10-12]。以20#锅炉钢为实验对象，实验设备为PSMA-100ML高压釜，多元胺由以化新材料（江阴）有限公司提供。首先，取25mL电导率低于0.3μS/cm的超纯水于高压釜中，载好20#钢挂片，将高压釜密封，升温至80℃，通氮气除氧至溶氧低于50ppb①，继续升温至342℃，压力为

① ppb为10^{-9}。

15MPa，保持 1h。系统降温至 50℃，取出挂片，实验结束后，挂片用 10%HCl+0.5%六次甲基四胺溶液浸泡 5min，清除腐蚀产物，然后称重。采用美国哈希公司 DQ40 溶氧仪进行溶解氧测定。

对于加药组，处理方式是：配制浓度为 250mg/L 和 25mg/L 的多元胺炉内水处理剂溶液。用浓度为 250mg/L 的多元胺炉内水处理剂溶液预热至 50℃，将挂片和高压釜润洗 3 次。然后取 25mL 浓度为 25mg/L 的多元胺炉内水处理剂溶液于高压釜中，载好挂片，将高压釜密封。升温至 100℃，通氮气除氧至溶氧低于 50μg/L。继续升温至 342℃，压力为 15MPa，保持 1h。系统降温至 50℃，取出挂片，用 10%HCl+0.5%六次甲基四胺溶液浸泡 5min，清除腐蚀产物，然后称重。

空白溶液和浓度为 25mg/L 的多元胺炉内水处理剂溶液中，在 342℃、压力 15MPa 的炉内模拟条件下，保温 1h 和 10h 的试验结果见表 4-4。

表 4-4　模拟高温高压蒸汽中的失重法试验结果

缓蚀剂	保温时间/h	失重/g	腐蚀速率/(mm/a)
空白	1	0.0081	0.8071
多元胺	1	0.0043	0.4285
	10	0.0096	0.2943

对比加药组与空白组的腐蚀速率发现，多元胺炉内水处理剂的保护效果较明显，能显著降低高温高压条件下耐热钢的腐蚀速率。

4.5.2　多元胺炉内水处理剂的腐蚀电化学测试

下面考察多元胺炉内水处理剂对耐热钢腐蚀电化学行为的影响。采用三电极体系，工作电极为 20#钢材料，环氧树脂封装，暴露面积为 0.4cm^2，用 01 号、03 号、06 号金相砂纸逐级打磨，无水乙醇除油后用蒸馏水反复冲洗，脱脂棉擦干后备用。辅助电极为铂电极，参比电极是饱和甘汞电极，测试电解质为含 50mg/L Cl^-+50mg/L SO_4^{2-} 的去离子水溶液。

图 4-1 为 20#钢电极在 50mg/L Cl^-+50mg/L SO_4^{2-} 的溶液中，不同多元胺加药浓度的 Nyquist 图。图 4-2 为阻抗谱的等效模拟电路图。其中，R_s 为研究电极和辅助电极之间的溶液电阻，R_{ct} 为金属基体与界面的电荷转移电阻，Q_{dl} 为常相位角元件，W 为 Warburg 阻抗。所得电化学参数和缓蚀率见表 4-5。

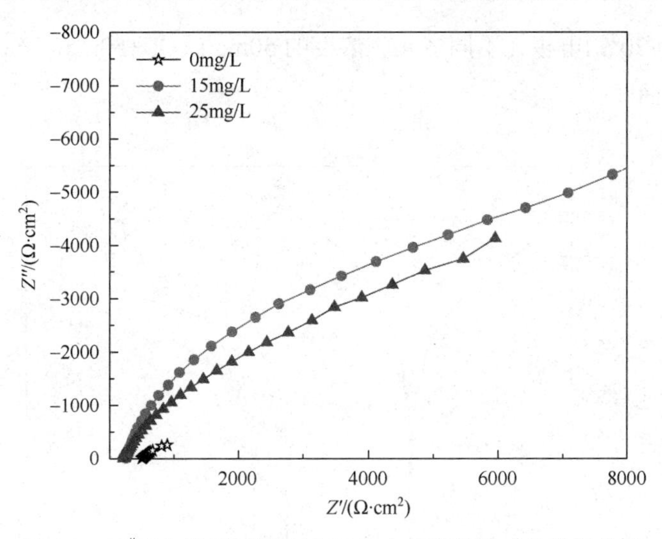

图 4-1　20#钢电极在不同多元 V211 加药浓度的电化学阻抗图

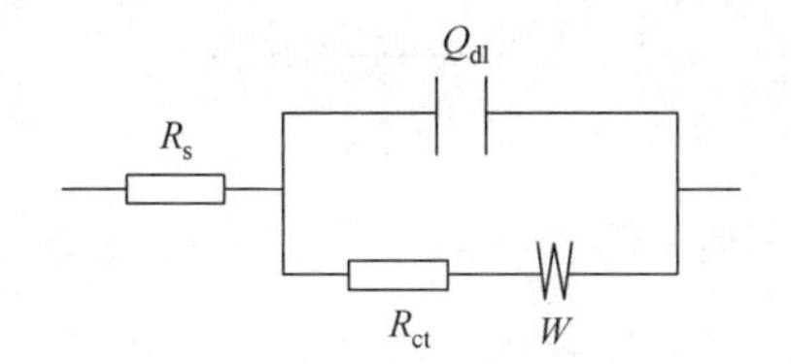

图 4-2　电化学阻抗谱的等效模拟电路

表 4-5　20#钢电极在不同多元胺加药浓度下的电化学阻抗拟合结果

多元胺浓度 /(mg/L)	R_s /$(\Omega\cdot cm^2)$	R_{ct} /$(\Omega\cdot cm^2)$	Q_{dl}		W /$(\mu S\cdot s^{0.5}/cm^2)$	η/%
			Y_0/（$\mu S\cdot s^n/cm^2$）	n_2		
0	998	2644	2114	0.66		
15	258.2	6190	83.65	0.86	290.9	57.3
25	223.6	4732	236.5	0.76	524.5	44.1

可以看出，在 50mg/L Cl^-+50mg/L SO_4^{2-}溶液中，多元胺锅炉炉内水处理剂的加入使得电极的电荷转移电阻急剧增大，表明该药剂对耐热钢有较好的防腐蚀保护作用。同时对应的常相位角元件 Y_0 值变小，表明多元胺在电极表面形成了较厚的吸附膜。在实验条件下，15mg/L 多元胺锅炉炉内水处理剂对 20#钢的保护效果优于 25mg/L 多元胺锅炉炉内水处理剂的保护效果，表明多元胺炉内水处理剂存在浓度极值现象，这是由于多元胺炉内水处理剂含有亲水基和疏水基，浓度过高，相互之间可以形成胶束，从而导致其在钢铁表面的吸附量下降。这也可从高浓度时，20#钢具有较大的常相位角元件的 Y_0 值得到证实。

图 4-3 为 20#钢电极在不同多元胺浓度的 50mg/L Cl^-+50mg/L SO_4^{2-} 介质中浸泡 1h 的极化曲线。

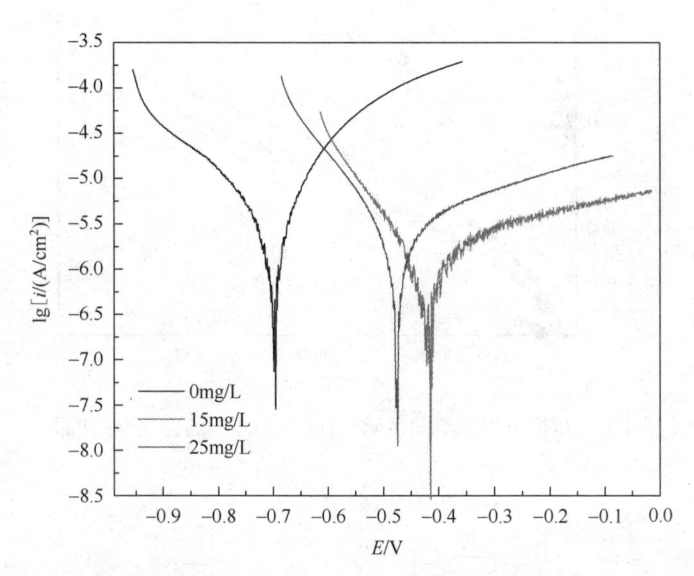

图 4-3　20#钢电极在含有不同多元胺浓度的 50mg/L Cl^-+50mg/L SO_4^{2-} 介质中的极化曲线

由图可以看出，多元胺的加入导致腐蚀电位正移，20#钢腐蚀的阴极和阳极反应过程均受到明显的抑制，多元胺是一种混合型缓蚀剂，药剂浓度为 15mg/L 时的缓蚀效果优于 25mg/L 时，与交流阻抗图谱的结果一致。

多元胺锅炉炉内水处理剂含有成膜胺和碱化胺，当多元胺溶解在腐蚀介质中时，其分子上的活性基团吸附在金属表面，分子另一端的非极性基团要尽量远离金属表面，这样就构成了一层由疏水基组成的疏水性保护膜。极性基团吸附在金属表面改变了金属表面的带电状态和界面性质，使金属表面的能量状态趋于稳定，增加了金属腐蚀反应的活化能，使腐蚀速率减慢。非极性基团形成的疏水保护膜，可阻碍腐蚀介质或水分子向金属表面扩散、迁移，阻碍金属离子的溶解扩散，对腐蚀的阴极和阳极电化学过程均具有抑制作用，起到保护 20#钢的作用。

4.5.3　表面形貌分析

含有多元胺炉内水处理剂的模拟高温高压工况下腐蚀前后的 20#钢试片的形貌分别如图 4-4～图 4-7 所示。腐蚀前挂片纹络清晰光亮，表面有明显黑色斑点，颜色较浅；未加药腐蚀后的挂片表面颜色明显加深，呈灰色，表面纹路及黑斑被完全覆盖，形成致密的腐蚀产物；加药腐蚀后挂片表面呈黑色，有较致密油状物覆盖，经过乙醇简单冲洗后可呈现较明显的打磨纹路，说明多元胺炉内水处理剂在 20#钢表面形成均匀的保护膜，可以用乙醇等溶液去除。

图 4-4　20#钢腐蚀前的形貌

图 4-5　20#钢未加药腐蚀后乙醇冲洗后形貌

图 4-6　20#钢加药腐蚀后未处理形貌

图 4-7　20#钢加药腐蚀后乙醇冲洗后形貌

图 4-8 为有无多元胺锅炉炉内水处理剂的条件下，20#钢在模拟高温高压工况下运行 1h 后的 AFM 形貌。可见，空白试片表面粗糙度很大，含有多元胺炉内水处理剂的试片表面粗糙度较小，多元胺锅炉炉内水处理剂可以有效抑制 20#钢材料在高温高压下的腐蚀。

4.5.4　20#钢表面憎水特性

为了评估多元胺炉内水处理剂对 20#钢的保护效果，分别将 20#钢打磨后在有无多元胺炉内水处理剂的模拟高温高压工况下处理 1h，然后进行接触角测量。20#钢打磨后接触角为 44.5°，经模拟高温高压工况下处理 1h 后，其接触角会明显增大。无多元胺炉内水处理剂样品的接触角为 97°，有多元胺炉内水处理剂样品的接触角可达 116.5°，这表明耐热钢试片经多元胺处理后，具有较好的憎水性，有利于改善热力系统金属表面的清洁度，提高保护效果。

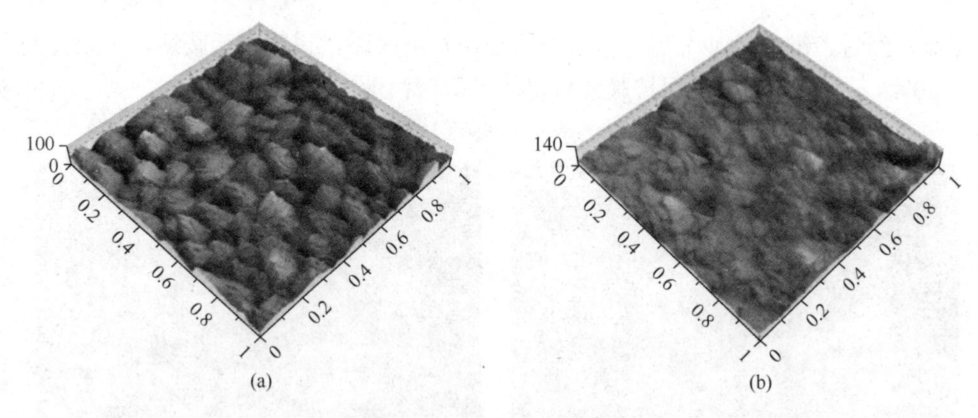

图 4-8　$20^{\#}$钢在模拟高温高压工况下腐蚀后的试片 AFM 图（μm）

（a）未加药试片；（b）含多元胺炉内水处理剂的试片

4.5.5　多元胺炉内水处理剂在模拟高温高压水中的分解特性

为了防止或减轻给水对热力设备金属材料的腐蚀，全挥发性处理（AVT）所加的碱化剂除了具有优良的防腐蚀性能外，还应具有较高的热稳定性、合理的汽液分配系数，其高温分解产物不会造成设备的腐蚀。

通过气相色谱-质谱联用分析多元胺在反应前后有效成分含量的变化，判断药剂的热分解特性及稳定性。可以看出，多元胺炉内水处理剂在模拟高温高压工况下运行 1h 后，其主要的化学组成为：2-氨基乙烷硫醇、*N*-甲基哌嗪、1-甲基吡咯、单乙醇胺、2-甲基-1，3-氧氮杂环戊烷、环己胺、环己酮、*N*-甲基环己胺、*N*-乙基环己胺、2-乙基-5-甲基嘧啶、二乙醇胺、1-哌嗪乙醇、*N*-环己胺乙醇、*N*, *N*-二羟乙基哌嗪、油胺。多元胺炉内水处理剂溶液经过高温高压处理，其分解产物不含小分子有机酸，表明多元胺炉内水处理剂高温分解产物不会造成设备的腐蚀。

4.5.6　多元胺炉内水处理剂的急性经口毒性实验

多元胺炉内水处理剂主要成分为成膜胺和碱化胺。多元胺炉内水处理方式一般包括两种或更多种功能性胺基团，如油烯丙二胺（n=1，$R_1=C_{18}H_{35}$，$R_2=C_3H_6$）或者硬脂酰缩二乙烯三胺（n=2，$R_1=C_{18}H_{37}$，$R_2=C_3H_6$），此外还含有碱化胺，如环己胺等，可以达到调节锅炉补水和冷凝水 pH 的目的。长链脂肪胺一般对皮肤的刺激性很小，毒性也较小。多元胺炉内水处理剂在欧洲电厂中成功应用了二十多年，并获得了美国食品药品监督管理局的认证。多元胺炉内水处理剂的排放水中仅仅含有极低浓度的胺类物质（通常低于 0.5mg/kg），这是一种可替换传统联氨给水处理方式的新方法。我们委托上海市疾病预防控制中心对多元胺炉内水处理剂做了急性经口毒性实验，多元胺炉内水处理剂对雌性小鼠的 LD_{50} 为 3160mg/kg，对雄性小鼠的 LD_{50} 为 3690mg/kg，属于低毒化学品。可见多元胺锅炉炉内水处理剂和目前常用的给水氨-联氨处理方式相比，可以提高供热蒸汽的品质，具有安全环保的特性。

4.5.7　多元胺炉内水处理剂的现场应用实验

在某燃机电厂 9E 燃机上进行现场应用试验，采用湿法停炉保护方案，通过悬挂于冷凝水侧的挂片来验证其在湿法停炉保护中的作用，实验锅炉的参数见表 4-6。

表 4-6　某燃机电厂实验锅炉的参数

序号	项目	单位	参数
1	实验锅炉数量（boiler quantity）	个	1
2	蒸发量（steam，HP）	t/Hr	181.5
3	蒸发量（steam，LP）	t/Hr	31
4	蒸汽压力（pressure，HP）	bar*	63
5	蒸汽压力（pressure，LP）	bar	6
6	除氧器（deaerator）	有/无	有
7	补水率（make up water）	%	5～20
8	给水温度（temperature of feedwater）	℃	104

* 1bar=10^5Pa。

9E 燃气蒸汽联合循环机组余热锅炉于 2014 年 9 月 2 日开始上水，9 月 3 日开车运行 3.5h，直至正式停炉，然后进行湿法停炉保护。多元胺炉内水处理剂的投加使用原有联氨加药泵，根据保有水量投加 500mg/L，9 月 3 日上午 9：30 正式开炉运行，由于时间所限，整个开车过程仅有 3.5h，故此过程水汽监测取样共计三个，其取样时间分别为 11：00，12：00，13：00，样品分别为高、低压过热蒸汽，高、低压饱和蒸汽，高、低压炉水，冷凝水和给水，共计 8 个样品，测定其 pH、电导率和多元胺浓度；其中，高压过热蒸汽，高、低压炉水及冷凝水分别在 11：00 和 13：00 取样进行铜含量和铁含量的分析。投加多元胺后，各水样分析数据及趋势如图 4-9～图 4-13 所示。

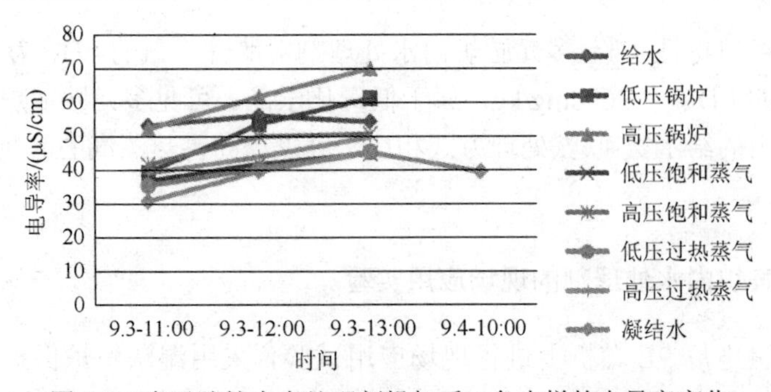

图 4-9　多元胺炉内水处理剂投加后，各水样的电导率变化

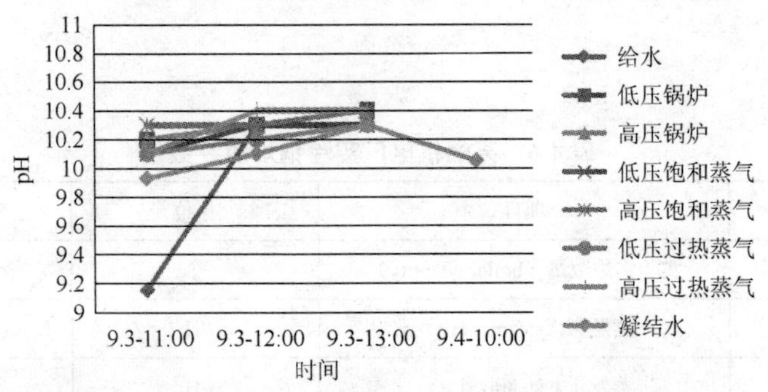

图 4-10　多元胺炉内水处理剂投加后，各水样的 pH 变化

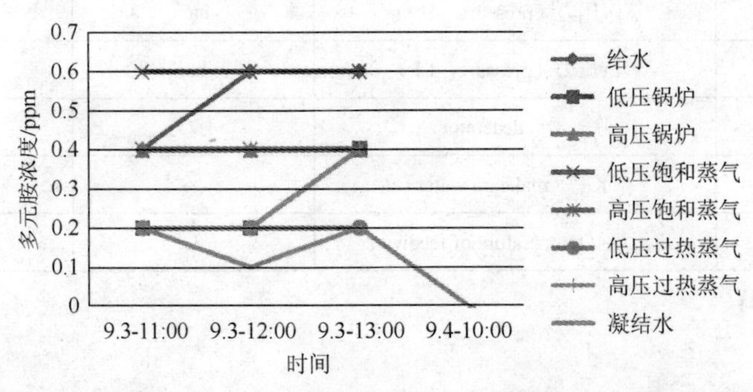

图 4-11　多元胺炉内水处理剂投加后，各水样的多元胺浓度变化

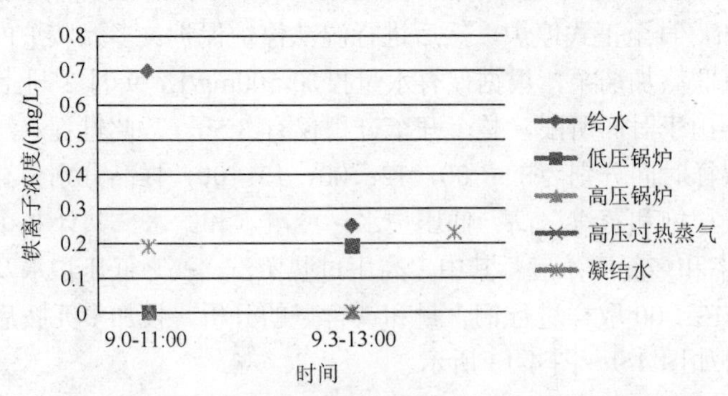

图 4-12　多元胺炉内水处理剂投加后，各水样的 Fe^{3+} 浓度变化

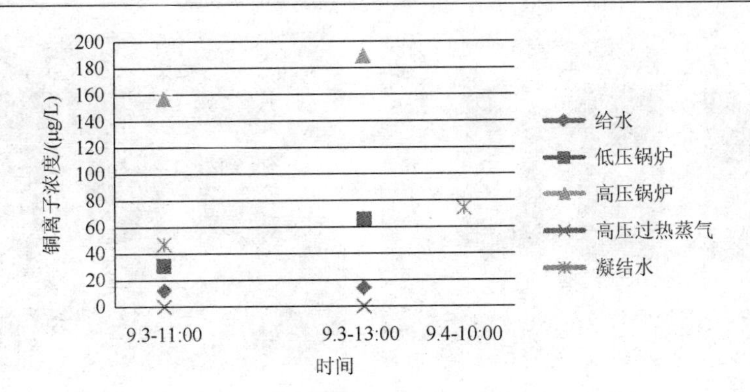

图4-13 多元胺炉内水处理剂投加后，各水样的Cu^{2+}浓度变化

可以看出，多元胺炉内水处理剂投加后，各水样的电导率均有所上升，但上升趋势并不大，整体来看，电导率上升仅20μS/cm，说明多元产品对电导率的贡献极小；各水样的pH上升明显，表明其具有良好的氨的替代性，同时，pH上升又不至于过高，具有良好的可控性；各水样的多元胺的浓度值极低，其中低压饱和蒸汽中多元胺含量最高，为0.6mg/L，整个系统多元胺具有可测性，说明多元胺可完全扩散到整个系统，起到对整个系统的保护作用（说明：9月4日冷凝水侧的多元胺炉内水处理剂浓度过低，主要是由于多元胺产品在整个冷凝水系统进行镀膜，吸附于整个系统的金属表面，故无法正常检测）；铜、铁离子总体都是上升趋势，说明多元胺炉内水处理剂具有清洗系统表面浮锈和沉积物的功效。

9月4日上午10：00，进行了湿法停备用保护的腐蚀挂片安装，安装位置为冷凝水泵前过滤器位置，如图4-14所示，同时进行凝结水的取样分析，分析pH、电导率、多元胺浓度、铁和铜离子浓度（图4-9～图4-13)。9月28日电厂取悬挂于冷凝水侧的挂片，如图4-15所示，所得腐蚀失重数据见表4-7。

图4-14 湿法停炉保护试片安装位置

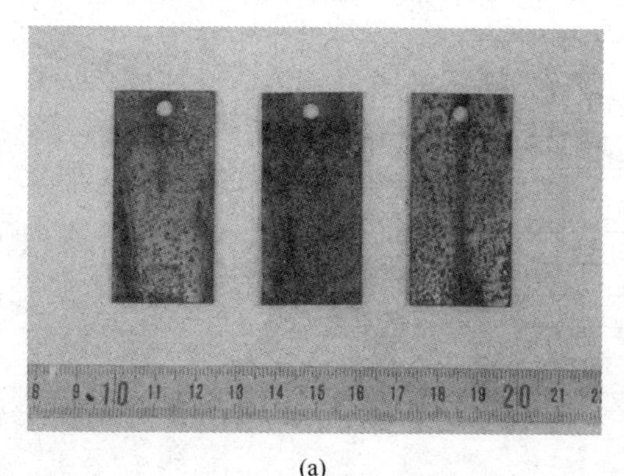

(a)

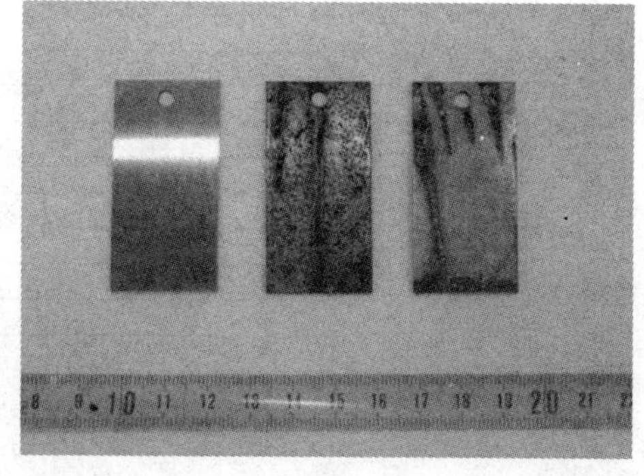

(b)

图 4-15　投加多元胺进行湿法停炉保护后，凝结水腐蚀挂片情况（a）；实验前后试片外观比较（b）

从左到右依次为腐蚀前、凝结水腐蚀实验后、腐蚀挂片橡皮擦拭后

表 4-7　投加多元胺进行湿法停炉保护后，凝结水腐蚀挂片的失重数据

试片	保温时间/h	失重/g	腐蚀速率/(mm/a)
样品 1	24×23	0.0216	0.0156
样品 2	24×23	0.0237	0.0171

可以看出，$20^{\#}$钢试片在含有多元胺炉内水处理剂的凝结水中经过 23 天后，试片表面出现大量黑斑，经过橡皮擦拭后黑斑即可被去除，呈现金属底色，黑色斑点应为多元胺炉内水处理剂的残余膜层，挂片并未出现棕红色的铁锈，失重率极低，平均为 0.0164mm/a，表明多元胺炉内水处理剂对锅炉有良好的停炉保护效果。图 4-16 是现场试验前后挂片的光学显微镜照片。

可以看出，腐蚀前挂片纹络清晰光亮，表面有少量小斑点，颜色较浅，表面较光滑；现场湿法停炉保护实验结束后挂片表面颜色偏暗，表面有明显覆盖层，局部出现独立黑色圆形斑点，斑点边缘较清晰。

多元胺炉内水处理工艺是一种新型的锅炉给水处理工艺，在高温高压水汽工况下对耐热钢具有较好的腐蚀抑制效果；能够在耐热钢表面形成疏水保护膜；多元胺炉内水处理剂的主要有效成分在该工况条件下具有良好的稳定性，高温分解产物不含腐蚀性的小分子有机酸，有利于锅炉的长期运行及长效保护。现场试验表明，多元胺炉内水处理剂满足现场的水汽运行及水质控制指标，可以对整个热力系统进行保护，包括蒸汽和冷凝水系统。同时，它还可以作为非连续运行机组停炉保护使用。多元胺锅炉炉内水处理剂毒性低，具有安全环保的特性，可望在对供热蒸汽的品质有严格要求的热电厂中推广应用。

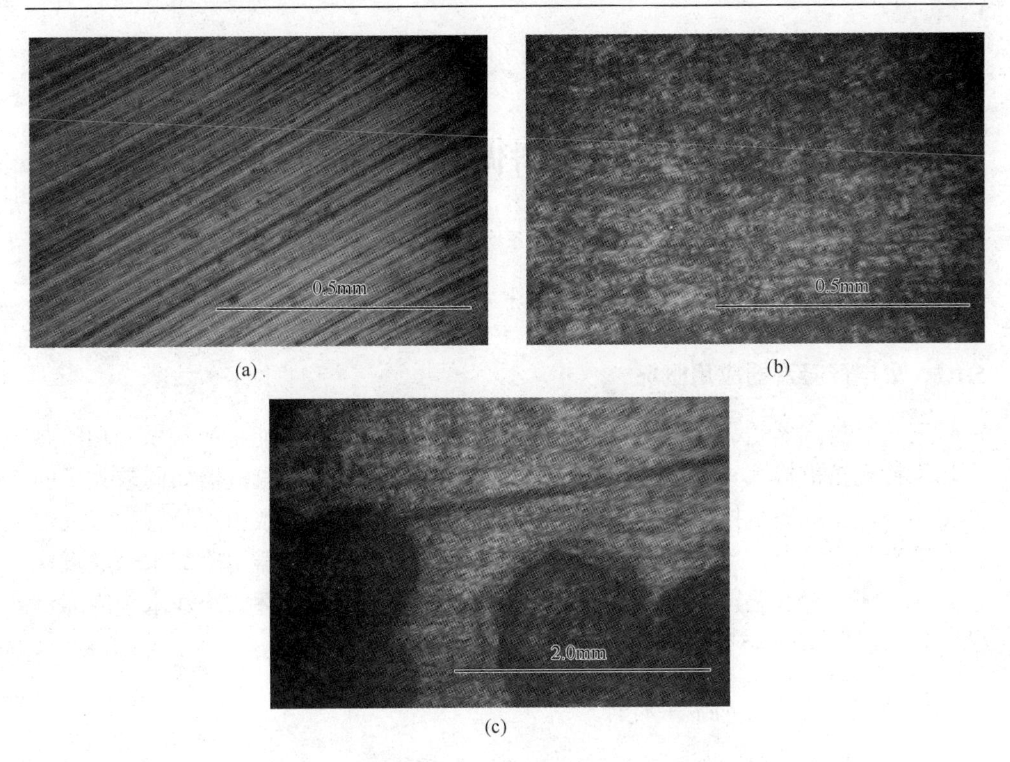

(a)　(b)

(c)

图4-16　现场试验前后挂片的光学显微镜微观形貌

（a）刚打磨好的试片；（b），（c）为湿法停炉保护实验结束后的试片

参考文献

[1] 陈洁，杨东方. 锅炉水处理技术问答. 北京：化学工业出版社，2003

[2] 许兴炜. 锅炉运行中水垢的结生. 中国特种设备安全，2007，23（9）：68

[3] 周本省. 工业水处理技术. 北京：化学工业出版社，2002

[4] 傅强，彭珂如. 锅炉水磷酸盐处理法的进展. 化学清洗，1999，15（5）：27-30

[5] 李志刚，陈戎. 火电厂锅炉给水加氧处理技术研究. 中国电力，2004，37（11）：47-52

[6] GB/T 12145-2016. 火力发电机组及蒸汽动力设备水汽质量

[7] 魏刚，徐斌，熊蓉春. 21世纪锅炉水处理发展战略研究. 工业水处理，2000，20（3）：1-15

[8] 李茂东，吴从容. 工业锅炉锅内水处理药剂现状与发展. 工业水处理，2004，24（5）：5-9

[9] Stiller K，Wittig T，Urschey M. The analysis of film-forming amines—methods，possibilities，limits and recommendations. Power Plant Chemistry，2011，13（10）：602

[10] 姚勇，周腾，杨景，等. 多元胺锅炉水处理剂在电厂环境中对20号钢的保护作用. 腐蚀与防护，2015，36（11）：1077

[11] Lendi M，Wuhrmann P. Impact of film-forming amines on the reliability of online analytical instruments. Power Plant Chemistry，2012，14（9）：560

[12] Ramminger U，Hoffmann-Wankerl S，Fandrich J. The application of film-forming amines in secondary side chemistry treatment of NPPs. Revue Généralenucléaire，2012，（6）：68-73

第5章　凝汽器循环冷却水处理

5.1　概　述

5.1.1　火电厂凝汽器应用概况

汽轮机凝汽器是火电厂发电机组重要设备之一，它的功能是冷凝做完功的蒸汽，维持汽轮机排汽真空，同时回收凝结水作锅炉补给水。凝汽器如同放大了的热交换器，由汽轮机排出的蒸汽进入凝汽器冷凝管间，冷却水由冷凝管中流过，带走蒸汽的凝结热，冷凝下来的蒸汽被凝结水泵排走。凝汽器用冷却水一般直接取自江、河、湖、海，根据系统不同，有直流式冷却水和循环式冷却水。冷却水的常年水温在10～45℃。

1. 凝汽器冷凝管的常用材料

目前电厂凝汽器用冷凝管管材主要有以下几种：

1）铜合金

铜合金具有优良的导热性、良好的塑性和必要的强度，同时易于机械加工，价格也不太昂贵，因而在热交换器中使用最多。电厂凝汽器中使用的铜合金有黄铜和白铜。

（1）黄铜。

黄铜是以铜和锌元素为主要成分的合金，根据化学成分的不同，又可分为普通黄铜和特殊黄铜两大类。

普通黄铜是指简单的铜、锌合金。随着锌含量的不同，铜锌体系中可以形成六种固溶体，常称为α、β、γ、δ、ε、η相。能作为实际结构材料使用的只有α和α+β两种结构的黄铜。用作凝汽器的普通黄铜材料一般为α相黄铜。α相黄铜通常不用于高温的介质中，因为在300～700℃的温度范围内，α相黄铜的机械性能变脆。普通黄铜具有一定的耐蚀性能，但随着锌含量增加，其发生应力腐蚀破裂的倾向明显增大。锌含量在20%以下的黄铜，在自然环境中一般不发生应力腐蚀破裂。

在普通黄铜中再加入少量的锡、铝、锰、硅、铁、铅、砷、硼等其他合金元素后，制成的黄铜称为特殊黄铜。添加这些合金元素是为了提高黄铜的机械性能和耐腐蚀性能，有的还可增强耐磨性能。

目前电力系统凝汽器中使用的黄铜大多数为含铜 70%、锌 29%、锡 1%的锡黄铜管（俗称海军黄铜管）。为进一步提高耐蚀性，添加了微量的砷或硼，制成加砷锡黄铜和加硼锡黄铜，牌号分别为 HSn70-1A（加砷锡黄铜）、HSn70-1B（加硼锡黄铜）。另外也有使用含铜 77%、锌 21%、铝 2%和微量砷的铝黄铜 Hal77-2A 及含铜 68%、锌 32%和微量砷的普通黄铜 H68A。

（2）白铜。

白铜是铜和镍的合金。当镍含量高时，材料常呈银白色金属光泽，故一般称为白铜。白铜的耐蚀性能强，在淡水，尤其在海水中较稳定，耐氨腐蚀的性能也优于黄铜。

凝汽器用白铜管的常见牌号有 B10 和 B30 两种，分别含铜 90%和 70%。

2）工业纯钛

钛是热力学上很活泼的金属，钛的标准电极电位很负（$E^{\ominus}=-1.63V$），然而在氧存在的情况下，钛的电极电位迅速升高，有时可达+0.40V，即处于钝化状态，因此其在许多腐蚀介质中具有优异的耐腐蚀性能。

钛在大气、海水和天然水中都具有优异的耐蚀性能。无论在一般的或污染的大气和海水中，还是在较高温度及较高流速条件下，都具有很高的耐蚀性能。鉴于工业纯钛优异的耐蚀性能，以海水为冷却水的滨海电厂凝汽器普遍采用钛管作为冷凝管。但是由于钛管凝汽器造价昂贵，以淡水为冷却水的内陆电厂一般不采用。

3）不锈钢

不锈钢凝汽器在欧美国家应用已有 70 多年的历史，在我国的应用时间也已有十多年。不锈钢管品种很多，在淡水和微咸水中常用 304、316 型奥氏体不锈钢，在微咸水和咸水中常用 317 型，在海水中常用 AL-6XN 和 AL29-4C 等超级不锈钢。另外还有双相不锈钢，如 2205，虽然使用不多，但其强度高，耐蚀性也较好，可用于汽侧冲击严重的区域。

凝汽器管材的选择主要是根据冷却水的水质状况。选择凝汽器管材的要求是[1]：对该种管材采用一般的维护措施，在使用中不出现严重的腐蚀和泄漏，铜合金和不锈钢的使用寿命应在 20 年以上，而钛管应在 40 年以上。选材还应从管材的价格、维护费用等方面进行技术经济比较，并不是越“高级”越好。

2. 凝汽器防护的重要性

凝汽器冷却管运行中的腐蚀损坏已成为影响高参数大容量发电机组安全运行的主要因素之一。统计数据表明，国外大型锅炉的腐蚀损坏事故中，大约有 30%是由凝汽器的腐蚀损坏引起的[1]，在我国这个比例更高一些。凝汽器冷却管损坏的直接危害除凝汽器管材直接的损失外，更重要的是，由于大型锅炉的给水水质要求高，水质缓冲小，因此一旦凝汽器泄漏，冷却水漏入凝结水，恶化凝结水质，将造成炉前系统、锅炉、汽轮机的腐蚀与结垢。尤其是用海水冷却的凝汽器，泄漏严重时会使锅炉炉管在不长的时间内，甚至在几小时内即严重损坏。

由于凝汽器管的损坏后果极其严重，常迫使机组降低负荷，以致被迫停机，近年来，各国都在凝汽器的设计、管材的选用和管子的制造工艺，运行中水质调节和控制，以及防止腐蚀的措施等方面做了大量研究，取得了很大的进步。但随着机组容量的增大，凝汽器也越来越大，凝汽器中装设的冷却管数量也相应增加。例如，一台 300MW 直流锅炉发电机组的凝汽器装有ϕ20mm×1mm×11000mm 的铜管 21000 余根，这样发生泄漏事故的可能性大大增加。

做好凝汽器的防腐蚀工作，可产生很大的经济效益。某滨海电厂由于凝汽器管和管板的腐蚀，四台机组六年更换铜管 7 次，更换凝汽器管板 5 次，锅炉爆管 30 余次。其中一台锅炉因凝汽器泄漏产生酸性腐蚀而大量更换炉管，为此停用 4000h，少发电 2 亿 kW·h，电量损失约合 1300 万元以上，社会产值损失超过 5 亿元[2]。因此，防止凝汽器的腐蚀损坏有较大的社会效益和经济效益。

5.1.2 我国凝汽器冷却水水质状况及面临的问题

1. 工业冷却用水水源及特点

水是工业生产的重要原料之一，没有合格的水源，任何工业都不可能维持下去。工业用水中，冷却用水占相当大的比例。工业冷却水用量平均占工业用水总量的 67%。

工业生产中冷却的方式很多。有采用空气来冷却的，称为空冷；有采用水来冷却的，称为水冷。大多数工业生产中都用水作为传热冷却介质。这是因为水的化学稳定性好，不易分解；水的热容量大，在常用温度范围内，不会产生明显的膨胀或压缩；水的沸点较高，在通常使用条件下，在换热器中不致汽化；同时水的来源较广泛，流动性好，易于输送和分配，相对来说价格也较低。

作为冷却水的水质，虽然没有像锅炉用水那样对各项指标有严格的控制，但为了保证生产稳定，不损坏设备，能长周期运转，对冷却水水质有如下要求：

（1）水温要尽可能低。冷却水温度越低，冷却效果越好，用水量也可相应减少。

（2）水的浑浊度要低。水中悬浮物带入冷却水系统，会因流速降低而沉积在换热设备和管道中，影响热交换，甚至堵塞管道。浑浊度过高还会加速金属的腐蚀。

（3）水质不易结垢。传热面上水垢的形成降低热交换效率，影响工厂安全生产。

（4）水质对金属设备不易产生腐蚀。如果腐蚀不可避免，则要求腐蚀性越小越好，以免设备因腐蚀而减小有效传热面积或过早报废。

（5）水质不易滋生菌藻。菌藻繁殖形成大量黏泥污垢，导致管道堵塞和腐蚀。

我国幅员辽阔，不同地区、不同水源的水质千差万别，冷却水中杂质成分及含量也各不相同。冷却水水源主要有以下几方面：

（1）江河水。

河流是降水经地面径流汇集而成的，流域面积十分广阔，又是敞开流动的水体，其水质受地区、气候以及生物活动和人类活动的影响而有较大的变化。

河流广泛接触岩石土壤，不同地区的矿物组成决定着河流的基本化学成分。此外，河流水因混有泥沙等悬浮物质而呈现一定浑浊度。水的温度则与季节、气候直接有关。

河流中主要离子成分构成的含盐量，一般在100～200mg/L，不超过500mg/L，个别河流也可达30000mg/L以上。一般河流的阳离子中，$[Ca^{2+}]>[Na^+]$，阴离子中$[HCO_3^-]>[SO_4^{2-}]>[Cl^-]$。

（2）湖泊和水库水。

湖泊是由河流及地下水补给而成的，它的水质与补给水水质、气候、地质及生物等条件密切相关，同时流入和排出的水量、日照和蒸发强度等也在很大程度上影响湖水的水质。如果流入和排出的河水流量都很大，而湖水蒸发量较小，则湖水含盐量较低，形成淡水湖，其含盐量一般在300mg/L以下。水库实际上是一种人造湖，其水质也与流入的河水水质和地质特点有关，但最终会形成与湖泊相似的稳定状态。

通常取淡水湖和低度咸水湖作水源，其水质离子组成与内陆淡水河流相似，多数是$[Ca^{2+}]>[Na^+]$、$[HCO_3^-]>[SO_4^{2-}]>[Cl^-]$。

（3）地下水。

地下水是由降水经过土壤地层的渗流而形成的。地下水按其深度可分为表层水、层间水和深层水。通常作为水源使用的地下水均属层间水，即中层地下水。这种水受外界影响小，水质组成稳定，水温变化很小，水质透明清澈，有机物和细菌的含量较少，但含盐量较高，硬度较大。随着地下水深度增加，其主要离子组成从低矿化度的淡水型转化为高矿化度的咸水型，即从$[Ca^{2+}]>[Na^+]$、$[HCO_3^-]>[SO_4^{2-}]>[Cl^-]$转化为$[Na^+]>[Ca^{2+}]$、$[Cl^-]$或$[SO_4^{2-}]>[HCO_3^-]$。

由于地下水与大气接触不通畅，水中溶解氧很少，有时由于生物氧化作用还会产生H_2S和CO_2。H_2S使水质具有还原性。

（4）城市污水回用。

我国淡水资源虽居世界第4位，但人均水资源为2200m^3，只有世界人均占有量的1/4，居世界153个国家人均水资源资料排位的121位，列为世界上最贫水的

13 个国家之一。目前水荒覆盖面几乎遍及全国，随着我国经济社会的进一步发展，用水量不断增加。就水量不丰富的北方而言，水荒已是工农业发展所面临的最严峻的问题。为了实现水资源可持续利用，保障经济社会可持续发展，缓解我国水资源紧张的矛盾，污水回用已在北方一些地区付诸实施。回用的污水又称中水，是指生活污水经处理后，达到规定的水质标准，可在一定范围内使用的非饮用水。

（5）海水。

一些滨海电厂直接用海水作为冷却水水源，在我国这些电厂均采用了直流式钛管凝汽器。

从冷却水水源来看，我国不同地区、不同性质的水源，水质差别很大。同是江河水的闽江、黑龙江等含盐量低（＜100mg/L），各种离子浓度均小，而塔里木河河水的含盐量高达 31751.3mg/L，各种离子浓度比其他江河水高几十甚至上千倍，侵蚀性的 Cl^-浓度达到 14368mg/L；同样，不同地区的井水也有较大差别，一般缺水地区、沿海地区的井水含盐量大，Cl^-浓度也高；回用城市污水的水质与地表水、地下水又有很大不同，首先城市污水中有机物含量高，存在一定的微生物，使之含有一定浓度的有机物分解产物，如 NH_3、NO_2^-、NO_3^-以及微生物作用（如硫酸盐还原菌对 SO_4^{2-} 的作用）产生的硫离子，同时 Cl^-、SO_4^{2-} 和含盐量都较高。

2. 火电厂冷却系统特点

火电厂的冷却水主要用于冷却汽轮机排汽。在火电厂用水量中，冷却用水占了绝大部分。长江以南的火电厂，绝大部分采用直流冷却系统，冷却用水的水源为河水和湖泊水。长江以北、黄河以南地区的火电厂，部分采用直流冷却系统，以河水和水库水为水源；部分采用开式循环冷却系统，水源有河水，也有井水。黄河以北地区的火电厂，绝大部分采用开式循环冷却系统，水源为井水或河水。海滨电厂全部采用直流冷却系统，以海水为冷却水。我国东北地区也有少量火电厂采用直流冷却系统，以河水及水库水为水源。

与其他工业比较，火电厂冷却系统具有以下特点：

（1）冷却水量大。一台 300MW 机组的循环冷却水量达 30000～40000t/h，对于一个 4×300MW 的火电厂，循环水量将达 12×10^4～16×10^4t/h。对于开式循环冷却系统，如浓缩倍率为 3，补充水率约为 2.4%，则补充水量为 2880～3840t/h。

（2）冷却系统简单，换热器数量少。一台发电机组只有一台凝汽器，加上若干台冷油器、冷风器。换热器的形式只有管程一种。

（3）冷却水温低。凝汽器循环冷却水温一般为 30～45℃。

（4）对凝汽器耐蚀性能要求高。相对凝结水、炉水而言，由于冷却水含盐量大，杂质多，一旦凝汽器管腐蚀破坏，冷却水将向凝结水泄漏，造成凝结水和给水污染。在火电厂中，锅炉机组的腐蚀、结垢、积盐多由凝汽器泄漏引起。

凝汽器的腐蚀损坏除了与凝汽器管材自身耐蚀性能有关外，与冷却水水质有很大关系。

3. 国内凝汽器循环冷却水系统面临的问题

目前我国火电厂循环冷却水系统面临的主要问题有：

1）淡水资源日益紧张，要求循环冷却水在高浓缩倍率下运行

目前我国淡水资源日益紧张，特别是北方地区，水资源严重短缺，使火电厂的运行和建设规划受到限制，一些电厂以水定电，一些电厂因水源不足而限发。火电厂是用水大户，它的耗水量约占工业用水的 20%左右，而其中 50%～80%用于循环冷却水系统。据统计，当前我国凝汽式火电厂的耗水量，每 1000MW 装机容量为 1.64m^3/s，与国外水平差距较大（一般为 0.7～0.9m^3/s），说明我国火电厂节水潜力很大，而节水的重点是节约冷却用水。减少冷却水系统排污，提高循环冷却水系统的浓缩倍率是节水的有效措施，但存在水质浓缩带来的腐蚀、结垢问题。

2）水源水质不断恶化

由于干旱、开采过量和环境污染，水源水质逐年恶化。随着我国经济社会的进一步发展，人口的增加，城市化进程的加快，污水量不断增加。我国年排放污水 800 多亿 m^3，城镇日排污水约为 1.37 亿 m^3，污水处理率仅为 6%，大量的污水未经处理或部分处理后排入江河湖海，造成水体污染。全国 75%以上的湖泊水域、90%以上的城市水域以及 50%的城市地下水，遭到不同程度污染。水源的污染必然影响循环冷却水的水质。

3）污水回用带来的问题

北方一些缺水地区被迫使用城市污水作为冷却水水源，由于污水水质与地表水、地下水有很大不同，污水回用给循环冷却水系统的选材、水质处理等提出了新的课题。

水源水质恶化，浓缩倍率提高，循环冷却水中侵蚀性离子浓度和含盐量将大幅度增加；污水的回用使冷却水系统含有一定的有机物及其分解产物、微生物以及硫离子等，这将给冷却水系统带来新的腐蚀问题。

5.1.3　循环冷却水水质稳定剂

1. 水质稳定剂的发展历史

为了防止循环冷却水系统运行过程中出现腐蚀、结垢和微生物滋长等问题，通常通过加入水质稳定剂进行控制。水质稳定剂包括阻垢剂、缓蚀剂和杀菌剂。

在国际上，冷却水的化学处理已有几十年的发展历史。其简单处理始于 20

世纪 30 年代，当时用硫酸控制冷却塔的碳酸钙结垢；到了 20 世纪 50、60 年代，水处理技术趋于成熟，出现了以铬酸盐为缓蚀剂的处理方案，但是由于世界性的水资源短缺和水质污染日趋严重，铬系配方的应用受到限制，之后出现了以锌盐、无机磷酸盐和有机膦酸为基础的处理方案。在此期间除继续研究、开发一些符合排放要求的高效、低毒和廉价的新型缓蚀剂外，还特别进行了低磷高 pH、锌-铬、超低铬及锌-有机膦酸等多种复合配方的研究，同时也促进了以多官能团共聚物为代表的高效阻垢分散剂和低毒、易生物降解的杀生剂的开发和应用。进入 20 世纪 70 年代，碱性处理技术得到发展，使配方中的加酸量和有毒药剂大大减少。继聚丙烯酸和聚马来酸开发成功并投入使用之后，人们又陆续开发了一系列带多种基团的二元、三元乃至四元共聚物的阻垢分散剂。国外含磷聚合物的开发始于 20 世纪 70 年代，Ciba-Geigy 公司首先开发了膦基聚丙烯酸，发现它有较好的阻碳酸钙垢能力。Nalco 公司于 20 世纪 70 年代末开始研制膦基聚马来酸。进入 20 世纪 80 年代，Betz 实验室发现 PCA 与 AA/HPAC（丙烯羟丙酯）复配后对抑制碳酸钙、磷酸钙垢及分散黏泥和氧化铁有协同效应。20 世纪 90 年代，Mogul 公司发现膦基聚丙烯酸对 $CaCO_3$、$Ca_{10}(OH)_2(PO_4)_6$，特别是对 $MgSiO_3$ 垢有一定的溶解能力。随后国内也开展了一系列研究。随着社会的进步和人类环保意识的增强，绿色水质稳定剂如聚天冬氨酸、聚环氧琥珀酸等的研究悄然兴起并逐渐活跃起来[3]。

2. *水质稳定剂的发展方向*

1）多功能水质稳定剂

具有缓蚀、阻垢和杀菌性能中的两种或者全部性能的新型水质稳定剂一直是许多水处理化学品工作者的努力方向。而随着合成化学的发展，特别是复配技术的开发及应用，工业冷却水水质稳定剂的组成和性能发生很大变化。一剂多用、多剂复配，相互配合，取长补短，充分发挥协同效应是工业循环水系统新型水质稳定剂突出特点。例如，季铵盐和有机膦酸是我们常用的水质稳定剂，季铵盐具有缓蚀和杀菌的作用，有机膦酸具有缓蚀与阻垢的性能，有人探索把以上两类化合物的结构结合起来，则可以得到具有缓蚀、阻垢、杀菌三种性能的多功能水质稳定剂。季膦盐不仅杀生性强，还能与其他阴离子缓蚀阻垢剂发生协同效应，可以说它是具有缓蚀、阻垢、杀生的多功能水处理药剂。也有人在现有季铵盐类杀菌灭藻剂上增加一个酯键，连接一个有机酸基团，合成一种兼具阻垢缓蚀功能的新型工业水处理用杀菌灭藻剂，并经实验证明效果显著。

2）绿色水质稳定剂

随着社会的进步和人类环保意识的增强，水质稳定剂的开发与应用越来越重视环境保护的要求，水质稳定剂要在工业上大规模应用，必须考虑其在生产中的污染问题及其在应用后的环境生态问题。阻垢缓蚀剂已走过了从铬系到磷系，从高磷到低磷，并且逐步向无磷和环境友好的绿色药剂发展。

近年来受动物代谢启发而成功合成了聚天冬氨酸，它的原料天冬氨酸可从自然界提取，制造过程绿色，可生物降解，在冷却水中可同时起到缓蚀和阻垢的功能[4]。聚环氧琥珀酸是 20 世纪 90 年代初开发的无磷、非氮绿色阻垢剂，阻垢性能优于聚丙烯酸钠、聚马来酸和酒石酸，并且兼具缓蚀性能[5]。以上两种绿色药剂已在冷却水系统中得到较广泛的应用。另外，原料来源于植物的绿色药剂研究也一直是这些年研究的热点，如将菊粉羧甲基化可得到羧甲基菊粉，该物质既具有优异的阻垢性能，又有较强的生物降解能力，同时毒性极低，是一种极具潜力的绿色水处理剂。

5.2　循环水的化学水处理技术

5.2.1　循环水的化学水处理技术概述

1. 循环冷却水系统的结垢原因及危害

在敞开式循环冷却水系统中，由于受热、蒸发和浓缩，溶解在冷却水中的各种矿物盐经过各种物理、化学变化，会逐渐到达过饱和状态，以致生成碳酸盐、硫酸盐、磷酸盐等沉积在换热管表面上，不仅降低了换热效率，同时也产生对管道的腐蚀等问题。这些沉积物牢固地附着在受热面上，其结晶体坚硬而致密，通常称之为水垢。水垢可分为沉积在冷却塔底部的泥垢和集结在受热面上的坚硬或松软水垢，后者通常难以用冲刷等物理方法去除。

1）水垢的成因

一般来讲，天然水中溶解的重碳酸盐是冷却水发生水垢附着的主要成分。循环冷却水系统在运行过程中，当水质处理不当时，往往会在凝汽器铜管内生成比较坚硬的碳酸盐水垢，这主要有以下几个原因：

（1）盐类浓缩作用：循环水在运行时不断地蒸发浓缩，使水中成垢离子含量超过其难溶盐类的溶度积而析出。

（2）循环冷却水的脱碳作用。根据水质概念，循环水中钙、镁的重碳酸盐和游离 CO_2 存在以下平衡：

$$Ca(HCO_3)_2 \rightleftharpoons CaCO_3\downarrow + H_2O + CO_2\uparrow \tag{5-1}$$

$$Mg(HCO_3)_2 \rightleftharpoons MgCO_3\downarrow + H_2O + CO_2\uparrow \tag{5-2}$$

$$MgCO_3 + 2H_2O \rightleftharpoons Mg(OH)_2\downarrow + H_2O + CO_2\uparrow \tag{5-3}$$

当循环水在冷却塔内与空气接触时，水中原有的 CO_2 就会大量逸出，破坏以上平衡，使平衡向生成碳酸钙或氢氧化镁的方向移动，从而产生水垢。

（3）循环冷却水的温度上升。循环冷却水在热交换过程中吸收了蒸汽热量，使水温上升，一方面降低了钙、镁碳酸盐的溶解度，另一方面使碳酸盐平衡关系向右转移，提高了平衡 CO_2 的需求量，从而使产生水垢的概率增加。

2）循环冷却水系统中水垢的危害

在循环冷却水系统中水垢的危害主要表现在以下几个方面：

（1）水垢导致传热效率降低，能量消耗增加。水垢的导热系数较低，一般不超过 1.16W/(m·K)，而钢材的导热系数为 46.4～52.2W/(m·K)，可见水垢的形成，必然会影响管道的传热效率。

（2）水垢引起金属腐蚀。水垢黏附在冷却管的内壁，易导致垢下腐蚀；水垢也利于微生物的繁衍，容易引起微生物腐蚀。结垢和腐蚀过程还可以相互促进，加速冷却管的损坏。

（3）冷却塔和喷水池喷嘴结垢，特别是冷却塔填料结垢，将造成水流短路，降低冷却效率，提高凝汽器的进水温度。

（4）增加了水流阻力，降低了冷却水的流量。当管道内壁结上水垢后，会导致管道内液体流通面积减少，增大流通阻力，水循环被破坏，甚至将管道完全堵死。

（5）维护清洗费用增加。为了不断清除换热面污垢，必须增设相应的清洗设备及系统，缩短正常运行周期，维护工作量显著增大；且增加换热设备的运行维护费用。

（6）水垢导致水质污染。系统内由于结垢、腐蚀、微生物滋长、系统清洗等产生的各种产物等，都会使水质受到不同程度的污染，进一步导致水垢的生成。

2. 常见的控垢方法

控制水垢在热交换面的析出可以采用物理方法和化学方法。

1）物理方法

控制冷却水系统结垢的物理方法主要包括膜法、磁场水处理技术、脉冲电场处理技术、静电水处理技术、ECO-GEM 电气石防垢和超声波水处理技术等。

2）化学方法

化学控垢方法主要有：

（1）降低冷却水的硬度和碱度。

（a）石灰沉淀法。

石灰沉淀法不仅能有效地除去水中游离 CO_2、碳酸盐硬度和碱度，还能除去一部分有机物、硅化合物及微生物，大大减小了结垢趋势，改善了水质。

（b）加酸处理。

在循环冷却水中加入工业硫酸，来降低水中的碳酸盐硬度和碱度。硫酸与水中重碳酸盐硬度的反应为

$$Ca(HCO_3)_2 + H_2SO_4 \longrightarrow CaSO_4 + 2H_2O + 2CO_2 \quad (5\text{-}4)$$

反应的结果是将水中的碳酸盐硬度转变成为非碳酸盐硬度（$CaSO_4$），而$CaSO_4$溶解度比$CaCO_3$要大得多，能防止碳酸盐结成水垢，同时提高浓缩倍率。

（c）离子交换法。

在循环冷却水处理中，采用的离子交换剂一般为弱酸性阳离子交换树脂，它与水中重碳酸盐硬度发生以下交换反应：

$$2R—COOH + Ca(HCO_3)_2 \longrightarrow (R—COO^-)_2Ca + 2CO_2\uparrow + 2H_2O \quad (5\text{-}5)$$

$$2R—COOH + Mg(HCO_3)_2 \longrightarrow (R—COO^-)_2Mg + 2CO_2\uparrow + 2H_2O \quad (5\text{-}6)$$

反应的结果不仅能去除水中的碳酸盐硬度，同时也去除了水中的碱度，所以它适宜处理原水碳酸盐硬度和碱度均较大的水。

（2）阻垢剂法。

采用添加阻垢分散剂来延缓或抑制冷却水系统无机垢的生成。阻垢剂能促使晶体有选择性地成核，增加分散和吸附阻抗，减缓晶核生长速率，改变晶体表面特性和聚合趋势，从而使污垢不易在换热器表面附着。常用的阻垢剂有聚合磷酸盐、有机膦酸盐、有机低分子量聚合物等。

3. 阻垢作用机理的研究现状

冷却水系统最常见的无机垢是碳酸钙垢，碳酸钙晶体有三种形式：方解石、文石和球霰石。在管壁上结成的普通水垢一般是以最稳定的方解石晶体存在，阻垢剂能够破坏碳酸钙垢生成的形貌，使之从方解石变成文石或球霰石，甚至变成无定形的碳酸钙垢，这种钙垢质地松软，容易被水溶液冲走。

阻垢剂的阻垢机理比较复杂，随着分子动力学、晶形诱导时间控制、成垢模型预测和不同阻垢剂的大量研究，在成垢机理研究和结垢控制这两方面有了很大的进展[6]。通过 TEM 和 SEM 可以观察阻垢剂对碳酸钙晶体表面形态的影响，通过 XRD 分析可以获得成垢微粒的晶体特征，采用分子动力学方法可以研究阻垢剂与碳酸钙晶面作用的结合能等。一般认为成垢物质和溶液中成垢离子之间存在着动态平衡，阻垢剂能够吸附到成垢物质或者换热元件上，并且能够影响垢的生长形态和溶解的动态平衡。目前普遍认为，阻垢剂的阻垢机理主要体现在以下几个方面：

1）晶格畸变

此类阻垢剂在其生长过程中吸附在晶面上并掺杂在晶格的点阵中，使晶体发

生畸变，或使大晶体内部的应力增大，从而使晶体易于破裂，生成的垢附着力小，易被水冲走，从而阻碍了垢的生长。

2）络合增溶

络合增溶指阻垢剂在水溶液中能够与钙、镁离子形成稳定的可溶性螯合物，从而增大了钙、镁盐的溶解度，抑制了钙、镁垢的沉积。

3）凝聚与分散

因阻垢剂的链状结构可吸附多个相同电荷的微晶，它们之间的静电斥力可阻止微晶相互碰撞，从而避免了大晶体的形成。在吸附产物碰到其他的阻垢剂分子时，会把已吸附的晶体转移过去，出现晶粒的均匀分散现象。这样就阻碍了晶粒间和晶粒与金属表面的碰撞，减少了溶液中的晶核数，将碳酸钙稳定在溶液中。另外，阻垢分散剂会在已经形成的垢层中形成一些空洞，这些空洞会使垢层分子之间的相互作用力减弱，从而使垢层松软。

4）再生-自解脱膜假说

聚丙烯酸类阻垢剂能在金属传热面上形成一种与无机晶体微粒共同沉淀的膜，当这种膜增加到一定厚度后，会在传热面上破裂，并带着一定大小的垢层离开传热面。这种膜的不断形成和不断破裂，使垢层的生长受到抑制。

5）双电层作用机理

对于有机膦酸盐类阻垢剂，其阻垢作用是由于阻垢剂在生长晶核附近的扩散边界层内富集，形成双电层并阻碍成垢离子或分子簇在金属表面凝结。

5.2.2　循环水水质稳定剂的选择

目前使用的循环冷却水系统水质稳定剂，绝大多数是复合配方，因为要同时达到阻垢缓蚀效果，单一药剂的使用往往很难达到上述控制要求，需将各种药剂复配使用。因此，在水处理过程中，必须考虑以下几点[7]：①收集有关水质、水源的资料；②充分了解用水条件及用水设备的特性（种类、金属材料和运行条件等），考虑可能发生的水系统问题（腐蚀、结垢、黏泥附着等），明确水质控制指标；③了解水质稳定剂之间的配伍性；④考虑水处理技术与环境之间的协调性，使用绿色环保、经济、安全的处理方法。在选择水处理配方之前，首先要对所采用的水质做全面的了解，对水质结垢和腐蚀倾向进行判断，以决定是否去除硬度或投加阻垢剂、缓蚀剂、杀菌剂。循环水处理前先考虑所选择药剂配方中阻垢剂、分散剂所占的比例，然后结合设备的运行情况考虑加入其他助剂；在此基础上，根据具体的水质条件判断水处理药剂是以缓蚀剂为主剂，还是以阻垢剂为主剂。

为了防止微生物产生抗药性，杀菌剂一般采用冲击式加入，并且选择 2～3 种氧化性和非氧化性杀菌剂交替使用。

5.2.3　阻垢剂性能及复配

目前常用的阻垢剂多为有机类和绿色阻垢剂。选取羟基亚乙基二膦酸（HEDP）、氨基三甲叉膦酸（ATMP）、聚天冬氨酸（PASP）、水解聚马来酸酐（HPMA）、聚丙烯酸钠（PAAS）五种阻垢剂进行实验，其中 HEDP、ATMP 为有机膦类阻垢剂，HPMA、PAAS 为聚羧酸类阻垢剂，PASP 为可生物降解的绿色阻垢剂。利用药剂之间的协同效应进行复配，并评定复配药剂的阻垢性能[8]。

1. 阻垢剂浓度对阻垢率的影响

阻垢药剂的阻垢效率与阻垢剂本身的结构、药剂浓度、水溶液的特性等因素有关。表 5-1 为通过静态阻垢法测得的不同浓度阻垢剂的阻垢率。

表 5-1　不同浓度阻垢剂的阻垢率

浓度/(mg/L)	HEDP	ATMP	HPMA	PAAS	PASP
1	79.02	32.89	24.77	7.49	57.28
2	92.96	93.58	43.33	25.12	64.94
3	93.19	92.96	54.26	37.24	69.66
5	93.89	85.45	74.28	63.84	76.01
8	93.22	89.24	82.90	71.23	85.14
10	95.93	91.72	83.43	74.19	89.86

由表 5-1 可见，阻垢剂 HEDP、ATMP 在浓度为 2mg/L 时，阻垢率即已超过 90%。由于有机膦酸的阈值效应影响，随着浓度的增大，其阻垢率变化幅度并不明显；阻垢剂 HPMA、PAAS、PASP 的阻垢率随着浓度的增加而增大。从趋势上看，相同浓度阻垢剂的阻垢率大小排序为：HEDP≈ATMP＞PASP＞HPMA＞PAAS。

2. 复合阻垢剂的阻垢性能

有关研究指出，某些阻垢剂之间的复配可产生良好的协同效应，即在总浓度不变的情况下，阻垢剂混合使用时的效果比单独使用时好。

由前述比较分析可知，阻垢剂 HEDP 和 ATMP 的阻垢性能较好，在浓度为 2mg/L 时分别达到了 92.96%和 93.58%；阻垢剂 HPMA 和 PASP 的阻垢性能一般，PAAS 的阻垢性能相对较差。由于 PASP 具有优异的环境相容性和生物降解性，本着环保、经济的原则，将 PASP 与另外几种药剂按 1∶1 复配，控制药剂总浓度为

2mg/L，其结果如表 5-2 所示，可见 PASP 与 HEDP 复配的阻垢效果较好，阻垢率为 88%，高于同等浓度下 PASP 单独使用时的阻垢率，但小于 HEDP 单独使用时的阻垢率。因此，在总浓度为 2mg/L 时，将 PASP 与 HEDP 按 1∶1 的比例复配时，没有产生良好的协同效应。

表 5-2 PASP 与其他阻垢剂复配的阻垢率（总浓度 2mg/L）

阻垢剂	PASP	PASP+PAAS	PASP+HPMA	PASP+HEDP	PASP+ATMP
阻垢率/%	64.94	62.69	67.57	88.00	69.58

表 5-3 为不同条件复配的阻垢剂的阻垢率，复配药剂总浓度为 3mg/L。可见在 PASP∶HEDP=1∶2 和 PASP∶HEDP∶HPMA=1∶1∶1 时，阻垢效率最高，分别为 93.11%和 94.12%。由表 5-1 可知，单独使用 3mg/L HEDP 的阻垢率已达到 93.19%，因此 PASP∶HEDP=1∶2 的复配药剂不具有协同作用。PASP∶HEDP∶HPMA=1∶1∶1 时，三种药剂产生了一定的协同作用，而且与单独使用 HEDP 相比，药剂的含磷量大幅度降低，属于低磷阻垢剂。

表 5-3 PASP 与其他阻垢剂复配的阻垢率（总浓度 3mg/L）

阻垢剂	PASP∶HEDP=1∶1	PASP∶HEDP=2∶1	PASP∶HEDP=1∶2	PASP∶HEDP∶PAAS=1∶1∶1	PASP∶HEDP∶HPMA=1∶1∶1
阻垢率/%	89.25	89.94	93.11	86.15	94.12

表 5-4 为两种无磷阻垢剂 PASP 和 HPMA 按 1∶1 复配后的阻垢率，可见，在同样的使用浓度下 PASP 和 HPMA 两种药剂混合使用时的阻垢率，分别高于两者单独使用时的阻垢率，如在总浓度 8mg/L 时，复配药剂的阻垢率可达 94.20%，而 PASP 和 HPMA 单独使用时的阻垢率分别只有 85%和 83%。因此，可以认为二者复配具有良好的协同效应。由于环保排放的限制，目前循环水系统普遍要求使用低磷和无磷阻垢剂。

表 5-4 PASP 和 HPMA 复配

阻垢剂总浓度/(mg/L)	PASP 浓度/%	HPMA 浓度/%	阻垢率/%
2	1	1	67.57
4	2	2	73.30
6	3	3	82.66
8	4	4	94.20

5.2.4　阻垢剂对碳酸钙结晶过程的影响

碳酸钙是自然界中最常见的无机盐垢。无水碳酸钙晶体有同质三相：方解石、文石、六方方解石，这些晶形在水中的溶解度依次增加，其热力学稳定性依次降低，因而在常温常压下，方解石是碳酸钙的稳定晶型，而文石和六方方解石是亚稳态晶型。方解石为三方晶系，晶体常呈扁三角体及菱面体，方解石可以（211）晶面解理，该晶面的特点是可以使其晶面上含有相等数目的 Ca 和 C 原子。因此，处在晶体表面的 Ca 可以与四个 CO_3^{2-} 中的 O 原子及晶体本体内的一个 O 原子配位，剩余一个八面体顶点位置可以与另外一个配位原子成键。文石呈长方形的片状，这是文石（010）晶面的显露，也是文石结晶的一种特征。文石型碳酸钙晶体属于正交晶系，这种结构比方解石紧密，每一个 Ca 与 9 个 O 原子相邻[9]。而六方方解石呈六角状或者圆球状。碳酸钙的三种晶型在一定条件下会发生转化，在结晶生成过程中，受溶液物理、化学条件的影响，其结晶习性可以发生改变。

图 5-1 和图 5-2 分别为在不含阻垢剂的空白水体中形成的碳酸钙晶体形貌和在含阻垢剂的水体中形成的碳酸钙晶体形貌。由图 5-1 可见，在不经任何处理的水体中，生成的碳酸钙晶体形状以菱面体及柱状为主，菱面体表面紧致、光滑，无凹坑，为规则的方解石晶体。图 5-2 中加入 2mg/L HEDP 后，出现片状的晶体结构，另外仍可见少量的菱面体和柱状物，且剩余菱面体表面不如图 5-1 中光滑。在含 5mg/L PASP 的水体中，碳酸钙晶体结构以片状物为主，鲜见菱面体及柱状物，并且出现几乎完整的六方形晶体，即六方方解石。

图 5-1　不含阻垢剂的空白水体中形成的碳酸钙晶体

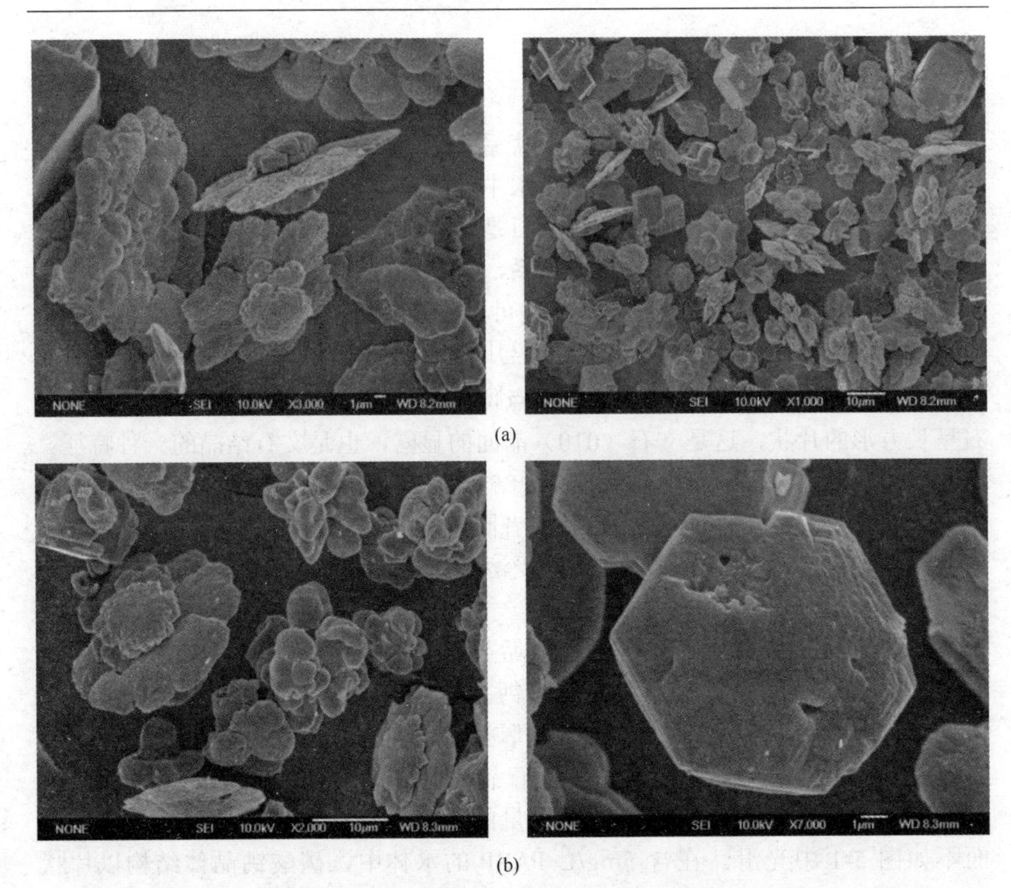

图 5-2　水体中加入阻垢剂时形成的碳酸钙晶体

（a）含 2mg/L HEDP 的水体；（b）含 5mg/L PASP 的水体

由上述分析可知，阻垢剂可以通过吸附在碳酸钙晶体生长点上而与钙离子螯合，抑制晶格的定向成长，使晶格歪曲而不能长大，破坏了方解石结构的完整性，使其偏离理想晶体结构。还有部分吸附在晶体上的化合物，随着晶体增长被卷入晶格中，使 $CaCO_3$ 晶格发生错位，在垢层中形成一些空洞，从而使分子与分子之间的相互作用减小，使硬垢变软。HEDP 和 PASP 还可以使晶型发生转化，促使六方方解石生成并使其稳定存在。

为进一步了解阻垢剂对碳酸钙结晶过程的影响，对不同条件下生成的碳酸钙晶体进行了 X 射线衍射（XRD）分析，其衍射图谱如图 5-3、图 5-4 所示。可以看出，未加阻垢剂的碳酸钙粉末，其 XRD 谱图中主要出现方解石（104）面晶面衍射峰；当加入 2mg/L HEDP 后，方解石（104）面的晶面衍射峰强度降低，而且出现了六方方解石（112）、（114）、（118）、（004）面的晶面衍射峰。在加入 5mg/L PASP 的水体中，可以发现方解石（104）面晶面衍射峰强度与空白比迅速降低，且出现强度与其相当的六方方解石的晶面衍射峰。

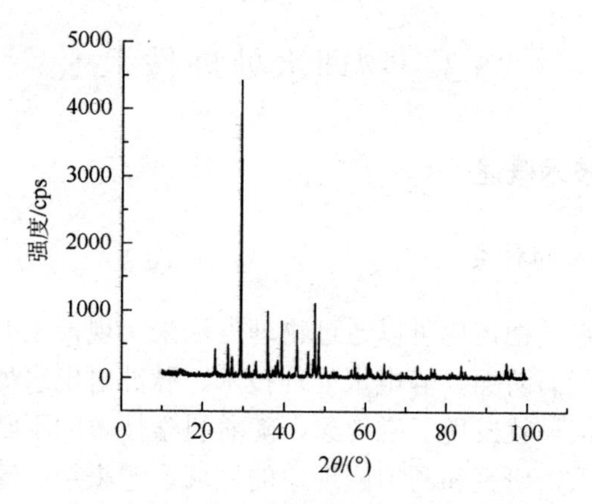

图 5-3　空白水样中生成的碳酸钙晶体的 XRD 衍射图谱

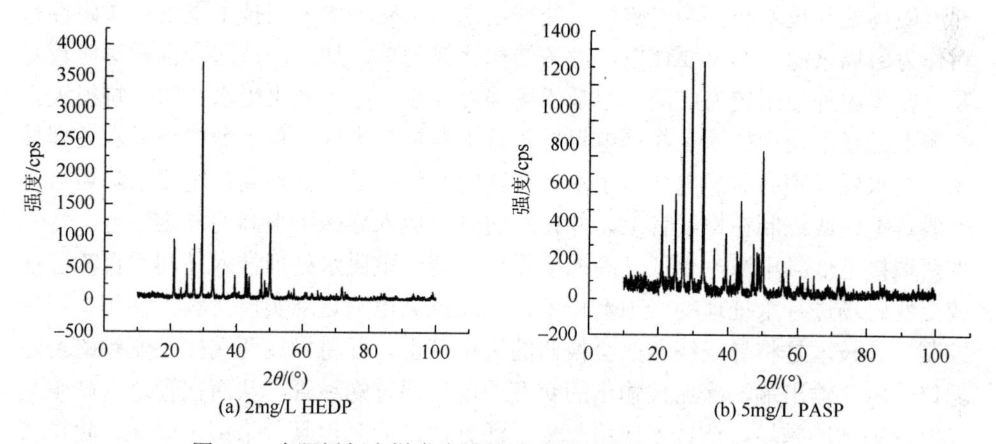

图 5-4　含阻垢剂水样中生成的碳酸钙晶体的 XRD 衍射图谱

XRD 结果进一步说明，HEDP 和 PASP 可以使碳酸钙晶型发生转化，且可以使剩余方解石晶体结构的完整性受到破坏，使其偏离理想晶体结构，且晶粒趋于细化。这是因为晶体在通常条件下生长遵循一定规律，其显露面大部分为某些固定面。方解石最容易暴露的解理面是（104）面。添加某些阻垢剂后，（104）面停止了生长，推断阻垢剂吸附到了（104）面上的活性点位置，阻止了碳酸钙的进一步生长[10]。

综合分析以上结果，阻垢剂 PASP、HEDP 以及两种复配药剂可以促使碳酸钙晶型由热力学稳定的方解石转化为六方方解石，并使其稳定存在；另外，由于药剂可以吸附在碳酸钙晶体的活性增长点上与 Ca^{2+}螯合，抑制了晶格的定向成长，使晶格歪曲，部分吸附在晶体上的化合物，随着晶体增长被卷入晶格中，使 $CaCO_3$

晶格发生错位，分子与分子之间的相互作用减小，使硬垢变软。

5.3　物理水处理技术

5.3.1　物理水处理技术概述

1. 物理阻垢技术的种类

循环水系统的水质稳定也可以通过物理方法来实现，主要包括磁场水处理技术、ECO-GEM 电气石防垢、静电水处理技术、脉冲射电水处理技术、超声波水处理技术等。人类很早就发现了磁现象，随着科学技术的不断发展，人类对磁现象的认识也日益深入，研究和利用磁现象的领域也越来越广泛。根据磁场来源的不同，磁场水处理技术分为永磁场水处理技术、高频电磁场水处理技术、低频高梯度磁场处理技术和变频电磁场水处理技术。永磁场水处理技术采用永久磁性材料作为磁场来源，不需要耗电，设备结构比较简单，加工制造起来也相对比较容易，在国内外使用较为广泛，但是磁场强度较小，除垢效果受水质的影响很大。高频电磁场水处理技术是在静电阻垢基础上发展起来的一种新型的物理水处理技术，是永磁式和高压静电式电子水处理器的换代产品。低频高梯度磁场除垢器，一般是把铜线绕制在螺线管上，并在螺线管内放入导磁率很高的导磁钢毛，将线圈两端接上低频电源产生低频高梯度磁场。变频电磁水处理技术是利用直流脉冲或交变磁场进行水处理的一项新技术，并通过微电脑自动实现变频、移频、扫频控制，该技术是将导线绕在热交换器的进口管上，并将导线两端接在变频磁场除垢仪的两个输出端，除垢仪输出的交变的电流通过螺线管，从而在管道内产生交变的变频脉冲磁场，该技术应用起来灵活方便，同时也具备杀菌、灭藻、除锈等多重功能。

2. 物理阻垢技术在我国的应用发展历程

我国从 20 世纪 50 年代末就开始了有关磁技术在锅炉水、循环水除垢和防垢方面的研究与应用。在 20 世纪 60 年代初期磁处理设备即以软化器、软水器等多种形式进入了市场，并且在锅炉水及工业循环冷却水防垢问题上取得了一定的效果，但是当时人们对其在认识上存在一定的误区，认为这些产品可以完全替代药剂和离子交换设备，当这类设备被用来完全替代锅炉的水处理设备时导致了锅炉的严重结垢甚至因为过热而被烧坏，这些事故导致人们认为物理阻垢方法效果不甚理想，而且随着水质稳定剂剂的迅速发展，物理阻垢方法在我国曾经一度被弃之不用。进入 20 世纪 70 年代后，我国由于燃料供应紧张等多方面原因，各种物理阻垢技术又开始盛行起来，但是其主要还是应用于蒸汽锅炉而非热水锅炉，后来再次因为防垢效果不佳而被淘汰。20世纪80年代中期，由于我国能源危机的日趋加剧和对环境保护问题的日益重视，磁场、电场等多种物理阻垢、防垢技术也因其绿色、环保、节约能耗而越来越为人们所关注。进入20世纪90年代后，强磁处理设备曾经因其可在潮湿环境中有效抑制并杀灭“军团菌”而再度成为人们所关心的焦点，同时也由于我国加工生产磁性材料生产工艺的提高而使得我国生产的磁处理设备在性能上获得了较大的提升。目前国外许多公司纷纷进入了我国市场，在锅炉水、冷却水、空调以及反渗透等多个行业中展开了激烈市场竞争。用磁场进行水处理近年来逐渐发展成熟，磁处理不仅能够有效防止管道和设备结垢，而且避免了采用化学药剂对设备和环境造成的影响和污染；同时磁处理设备较其他物理阻垢方法更为简单，投资也相对较小，磁处理以其高效节能、绿色环保等优点近年来越来越受到人物的重视，但尚缺乏对磁处理阻垢机理的系统研究。

目前市场上可见到的磁处理设备有各种各样的类型，常见的永磁体水处理设备主要是采用超强磁性材料产生几百高斯到上万高斯的磁场，水中溶解的正负离子在磁场洛伦兹力的作用下会分别按螺线形轨迹运动，由于静电引力的作用，正负离子会互相结合，在水中析出大量微小的结晶核，这种晶核逐渐长大形成的水垢在器壁上的吸附力很差，从而起到阻垢的目的。永磁体水处理设备最大的缺点是受地磁场的影响比较大，有效期通常只有半年左右，而且对于高硬度、大流量水系统的处理效果较差。高频电磁场水处理设备一般由高频发生器和水处理器两大部分组成，其最大优点是利用了高频电磁场中电场能与磁场能可以共存这一特性，显著提高了正、负离子相互碰撞的概率。相对于永磁场水处理设备而言，高频电磁场水处理设备更适用于高流量、高硬度的循环水系统。

3. 磁处理阻垢机理的研究现状

磁场水处理的阻垢机理一直以来就是一个颇具争议的话题，目前国内外文献对于磁场的阻垢机理研究主要集中在以下几个方面[11, 12]：

（1）磁处理影响了水中溶解气体含量。有人研究了磁处理对农业灌溉用水的影响，发现磁处理能够提高农业灌溉用水中溶解气体的含量，从而有效提高农业灌溉用水的质量。但是磁处理的这种效果受水质影响较大。

（2）磁处理对水分子结构的影响。水分子在磁场的作用下，物理化学性质会发生改变，经磁处理后水中会有一种笼形结构的拟稳态物质$(O_2)_m(H_2O)_n$短暂存在。经磁处理后蒸馏水、曝气水的接触角会明显下降。水中原本缔合成各种团状、链状的大分子间的氢键在磁场的作用下会受到一定的影响，并且随着磁场强度的增强，团状和链状的大分子会逐渐破裂成较小水分子团，并最终形成稳定的双水分子$(H_2O)_2$结构，这表明磁处理有效地增强了水分子的渗透性与活性。

（3）磁处理对溶液表面张力的影响。经磁处理后，水的表面张力先是快速下降，然后逐渐趋于一个稳定的数值。磁处理对表面张力的影响存在记忆效应。

（4）磁处理对结垢离子成核速率的影响。磁处理可以加速成垢离子絮凝的作用，影响成垢离子的成核速率以及成垢晶体的形状、大小和数目。研究表明，磁处理会加快$CaCO_3$微粒的成核速率，快速生成许多形状不规则的晶粒，这样热交换表面生成的水垢量会大大减少，即使有水垢生成，其附着力也较弱，主要生成易去除的文石晶型水垢，而不是坚硬难溶的方解石型水垢。

（5）磁处理对$CaCO_3$微粒表面 Zeta 电位的影响。磁处理可以使水中生成的$CaCO_3$粒子表面的 Zeta 电位上升，而且磁处理的时间越长，Zeta 电位的增幅度越大。但被处理过的溶液在放置一段时间以后，磁处理对 Zeta 电位的这种影响会逐渐消失。

（6）磁处理对结晶晶型的影响。磁处理可以改变碳酸钙的晶型，使方解石转变为文石、球霰石，文石型和球霰石型水垢一般不稳定，而且较疏松，相对于方解石型水垢更容易去除。

影响磁处理阻垢效果的因素很多，水体的硬度、碱度、流速、温度、流体中溶解的CO_2和O_2的含量以及流体中溶解的Mg^{2+}、Fe^{2+}、SO_4^{2-}等杂质离子都会对磁处理阻垢效果产生较大影响。由于我国各地水质千差万别，磁场对不同水质的除垢防垢作用机理较为复杂，磁场的除垢防垢效果应该是各种影响因素共同作用的结果。

5.3.2 电磁处理的阻垢性能研究

下面以变频电磁水处理器为例来研究电磁场的阻垢性能。变频电磁水处理器的阻垢效果，不仅与磁处理设备本身的结构参数（如频率波段范围、磁场强度、磁场方向等）有关，同时与磁处理条件如磁处理时间、温度以及原水水质如含盐量等也有很大的关系。水中所含的各种离子，以及悬浮物、杂质、微生物等，都可能影响磁处理装置的阻垢性能，而冷却水的流动状态、管道材料和热交换器的热负荷也都是不可忽视的影响因素。在以往的应用上往往忽略了这一点，以致使用效果不良者对该技术产生怀疑或全盘否定，这是目前磁处理设备在应用和发展中所遇到的最大障碍。

1. 温度对阻垢效率的影响

将磁处理时间恒定为 60min，改变模拟冷却水温度，测定不同温度下的阻垢率，结果见表 5-5。

表 5-5　温度对磁处理阻垢效率的影响

实验温度/℃	40	50	60	70	80
阻垢率/%	84.32	84.65	84.21	85.73	85.11

有关温度对污垢沉积过程影响的研究还不是很多，说法也不太统一。有研究表明，随着温度的升高污垢的沉积量将有所加大，有的则表明温度升高会减少污垢的沉积量，还有一些研究者则认为温度变化对垢的沉积没有明显影响[13]。大多数学者认为温度对污垢沉积过程的影响与换热方式、传质控制过程速率和溶液中的化学成分有关。对于通过化学反应所形成的污垢，一般认为温度的升高会加快化学反应速率和污垢的结晶速度，因而沉积速度会随温度的升高而有所加快。从表 5-5 可以看出，磁处理的阻垢效率并没有因为温度的变化而受到明显影响。

2. 处理时间对阻垢效率的影响

控制模拟冷却水温度为 35℃，流体流速为 0.4m/s，研究磁处理时间对阻垢效率的影响，结果见表 5-6。从表 5-6 可以看出，在处理时间 5～60min 范围内，阻垢效率随着磁处理时间的增加呈上升趋势。在超过 60min 后磁处理时间进一步增加，阻垢效率不再有明显的变化。

表 5-6　磁处理时间对阻垢效率的影响

处理时间/min	5	15	30	60	90
阻垢率/%	36.21	39.66	70.34	81.72	81.38

3. 模拟冷却水中成垢离子浓度对阻垢效率的影响

控制模拟冷却水温度为 35℃，流体流速为 0.4m/s，在不同的磁处理时间下，改变模拟冷却水硬度，获得不同条件下的磁处理阻垢率，见表 5-7。

表 5-7　磁处理对含不同成垢离子浓度模拟冷却水的阻垢效率

处理时间/min	阻垢效率/%		
	120mg/L Ca^{2+}+ 366mg/L HCO_3^-	180mg/L Ca^{2+}+ 549mg/L HCO_3^-	240mg/L Ca^{2+}+ 732mg/L HCO_3^-
0	0	0	0
5	36.21	15.31	47.82
15	39.66	28.16	61.28
30	70.34	74.29	78.39
60	81.72	82.86	85.71
90	81.38	82.65	85.83

表 5-7 中改变模拟水溶液中的成垢离子（Ca^{2+}或 HCO_3^-）浓度，分别经过 5min、15min、30min、60min、90min 磁处理，研究成垢离子浓度对阻垢率的影响。结果表明，三种模拟水中的阻垢率均随磁处理时间的增加而提高，当磁处理时间超过 60min 后，随着磁处理时间的延长，阻垢率不再有明显变化。从实验结果还可见磁处理阻垢率与模拟水的成垢离子浓度有一定的关系，随着模拟水中成垢离子浓度的增加，磁处理阻垢率出现一定程度的增大。具体原因有待进一步的实验探讨。

5.3.3 磁场水处理阻垢机理探讨

1. 磁处理对 $CaCO_3$ 微粒表面 Zeta 电位的影响[12, 14, 15]

一般认为，$CaCO_3$ 悬浮液中的离子种类主要取决于溶液中 H^+、OH^- 的质量浓度，等电点（pH_{iep}）时水的 pH 为 8.2～8.4。当 pH 高于 pH_{iep} 时，溶液中 HCO_3^-、CO_3^{2-} 占主导地位，$CaCO_3$ 颗粒带负电；当 pH 低于 pH_{iep} 时，Ca^{2+}、$CaOH^+$ 占主导地位，$CaCO_3$ 颗粒带正电。图 5-5 为 Na_2CO_3 溶液与 $CaCl_2$ 溶液相互混合后生成的碳酸钙悬浮体在电泳池中的运动轨迹，其中图（a）、（b）是加正向电压时，间隔 1～2s 连拍的微粒轨迹，显示微粒向正向移动。图（c）、（d）是加反向电压时，间隔 1～2s 连拍的微粒轨迹，显示微粒向正向移动。由此可知，碳酸钙微粒表面带负电荷，在直流电场的作用下，发生电动效应，颗粒向正极方向移动。该水溶液的 pH 大于 8.5，溶液中主要的定势离子是 HCO_3^- 和 CO_3^{2-}，因此，$CaCO_3$ 颗粒表面带负电，Zeta 电位为负值。

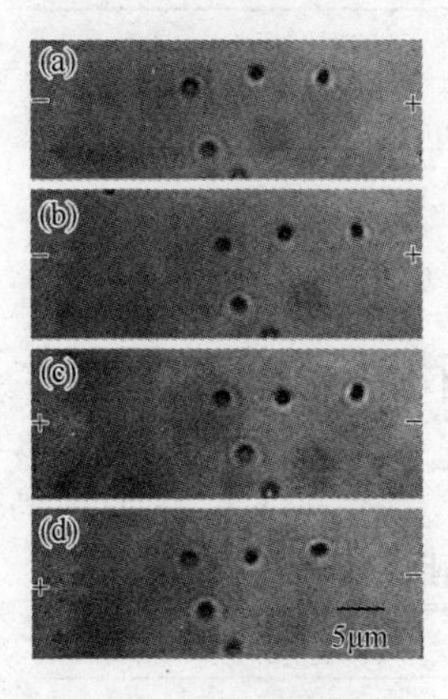

图 5-5　碳酸钙微粒在直流电场中的运动轨迹

胶体粒子为表面带有电荷的微粒，当其受到直流电场作用时，胶粒表面所带电荷越多，其向异性电极方向移动的速度越快，所以 Zeta 电位与电泳的速度成正比，这样就可以通过测定电泳速度的方法来研究 Zeta 电位的变化。根据 Helmholtz-Smoluchouski 公式，Zeta 电位 ξ 与电泳速度之间有如下关系

$$\xi = 4\pi \eta v/(DE) \tag{5-7}$$

式中，ξ为 Zeta 电位，mV；D 为液体介电常数；η 为液体黏度，Pa·s；v 为电泳速度，μm/s；E 为电位梯度，V/cm。

上式是理论公式，在实际测量中为了便于计算，一般将其化为如下形式：

$$\xi = cv\lambda_0 \eta A/DI \tag{5-8}$$

式中，c 为比例常数；λ_0 为待测样品的比电导，μS；η为介质黏度，10^{-2}Pa·s；A 为电泳仪的校正系数；I 为工作电流，μA。

图 5-6 为将等体积、等浓度 Na_2CO_3 溶液与 $CaCl_2$ 溶液混合生成的 $CaCO_3$ 悬浊

液在磁处理前后表面 Zeta 电位随时间的变化曲线。从图中可以看出经磁处理后 $CaCO_3$ 微粒表面 Zeta 电位绝对值出现明显下降。

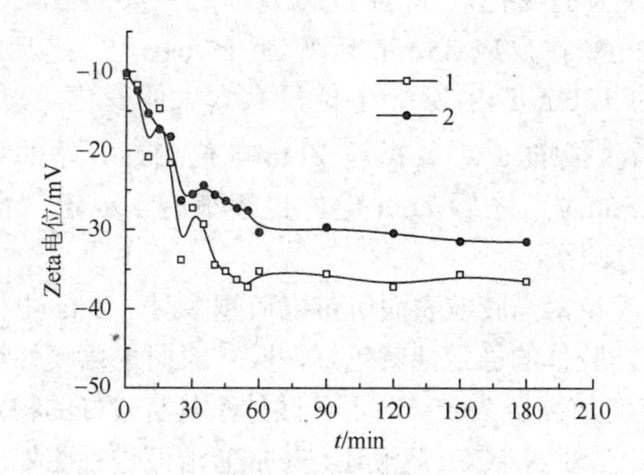

图 5-6　$CaCO_3$ 微粒表面 Zeta 电位随时间的变化

1. 未经磁处理；2. 经过磁处理

分别对 Na_2CO_3 或 $CaCl_2$ 溶液进行磁处理 60min 后与 $CaCl_2$ 或 Na_2CO_3 溶液混合生成的 $CaCO_3$ 微粒表面 Zeta 电位随时间变化曲线如图 5-7 中所示。由图 5-7 可以看出，含等摩尔浓度的 Ca^{2+} 与 CO_3^{2-} 的水溶液混合后，不论有没有经过磁处理所生成的 $CaCO_3$ 微粒表面都带负电荷，且 Zeta 电位均随着反应时间的增加而变负。反应刚开始时，Zeta 电位下降速度较快，对于未经磁处理的空白溶液 Zeta 电位由最开始的−10.57mV 在反应 60min 后变为−35.23mV，之后 Zeta 电位逐步趋于稳定，在随后的 120min 内 Zeta 电位没有大幅度变化。

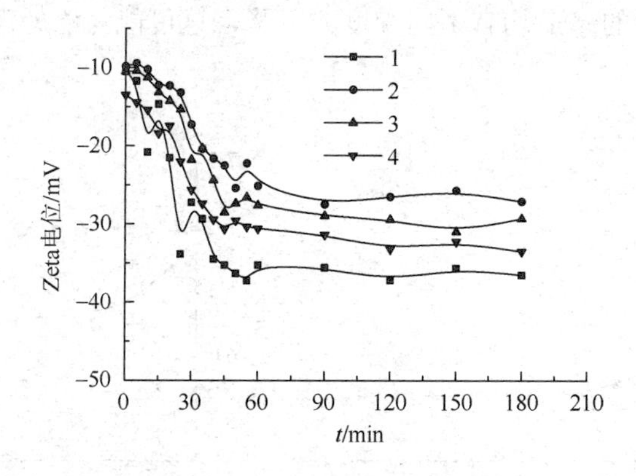

图 5-7　对不同溶液进行磁处理后生成 $CaCO_3$ 微粒表面 Zeta 电位随时间的变化

1. 未经磁处理；2. Na_2CO_3 经磁处理；3. $CaCl_2$ 经磁处理；4. Na_2CO_3 和 $CaCl_2$ 均经磁处理

而CO_3^{2-}经过磁处理后生成的$CaCO_3$微粒Zeta电位由最开始的−9.82mV在反应60min后变为−25.14mV，之后Zeta电位也逐渐趋于稳定，在随后的120min内Zeta电位没有太大的变化。Ca^{2+}经过磁处理后生成的$CaCO_3$微粒Zeta电位由最开始的−10.52mV在反应35min后变为−27.61mV，之后Zeta电位逐渐趋于稳定，在随后的120min内Zeta电位没有太大的变化。对于CO_3^{2-}、Ca^{2+}两者都经过磁处理后生成的$CaCO_3$微粒Zeta电位由最开始的−13.48mV在反应60min后变为−30.56mV，之后Zeta电位也逐渐趋于稳定，在120min内Zeta电位也没有太大的变化。

根据胶体化学理论，当胶粒表面所带电荷越多时，Zeta电位绝对值就越大，微粒越不容易聚沉，胶体的稳定性就越好，胶粒表面水化膜就越厚，流动性就越好。当Zeta电位绝对值高于25mV时，分散体系具有较好的稳定性。从以上实验数据可以看出，无论是对Na_2CO_3溶液还是$CaCl_2$溶液进行磁处理或对两者都进行磁处理后混合，生成的$CaCO_3$微粒表面Zeta电位的绝对值均有所下降，说明在磁场的作用下由$CaCO_3$微粒形成的胶体稳定性下降。

2. 磁处理对溶液pH的影响

图5-8为去离子水、自来水及模拟冷却水的pH在磁处理前后随时间的变化。对未经磁处理的去离子水、自来水和模拟冷却水，其pH基本上不随时间的变化而变化，说明水体中各种离子的状态基本保持稳定。未经处理的碳酸钙悬浊液的pH则随时间的延长出现明显下降，20min后基本保持稳定，这是由于在实验开始阶段，碳酸钙晶体的不断生成导致溶液的pH下降，20min后溶液的pH保持基本稳定，说明碳酸钙的析出和溶解基本达到了平衡。经过磁处理后，去离子水、自来水和模拟冷却水的pH均有不同程度的下降，这可能与磁处理改变了水分子活性有关。

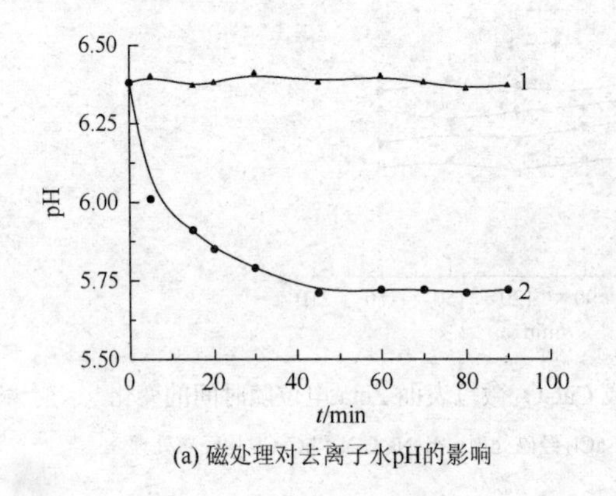

(a) 磁处理对去离子水pH的影响

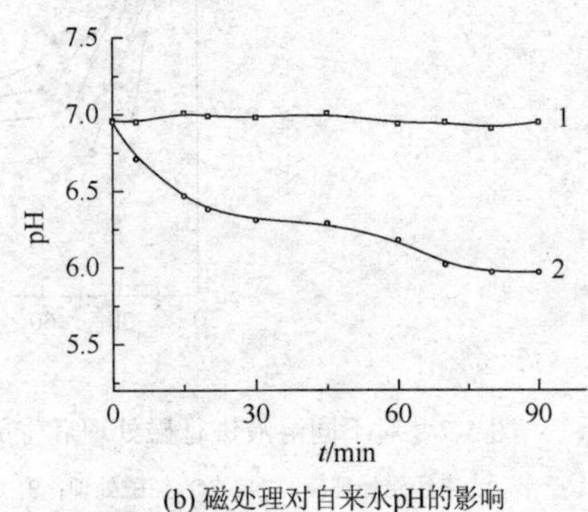

(b) 磁处理对自来水pH的影响

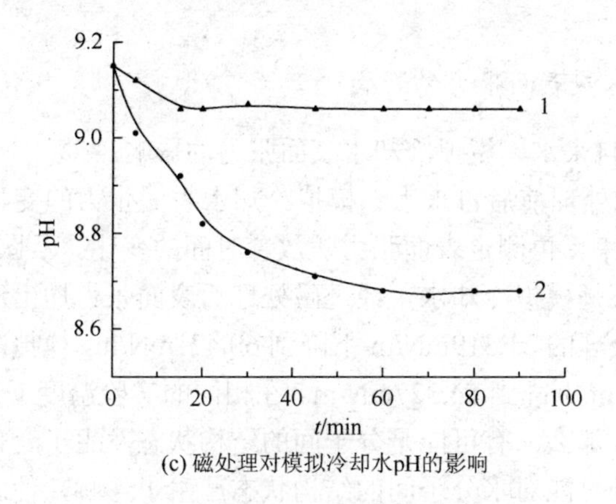

(c) 磁处理对模拟冷却水pH的影响

图 5-8　磁处理对溶液 pH 的影响

1. 未经磁处理；2. 经过磁处理

3. 磁处理对溶液电导率的影响

图 5-9 为磁处理对不同条件下制备的碳酸钙悬浊液的电导率的影响，结果显示，随时间的延长四种溶液的电导率均出现下降，其中未经磁处理的悬浊液电导率下降幅度最大，而对 $CaCl_2$ 和 Na_2CO_3 溶液均进行磁处理后生成的碳酸钙悬浊液的电导率下降幅度最小，仅对 Na_2CO_3 溶液进行磁处理的碳酸钙悬浊液的电导率下降幅度低于仅对 $CaCl_2$ 溶液进行磁处理的碳酸钙悬浊液，说明磁处理对 Na_2CO_3 溶液的作用效果更好。悬浊液电导率的下降是由于放置过程中碳酸钙晶体析出，随时间的延长电导率下降幅度变缓说明碳酸钙晶体的析出和溶解过程基本达到平衡。磁处理可以增大悬浊液的电导率，可能是由于磁处理增大了溶液中碳酸钙的溶解度。

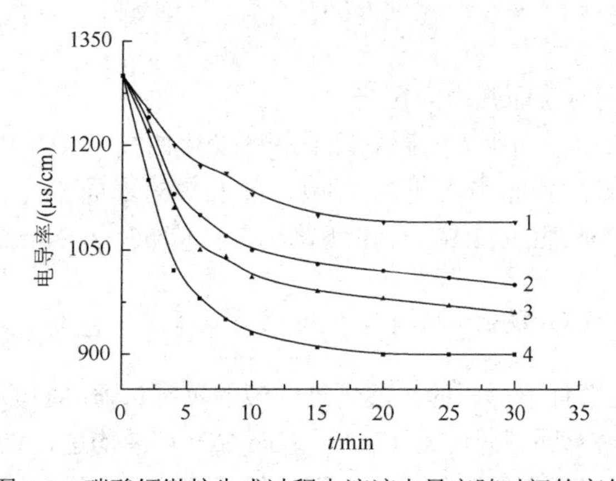

图 5-9　碳酸钙微粒生成过程中溶液电导率随时间的变化

1. Na_2CO_3 和 $CaCl_2$ 均经磁处理；2. Na_2CO_3 经磁处理；3. $CaCl_2$ 经磁处理；4. 未经磁处理

4. 磁处理对溶液表面张力的影响

1）磁处理对自来水、模拟冷却水表面张力的影响

图 5-10 为磁处理前后自来水、模拟冷却水表面张力的变化，磁处理时间为 60min，磁处理结束后再测定表面张力随放置时间的变化。从图 5-10 可以看出，无论是对自来水还是模拟冷却水，经过磁处理后表面张力均出现下降，自来水表面张力由未经磁处理的 71.319mN/m 下降到 60.421mN/m，模拟冷却水表面张力由最初的 62.221mN/m 下降到 54.327mN/m。在相同的实验温度下，磁处理并没有改变物质的键结构，那么只有可能是分子间的结构状态发生了变化，才导致了表面张力的变化。磁场可能对水分子间的结构状态产生了影响，使水中原有氢键的缔合状态被破坏，生成了单个分子或者缔合度更小的分子集团，从而使水的表面张力随着这种分子间作用力的减弱而得到了相应的减小。

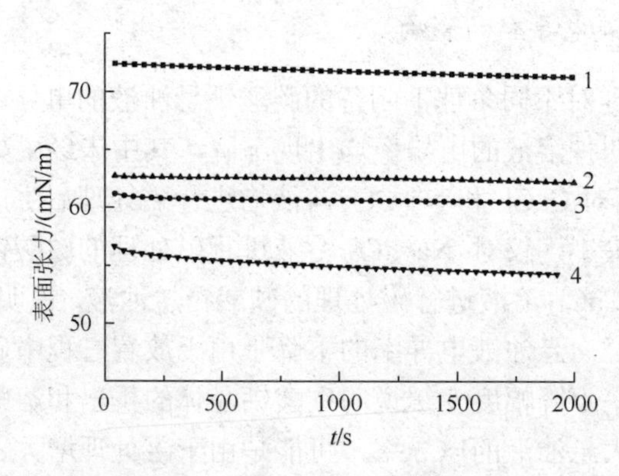

图 5-10　磁处理对自来水、模拟冷却水表面张力的影响

1. 自来水未经磁处理；2. 模拟冷却水未经磁处理；3. 自来水经磁处理；4. 模拟冷却水经磁处理

2）磁处理时间对表面张力的影响

图 5-11 是自来水表面张力随磁处理时间的变化曲线。从图中可以看出，随着磁处理时间的增加，表面张力不断下降，自来水的表面张力在磁处理时间为 340min 时由未经磁处理的 72.16mN/m 下降到最低值 55.62mN/m。

5. 磁处理对 $CaCO_3$ 颗粒沉降速率的影响

图 5-12 为不同条件下形成的碳酸钙悬浊液的沉降量随时间的变化，可以看出，磁处理可以促进碳酸钙的沉降，对 $CaCl_2$ 和 Na_2CO_3 溶液均进行磁处理后生成的碳酸钙悬浊液的沉降速度和总沉降量均大于另外三种条件下形成的悬浊液，仅对碳酸钠溶液进行磁处理的碳酸钙悬浊液沉降速度大于仅对氯化钙溶液进行磁处理的

碳酸钙悬浊液。可能是磁场加速了碳酸钙的成核过程或成核速度，导致钙垢的总沉积量增加。

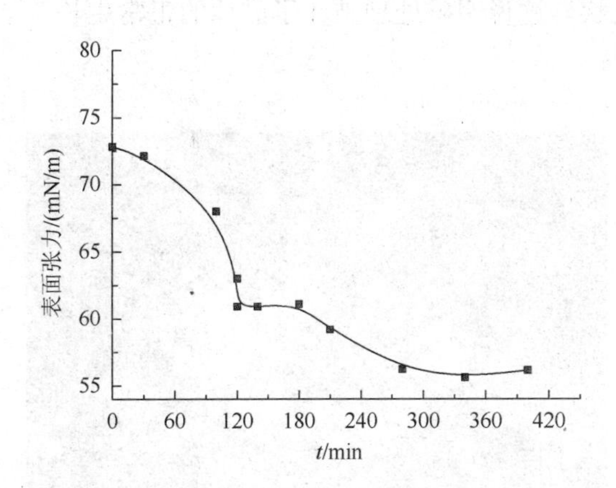

图 5-11　自来水表面张力随磁处理时间的变化曲线

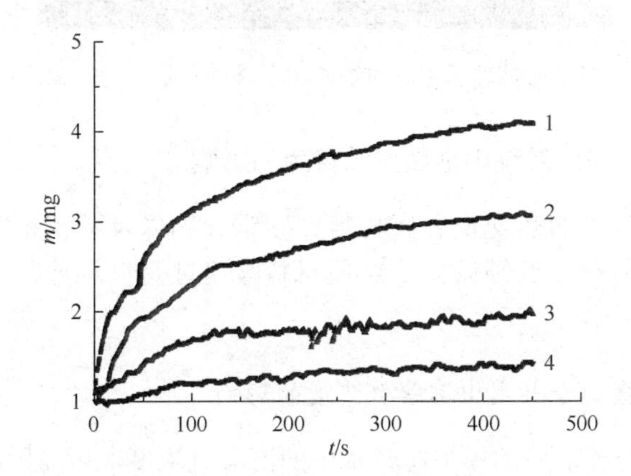

图 5-12　对不同溶液进行磁处理后得到的 $CaCO_3$ 固体颗粒沉降量随时间的变化

1. Na_2CO_3 和 $CaCl_2$ 均经磁处理；2. Na_2CO_3 经磁处理；3. $CaCl_2$ 经磁处理；4. 未经磁处理

综上所述，磁处理可以使自来水和模拟水溶液的 pH、表面张力下降，说明磁处理改变了水溶液的活性。对于碳酸钙悬浊液，磁处理导致悬浊液的电导率下降幅度变小，同时磁处理可使 $CaCO_3$ 微粒表面 Zeta 电位绝对值下降，悬浊液稳定性降低，使碳酸钙颗粒沉降速度增大，说明磁处理一方面增大了水溶液中碳酸钙的溶解度，另一方面促进了碳酸钙微粒的沉降。

6. 磁处理对碳酸钙晶体形貌的影响

图 5-13 为扫描电镜拍摄的磁处理后 $CaCO_3$ 晶体形貌照片。对比图 5-1 可以看

出，磁处理前后的水垢在晶体边缘、间隙和结构排列上有较大差异。磁处理前碳酸钙为形状规则的方解石晶体（图 5-1）；而经磁处理后形成的碳酸钙结晶松散，多呈杂乱无章的条状。这说明磁处理破坏了晶体的正常生长，从而可以减少其在热交换表面的沉积。

图 5-13 磁处理后生成的 $CaCO_3$ 晶体的扫描电镜观察照片

5.3.4 磁处理对冷却水系统中金属腐蚀行为的影响

电厂凝汽器常见的热交换金属材料如碳钢、铜以及不锈钢等在冷却水体系中都是不稳定的，存在腐蚀倾向。金属材料被腐蚀是循环冷却水系统的主要危害之一。

1. 磁处理对模拟冷却水中溶解氧浓度的影响

表 5-8 为磁处理前后的模拟冷却水中的溶解氧浓度，可见随着磁处理时间的延长，模拟冷却水中溶解氧浓度增大。一般认为，磁处理会对水分子的聚合度产生影响，当磁场强度增大时，对水分子所做的功也会随之增大，水分子被活化的概率增大，将有更多的活性单分子出现，从而增大氧气、二氧化碳等气体在水溶液中的饱和溶解度。

表 5-8 模拟冷却水中的溶解氧浓度

磁处理时间/min	重复测试结果/(mg/L)										平均/(mg/L)	变化值/(mg/L)
0	3.75	3.75	3.78	3.76	3.80	3.74	3.76	3.79	3.76	3.78	3.77	0
15	3.91	3.95	3.91	3.92	3.92	3.91	3.92	3.92	3.91	3.93	3.92	0.15
30	4.05	3.95	4.11	3.99	4.07	4.05	4.05	3.98	4.07	4.05	4.04	0.27
60	4.23	4.21	4.16	4.21	4.24	4.25	4.22	4.24	4.23	4.25	4.22	0.45

模拟冷却水经过磁处理后溶氧能力增强，这可能与磁场改变了水分子间原有的缔合度有关，从而导致了水分子在新的能级条件下，溶氧能力有所增强。

2. *磁处理对模拟冷却水介质中碳钢腐蚀行为的影响*[16, 17]

图 5-14 为碳钢电极在磁处理不同时间的模拟水中的 Nyquist 图。碳钢在中性水溶液中的电极过程可以用图5-15的等效电路表示，图中 R_s 为溶液电阻，R_t 为电极/溶液体系电荷转移电阻，Q 为常相位角元件。对阻抗谱进行拟合，求得了 R_t、Q（用参数 Y_0 表示其大小）及 n 的数值，见表 5-9。由表 5-9 可见，随着磁处理时间的增加，R_t 逐渐减小，说明磁处理时间的延长可降低电极反应电阻，促进碳钢电极的腐蚀。

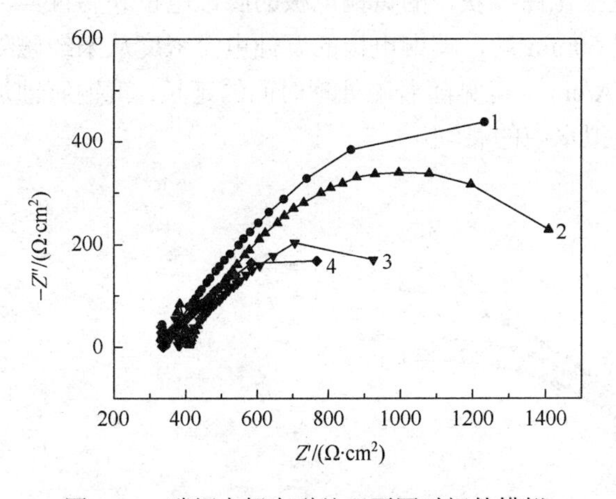

图 5-14　碳钢电极在磁处理不同时间的模拟水中的 Nyquist 图

1. 未经磁处理；2. 磁处理 15min；3. 磁处理 30min；4. 磁处理 60min

R_t
R_s
Q

图 5-15　电极等效电路图

表 5-9　模拟冷却水中碳钢电极阻抗谱（图 5-15）拟合参数

t/min	$R_s/(\Omega\cdot cm^2)$	$R_t/(\Omega\cdot cm^2)$	$Y_0/(\mu F/cm^2)$	n
0	426.9	1647	535.2	0.65
15	403.3	1241	526.1	0.64
30	379.0	1003	1830.0	0.51
60	333.2	968	2508.0	0.48

表 5-10 为通过极化曲线获得的碳钢电极的腐蚀电位和腐蚀电流密度，结果显示，随着磁处理时间的延长，腐蚀电流密度增大，如模拟水经磁处理 60min 后，碳钢电极的腐蚀电流密度从未经磁处理的 42.52μA/cm^2 增大到 54.78μA/cm^2。

表 5-10　磁处理不同时间的模拟水中碳钢的腐蚀电位（E_{corr}）和腐蚀电流密度（i_{corr}）

t/min	0	15	30	60
i_{corr}/(μA/cm^2)	42.52	48.26	48.58	54.78
E_{corr}/mV	−794.5	−776.0	−763.0	−769.4

3. 磁处理对模拟冷却水中黄铜腐蚀行为的影响

图 5-16 为黄铜电极在磁处理不同时间的模拟水中的 Nyquist 图。对阻抗谱进行拟合，求得了电荷转移电阻 R_t 的数值，见表 5-11。由表 5-11 可见，随着磁处理时间的增加，R_t 逐渐减小。这说明磁处理时间的延长可降低电极反应电阻，促进黄铜电极的腐蚀。表 5-12 为通过极化曲线获得的黄铜电极的腐蚀电位和腐蚀电流密度，结果显示模拟水经磁处理 60min 后，黄铜电极的腐蚀电流密度从未经磁处理的 59.22μA/cm^2 增大到 128.9μA/cm^2。可见随着磁处理时间的延长，黄铜腐蚀加速。磁处理促进了黄铜电极在模拟水中的腐蚀。

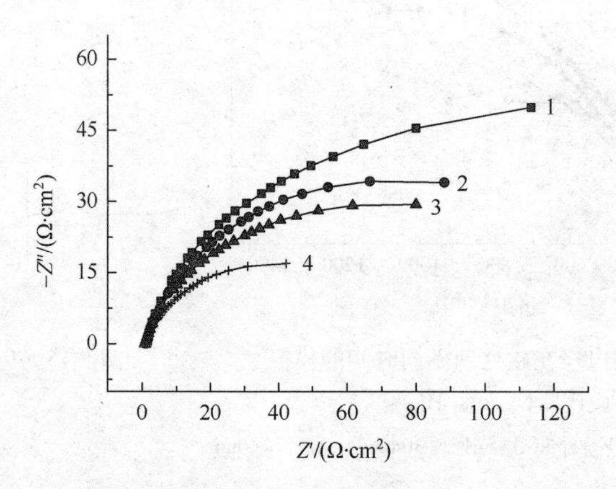

图 5-16　黄铜电极在磁处理不同时间的模拟水中的 Nyquist 图

1. 未经磁处理；2. 磁处理 15min；3. 磁处理 30min；4. 磁处理 60min

表 5-11　磁处理不同时间的模拟水中铜电极的电荷转移电阻 R_t 值

t/min	0	15	30	60
R_t/(Ω·cm^2)	1.20×10^5	9.74×10^4	8.34×10^4	4.86×10^4

表 5-12　磁处理不同时间的模拟水中黄铜的腐蚀电位（E_{corr}）和腐蚀电流密度（i_{corr}）

t/min	0	15	30	60
i_{corr}/(μA/cm^2)	59.22	85.86	102.4	128.9
E_{corr}/mV	−67.03	−77.12	−72.81	−83.61

4. 磁处理对模拟冷却水中不锈钢腐蚀行为的影响

测定 316 不锈钢在磁处理不同时间的模拟冷却水中的极化曲线，通过极化曲线获得不锈钢在磁处理不同时间的模拟冷却水中的过钝化电位或点蚀电位，见表 5-13。

表 5-13　316 不锈钢在磁处理不同时间的模拟冷却水中的过钝化电位或点蚀电位

磁处理时间/min	0	15	30	60
过钝化电位或点蚀电位/V	0.411	0.537	0.575	0.817

不锈钢属于自钝化材料，在一般的大气和水体环境中，在氧分子的作用下，不锈钢表面可以自动生成钝化保护膜。从表 5-13 可以看出，随着磁处理时间的延长，极化曲线钝化区范围增大，不锈钢点蚀电位提高，乃至出现过钝化电位（过去研究发现，模拟水中不锈钢电极阳极极化出现电流增大的电位在 0.74V 以上时，为过钝化电位）。这可能是由于磁处理增大了模拟水中的溶解氧浓度，从而有更多的氧分子与不锈钢表面接触，提高了不锈钢表面钝化膜的稳定性。

有关磁处理对金属腐蚀过程的影响，有人认为磁处理可以促进金属表面生成致密的 Fe_3O_4，而不是疏松的 Fe_2O_3，从而起到对金属的保护作用。从作者的实验来看，磁处理反而促进了碳钢和黄铜电极的腐蚀。通过对水样的分析发现，磁处理可以降低水溶液的 pH，并增大溶液中的溶解氧量，显然模拟冷却水 pH 的降低和溶解氧浓度的增大均可以促进碳钢和黄铜电极的腐蚀。对不锈钢而言，溶解氧浓度的升高可以促进不锈钢表面钝化膜的形成，对不锈钢电极则具有一定的缓蚀作用。

5.4　不锈钢凝汽器的腐蚀及影响因素

5.4.1　不锈钢凝汽器的应用与特性

1. 不锈钢凝汽器在电厂的应用

1）不锈钢凝汽器的应用状况

1958 年 7 月，美国 Monongahela 电力公司为 Rivesville 电站的表面式凝汽器全面更换 304 不锈钢管，这是第一台全部装备不锈钢管的凝汽器。之前使用的黄铜管凝汽器只用了九年，而同机装入试验的几根 304 不锈钢管在使用 17 年后仍未腐蚀。至 1990 年，美国凝汽器用不锈钢管长度超过了 24.4 万 km（约相当于 1300 台 300MW 机组）。现在美国约有 60%机组的凝汽器使用不锈钢管。欧洲使用不锈钢管的机组也不少。我国内陆电厂在 2000 年前仍大部分使用铜合金管，在 2000 年后大多数电厂在新建机组上和旧机组改造时使用了不锈钢管，目前全国内陆地区电厂的凝汽器使用不锈钢管已很普遍。

2）不锈钢凝汽器的优势及可行性

与铜管凝汽器相比，使用不锈钢凝汽器主要有以下几方面的优势[18]：

（1）不锈钢管抗冲蚀性能好，能抵挡高流速汽、水混合物及冷却水的冲击。一般不会出现铜管的冲刷腐蚀。

（2）抗氨蚀性能好。用于调节炉水 pH 的氨能引起铜管的氨蚀、应力腐蚀破裂，而采用不锈钢管，则不存在这个问题。

（3）采用不锈钢凝汽器，可以避免与铜管凝汽器密切相关的“锅炉给水铜污染”对机组运行带来的隐患。

（4）采用不锈钢凝汽器后，冷却水流速可大幅度提高，最高可达 3.5m/s。流速的提高既可提高总传热效率，又可减少冷却管内沉积物的出现，避免沉积物下腐蚀。

（5）采用不锈钢凝汽器可以做到连接处无泄漏。不锈钢凝汽器的管板选用不锈钢复合板，它与不锈钢管子的连接可采用胀接和密封焊相结合的方法，达到管板与管子连接处无泄漏，并可延长使用寿命。

（6）不锈钢凝汽器采用不锈钢复合板作管板，可避免管子对管板的电偶腐蚀问题。

从可行性上分析：

（1）传热性能上，虽然不锈钢导热系数低于黄铜，但使用不锈钢管时冷却水流速可以提高到 2.3m/s 以上，同时管子表面清洁系数提高，加上不锈钢管管壁减薄，使总的传热系数基本与黄铜管接近，甚至优于黄铜管。

（2）管束振动上，薄壁的不锈钢管取代黄铜管时，由于管壁减薄，密度减小，易产生振动。可参照美国 HEI 标准，通过缩小隔板距离，适当增加隔板数量的方法预防。

（3）耐蚀性能上，不锈钢管耐冲刷腐蚀，不产生氨蚀、脱锌腐蚀。提高冷却水流速可使管子表面保持清洁，可减少沉积物下腐蚀、点蚀的发生。但不锈钢易受氯离子侵蚀，可根据冷却水中氯离子含量选取不同材料的不锈钢管。

（4）经济效益上，不锈钢凝汽器造价与黄铜凝汽器相近，但低于白铜凝汽器。而不锈钢管使用寿命比铜合金管长，且可靠性高，又无铜离子进入给水，可大大提高机组安全性，由此可带来可观的经济效益。

3）不锈钢凝汽器在应用中可能产生的问题

不锈钢凝汽器在使用过程中主要面临的是冷却水水质恶化可能带来的腐蚀问题。随着环境污染的不断加剧、水资源的日益匮乏，冷却水的水质逐年恶化。不断恶化的冷却水质对不锈钢的耐蚀性必然产生影响。

2. 不锈钢耐蚀性特点

不锈钢的优良耐蚀性能主要取决于其表面钝化膜的保护作用，表面钝化膜结构的完整性与均一性是不锈钢耐腐蚀的重要原因之一。因此对不锈钢耐蚀性能的研究主要集中在对不锈钢表面钝化膜性能的研究上。

有关金属表面钝化膜的研究虽然已有二百多年的历史，但至今仍是一个热门的领域。关于钝化理论的研究，最早有 Evans 的氧化膜理论，认为金属的钝化是由于表面氧化膜的形成；Ulig 的吸附理论，认为金属的钝化是由于原子或离子在金属表面上的化学吸附。另外还有金属变态理论、反应速率理论、化学钝化理论、价值理论、电子构型理论等。这些理论中以成相膜理论和吸附理论为代表，许多研究者认为，吸附和成膜可以看作钝化的两个阶段，吸附是钝化的必要和必经步骤，成膜则是钝化的充分和完成步骤。依金属的钝化条件不同，吸附膜和成相膜都有可能分别起主要作用。

1）钝化膜的性质

不稳定金属在许多溶液中因腐蚀而溶解，但当金属表面生成致密钝化膜时，活性溶解不再发生，即金属进入“钝态”。

钝化膜的生成是通过金属自身与环境中的氧、水等反应，通常可在水溶液或空气中自发生成，或在水溶液中阳极极化生成：

$$\mathrm{M}+\frac{z}{2}\mathrm{H_2O}\longrightarrow \mathrm{MO}_{\frac{z}{2}}+z\mathrm{H}^{+}+z\mathrm{e} \tag{5-9}$$

许多钝化膜具有阻挡特性，即在较低或中等的电场强度（$F_E \ll$ 1MW/cm）下，钝化膜表现为低的离子导电性和低的电子导电性。

2）钝化膜厚度

铂、金的钝化膜较薄，只有单分子层厚，而有些钝化膜厚度可达微米级。一般金属钝化膜厚度小于 10nm，不锈钢钝化膜厚度则小于 5nm。利用化学、电化学和光谱技术可以测定钝化膜的厚度。用库仑法测膜厚，如果钝化膜生成过程中通过的电量为θ，根据 Faraday 定律，膜厚 d_F 可用下式估算：

$$d_\mathrm{F}=\frac{\theta M}{zF\chi\rho} \tag{5-10}$$

式中，M 为钝化膜组成的分子量；χ为表面粗糙度；ρ为钝化膜密度；F 为 Faraday 常量。由于钝化膜结构变化引起密度的变化以及钝化膜中化学计量梯度的存在，膜厚的测定存在一定的误差。

3）钝化膜导电性能

钝化膜的导电性差别很大，有的钝化膜是绝缘体（如 Si、Al），有的是半导体

（如 Fe、Ti、Ni），而有的是导体（如 Ir、Pb）。钝化膜的导电性能取决于膜的禁带宽度 E_g 和 Fermi 能级 E_F 在导带或禁带中的位置。在二十世纪八十年代，对钝化膜的描述是采用半导体还是化学导体，学术界曾进行了广泛的讨论。对半导体来说不存在离子的迁移，而氧化膜中的离子在很高的电场强度下是可以移动的，因此氧化膜被定义为非理想化的半导体。只要施主和受主的浓度基本维持恒定，利用半导体模型可以更好地理解钝化膜的导电性能，如 Mott-Schottky 分析和能带弯曲在钝化膜研究中的有效应用。

5.4.2 不锈钢在模拟冷却水中的钝化[19-21]

1. 金属基体/钝化膜/溶液体系的物理、数学模型

钝化金属电极/溶液界面可以用图 5-17 的示意图来表示。

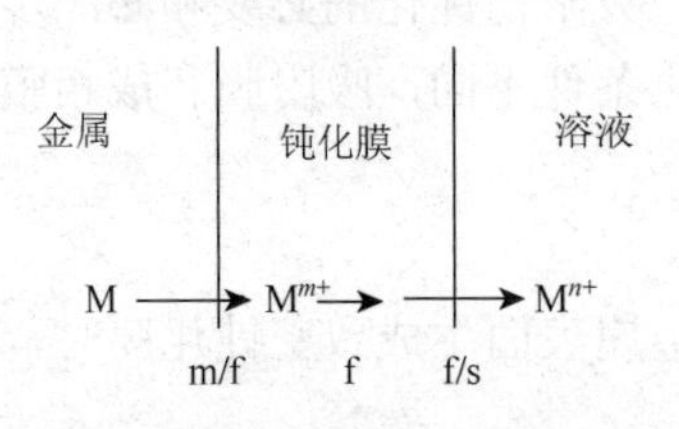

图 5-17 钝化金属电极界面示意图

金属钝化膜的生长和消失必须经过三个步骤：①金属原子离开金属晶格，成为金属离子进入钝化膜中。这个过程发生在金属/钝化膜界面，一般认为不是速度控制步骤。②离子在钝化膜中的传质过程，此过程发生在钝化膜内。③钝化膜/溶液界面发生的电荷转移过程。钝化金属电极/溶液界面总阻抗 Z_T 为

$$Z_T = Z_{m/f} + Z_f + Z_{f/s} \tag{5-11}$$

式中，$Z_{m/f}$、Z_f、$Z_{f/s}$ 分别为金属/膜界面阻抗、钝化膜阻抗和钝化膜/溶液界面阻抗。

金属/膜界面阻抗 $Z_{m/f}$ 可用一电容 C 与两个互相串联的电荷传递电阻 R_e 和 R_c 并联来表示。R_e 表示电子传递电阻，R_c 表示金属离子从金属到膜的运动电阻。因此

$$Z_{m/f} = \frac{R_e R_c (R_e + R_c)}{(R_e + R_c)^2 + \omega^2 C^2 R_e^2 R_c^2} - j\frac{\omega C R_e^2 R_c^2}{(R_e + R_c)^2 + \omega^2 C^2 R_e^2 R_c^2} \tag{5-12}$$

对大多数体系来说，$R_e \ll R_c$，因此，上式可简化为

$$Z_{m/f} = \frac{R_e}{1 + \omega^2 C^2 R_e^2} - j\frac{\omega C R_e^2}{1 + \omega^2 C^2 R_e^2} \tag{5-13}$$

式中，C 为氧化物半导体空间电荷层电容。在适宜腐蚀测量的频率范围（0.1mHz～10kHz）内，$1/(CR_e) \gg \omega$，所以 $Z_{m/f} \approx R_e$，在此条件下，金属/膜界面阻抗相当于一个与频率无关的电阻，这一电阻表现了电子在两相间迁移的能力。因此，钝化电极的电化学阻抗谱反映的信息主要是膜阻抗和膜/溶液界面阻抗。在对钝化金属电极的讨论中，一般重点讨论的也是钝化膜阻抗 Z_f 和钝化膜/溶液界面阻抗 $Z_{f/s}$。

有关钝化膜中的传质过程，最普遍的看法是金属离子在膜中高场强的作用

下，从膜的内侧向外侧迁移。实验已证明，钝化膜中存在着大于 10^6V/cm 的电场强度。

第三个步骤发生在钝化膜/溶液界面。假设到达钝化膜表面的金属离子首先与吸附在膜表面的阴离子形成新的钝化膜层或表面络合物，钝化膜的表面层或表面络合物穿过 Helmholtz 层溶入溶液，这一溶解过程的速度可以表示为

$$i_s = zFv \tag{5-14}$$

式中，v 为表面粒子的溶解速度；z 为每个表面粒子中金属离子的电荷数。

多年来，在对金属钝化体系的研究中，提出了许多相关机理和模型。主要物理模型有以下四种：

模型 A：用简单的界面电阻 R 和电容 C 并联来表示钝化电极体系。对实际体系进行阻抗测定时，测得的电容往往偏离“纯电容”，拟合时引入常相位角元件 Q 来替代电容 C，如图 5-18（a）所示。图中，R_s 为溶液电阻，R 和 Q 分别为界面电阻和界面常相位角元件。电极体系阻抗数学表达式为

$$Z = R_s + \frac{1}{\frac{1}{R} + Y_0(\mathrm{j}\omega)^n} \tag{5-15}$$

式中，常相位角元件 Q 的阻抗 $Z_Q = \frac{1}{Y_0}(\mathrm{j}\omega)^{-n}$，$Y_0$ 和 n 为 Q 的两个参数，一般 $0 < n < 1$，当 $n=1$ 时，Q 相当于纯电容，此时 $Y_0=C$。

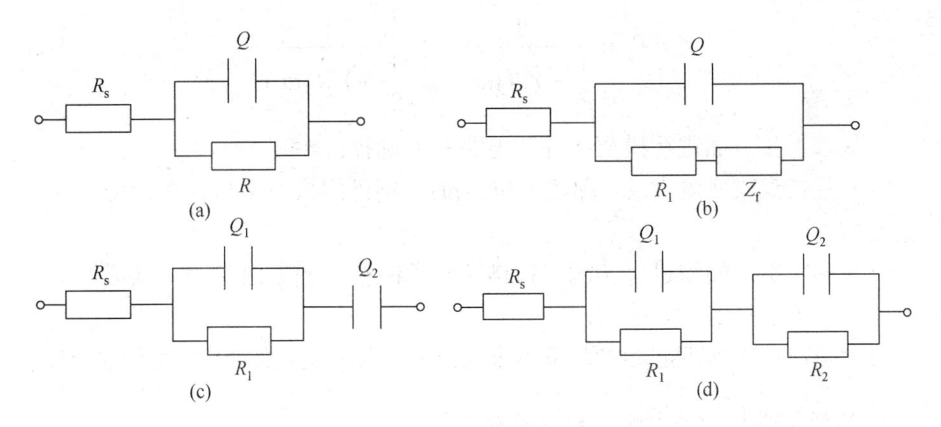

图 5-18　金属/钝化膜/溶液体系物理模型

（a）简单（RQ）模型；（b）点缺陷模型；（c）（RQ）Q 模型；（d）两个（RQ）模型

模型 B：认为金属钝化膜阻抗来自于金属离子空位和氧离子空位在膜内的传输。Macdonald 及其合作者提出了钝化膜生长和破坏的点缺陷模型（PDM），提出金属钝化膜内存在着四种物质的运动：电子、空穴、金属离子空位和氧离子空位。

在外电路施加电压时总电流 I 由四部分组成

$$I = I_e + I_h + I_{V_O} + I_{V_M} \tag{5-16}$$

式中，I_e、I_h 分别为电子电流和空穴电流，I_{V_O}、I_{V_M} 分别为氧离子空位和金属离子空位产生的离子电流，膜的总导纳 Y_f 为

$$Y_f = Y_e + Y_h + Y_{V_O} + Y_{V_M} \tag{5-17}$$

即

$$\frac{1}{Z_f} = \frac{1}{Z_e} + \frac{1}{Z_h} + \frac{1}{Z_{V_O}} + \frac{1}{Z_{V_M}} \tag{5-18}$$

模型 C：用常相位角元件 Q_2 表示钝化膜中荷电体的传输，如图 5-18（c）所示，认为钝化膜具有电容性。Jamnik 等认为，荷电体在固体中的扩散行为在阻抗复平面图中所反映的不是一条斜率为 45°的直线，而是接近反映电极电容性的 90°直线。电极体系阻抗数学表达式为

$$Z = R_s + \frac{1}{\frac{1}{R_1} + Y_{01}(j\omega)^{n_1}} + \frac{1}{Y_{02}}(j\omega)^{-n_2} \tag{5-19}$$

模型 D：用两个（RQ）并联回路分别表示钝化膜和膜/溶液界面的电化学行为[19]，如图 5-18（d）所示。图中，R_1、Q_1 为膜/溶液界面的电荷转移电阻和双电层电容，R_2、Q_2 为膜电阻和膜电容，或对应于空间电荷层电阻和电容。电极体系阻抗数学表达式为

$$Z = R_s + \frac{1}{\frac{1}{R_1} + Y_{01}(j\omega)^{n_1}} + \frac{1}{\frac{1}{R_2} + Y_{02}(j\omega)^{n_2}} \tag{5-20}$$

可从以下几方面进行模型（等效电路）的选择：

（1）直接观察实测 Bode 图随电位、pH、溶液组成及电极在溶液中浸泡时间的变化；

（2）利用所选模型进行实测阻抗谱和计算阻抗谱的数值拟合，以拟合的误差大小作为正确选择的主要准则；

（3）拟合得到的阻抗参数值，随电极电位和其他实验条件变化而变化的合理性。

2. 不锈钢在模拟冷却水中的自钝化

表面经过打磨并在−1.1V（vs SCE）下阴极还原 5min 的不锈钢电极，在冷却水中浸泡时会自发生成钝化膜。图 5-19 为不锈钢电极在 45℃的模拟冷却水中浸泡不同时间测得的 Bode 图（ϕ～lg$f$），显示在浸泡过程中阻抗值不断增大，浸泡 1d 时，0.05Hz 时的阻抗模值 $|Z|_{0.05}$ 为 38.0kΩ·cm²，到第 49d，$|Z|_{0.05}$ 增大到 127.0kΩ·cm²。由相位角 ϕ～lg f 曲线可见，在浸泡过程中，低频区相位角发生了变化。

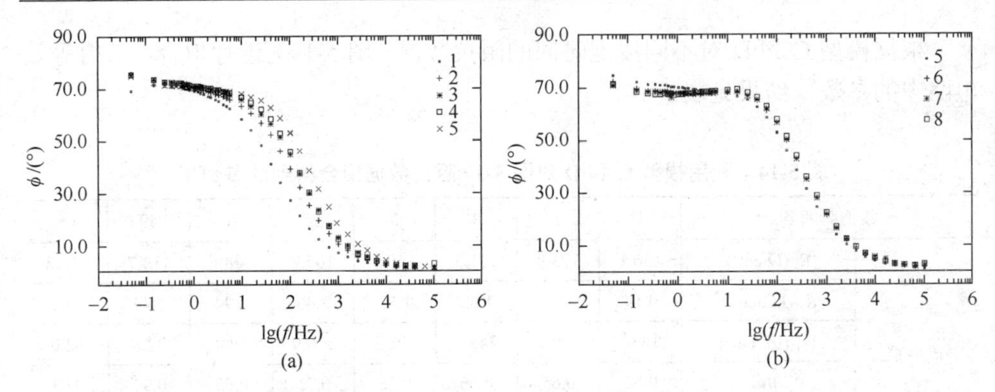

图 5-19　不锈钢电极在模拟冷却水中浸泡不同时间的 Bode 图（ϕ～lg$f$）

1. 1d；2. 2d；3. 4d；4. 8d；5. 17d；6. 26d；7. 49d；8. 65d

利用图 5-18 的四种模型对图 5-19 的阻抗谱数据进行拟合，发现模型 A 和 B 的拟合误差较大。模型 A 的阻抗谱对应于一个容抗弧，拟合到浸泡第四天的数据时，由于阻抗谱中第二个时间常数的出现，拟合误差明显增大。模型 B 在低频出现扩散过程，具有 Warburg 阻抗形式，利用此模型拟合，在低频区出现较大误差。模型 C 和 D 的拟合误差较小。图 5-20 为利用四种模型对浸泡第 26 天的数据进行拟合的结果。很显然，在这里模型 A 和 B 是不合适的。

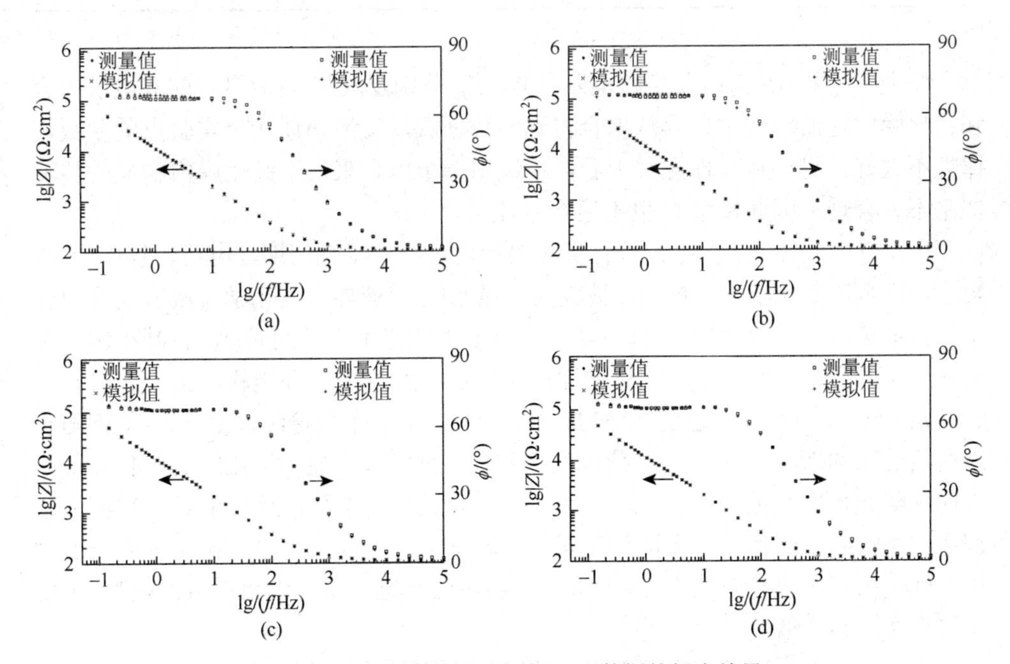

图 5-20　四种模型对浸泡第 26 天数据的拟合结果

（a）模型 A；（b）模型 B；（c）模型 C；（d）模型 D

根据模型 C 和 D 对不同浸泡时间的阻抗数据（图 5-19）进行拟合，求得等效电路中的参数，结果见表 5-14。

表 5-14　利用模型 C 和 D 对图 5-19 阻抗数据拟合得到的参数值

浸泡时间/d		1	2	4	8	17	26	49	65
模型 C	$R_s/(\Omega\cdot cm^2)$	136.1	123.9	121.3	140.0	105.2	108.6	114.7	118.2
	$R_1/(k\Omega\cdot cm^2)$	0.14	1.21	1.63	1.33	3.43	0.94	1.44	2.01
	$Y_{01}/(\mu F/cm^2)$	1856	309.1	245.2	191.3	120.9	79.4	82.8	62.0
	n_1	0.52	0.65	0.66	0.72	0.71	0.95	0.92	0.93
	$Y_{02}/(\mu F/cm^2)$	70.2	42.9	32.1	26.2	25.0	21.1	19.6	18.0
	n_2	0.81	0.84	0.84	0.84	0.84	0.79	0.79	0.79
模型 D	$R_s/(\Omega\cdot cm^2)$	136.2	123.9	121.3	140.0	105.2	108.6	114.5	118.3
	$R_1/(k\Omega\cdot cm^2)$	1.52	1.79	1.82	2.57	3.55	1.94	1.39	1.93
	$Y_{01}/(\mu F/cm^2)$	389.2	394.1	226.5	196.3	118.9	79.0	50.9	45.9
	n_1	0.62	0.64	0.66	0.72	0.71	0.72	0.74	0.76
	$R_2/(M\Omega\cdot cm^2)$	0.27	5.39	11.2	37.3	34.0	35.4	15.2	13.5
	$Y_{02}/(\mu F/cm^2)$	71.6	42.6	32.1	26.2	25.0	21.1	19.6	18.0
	n_2	0.87	0.83	0.85	0.84	0.84	0.85	0.86	0.85

模型 C 中，R_1 为电荷转移电阻，Y_{01}、Y_{02} 分别反映膜/溶液界面的双电层电容和钝化膜中物质输送过程。从拟合得到的数据看，浸泡初期几个实验点的参数规律性不太好，另外从物理意义上看，单纯用一个电容来表示钝化膜内物质的传输似乎不太合理。因此模型 C 也不适合本体系。

模型 D 的拟合结果比较符合实际的钝化过程。浸泡初期，电荷转移电阻 R_1 较小，而反映双电层电容的 Y_{01} 值较大，显示膜/溶液界面电化学反应所受阻力较小；浸泡第 8 天，R_1 增大，且在随后的浸泡中变化不大，同时 Y_{01} 也减小到一个相对稳定的数值，说明电荷转移过程趋向稳定。膜电阻 R_2 在电极浸泡 1 天时只有 $0.27M\Omega\cdot cm^2$，到第 8 天已达 $37.3M\Omega\cdot cm^2$，增大了 2 个数量级以上。Y_{02} 值则随浸泡时间的增加而不断减小。R_2 值的增大和 Y_{02} 值的减小显示钝化膜的生长过程，表明钝化膜增厚和致密；在浸泡后期，膜电阻又有所下降，这可能是长期浸泡过程中侵蚀性离子的作用导致钝化膜保护性能下降。一般双电层电容（对应于 Y_{01}）比空间电荷层电容（对应于 Y_{02}）大一个数量级，这与拟合结果一致。模型 D 比较符合本体系的情况。

以上分析的是不锈钢电极在模拟冷却水中长期浸泡（1～65 天）的电化学阻抗谱，显示用模型 D 拟合得到了较好的结果。为了进一步验证模型 D 的可行性，同时也测定了短期浸泡（1h 内）时不锈钢电极的电化学阻抗谱。图 5-21 为模拟冷却水中浸泡 1h 的不锈钢电极的 Nyquist 图和 Bode 图（ϕ～lg$f$），图谱显示一个时间常数。用图 5-18 的四种模型进行拟合，结果如图 5-22（a）～（d）所示，同样模型 A 和 B 的拟合误差较大，模型 D 的拟合曲线与实测曲线非常一致。用模型 D 对浸泡 5min、15min、30min、45min、60min（1h）测得的阻抗谱进行拟合，结果见表 5-15。浸泡初期，表面钝化膜刚开始形成，膜层很薄，R_2 较小。浸泡 5min，R_1=1.16kΩ·cm^2，R_2=2.14kΩ·cm^2，Y_{01}=610μF/cm^2，Y_{02}=470μF/cm^2，R_1 与

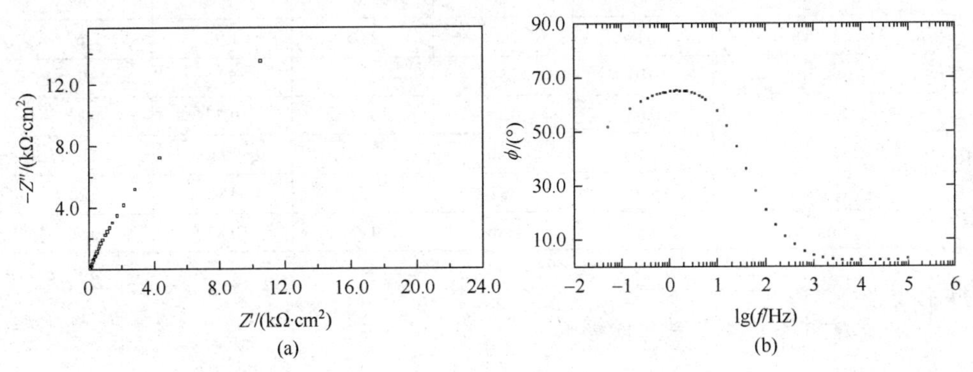

图 5-21 不锈钢电极在模拟冷却水中浸泡 1h 的 Nyquist 图（a）和 Bode 图（ϕ～lg$f$）（b）

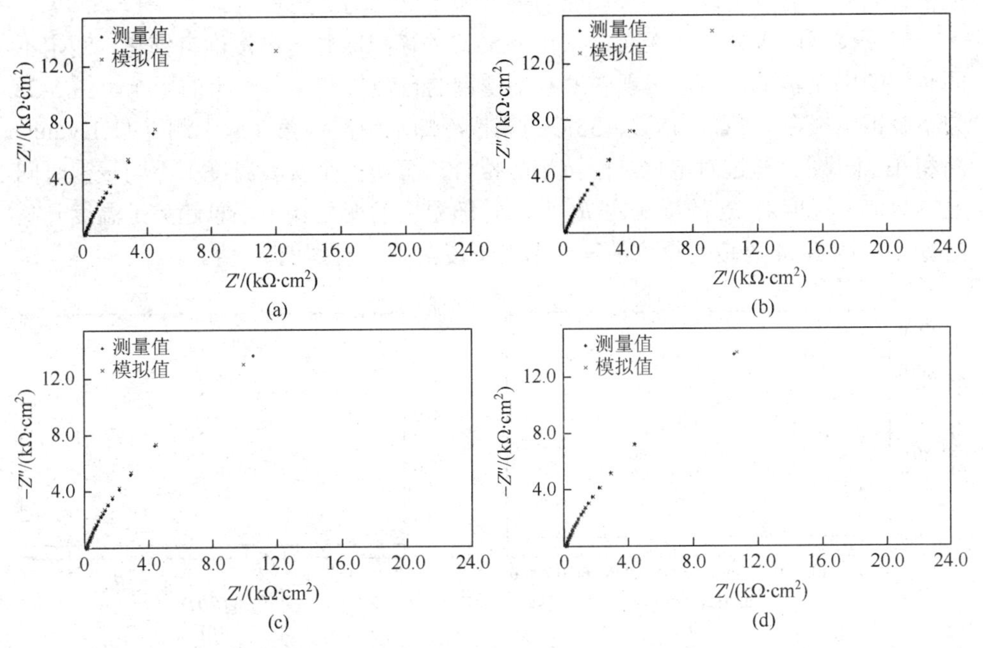

图 5-22 不锈钢电极在模拟冷却水中浸泡 1h 的 Nyquist 图拟合结果

（a）模型 A；（b）模型 B；（c）模型 C；（d）模型 D

R_2 数值接近，Y_{01} 与 Y_{02} 也互相接近，故阻抗谱显示一个容抗弧。随浸泡时间延长，R_1 变化不大，而 R_2 在 15min 内增大了一个数量级，并不断随时间延长而增大。Gaberscek 等[22]在 Zn 电极自钝化的研究中发现，钝化膜形成的诱导期大约需要 10min。不锈钢电极可能存在相近的诱导期，使 R_2 在 10min 内从 2.14kΩ·cm^2（浸泡 5min）增大到了 16.0kΩ·cm^2（浸泡 15min）。

表 5-15　不锈钢电极在最初浸泡的 1h 内阻抗参数的变化

浸泡时间/min	5	15	30	45	60
R_1/(kΩ·cm^2)	1.16	2.35	2.05	1.92	2.67
Y_{01}/(μF/cm^2)	610	257	218	227	195
n_1	0.68	0.74	0.76	0.77	0.76
R_2/(kΩ·cm^2)	2.14	16.0	28.9	39.0	41.4
Y_{02}/(μF/cm^2)	470	307	221	151	120
n_2	0.85	0.86	0.88	0.82	0.90

3. 温度对不锈钢自钝化的影响

电化学反应过程与温度有关。温度可以对电极过程的传质、电荷转移的速度、电极表面物质的吸附以及电极反应的类型和产物等均产生影响。

将不锈钢电极分别在 35℃、45℃、55℃的模拟冷却水中浸泡自钝化，测定不同时间的电化学阻抗谱，发现温度对不锈钢的自钝化产生了一定的影响。图 5-23 为不锈钢电极在 35℃、45℃、55℃的模拟冷却水中浸泡第 65 天测得的 Nyquist 图和 Bode 图。通过对电化学阻抗谱的拟合，可得三个实验温度下不同浸泡时间的参数值。温度对 R_2 的影响比 R_1 大，R_1 随温度的变化较小，总趋势是温度升高 R_1 减小。图 5-24 为拟合得到的三个温度下浸泡不同时间的 R_2 值。

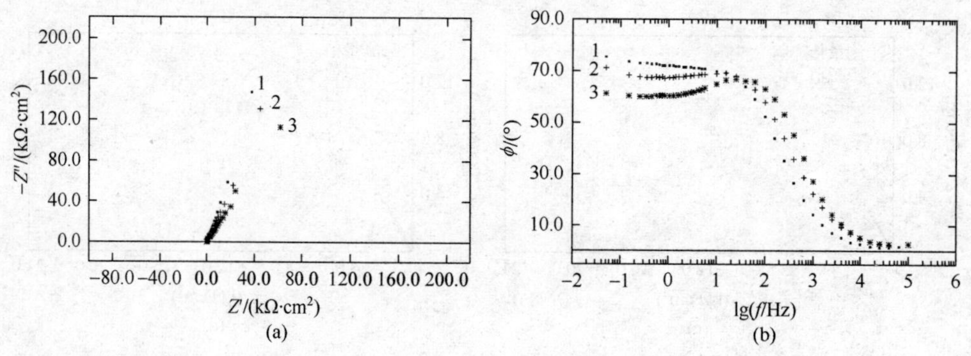

图 5-23　不锈钢电极在模拟冷却水中浸泡 65 天的 Nyquist 图（a）和 Bode 图（ϕ～lg$f$）（b）

1. 35℃；2. 45℃；3. 55℃

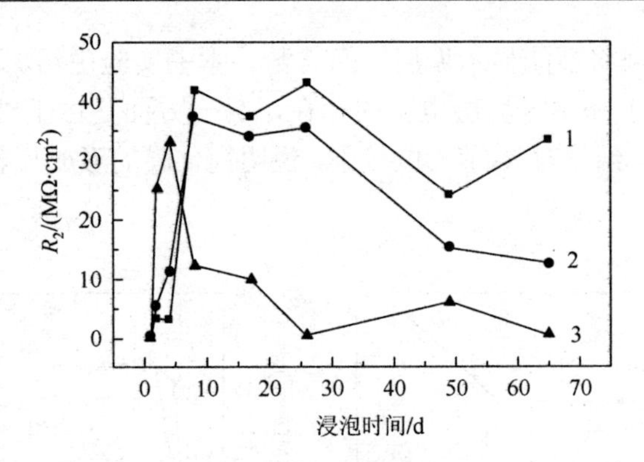

图 5-24　不锈钢电极在不同温度的模拟冷却水中浸泡不同时间的 R_2 值

1. 35℃；2. 45℃；3. 55℃

R_2 值反映了钝化膜的膜电阻大小。温度升高，一方面使钝化膜的离子导电性增强，另一方面将使钝化膜的多孔性增加，并可改变钝化膜的组成和物理结构。Manning 等发现不锈钢钝化膜在室温下为 p 型半导体，在较高温度下则显示 n 型半导体性质。图 5-24 显示在浸泡初期溶液温度越高，膜电阻 R_2 越大，这可理解为在较高的温度下钝化膜的生成速度加快，相应的膜电阻增大显著；但随着浸泡时间的延长，稳定钝化膜逐渐形成，此时 R_2 值与钝化膜的性质有关。总体来看，从浸泡第 8 天起，随温度升高 R_2 值减小，说明在较高温度下形成的钝化膜的保护性下降。

4. 结垢对不锈钢自钝化的影响

在循环冷却水系统中，因冷却水含有一定的钙、镁离子和碱度，常发生结垢现象，特别是采用高硬度冷却水时。冷却管的结垢将影响传热效率，同时也可影响金属/溶液的界面过程。为了研究结垢对不锈钢自钝化的影响，在模拟冷却水中增加钙、镁离子和碱度含量，配成结垢型水，测定电极在结垢型水（2#模拟冷却水）和非结垢型水（1#模拟冷却水）中浸泡不同时间的电化学阻抗谱。用模型 D 进行拟合，得到不锈钢在两种模拟冷却水中的 R_1、R_2 值，如图 5-25、图 5-26 所示。两种模拟冷却水对不锈钢自钝化的影响主要反映在 $CaCO_3$ 垢的生成与否及垢对电极过程的影响上。图 5-26 显示垢的存在使 R_1 值增大，而图 5-26 中的 R_2 值受垢层影响较小。Compton 等利用电化学阻抗谱研究了不锈钢管表面在 60℃的硬水中经过几个星期后形成的碳酸钙垢层（厚约 0.083cm），用传输线模型对测得的阻抗谱进行了拟合，得到垢层电阻约 300Ω/cm。Gabrielli 等对 Pt 电极上通过氧还原反应加速沉积的碳酸钙垢层进行电化学阻抗谱测定，认为垢层电阻出现在高频，对致密垢层其电阻约为几个 kΩ·cm²；而当垢层不很厚时，垢层阻抗小，在测得的阻抗谱的高频区域将不能显示垢层时间常数。本书实验中结垢电极 R_1 值的增大一方面可能是由于高频区垢层电阻的存在，另一方面是由于结垢使电荷转移过程所受阻力增大。结垢对 R_2 值影响较小，说明钝化膜的形成与表面垢层存在与否关系较小。

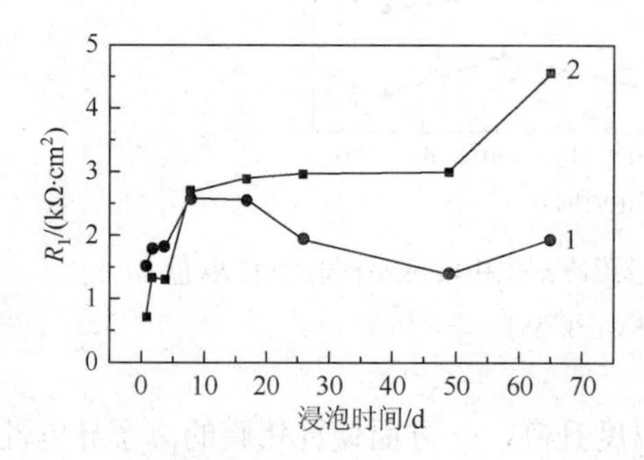

图 5-25　不锈钢电极在不结垢与结垢模拟冷却水中浸泡不同时间的 R_1 值

1. 不结垢模拟冷却水；2. 结垢模拟冷却水

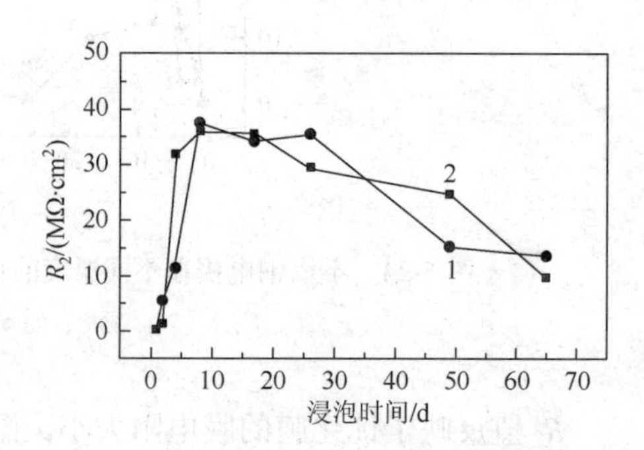

图 5-26　不锈钢电极在不结垢与结垢模拟冷却水中浸泡不同时间的 R_2 值

1. 不结垢模拟冷却水；2. 结垢模拟冷却水

5.4.3　模拟水中影响不锈钢耐蚀性能的因素

循环冷却水中，影响不锈钢钝化膜耐蚀性能的离子主要是阴离子，其中最常见的是氯离子和硫酸根离子。随着水体的污染及污染物的降解，降解中间产物氨氮、亚硝酸盐及最终产物硝酸盐等也在一些循环冷却水中出现。在厌氧条件下，由于厌氧菌的作用，水体中又会产生硫离子。这里首先就这些常见离子以及温度、水质稳定剂等对不锈钢耐蚀性的影响进行探讨[22-28]。

1. 氯离子和硫酸根离子（Cl^-和SO_4^{2-}）

氯离子对不锈钢钝化膜的破坏作用主要是促使钝化膜局部破坏，产生点蚀。图 5-27 是不锈钢电极在含不同浓度氯离子的模拟冷却水中测得的阳极极化曲线，其中曲线 1 不含氯离子，钝化区电位范围为−0.35～0.97V，电位大于 0.97V 出现过钝化。钝化区中电位高于 0.50V 时出现钝态电流增大，这可能与电位升高使氧化铬稳定性下降从而引起钝化膜组成和结构的变化有关。

实验显示氯离子浓度≤200mg/L 时，氯离子的增加没有引起阳极极化曲线明显改变，极化曲线与曲线 1 几乎重合。一般认为，点蚀只有在卤素离子浓度达到某一浓度以上时才产生，该浓度界限因材料而异，在模拟冷却水中，不锈钢受氯离子作用，点蚀的浓度界限为 200mg/L 左右。浓度≤200mg/L 时氯离子没有促进不锈钢的点蚀，是由于溶液中的SO_4^{2-}等的缓蚀作用；当氯离子浓度增大到225mg/L

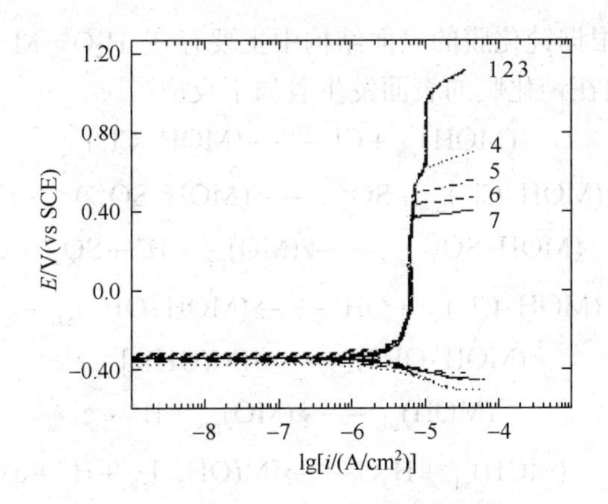

图 5-27　不锈钢在含不同浓度氯离子的模拟冷却水溶液中的阳极极化曲线

氯离子浓度（mg/L）：1. 0；2. 100；3. 200；4. 300；5. 400；6. 500；7. 600

时，扫描至较低电位 0.73V 时电流快速增加，出现点蚀。这个使电流快速增加的电位就是点蚀电位 E_b。随着氯离子浓度的继续增加，E_b 下降，但钝态电流没有出现明显变化。表 5-16 为不锈钢电极在含不同浓度氯离子的模拟冷却水中测得的点蚀电位和 0V 时的钝态电流密度 i_p 数值，显示钝态电流基本不随氯离子浓度的增加而变化。

表 5-16　不锈钢在不同浓度氯离子的模拟冷却水溶液中的 E_b 和钝态电流密度 i_p（电位：0V）

Cl^-浓度/(mg/L)	0	100	200	225	250	300	400	500	600
E_b/mV	977	972	973	727	661	604	480	430	378
i_p/(μA/cm²)	6.52	6.36	6.44	6.32	6.46	6.58	6.52	6.39	6.23

不锈钢电极在模拟冷却水中发生的电化学反应可以用以下反应式表示。在活性溶解区，Fe 发生溶解生成 Fe（Ⅱ）：

$$Fe = Fe(\text{Ⅱ}) + 2e \quad (5\text{-}21)$$

电位升高发生进一步的氧化反应：

$$3Fe(\text{Ⅱ}) + 4H_2O = Fe_3O_4 + 8H^+ + 2e \quad (5\text{-}22)$$

$$2Fe(\text{Ⅱ}) + 3H_2O = \gamma Fe_2O_3 + 6H^+ + 2e \quad (5\text{-}23)$$

其他合金元素如 Ni 也生成了相应的氧化物γNiO_2。Cr_2O_3 在较低电位下就已生成，是钝化膜的主要成分。因此可以说钝化膜由 Cr_2O_3、Fe_3O_4、γFe_2O_3 及γNiO_2 等氧化物共同组成。

在过钝化区，钝化的主要物质 Cr_2O_3 进一步氧化，形成可溶性的铬酸盐使钝化膜溶解：

$$Cr_2O_3 + 5H_2O = 2CrO_4^{2-} + 10H^+ + 6e \quad (5\text{-}24)$$

Zhang 等[29]根据钝化膜的表面结构中主要存在 $H_2O—M—OH_2$ 和 HO—M—OH 等形式，提出在钝化膜的表面发生着如下反应：

$$(MOH)_{ads} + Cl^- \longrightarrow (MOH \cdot Cl^-)_{ads} \tag{5-25}$$

$$(MOH \cdot Cl^-)_{ads} + SO_4^{2-} \longrightarrow (MOH \cdot SO_4^{2-})_{ads} + Cl^- \tag{5-26}$$

$$(MOH \cdot SO_4^{2-})_{ads} \longrightarrow (MO)_{pas} + H^+ + SO_4^{2-} + e \tag{5-27}$$

$$(MOH \cdot Cl^-)_{ads} + OH^- \longrightarrow (MOH \cdot OH^-)_{ads} + Cl^- \tag{5-28}$$

$$(MOH \cdot OH^-)_{ads} \longrightarrow [M(OH)_2]_{ads} + e \tag{5-29}$$

$$(MOH)_{ads} \longrightarrow (MO)_{pas} + H^+ + e \tag{5-30}$$

$$(MOH)_{ads} + H_2O \longrightarrow [M(OH)_2]_{ads} + H^+ + e \tag{5-31}$$

$$[M(OH)_2]_{ads} + H_2O \longrightarrow [M(OH)_3]_{ads} + H^+ + e \tag{5-32}$$

$$[M(OH)_2]_{ads} \longrightarrow (MOOH)_{pas} + H^+ + e \tag{5-33}$$

$$(MOH \cdot Cl^-)_{ads} \xrightarrow{rds} (MOHCl)_{com} + e \tag{5-34}$$

$$(MOHCl)_{com} + nCl^- \longrightarrow (MOHCl — Cl_n^-)_{ads} \tag{5-35}$$

$$(MOHCl — Cl_n^-)_{ads} + H^+ \longrightarrow M_{sol}^{2+} + H_2O + (n+1)Cl^- \tag{5-36}$$

$$(MOH)_{ads} \longrightarrow (MOH)_{sol}^+ + e \tag{5-37}$$

$$(MOH)_{sol}^+ + H^+ \longrightarrow M_{sol}^{2+} + H_2O \tag{5-38}$$

上述式子中下标 ads、pas、com 和 rds 分别表示吸附、钝化、络合和速率控制步骤。反应（5-26）～反应（5-33）是钝化反应，反应（5-25）、反应（5-34）～反应（5-38）是去钝化反应。只有当电位达到点蚀电位 E_b 时，反应（5-34）及随后的反应（5-35）、反应（5-36）才会发生，导致局部区域高速溶解，产生点蚀。

侵蚀性阴离子的吸附依赖于金属表面附近溶液中侵蚀性离子的浓度和所施加的电位。电位对点蚀稳定性的作用在于，一方面影响了腐蚀电流密度大小及溶液中阴离子的积累，另一方面还影响阴离子的电吸附过程。显然，活性点蚀的产生需要在电极上有一个大的侵蚀性阴离子表面覆盖度，这就需要高的侵蚀性阴离子浓度和足够正的电位。点蚀电位可认为是产生侵蚀性阴离子临界表面覆盖度 Θ_{cr} 的电位，当 $E>E_b$ 时，如果 $\Theta<\Theta_{cr}$，则可产生再钝化；而当 $E>E_b$ 时，如果 $\Theta>\Theta_{cr}$，则可发生稳定点蚀。点蚀过程中当钝化层被溶解时，在相应的位置就建立了电吸附平衡。点蚀电位附近点蚀电流密度较小，蚀点处溶液组成与溶液本体相近，根据带电物质吸附的 Langmuir 等温式：

$$\bar{\mu}_{ad} + RT\ln\left(\frac{\Theta}{1-\Theta}\right) + zFE_{ad} = \bar{\mu}_s + RT\ln[X^-] + zFE_s \tag{5-39}$$

式中，$\bar{\mu}_s$ 为溶液中侵蚀性阴离子的标准化学位；$\bar{\mu}_{ad}$ 为 Θ=0.5 时的吸附化学位；E_s 为溶液本体电位；E_{ad} 为吸附阴离子电位；X^- 表示侵蚀性阴离子。$E_{ad}-E_s$ 为从溶液本体到 Helmholtz 层中吸附阴离子中心位置处的电位差，是双电层电位降 $\Delta\Phi_H$ 的一部分。因此可得：$E_{ad}-E_s=\gamma\Delta\Phi_H$，$\gamma$为电吸附价，表示吸附过程中侵蚀性阴离子只在电位降$\Delta\Phi_H$ 的$\gamma\Delta\Phi_H$ 部分移动，吸附过程中每摩尔物质交换的电功为$\gamma zF\Delta\Phi_H$。对一价的侵蚀性阴离子，将临界值 $E_{ad}=E_b$、$\Theta=\Theta_{cr}$ 和 $z=-1$（侵蚀性阴离子所带电荷）代入式（5-39），可得点蚀电位与侵蚀性阴离子浓度之间存在如下关系[30]

$$E_b = a - \frac{2.303RT}{\gamma F}\lg[X^-] = a + b\lg[X^-] \tag{5-40}$$

$$a = \frac{2.303RT}{\gamma F}\lg\left(\frac{\Theta_{cr}}{1-\Theta_{cr}}\right) + \frac{\overline{\mu}_{ad} - \overline{\mu}_s}{\gamma F} + \Delta\Phi_h \tag{5-41}$$

不锈钢在模拟冷却水中点蚀电位 E_b 与氯离子浓度对数之间存在线性关系，如图 5-28 所示。通过线性拟合获得了 316 不锈钢在 45℃的模拟冷却水中的 E_b 与氯离子浓度之间的关系为

$$E_b = 2.57 - 0.79\lg[Cl^-] \tag{5-42}$$

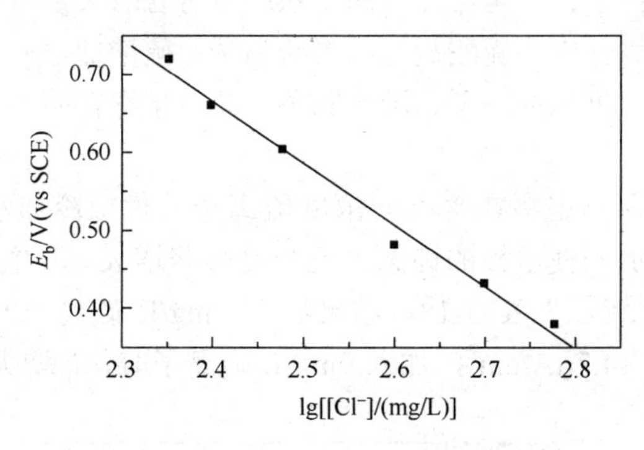

图 5-28　模拟冷却水中不锈钢点蚀电位 E_b 与 $\lg[Cl^-]$关系

氯离子可以促进不锈钢的点蚀，与之相反，冷却水中的硫酸根离子对不锈钢有缓蚀作用，在氯离子浓度不变时，硫酸根离子浓度的增加使 E_b 明显提高。表 5-17 为硫酸根离子浓度不同的两种模拟冷却水中 E_b 随氯离子浓度的变化。

表 5-17　硫酸根离子浓度不同的两种模拟冷却水中 E_b 随氯离子浓度的变化

$[SO_4^{2-}]$=180mg/L	Cl^-/(mg/L)	0	50	100	113	125	150	200	250	300
	E_b/mV	976	973	973	735	681	590	467	432	385
$[SO_4^{2-}]$=360mg/L	Cl/(mg/L)	0	100	200	225	250	300	400	500	600
	E_b/mV	977	972	973	727	661	604	480	430	378

表 5-17 显示，氯离子浓度对点蚀电位的影响与模拟冷却水中硫酸根离子浓度有很大关系，更确切地说，点蚀电位 E_b 与氯离子和硫酸根离子浓度比值有关。在模拟冷却水中，当氯离子和硫酸根离子浓度的比值$[Cl^-]/[SO_4^{2-}]$（mg/L）≤0.56 时，氯离子的存在没有引起点蚀电位的变化，即没有促进不锈钢的点蚀；但当$[Cl^-]/[SO_4^{2-}]$（mg/L）≥0.63 时，氯离子浓度的增加使点蚀电位快速降低。这里$[Cl^-]/[SO_4^{2-}]$（mg/L）≤0.56 可以作为模拟冷却水中不锈钢耐点蚀的一个临界浓度。式（5-42）中氯离子浓度用氯离子和硫酸根离子浓度的比值$[Cl^-]/[SO_4^{2-}]$表示，为

$$E_b = 0.54 - 0.79\lg\frac{[Cl^-]}{[SO_4^{2-}]} \tag{5-43}$$

2. 硫离子

冷却水中硫离子的来源主要有两方面：一是冷却水水源受污染，导致微生物大量繁殖，产生硫离子；二是循环冷却水系统本身含有大量微生物，特别是硫酸盐还原菌，可以将水体中的硫酸盐还原为硫离子。硫酸盐还原菌是一种厌氧菌，生活在绝氧条件下如沉积物底下、淤泥底下。硫离子存在的一个显著特征是散发臭鸡蛋味（H_2S）。

图 5-29 为不锈钢电极在含不同浓度硫离子的模拟冷却水中的阳极极化曲线。可见硫离子的加入使电极的钝态电流密度显著增大。取电位为 0V 时的钝态电流密度 i_p 进行比较，见表 5-18。结果显示 1mg/L 硫离子的加入就可使 i_p 从 13.2μA/cm² 增大到 14.7μA/cm²，加入 9mg/L 硫离子时，i_p 增大到 24.1μA/cm²，

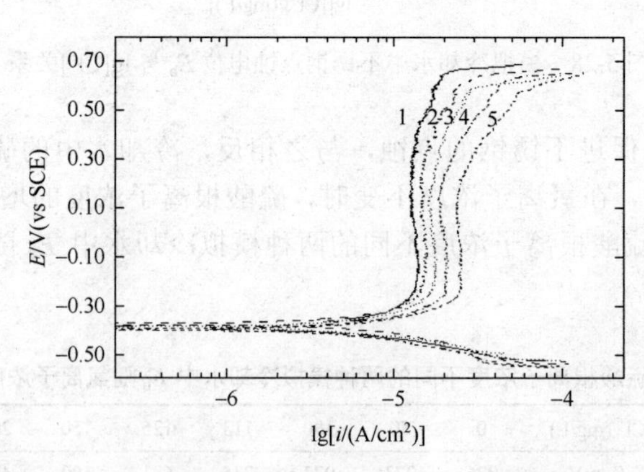

图 5-29　不锈钢电极在含不同浓度硫离子的模拟冷却水中的阳极极化曲线（2mV/s）

1. 0mg/L；2. 1mg/L；3. 3mg/L；4. 6mg/L；5. 9mg/L

比无硫离子体系的 i_p 增大了近1倍。i_p 反映了金属通过钝化膜的溶解速度，其值的增大表明表面钝化膜保护性能下降，说明硫离子改变了钝化膜的性能。Macdonald、Al-Hajji 等研究了污染海水中硫离子对铜合金的腐蚀破坏，认为硫离子的存在破坏了铜合金表面膜的钝态，降低了体系的腐蚀电位，加速了铜合金的腐蚀。这可能是因为硫离子参与了不锈钢钝化膜的形成过程，并改变了钝化膜的结构。

表 5-18　不锈钢电极在含不同浓度硫离子的模拟冷却水中的钝态电流密度（电位：0V）

硫离子浓度/(mg/L)	0	1	3	6	9
i_p/(μA/cm^2)	13.2	14.7	16.9	19.7	24.1

3. 硝酸根离子

硝酸根离子是含氮有机物分解的最终产物。环境污染使水体含有不同程度的有机物，造成水体硝酸根离子浓度逐年增加。硝酸根离子作为含氧酸根，对不锈钢的点蚀同样具有抑制作用，其抑制作用大于硫酸根离子。图5-30为模拟冷却水中不同硝酸根离子浓度下不锈钢的极化曲线。随硝酸根离子浓度的增加，点蚀电位明显增大，说明硝酸根提高了不锈钢的耐点蚀性能。

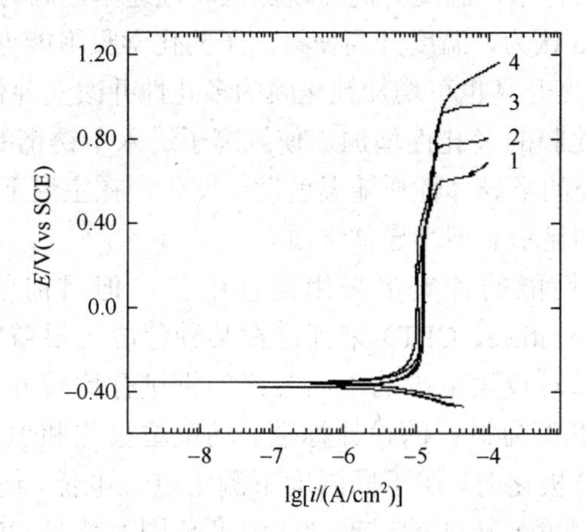

图 5-30　不锈钢电极在含不同浓度硝酸根离子的模拟冷却水中的阳极极化曲线（2mV/s）

1. 0mg/L；2. 32.5mg/L；3. 65mg/L；4. 97.5mg/L

4. 温度影响

在循环冷却水系统中，循环水的温度一般为 30～45℃，凝汽器出口的极端最高温度可达 55℃左右。在常温至 55℃范围内，选取几个温度点，进行极化曲线测定，如图 5-31 所示。根据图中曲线，温度升高使不锈钢点蚀电位降低，同时钝态电流增大，说明温度升高使不锈钢钝化膜的保护性能降低，点蚀的敏感性增大。

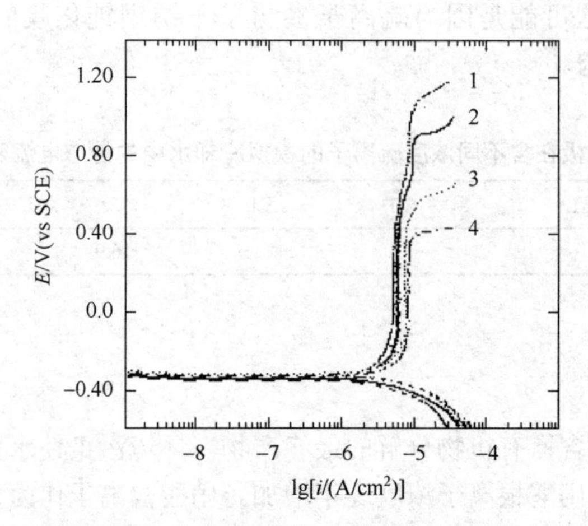

图 5-31　不同温度的模拟冷却水中不锈钢电极的阳极极化曲线

1. 30℃；2. 35℃；3. 45℃；4. 55℃

对于一般的腐蚀体系，温度升高可以加快腐蚀速率，因为温度越高腐蚀反应越易进行。Rosenfeld 认为，温度升高使氯离子的化学吸附能力增强，使不锈钢的耐点蚀性能下降。温度升高也可增加钝化膜的多孔性并改变钝化膜的组成和结构。在较高温度下，钝化膜的多孔性增加，使氯离子进入不锈钢的钝化膜。Manning 等发现不锈钢钝化膜的半导体性质随温度发生变化，在室温下钝化膜为 p 型半导体，在较高温度下则显示 n 型半导体性质。

不锈钢耐点蚀性能的评定多采用点蚀电位，但目前使用临界点蚀温度（critical pitting temperature，CPT）来评定在某种程度上日益增多[31]。使用 CPT 评定的优点是，可以对较大范围的不同等级的钢进行比较并获得材料使用的限制温度，此温度可以作为材料的设计标准。动电位极化和恒电位技术都可以测定 CPT。采用动电位极化时，在不同温度下测定点蚀电位，使金属从过钝化（低温）向点蚀（较高温度）转变的温度（或温度范围）就是 CPT。用恒电位技术测定 CPT 时，固定电位并缓慢升高温度，出现点蚀的温度就是 CPT。当选用的电位足够高（一般大于 700mV vs SCE）时，测得的 CPT 与选用电位无关[31]。采用动电位极化法测定 CPT，可得图 5-32 所示的模拟冷却水中不锈钢 E_b 随温度的变化曲线。从图 5-32 可见，模拟冷却水中不锈钢的临界点蚀温度 CPT 约为 35℃。

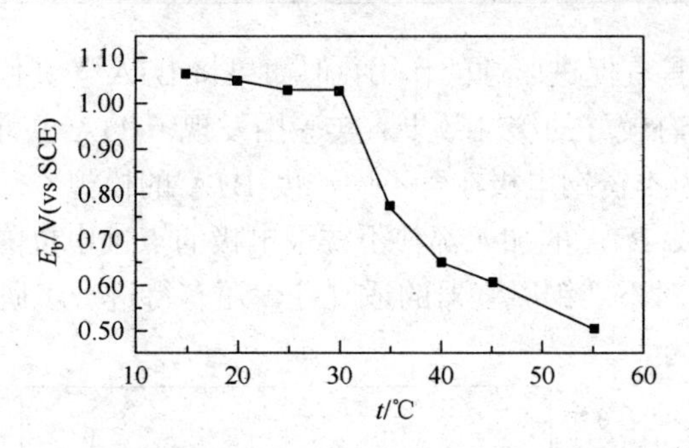

图 5-32　模拟冷却水中不锈钢电极点蚀电位与温度的关系曲线

CPT 与氯离子浓度有关。实验中发现，模拟冷却水的氯离子浓度减少为 100mg/L 时，CPT 可达 55℃；而当氯离子浓度增大到 600mg/L 时，CPT 小于 15℃。硝酸根离子可使 CPT 升高，模拟冷却水中不含硝酸根离子，CPT 约为 35℃；含 65mg/L 硝酸根离子，CPT 升高至 50℃；含 97.5mg/L 硝酸根离子，CPT 为 55℃。

5. 水质稳定剂

不锈钢凝汽器在电力系统的应用时间还不长，不少电厂仍采用铜管凝汽器的水质稳定剂。取某电厂使用的水质稳定剂进行实验，测定其对不锈钢耐蚀性能的影响，如图 5-33 所示。图 5-33 的阳极极化曲线显示，加入 1mg/L 的水质稳定剂可使不锈钢的点蚀电位略有提高，但增加水质稳定剂浓度至 2mg/L 及 5mg/L 时，测得的点蚀电位反而降低。该水质稳定剂在电厂的使用浓度为 2mg/L，可见从缓蚀的角度来说，其对不锈钢的缓蚀作用不明显，甚至会促进不锈钢的点蚀。

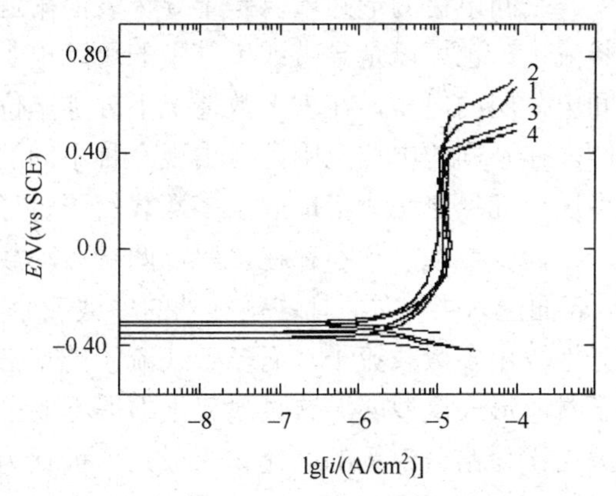

图 5-33　水质稳定剂对不锈钢阳极极化曲线的影响（2mV/s）

1. 0mg/L；2. 1mg/L；3. 2mg/L；4. 5mg/L

目前电厂使用的水质稳定剂，多采用 BTA 类缓蚀剂。这类缓蚀剂在单独使用时，对碳钢等金属具有促进腐蚀的作用，但如果将 BTA 与其他缓蚀剂按合适的比例复配，可对碳钢有较好的缓蚀效果。实验中发现，BTA 也可使不锈钢的点蚀电位降低。图 5-34 为不锈钢电极在含不同浓度 BTA 的模拟冷却水中的极化曲线，在实验浓度范围内，BTA 的加入都使不锈钢电极的点蚀电位降低。有关目前电厂使用的水质稳定剂对不锈钢凝汽器的适宜性，还有待进一步研究。

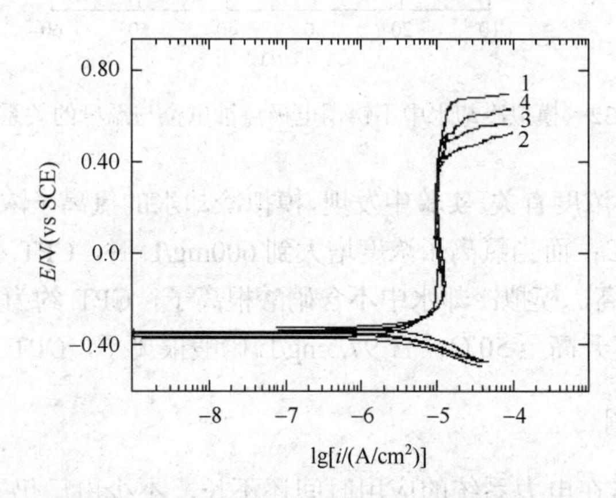

图 5-34 不锈钢电极在含不同浓度 BTA 的模拟冷却水中的阳极极化曲线（2mV/s）

1. 0mg/L；2. 1mg/L；3. 2mg/L；4. 5mg/L

5.4.4 硫离子对不锈钢钝化膜的破坏作用[19, 20, 32-34]

不锈钢表面钝化膜具有半导体性质。当电子从半导体表面移进或移出时，产生了“空间电荷区”。空间电荷的形式可以是半导体表面附近不可动的带电杂质或陷阱中的不可动载流子，也可以是导带或价带中的可动电子或空穴。控制外加电位可随意改变空间电荷层的电压，在大多数情况下外加电位的变化大部分分摊在空间电荷层的两侧。在不同的电位范围内可出现三种不同的空间电荷层——耗尽层、富集层和反型层。耗尽层是适量地取出多数载流子时形成的，因为这种表面区缺乏多数载流子，而少数载流子不存在，所以两种可动载流子都是“耗尽”的。当多数载流子从表面注入半导体，且这些额外的多数载流子充当空间电荷时，形成富集层。当过分地取出多数载流子，而多数载流子能带必须严重弯曲才能供给全部所需的载流子时，形成反型层，这时载流子不得不取自少数载流子能带。

不锈钢的钝化膜由铁、铬、镍等的氧化物组成，一般认为主要组成为铁氧化物和铬氧化物[35]，图 5-35 显示其电容-电位曲线较为复杂，在较高电位范围呈现 n 型半导体行为；在较低电位范围呈现 p 型半导体行为。Hakiki 等[35]认为 $E>-0.5\text{V}$ 时，不锈钢钝化膜主要显示铁氧化物性质，具有 n 型半导体结构；$E<-0.5\text{V}$ 时，则显示铬氧化物性质，具有 p 型半导体结构。

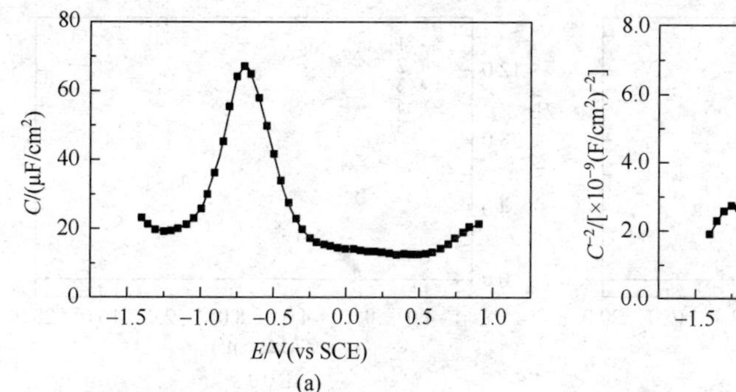

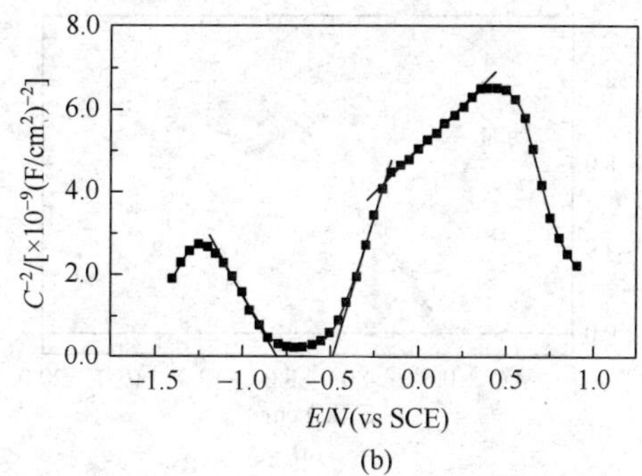

图 5-35　硼酸-硼砂溶液中不锈钢电极的电容-电位曲线（a）和 Mott-Schottky 图（b）

1. 硫离子对不锈钢/模拟冷却水体系电化学阻抗谱的影响

模拟冷却水中硫离子同样影响了不锈钢钝化膜的成长过程。图 5-36（a）和（b）分别是不锈钢电极在不含硫离子和含 6mg/L 硫离子的模拟冷却水中的 Nyquist 图随时间的变化，显然硫离子的存在使不锈钢的成膜过程受到影响，阻抗值明显降低。利用图 5-18 中模型 D 对阻抗谱进行拟合，求得了 R_1、Y_{01}、R_2、Y_{02} 的数值，见表 5-19。由表 5-19 可见，在两种体系中，随浸泡时间的增加，R_2 值增大，Y_{02} 值减小。R_2 的逐渐增大和 Y_{02} 的逐渐减小显示钝化膜的成长过程。比较两个体系的 R_1、Y_{01}、R_2、Y_{02} 值可见，在相同浸泡时间下，硫离子存在时电极的 R_1 值较小，R_2 值明显降低，而 Y_{01}、Y_{02} 值显著增加；另外 R_2 值随浸泡时间而增加的幅度因硫离子的存在而减小，比较浸泡 5min 和 60min 的数据，不含硫离子的体系 R_2 值从 2.14kΩ·cm² 增大到 41.4kΩ·cm²，增大了近 20 倍，而含 6mg/L 硫离子的体系 R_2 值从 2.80kΩ·cm² 增大到 8.47kΩ·cm²，只增大了不到 4 倍。这说明硫离子的存在抑制或影响了钝化膜的生长过程。可能是硫离子在电极表面吸附，阻挡引起金属钝化的 O_2、OH^- 等接近金属表面，从而减缓钝化膜的生长速度；或硫离子改变了钝化膜的结构，使膜电阻变小。

表 5-19　对图 5-36 的阻抗谱用模型 D 拟合得到的参数值

参数	模拟冷却水（不含硫离子）					模拟冷却水（含 6mg/L 硫离子）				
浸泡时间/min	5	15	30	45	60	5	15	30	45	60
R_1/(kΩ·cm²)	1.16	2.35	2.05	1.92	2.67	0.92	1.27	1.43	1.08	1.59
Y_{01}/(μF/cm²)	610	257	218	227	195	741	491	313	438	369
n_1	0.68	0.74	0.76	0.77	0.76	0.63	0.64	0.68	0.67	0.68
R_2/(kΩ·cm²)	2.14	16.0	28.9	39.0	41.4	2.80	5.37	5.72	8.38	8.47
Y_{02}/(μF/cm²)	470	307	221	151	120	759	480	464	359	335
n_2	0.85	0.86	0.88	0.82	0.90	0.70	0.86	0.92	0.82	0.85

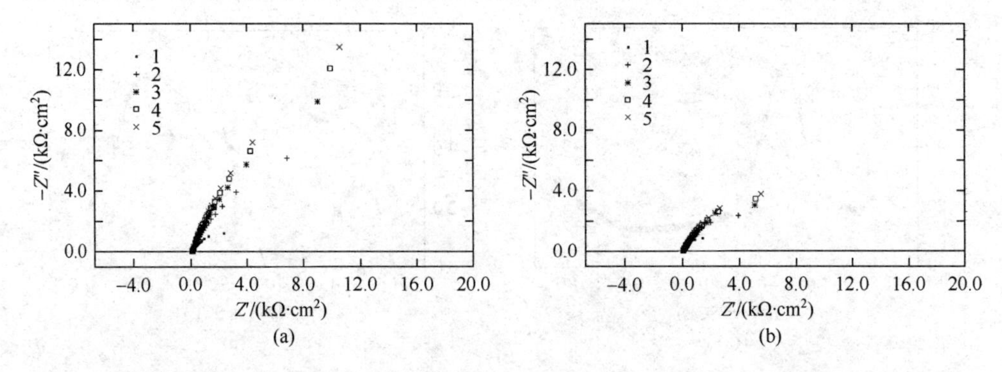

图 5-36 不锈钢电极在不含硫离子（a）及含 6mg/L 硫离子（b）的模拟水中阻抗谱随时间的变化

1. 5min；2. 15min；3. 30min；4. 45min；5. 60min

图 5-37 为不锈钢电极在含不同浓度硫离子的模拟冷却水中浸泡 1h 后测得的 Nyquist 图。图 5-38 为拟合得到的 R_2、Y_{02} 值。随硫离子浓度的增加，R_2 逐渐减小而 Y_{02} 逐渐增大，硫离子对钝化的抑制作用加大。

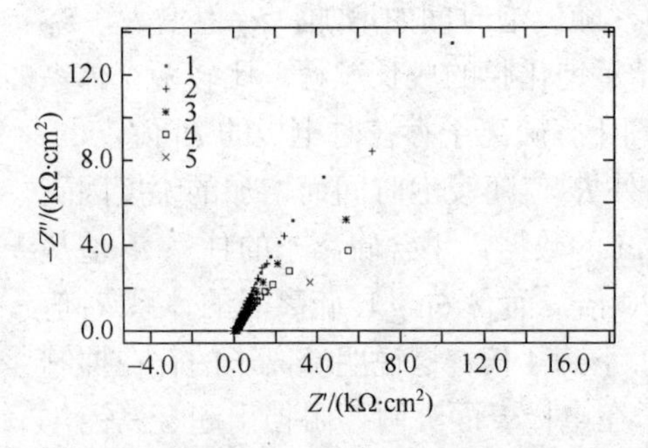

图 5-37 不锈钢电极在含不同浓度硫离子的模拟冷却水中浸泡 1h 的 Nyquist 图

1. 0mg/L; 2. 1mg/L; 3. 3mg/L; 4. 6mg/L; 5. 9mg/L

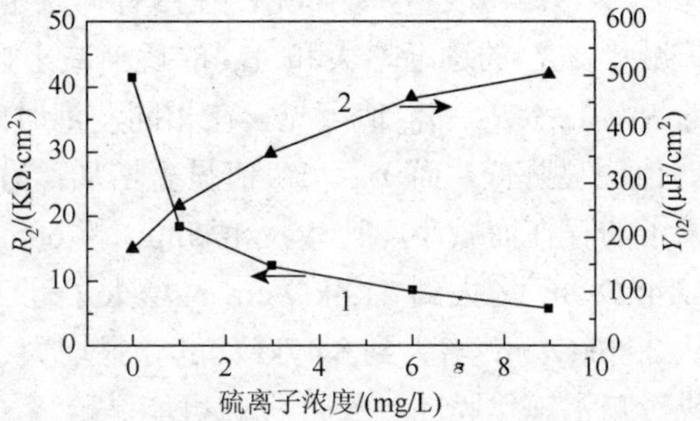

图 5-38 不锈钢电极在含不同浓度硫离子的模拟冷却水中浸泡 1h 的 R_2、Y_{02} 值

1. R_2；2. Y_{02}

2. 硫离子对不锈钢钝化膜半导体性能的影响

图 5-39 是不锈钢电极在含不同浓度硫离子的模拟冷却水中浸泡 1h 后测定的 Mott-Schottky 图，由图中 I 区和III区直线斜率计算的钝化膜施主密度（N_D）和受主密度（N_A）值见表 5-20。随着硫离子浓度的增加，Mott-Schottky 图中显示 p 型半导体性质的 I 区直线段斜率逐渐减小，III区直线段斜率略有下降；同时受主密度 N_A 随硫离子浓度增加而显著增大，施主密度 N_D 也有所增加。由图 5-39 可见，1mg/L 的硫离子就可使 I 区发生较大变化，受主密度 N_A 增大了近 4 倍；当硫离子

浓度达到或超过 6mg/L，Ⅰ区的直线斜率近似为 0，铬氧化物层受到了破坏。Ⅲ区的直线段反映不锈钢钝化膜中铁氧化物的性质，硫离子的加入使Ⅲ区的直线斜率也有一定的变化，施主密度 N_D 略有增大，说明钝化膜中铁氧化物的导电性能增强，钝化膜的耐蚀性受到影响。

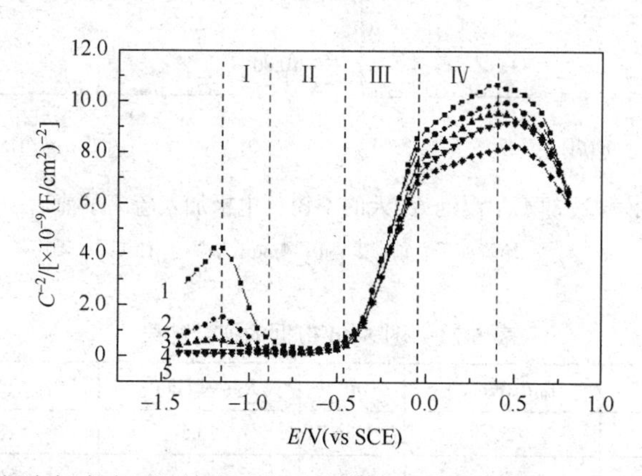

图 5-39　不锈钢电极在含不同浓度硫离子的模拟冷却水中浸泡 1h 的 Mott-Schottky 图

1. 0mg/L；2. $1mg\cdot L^{-1}$；3. $3mg\cdot L^{-1}$；4. $6mg\cdot L^{-1}$；5. $9mg\cdot L^{-1}$

表 5-20　模拟冷却水中不锈钢钝化膜的施主密度 N_D 和受主密度 N_A（1h）

硫离子浓度/(mg/L)	0	1	3	6	9
$N_D/(\times10^{20}cm^{-3})$	4.90	5.21	5.31	6.01	6.25
$N_A/(\times10^{20}cm^{-3})$	6.53	22.7	77.5	559.4	—

3. 硫离子对长时间自钝化电极钝化膜半导体性能的影响

表 5-14 显示，不锈钢电极在模拟冷却水中浸泡的过程中，膜电阻 R_2 随时间而增大，浸泡后期又有所下降。浸泡第 65 天，R_2 仍达 $13.5M\Omega\cdot cm^2$，有较好的耐蚀性。图 5-40 为模拟冷却水中浸泡 65 天的不锈钢电极在加入 9mg/L 硫离子 1h 后引起的 Bode 图的变化，相应拟合数据见表 5-21。硫离子的加入引起阻抗值快速降低，1h 后膜电阻 R_2 从 $13.5M\Omega\cdot cm^2$ 下降到了 $0.15M\Omega\cdot cm^2$，同时反映 Helmholtz 双电层电容的 Y_{01} 和反映钝化膜电容的 Y_{02} 均出现增大，说明硫离子在电极表面吸附甚至进入钝化膜层，改变了钝化膜和膜/溶液界面的结构，引起膜电阻 R_2 降低及 Y_{01} 和 Y_{02} 增大。相角图 $\phi\sim\lg f$ 显示，加硫离子前阻抗谱出现两个时间常数，而硫离子加入 1h 后只显示一个时间常数，这个时间常数是由于膜电阻降低使反映膜电阻、膜电容（R_2Q_2）的时间常数与反映电荷转移电阻、双电层电容（R_1Q_1）的时间常数接近，从而使两个时间常数在阻抗谱上不能明显分开而叠加。

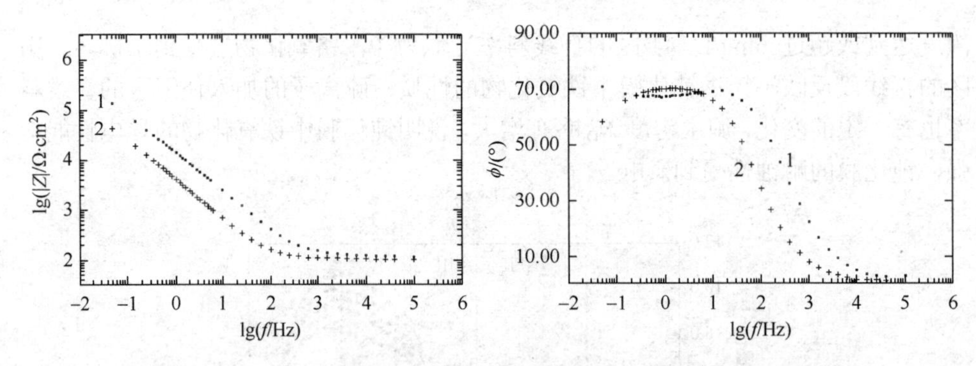

图 5-40　模拟冷却水中浸泡 65 天的不锈钢电极加入硫离子前后的 Bode 图

1. 加硫离子之前；2. 加了 9mg/L 硫离子 1h 后

表 5-21　图 5-40 数据的拟合结果

参数	R_1/(kΩ·cm^2)	Y_{01}/(μF/cm^2)	n_1	R_2/(MΩ·cm^2)	Y_{02}/(μF/cm^2)	n_2
1	1.93	45.9	0.76	13.5	18.0	0.85
2	1.05	673.0	0.79	0.15	54.4	0.82

测定图 5-40 中两种情况下的 Mott-Schottky 图，结果如图 5-41 所示。图 5-41 中曲线 1 为在模拟冷却水中浸泡了 65 天的电极的 Mott-Schottky 图，曲线 2 为浸泡 65 天的电极体系中加入 9mg/L 硫离子 1h 后的 Mott-Schottky 图。在模拟冷却水中浸泡了 65 天的电极，表面钝化膜已有一定厚度，从表 5-21 可见膜电阻达到了 13.5MΩ·cm^2。从Ⅰ区和Ⅲ区的 Mott-Schottky 图得到的施主和受主密度值（表 5-22）显示，此电极钝化膜的施主密度 N_D 和受主密度 N_A 均较小，分别为 1.52×10^{20}cm^{-3} 和 1.95×10^{20}cm^{-3}。加入 9mg/L 硫离子 1h 后，膜电阻 R_2 从 13.5MΩ·cm^2 下降到了 0.15MΩ·cm^2，同时 N_D 和 N_A 分别上升到 5.45×10^{20}cm^{-3} 和 10.56×10^{20}cm^{-3}。

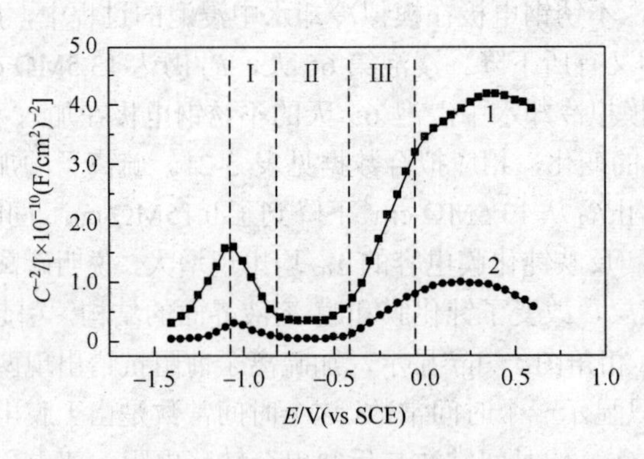

图 5-41　模拟冷却水中浸泡 65 天的不锈钢电极加入硫离子前后 Mott-Schottky 图

1. 加硫离子之前；2. 加了 9mg/L 硫离子 1h 后

表 5-22　硫离子加入前后钝化膜施主密度 N_D 和受主密度 N_A 的变化

	加硫离子之前	加了 9mg/L 硫离子 1h 后
$N_D/(\times10^{20}cm^{-3})$	1.52	5.45
$N_A/(\times10^{20}cm^{-3})$	1.95	10.56

Al-Hajji 等[36]研究了污染海水中硫离子对铜镍合金的腐蚀破坏，认为硫离子的存在破坏了铜合金表面膜的钝态，降低了体系的腐蚀电位，加速了铜合金的腐蚀。Marcus 等[37]利用电化学和放射化学技术、电子能谱及扫描隧道显微镜研究了吸附硫对 Ni、Fe-17Cr-13Ni 和 Fe-15Cr-10Ni 合金的影响，认为在活性溶解区，吸附硫起到了金属溶解过程中催化剂的作用，即硫的存在减弱了金属表面金属-金属键的结合力，使金属的溶解反应活化能降低，促进了阳极溶解过程，如图 5-42 所示。另一方面，吸附硫可以阻止或减缓钝化膜的形成，可用图 5-43 的示意图表示。金属表面 OH 基的吸附是金属钝化的先驱步骤，而硫可以取代 OH 吸附在金属表面，从而抑制了钝化膜的形成。XPS 测定显示金属表面同时存在 S 和 OH，支持了这种说法。综上所述，硫离子取代 OH 吸附，抑制了钝化膜的形成；硫离子对钝化膜的掺杂，使 N_D 和 N_A 分别增大，膜电阻 R_2 变小，致使钝化膜耐蚀性下降。硫离子也可能参与了钝化膜的形成过程，抑制了钝化膜内层 Cr_2O_3 的形成，使钝化膜的结构和性能发生变化。

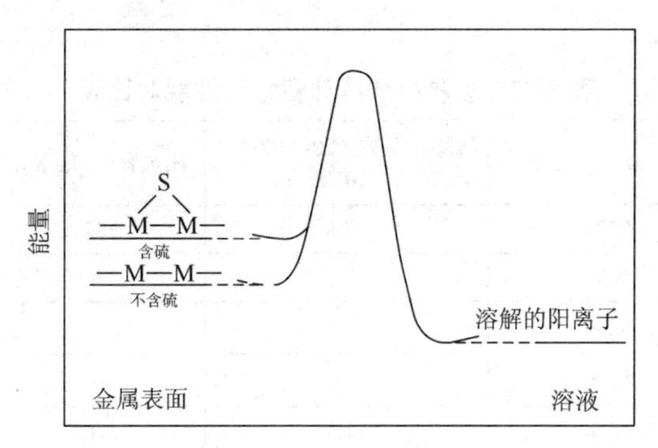

图 5-42　硫引起的金属表面金属-金属键的减弱和阳极溶解过程增强示意图[37]

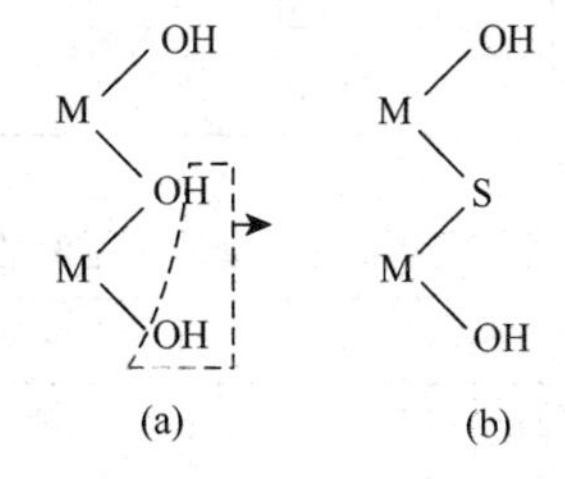

图 5-43　硫阻止钝化膜形成示意图

（a）正常钝化；（b）硫阻挡钝化

5.5 凝汽器的运行维护

凝汽器是火力发电厂的大型的管壳式热交换器，主要由管束（冷却管）、管板、水室、隔板（支架）、管壳等组成。通常是冷却水走管程、排汽走壳程。凝汽器结构复杂，运行涉及水、汽介质，容易产生严重腐蚀。凝汽器的腐蚀泄漏影响机组的水汽品质，威胁机组的安全、经济运行。此外，如果凝汽器的真空度下降，将导致机组热效率下降，发电能耗增加[38]。

5.5.1 凝汽器选材

铜及其合金材料具有良好的导电导热性和机械性能，广泛应用于热交换系统。电厂凝汽器过去常以铜管作为主要材料，如H68、HSn70-1、HAl77-2、B30、B10等铜合金管材。近年来，由于水质污染加重，电厂水质控制工艺不完善，电厂凝汽器铜合金冷却管的腐蚀泄露问题突出。随着超临界、超超临界火电机组的发展，不锈钢冷却管开始在电厂凝汽器上大规模应用。同时，一些老的机组在检修中将凝汽器铜合金管替换为不锈钢管[39-41]。常用的不锈钢冷却管材料为TP304、TP316、TP317等。凝汽器管材主要物理性能详见表5-23。凝汽器铜管和不锈钢管的工程性能比较见表5-24。

表 5-23　各种材质冷却管物理性能对比表

材质	密度（20℃）/(g/cm^3)	线膨胀系数（20～100℃）/(×10^{-6}K^{-1})	比热容/[J/(kg·K)]	导热率（20℃）/[W/(m·K)]
HSn70-1	8.525	17.6	385	110
HAl77-2A	8.6	17.6	376	218.4
HSn70-1B	8.54	—	—	—
HSn70-1AB	8.53	—	—	120
BFe30-1-1	8.90	15.3	376	37.3
BFe10-1-1	8.941	16.2	—	40
TP304	7.90	17.2	502	16.3
TP316	8.0	16.8	502	16.3

表 5-24　铜管和不锈钢管的工程特性比较

管材	屈服强度/MPa	拉伸强度/MPa	弹性模量/GPa
HSn70-1	120	320	110
BFe30-1-1	140	490	152
TP304/TP316	170-205	485-515	193

1. 铜合金和不锈钢凝汽器的结构比较

不同公司制造的凝汽器结构各不相同，总体说来，采用不锈钢冷却管和铜合金冷却管，凝汽器在管束布置、空冷区、管束倾斜等方面并没有特别的不同[42, 43]。在冷却管与管板连接方式上，铜合金管和管板为胀接，不锈钢管和管板为胀接加焊接。目前凝汽器铜合金管的壁厚为 1mm，而不锈钢凝汽器的空气区用不锈钢管壁厚为 0.7mm，冷却区用不锈钢管壁厚为 0.5～0.7mm，见表 5-25。

表 5-25　2×300MW 机组铜合金凝汽器和不锈钢凝汽器主要参数的比较

序号	名称	单位	铜合金凝汽器	不锈钢凝汽器
1	型式		单壳体、对分、单流程表面式	单壳体、对分、双流程表面式
2	冷却面积	m^2	17500	16446
3	设计冷却水进口温度	℃	20	18.5
4	设计冷却水量	m^3/h	38268	38200
5	冷却管内设计流速	m/s	1.9	2.4
6	凝汽器设计背压	MPa	0.0049	0.0049
7	水侧设计压力	MPa	0.28	0.28
8	汽侧设计压力	MPa	全真空至 0.203	全真空至 0.203
9	冷却管材料		HSn70-1B	TP304
10	冷却管规格（有效长度）	mm	ϕ19×1×12410	ϕ25×0.7×10710 ϕ25×0.5×10710
11	冷却管数	根	24220	19588
12	管板材料及厚度	mm	20 号钢 （55）	ASTMTP304L+SA516Grade70 （5+35）
13	凝汽器外形尺寸	mm	17338×8300×12960	18400×9800×12960
14	凝汽器估计无水净重（不包括组合式低压加热器）	t	400	400

可以看出，对于 300MW 的火电机组，凝汽器采用铜合金和不锈钢时背压、冷却水量等主要设计参数相差不大。不锈钢凝汽器的外形尺寸要大于铜合金凝汽器。HSn70-1B 铜合金管为 147t，不锈钢管由于管壁薄、密度小，所用质量为 100t。加工费一般占设备的 50%，根据目前价格，TP304 不锈钢凝汽器的成本远低于 HSn70-1A（B）铜合金。

2. 铜合金和不锈钢凝汽器的能效比较

汽轮机运行参数，如汽温、汽压、真空度、凝汽器端差、循环水进出口温度、凝结器和冷却塔的结垢情况、高压加热器投入率等，都直接影响发电煤耗。凝汽器的结垢增加了换热面的热阻，减小了传热系数，导致能耗增加。凝汽器的腐蚀泄漏造成凝汽器热负荷增加，影响凝汽器真空，凝汽器真空每下降 1kPa，煤耗增加 2.5g/(kW·h)，汽轮机汽耗会增加 1.5%～2.5%。对于壁厚 0.7mm 不锈钢管和壁厚 1mm 铜合金管，计算表明在清洁度和其他条件均相同的情况下，用不锈钢管替换铜合金管确有可能使真空值有所下降。在实际应用中，凝汽器铜合金管更换为不锈钢管后，有许多不锈钢凝汽器的换热效果确实要低于铜合金换热器[44, 45]。某厂一共有 3 套 300MW 机组，其中 1#和 3#机组的凝汽器换热管用的是铜管，2#机组换用不锈钢管后，在夏天真空受传热效果的影响很大，2#机组的冷却水入口温度比 1#的低 3～6℃左右，真空度低 2～3kPa 左右，一般是 87～89kPa 左右，负荷在 90%左右，结果见表 5-26。真空度每下降 1kPa，煤耗增加 2.5g/(kW·h)。

表 5-26　某厂 300MW 机组铜合金凝汽器和不锈钢凝汽器真空度的比较

项目	1#和 3#机组	2#机组
凝汽器类型	HSn70-1 铜合金凝汽器	TP304 不锈钢凝汽器
真空度（夏季）	89～92kPa	87～89kPa

有报道表明，不锈钢管凝汽器总传热效果与铜合金管相差不大，甚至略好一点。例如，某电厂 3 号机（125MW）凝汽器将 HSn70-1 黄铜管全部换成了 316 不锈钢管，换管前后凝汽器的传热数据见表 5-27。可以看出，换管后的端差比换管前降低了，这说明总的传热效果不但没有下降，反而有所提高。

表 5-27　某电厂 3 号机凝汽器传热数据表

项目	不锈钢管					黄铜管		
日期	2000.06.5	2000.06.5	2000.12.9	2000.12.9	2000.12.9	1999.02.5	1999.03.5	1999.12.25
时间	6：00	20：00	18：00	19：00	22：00	19：00	20：00	18：00
负荷/MW	109	120	125	125	111	110	123	110
凝汽真空度/kPa	−92.2	−90.1	−93.7	−93.5	−94.6	−96.2	−92.5	−93.8
排汽温度/℃	41.6	46	39.6	39.9	37.4	33.6	41.4	41
水进口温度/℃	27	29.9	20.4	20.5	20.6	16	19.5	19.7

续表

项目	不锈钢管					黄铜管		
日期	2000.06.5	2000.06.5	2000.12.9	2000.12.9	2000.12.9	1999.02.5	1999.03.5	1999.12.25
时间	6：00	20：00	18：00	19：00	22：00	19：00	20：00	18：00
水出口温度东/℃	36.4	41.1	31.5	31.9	30.4	24.9	30.4	27.4
水出口温度西/℃	33	37.3	27.8	27.8	27.4	20.3	28.0	27.1
端差/℃	6.9	6.8	9.95	10.05	8.5	11	12.2	13.75

目前，关于凝汽器铜合金管与不锈钢管换热特性的比较，许多文献是比较换管前后的凝汽器端差和真空度等特性数据，其实质是用老的铜合金换热管和新的不锈钢换热管进行比较，所得结论不具有说服力。比较凝汽器铜合金管和不锈钢管的换热特性，应该建立在两种管子清洁系数相同的基础上。

3. 铜合金和不锈钢凝汽器的水处理工艺的比较

电厂凝汽器冷却水的处理，可以为凝汽器设备创造温和的环境，是提高凝汽器耐腐蚀能力的有效途径。杀菌、阻垢、加缓蚀剂处理等是电厂化学水处理的重要工作。铜合金管结垢不仅影响凝汽器的真空和端差，影响机组运行经济性，而且容易形成垢下腐蚀。不锈钢管在温湿的条件下，也易产生腐蚀、结垢、滋生生物等现象。采用不锈钢凝汽器，循环冷却水也必须加药处理。凝汽器换成不锈钢管后，循环水处理的主要工作变成了阻垢和抑制微生物的生长。但不锈钢对氯离子很敏感，一般要小于 300mg/L，也有少数高牌号不锈钢对氯离子可允许到小于1000mg/L。目前，许多以不锈钢管替代铜合金管的凝汽器，运行后仍然采用铜合金管凝汽器的水质稳定剂。铜合金管凝汽器的水质稳定剂并不一定适合于不锈钢管凝汽器，特别是吸附类的铜合金缓蚀剂反而促进不锈钢的腐蚀。应仔细做好适合于不锈钢管的水处理剂药品筛选和模拟试验，确定可靠的水处理工艺方案[46,47]。

铜离子有杀生作用，在耐生物腐蚀方面不锈钢管要低于铜管，需要加入有效的杀生剂，否则容易产生生物黏泥沉积。生物黏泥不仅会严重影响传热，而且容易引起腐蚀。不锈钢冷却管对含氯的氧化型杀菌剂很敏感，不能采用价格便宜的含氯杀菌剂。

4. 铜合金和不锈钢凝汽器失效原因比较

不锈钢管总体耐蚀性能远高于铜合金管，具有良好的耐冲击腐蚀和耐氨蚀性能，但存在抗生物污染差、易发生点蚀等问题。不锈钢在各种工业水中具有很低的全面腐蚀速率（如在流速 0.3～0.6m/s 的海水中，316 不锈钢的腐蚀速率仅

0.5μm/a）。但在实际工业生产条件下，不锈钢设备的腐蚀破坏事故仍时有报道[48-50]。我国十几套大型化肥厂在生产运行1～2年后，不锈钢水冷却器相继出现腐蚀破坏，造成了巨大的经济损失。这些腐蚀破坏都是由局部腐蚀（主要是点蚀和应力腐蚀破裂）造成的。与化学工业相比，不锈钢在电力工业中的使用情况是时间较短，必须高度重视不锈钢可能存在的腐蚀破坏。运行中铜合金管和不锈钢管腐蚀失效的主要原因见表5-28和表5-29。

表5-28　铜合金管腐蚀失效的主要原因

序号	腐蚀类型	腐蚀特点
1	沉积物腐蚀	沉积物腐蚀是凝汽器铜合金管腐蚀的主要形态。循环冷却水中泥沙的沉积、微生物黏泥的附着、水垢的生成都能在铜合金管内壁形成沉积物
2	氨蚀	空抽区的氨含量比主凝结水高数十或数百倍，隔板孔处由于凝结水过冷，溶解的氨含量大大增加，引起铜合金管环带状的氨蚀而产生切痕，甚至导致凝汽器铜合金管切断，个别情况下可达上千倍。氨腐蚀常表现为铜合金管外壁的均匀减薄
3	电偶腐蚀	由于黄铜和钢两种金属的电极电位相差较大，在凝汽器检修检查中发现管板有明显的电偶腐蚀，尤其在胀口附近管板三角区腐蚀较严重
4	冲刷腐蚀	循环冷却水中的悬浮物、泥沙等固体颗粒状硬物对凝汽器入口端铜合金管产生冲击、摩擦，长时间运行后，入口端铜管前150mm管段内壁粗糙，虽无明显腐蚀坑，但表面粗糙，黄铜基体裸露，管壁减薄

表5-29　不锈钢管腐蚀失效的主要原因

序号	腐蚀类型	腐蚀特点
1	微生物腐蚀	不锈钢的微生物腐蚀常常发生在焊接焊缝及热影响区。引起微生物腐蚀的因素包括藻类、硫酸盐还原菌、铁氧化菌和锰铁氧化菌
2	点蚀	当管内有沉积物时，易发生点蚀，当水中氯化物含量高、pH低、有锰沉积或溶解氧含量低，则沉积物点蚀概率会加大。点蚀是一种危害很大的、剧烈的局部腐蚀
3	应力腐蚀	应力腐蚀是Cl^-浓度和温度的联合作用。它是最终导致不锈钢设备腐蚀报废的形式之一
4	有害膜	不锈钢管在生产、运输、安装过程中使内外表面附着一层有害膜和附着物，有害膜为化学抛光材料，附着物为泥土、砂砾等，若不处理易产生点蚀，并诱发应力腐蚀

沉积物腐蚀是凝汽器铜合金管腐蚀的主要形态。沉积物造成铜合金管表面不同部位上的供氧差异和介质浓度差异，会导致局部腐蚀。循环冷却水水质、流速，循环水杀菌、阻垢处理，循环水清洗情况以及凝汽器的停用等都是影响沉积物形成的因素，胶球清洗、高压水冲洗是抑制垢下腐蚀的有效方法。铜合金管的电偶腐蚀和氨蚀可以通过适当的防护措施和选材而得到控制。对于不锈钢管凝汽器来说，微生物腐蚀和点蚀是其腐蚀失效的主要形式，其失效的主要部位为焊缝处[51-53]。

5.5.2 铜合金凝汽器缓蚀阻垢剂性能评价

某电厂有四台联合循环机组，其凝汽器热交换管材质为 HSn70-1A 铜合金管，循环冷却水用经反应沉淀池絮凝处理，水中添加磷系缓蚀阻垢剂和非氧化性杀菌剂的处理方式。该药剂的固含量为 27.9%、总磷含量为 20.3%、亚磷酸含量为 20.5%，符合行业标准的要求。我们进一步结合该电厂循环水实际运行工况，通过腐蚀实验和阻垢实验，确定合理加药浓度和操作条件[54]。

1. 旋转挂片实验

取电厂循环冷却水，配制出浓缩倍率为 1.5、2.0、2.5 的实验用液。室温下，旋转轴转速控制在 80r/min 连续运行 72h。通过旋转挂片腐蚀实验，用试片的质量损失计算出腐蚀速率和缓蚀率，来评定水处理剂的缓蚀性能。

当浓缩倍率为 1.5 时，药剂的加药量和铜片腐蚀率的关系见表 5-30。

表 5-30　浓缩倍率为 1.5 时药剂浓度与铜片的腐蚀速率

药剂浓度/(mg/L)	平均腐蚀速率/(mm/a)	缓蚀率/%
0	0.0130	—
1.5	0.0095	26.6
2.5	0.0061	52.7
3	0.0102	21.1

当浓缩倍率为 1.5 时，只有浓度在 2.5mg/L 时具有保护效果，其他浓度下保护效果很差。所以最佳加药浓度应为 2.5mg/L。

当浓缩倍率为 2.0 时，药剂的加药量和铜片腐蚀率的关系见表 5-31。

表 5-31　浓缩倍率为 2.0 时药剂浓度与铜片的腐蚀速率

药剂浓度/(mg/L)	平均腐蚀速率/(mm/a)	缓蚀率/%
0	0.0369	—
1	0.0240	34.90
1.5	0.0269	26.91
2	0.0255	30.93
2.5	0.0222	39.88
3	0.0240	34.94

当浓缩倍率为 2.0 时，加药浓度为 2.5mg/L 时，挂片的腐蚀速率最小，最佳加药浓度应为 2.5mg/L。

浓缩倍率为 2.5 时，药剂的加药量和铜片腐蚀率的关系见表 5-32。

表 5-32　浓缩倍率为 2.5 时药剂浓度与腐蚀速率

药剂浓度/(mg/L)	平均腐蚀速率/(mm/a)	缓蚀率/%
0	0.0183	—
1	0.0101	44.61
1.5	0.0123	32.77
2	0.0112	38.68
2.5	0.0081	55.98
3	0.0052	71.77

当浓缩倍率为 2.5 时，挂片的腐蚀速率最小为 0.0052mm/a，最佳加药浓度应为 3.0mg/L。

2. HSn70-1A 铜试片的腐蚀形貌研究

图 5-44 和图 5-45 为 HSn70-1 挂片分别在浓缩倍率为 2.0、加药 3.0mg/L 和未加药时，浸泡 72h 后的 SEM 图和 EDX 图。

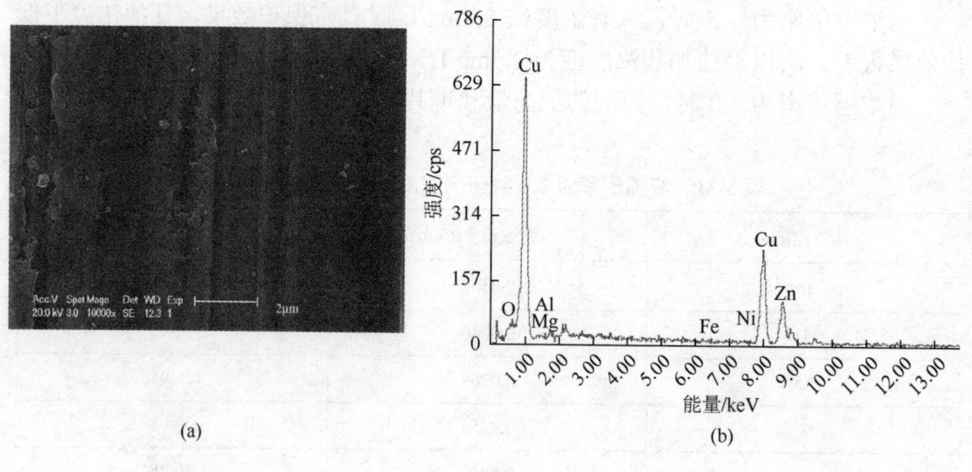

图 5-44　2.0 浓缩倍率，加药 3.0mg/L 时，铜片浸泡 72h 后的 SEM 图（a）和 EDX 图（b）

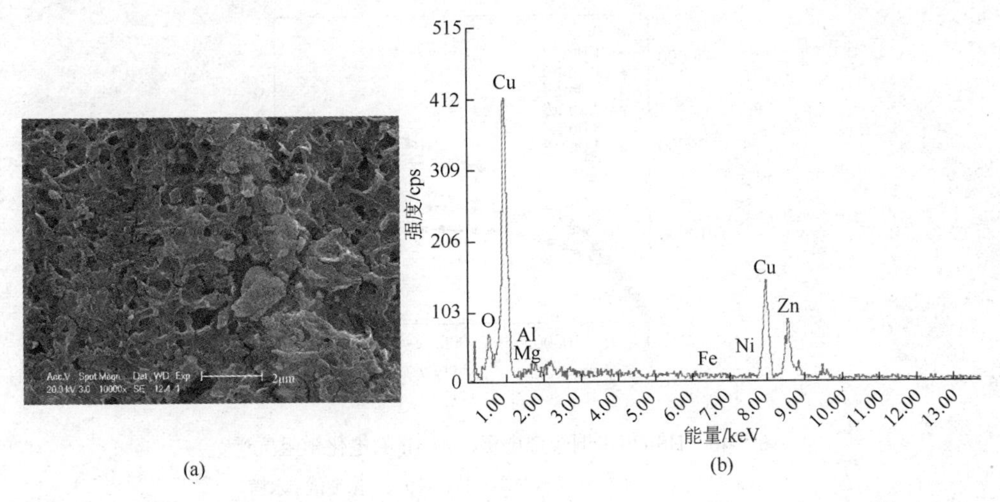

图 5-45　2.0 浓缩倍率，未添加药剂时，铜片浸泡 72h 后的 SEM 图（a）和 EDX 图（b）

可以看出，加药处理的挂片表面较平整，颜色较深，伴有少许的颗粒或斑状腐蚀产物；未加药处理的挂片，表面粗糙，有大量孔洞，有大片的腐蚀产物。EDX 能谱表明，未加药挂片表面的氧元素的含量远高于加药挂片，而其他元素含量没有明显变化，因此说明加入 3.0mg/L 的药剂对铜试片的腐蚀有明显的抑制作用。

3. 腐蚀电化学测试

图 5-46 为 HSn70-1 铜合金电极浸泡在含有不同药剂浓度的原水样和 1.5、2.0 浓缩倍率水样中 1h 后的 Nyquist 图。

图 5-47 为阻抗谱的等效模拟电路图。其中，R_s 为溶液电阻，R_{ct} 为电荷转移电阻，用常相位角原件 Q_{dl} 代替电容元件。所得拟合结果和缓蚀效率（η）见表 5-33～表 5-35。

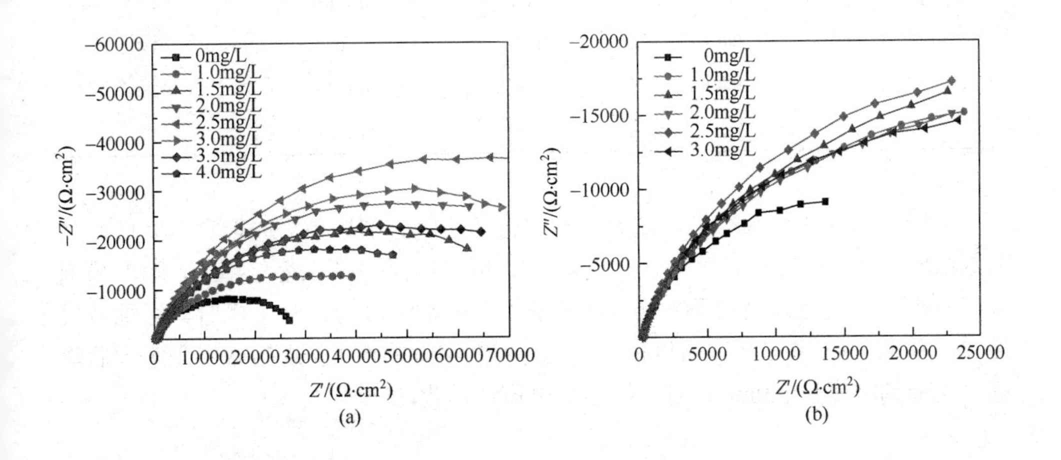

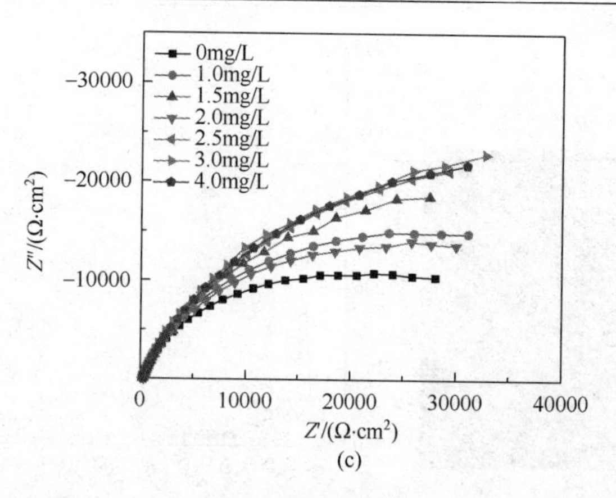

图 5-46 HSn70-1 铜合金电极浸泡 1h 的电化学阻抗谱

（a）原水样；（b）1.5 浓缩倍率水样；（c）2.0 浓缩倍率水样

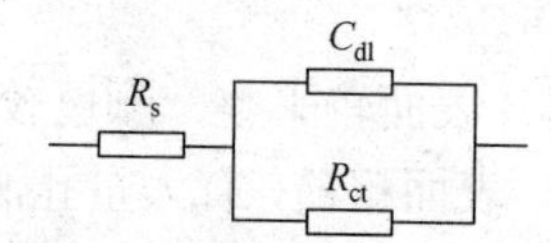

图 5-47 电化学阻抗谱的等效模拟电路

表 5-33 HSn70-1 铜合金电极在原水样中电化学阻抗拟合结果

加药浓度/(mg/L)	R_s/(Ω·cm²)	R_{ct}/(kΩ·cm²)	C_{dl}/(μF/cm²)	η/%
0	374.2	26.5	0.2502	—
1	376.1	44.0	0.2723	39.8
1.5	392.6	69.6	0.1829	61.9
2	373.6	79.5	0.2717	66.7
2.5	377.7	103.8	0.2165	74.5
3	380.7	86.6	0.2079	69.4
3.5	364.1	71.3	0.1726	62.8
4	347.1	55.4	0.2764	52.2

可以看出，在原水样中，随着药剂浓度的增大，缓蚀效果先增大后降低，当药剂浓度为 2.5mg/L 时，缓蚀效果最佳，为 74.5%。在 1.5 浓缩倍率下，随着药剂浓度的增大，缓蚀效果也是先增大后降低，当药剂浓度为 2.5mg/L 时，缓蚀效果最佳，为 44.2%。在 2.0 浓缩倍率下，随着药剂浓度的增大，缓蚀效果先增大后降低，当药剂浓度为 3.0mg/L 时，缓蚀效果最佳，为 55.5%。

表 5-34　HSn70-1 铜合金电极在 1.5 浓缩倍率水样中电化学阻抗拟合结果

加药浓度/(mg/L)	R_s/(Ω·cm²)	R_{ct}/(kΩ·cm²)	C_{dl}/(μF/cm²)	η/%
0	250.1	23.18	0.2667	—
1	238.5	38.2	0.2782	39.3
1.5	238.1	40.3	0.2603	42.5
2	241.9	36.52	0.241	36.5
2.5	238.7	41.57	0.2242	44.2
3	237.8	35.45	0.1608	34.6

表 5-35　HSn70-1 铜合金电极在 2.0 浓缩倍率水样中电化学阻抗拟合结果

加药浓度/(mg/L)	R_s/(Ω·cm²)	R_{ct}/(kΩ·cm²)	C_{dl}/(μF/cm²)	η/%
0	272.8	34.59	0.2228	—
1	211.4	60.21	0.1776	42.6
1.5	277.3	48.31	0.1377	28.4
2	291	45.6	0.1979	24.1
2.5	270.2	71.22	0.1449	51.4
3	266.2	77.71	0.1036	55.5
3.5	284.8	70.28	0.1555	50.8
4	267.7	71.61	0.1362	51.7

由于 HSn70-1 铜合金电极在介质中浸泡 1h 后开路电位趋于稳定，因此选择浸泡 1h 后的极化曲线进行研究。图 5-48 为 HSn70-1 铜合金电极在不同药剂浓度的 2.0 浓缩倍率水样中浸泡 1h 的极化曲线。

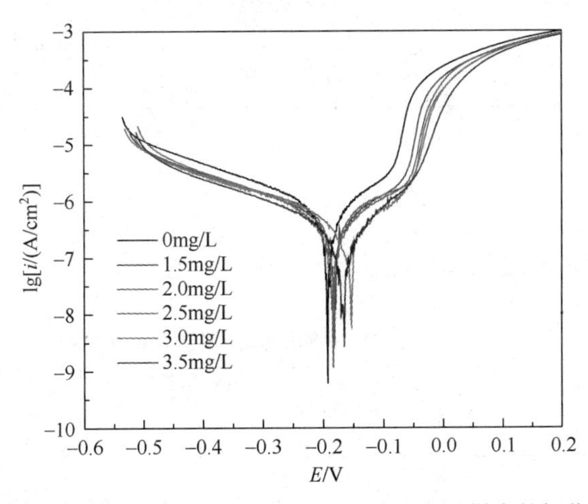

图 5-48　HSn70-1 铜合金电极在 2.0 浓缩倍率水样中的极化曲线

可以看出，药剂的加入并没有改变极化曲线形状，阴极和阳极反应过程均受到一定的抑制，说明本药剂是一种混合型缓蚀剂，通过抑制HSn70-1铜合金的阳极溶解而抑制腐蚀；通过阻止O_2到电极表面的迁移过程从而抑制阴极反应过程。

4. 阻垢实验

经静态阻垢实验测试，得到1000mg/L的HP-402C缓蚀阻垢剂溶液。对碳酸钙垢的阻垢率为87.5%，即得HP-402C缓蚀阻垢剂对硫酸钙垢的阻垢率为92.0%，基本符合国家标准中对阻垢剂阻垢率的要求。

综合考察，药剂在浓缩倍率为2.5时的缓蚀效果明显好于浓缩倍率为2.0时，建议电厂根据电厂的实际运行情况调整药剂的添加浓度，尽量将循环冷却水的运行状态调整到接近2.5浓缩倍率，以达到节水及高效缓蚀的运行效果。

5.5.3 不锈钢凝汽器缓蚀阻垢剂评价

近几年来，我国在新建电厂的凝汽器和老电厂凝汽器改造中也大量选用了不锈钢焊接管，取得了成功的经验和良好的效果[55]。某热电厂有两套9F级（2×400MW）燃气蒸汽联合循环供热机组，其余热锅炉采用不锈钢凝汽器，材质为316。我们根据该电厂的冷却水补水的性质（表5-36），比较了三种市售水质稳定剂的性能。

表5-36 循环水补充水主要杂质离子含量

离子	含量/(mg/L)	测试方法
Ca^{2+}	51.96	等离子体发射光谱仪
Mg^{2+}	12.68	等离子体发射光谱仪
Cl^-	64.30	离子色谱仪
SO_4^{2-}	84.65	离子色谱仪

1. 三种水质稳定剂的缓蚀和阻垢性能

三种水质稳定剂的缓蚀和阻垢性能见表5-37～表5-39。

表5-37 三种样品的固体含量测量数值

试样	平均固含量/%	密度/(g/cm³)	1%水溶液pH	平均总磷含量/%
样品1	38.29	1.238	5.05	1.6
样品2	23.20	1.160	3.96	2.7
样品3	41.94	1.193	2.38	0.0

表 5-38　在 4.5 浓缩倍率的浓缩水中三种样品的旋转挂片实验

试样	失重平均值/g	试片面积/cm^2	试验时间/h	腐蚀率/(mm/a)
空白	0.0037	28.3	72	0.020
样品 1	0.0026	28.3	72	0.014
样品 2	0.0034	28.3	72	0.018
样品 3	0.0033	28.3	72	0.018

注：药剂用量为 15mg/L，药剂和电厂循环水补充水一起浓缩，三种样品缓蚀性能良好，试片均无明显的腐蚀。

表 5-39　三种样品的阻垢性能

试样	配制水的阻垢率/%①	浓缩水的阻垢率 1/%②	浓缩水的阻垢率 2/%③
样品 1	61.8	63.3	88.9
样品 2	82.3	0.5	86.0
样品 3	86.0	97.1	85.6

注：药剂用量为 15mg/L，浓缩水的浓缩倍率为 4.5。

①配制水阻垢率按 GB/T16632—2008《水处理剂阻垢性能的测定——碳酸钙沉积法》进行。

②药剂和电厂循环水补充水一起浓缩。

③电厂循环水补充水先浓缩，然后加入药剂。

2. 腐蚀电化学实验

316 不锈钢电极的电化学阻抗谱如图 5-49 所示。测试电解质为浓缩倍率为 4.5 的循环水，以及加入了不同药剂的 4.5 浓缩倍率的循环补充水，所得电化学参数见表 5-40。

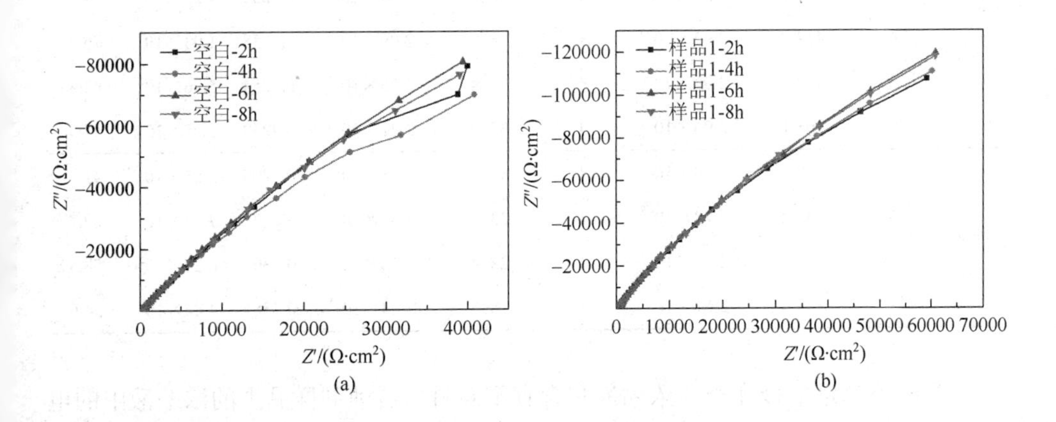

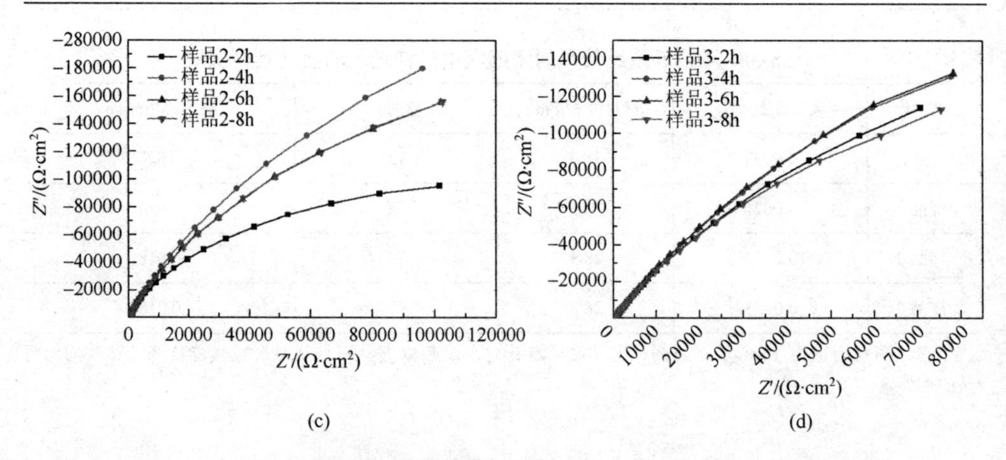

图 5-49　316 不锈钢在 4.5 浓缩倍率循环水中浸泡不同时间的电化学阻抗图

（a）空白；（b）样品 1；（c）样品 2；（d）样品 3

表 5-40　316 不锈钢在浓缩水样及加不同样品的浓缩水的交流阻抗拟合数据

试样	浸泡时间/h	$R_s/(\Omega\cdot cm^2)$	Q_f		$R_f/(\Omega\cdot cm^2)$	Q_{dl}		$R_{ct}/(\Omega\cdot cm^2)$	η/%
			$Y_0/(\mu S\cdot s^n/cm^2)$	n		$Y_0/(\mu S\cdot s^n/cm^2)$	n		
空白	2	317.0	5.28×10^{-5}	0.8283	3.25×10^{5}	—	—	—	—
	4	380.9	5.80×10^{-5}	0.8322	2.42×10^{5}	—	—	—	—
	6	363.0	5.36×10^{-5}	0.8356	3.42×10^{5}	—	—	—	—
	8	354.5	5.57×10^{-5}	0.8337	3.18×10^{5}	—	—	—	—
样品 1	2	338.8	3.11×10^{-5}	1	4341	3.42×10^{-5}	0.7259	6.18×10^{5}	47.9
	4	330.9	2.95×10^{-5}	1	3960	3.33×10^{-5}	0.7312	6.10×10^{5}	60.7
	6	318.2	2.75×10^{-5}	1	3457	3.17×10^{-5}	0.7193	8.41×10^{5}	59.6
	8	436.7	2.70×10^{-5}	1	2704	3.21×10^{-5}	0.7148	8.41×10^{5}	62.3
样品 2	2	358.7	3.33×10^{-5}	1	6662	2.54×10^{-5}	0.7232	4.22×10^{5}	24.3
	4	414.0	2.92×10^{-5}	1	9859	2.09×10^{-5}	0.7158	1.03×10^{6}	76.7
	6	344.9	2.96×10^{-5}	1	7454	2.25×10^{-5}	0.7254	5.96×10^{5}	43.4
	8	363.1	2.96×10^{-5}	1	8289	2.22×10^{-5}	0.7249	5.98×10^{5}	47.5
样品 3	2	349.9	2.64×10^{-5}	1	3351	3.98×10^{-5}	0.7299	5.55×10^{5}	41.9
	4	341.2	2.48×10^{-5}	1	3398	3.62×10^{-5}	0.729	7.94×10^{5}	69.7
	6	316.3	2.33×10^{-5}	1	2814	3.56×10^{-5}	0.7302	8.20×10^{5}	58.5
	8	341.6	2.61×10^{-5}	1	2835	3.94×10^{-5}	0.7384	4.84×10^{5}	34.6

316 不锈钢电极在空白浓缩液和含有不同阻垢缓蚀剂样品中的浓缩液中的电

荷转移电阻（R_{ct}）随浸泡时间的变化如图 5-50 所示。可以看出，316 不锈钢电极在三种阻垢缓蚀剂样品中的 R_{ct} 值明显大于空白溶液中的 R_{ct}，表明三种样品均有较好的缓蚀作用。其中样品 1 和样品 3 的缓蚀效果较稳定。

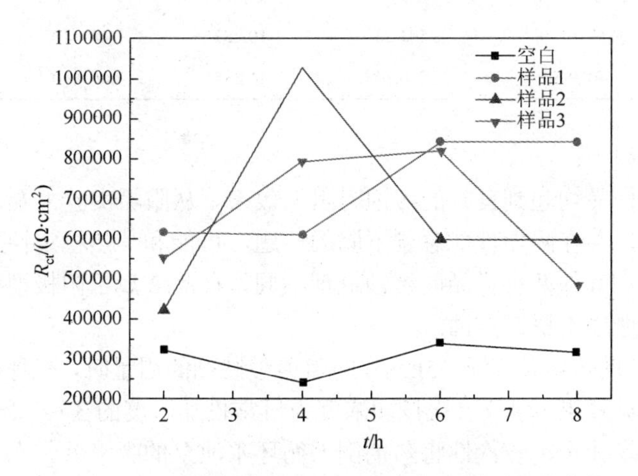

图 5-50　316 不锈钢电极在不同溶液中 R_{ct} 随时间的变化

不锈钢在不同药剂样品的浓缩循环水中的极化曲线图如图 5-51 所示，相应的极化曲线拟合参数见表 5-41。可以看出，样品 2 导致腐蚀电位正移，主要抑制了阳极腐蚀反应；而样品 1 和样品 3 导致腐蚀电位负移，抑制了腐蚀的阴极反应，这可能与不同药剂样品的活性缓蚀组分不同有关，缓蚀性能和样品的含磷量呈正相关性。

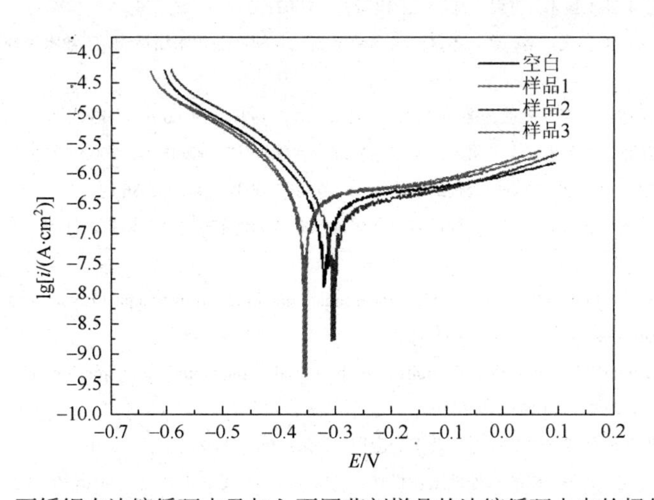

图 5-51　不锈钢在浓缩循环水及加入不同药剂样品的浓缩循环水中的极化曲线图

表 5-41　不锈钢电极极化曲线拟合数据

试样	$-E_{corr}$/V(vs SCE)	β_a/(mV/s)	$-\beta_c$/(mV/s)	i_{corr}/(mA/cm^2)	η/%
空白	−0.32003	630.22	142.84	5.83×10^{-7}	
样品 1	−0.35236	571.36	110.07	3.72×10^{-7}	36.1
样品 2	−0.30149	503.22	102.87	2.48×10^{-7}	57.5
样品 3	−0.3566	716.74	114.35	4.66×10^{-7}	19.9

主要结论如下：

（1）三种样品均起到良好的缓蚀和阻垢效果。从阻垢实验来看，样品 2 在浓缩运行过程中，存在阻垢性能急剧下降的问题，可能和其热稳定性、运行稳定性有关。样品 2 和其他两种样品的缓蚀机理不同，样品 2 属于阳极型缓蚀剂，如果操作不当可能造成不锈钢点蚀。

（2）在 4.5 的浓缩倍率下 15mg/L 的阻垢缓蚀剂的用量时，三种样品均起到良好的缓蚀和阻垢效果。建议首次投加浓度为日常投加浓度的 3～4 倍左右，按系统循环水保有水量计算，一次性将药剂倒入循环水池泵的吸水处。在设定的浓缩倍数下，日常控制浓度为 15mg/L 左右，以系统循环水补充水量计。药剂投加采用计量加药装置连续均匀稳定投加，将药剂倒入加药槽内，调节计量泵冲程开度，使计量泵出药流量至规定值。加药位置应远离排污口，一般在吸水口附近。

参 考 文 献

[1] 龚洵洁. 热力设备的腐蚀与防护. 北京：中国电力出版社，1998：191-223

[2] 窦照英. 电力工业的腐蚀与防护. 北京：化学工业出版社，1995：187

[3] 周本省. 工业水处理技术. 北京：化学工业出版社，2002：3

[4] 潘明，王亚权，刘腾飞，等. 聚天冬氨酸与含磷阻垢剂复配产品的阻垢性能. 工业水处理，2003，23（6）：21-22

[5] 熊蓉春. 绿色阻垢剂聚环氧琥珀酸的合成. 工业水处理，1999，19（3）：11-13

[6] 程云章，翟祥华，葛红花，等. 阻垢剂的阻垢机理及性能评定. 华东电力，2003，31（7）：14-18

[7] 吕欣，臧晗宇，高延敏. 水质稳定剂的组方原则. 节能，2004，（4）：33-36

[8] 张慧鑫，包伯荣，葛红花，等. 一种低磷阻垢缓蚀剂的缓蚀性能. 腐蚀与防护，2006，27（12）：611-613，619

[9] Lopez-Macipe A，Gomez-Morales J. Calcium carbonate precipitation from aqueous solutions containing Aerosol OT. Crystal Growth，1996，166：1015-1019

[10] Gratz A J，Hillner P E. Poisioning of calcite growth viewed in the atomic force microscope（AFM）. Journal of Crysal Growth，1993，（129）：789-793

[11] 周本省. 工业冷却水处理的物理方法及工程应用. 北京：化学工业出版社，2008

[12] 龚晓明，葛红花，刘蕊. 磁场水处理阻垢机理及其应用研究. 工业水处理，2010，30（8）：10-14

[13] Zhang G C，Ge J J，HE X J，et al. Research progress of the mechanism of chemicals inhibiting calcium carbonate

scale. Journal of Xi' an Shiyou University：Natural Science Edition，2005，20（5）：59-62

[14] 葛红花，位承君，龚晓明，等. 电磁处理对水溶液中碳酸钙微粒沉降及附着性能的影响. 化学学报，2011，69（19）：2313-2318

[15] 宋飞，葛红花，邓宇强，等. 磁处理对水溶液及 $CaCO_3$ 颗粒物理化学性质的影响. 水处理技术，2012，38（3）：23-26

[16] 宋飞，葛红花，范秀方，等. 磁化水对金属耐蚀性能的影响. 腐蚀与防护，2015，36（4）：362-365

[17] 韩建勋，葛红花，叶明君，等. 磁场作用下苯并三氮唑对黄铜的缓蚀性能研究. 上海电力学院学报，2014，30（2）：145-148

[18] 梁磊，周国定，解群，等. 不锈钢管在我国凝汽器上的应用前景. 中国电力，1998，31（11）：37-41

[19] Ge H H，Zhou G D，Wu W Q. Passivation model of 316 stainless steel in simulated cooling water and the effect of sulfide on the passive film. Applied Surface Science，2003，211（1-4）：321-334

[20] 葛红花，周国定，吴文权. 模拟冷却水中不锈钢的自钝化及硫离子的影响. 物理化学学报，2003，19（5）：403-407

[21] 葛红花，周国定，吴文权. 316 不锈钢在模拟冷却水中的钝化模型. 中国腐蚀与防护学报，2004，24（2）：65-70

[22] Gaberscek M，Pejovnik S. Impedance spectroscopy as a technique for studying the spontaneous passivation of metals in electrolytes. Electrochimica Acta，1996，41（7/8）：1137-1142

[23] 葛红花，周国定，吴文权. 影响凝汽器不锈钢管耐蚀性的因素. 华东电力，2002，30（12）：46-48

[24] 翟祥华，包伯荣，葛红花，等. 304 不锈钢在模拟冷却水中耐蚀性的影响因素研究. 材料保护，2003，36（4）：25-28

[25] 刘景，包伯荣，解群，等. DP-1 型缓蚀剂抑制硫离子对 304 不锈钢的侵蚀作用. 腐蚀与防护，2005，26（6）：231-233

[26] 葛红花，陈霞，张慧鑫，等. 不同水质稳定剂对凝汽器不锈钢管的缓蚀性能. 中国电力，2007，40（11）：72-74

[27] Ge H H，Guo R F，Guo Y S，et al. Scale and corrosion inhibition of three water stabilizers used in stainless steel condensers. Corrosion，2008，64（6）：553-557

[28] 刘蕊，葛红花，龚晓明，等. 冷却水中次氯酸钠与异噻唑啉酮对不锈钢的侵蚀性. 材料保护，2011，44（1）：60-61，74

[29] Zhang P Q，Wu J L，Zhang W Q，et al. A pitting mechanism for passive 304 stainless steel in sulphuric acid media containing chloride ions. Corrosion Science，1993，34（8）：1343-1354

[30] 杨武，等. 金属的局部腐蚀. 北京：化学工业出版社，1995

[31] ASTM. Standard test method for electrochemical critical pitting temperature testing of stainless steels

[32] 葛红花，周国定，吴文权. 硫离子对 316L 不锈钢耐蚀性的影响. 华北电力技术，2003，（8）：46-49

[33] 解群，翟祥华，葛红花. 氯离子和硫离子对不锈钢侵蚀性比较. 华东电力，2003，31（12）：1-3

[34] Ge H H，Xu X M，Zhao L，et al. Semiconducting behavior of passive film formed on stainless steel in borate buffer solution containing sulfide. Journal of Applied Electrochemistry，2011，41（5）：519-525

[35] Hakiki N E，Cunha Belo M D，Simoes A M P，et al. Semiconducting properties of passive films formed on stainless steels. J Electrochem Soc，1998，145（11）：3821-3829

[36] Al-Hajji J N，Reda M R. Corrosion of Cu-Ni alloys in sulfide-polluted seawater. Corrosion，1993，49（10）：809-820

[37] Marcus P. Surface science approach of corrosion phenomena. Electrochimica Acta，1998，43（1-2）：109-118

[38] 于新颖，王浩. 火电厂主要辅机能耗现状与节能潜力分析. 电站辅机，2009，108（1）：1-4

[39] 苏伟峰，湛维涛，徐志渠. 凝汽器冷却用管——铜管和不锈钢管的性能比较与探讨. 热力透平，2006，35（3）：165-168
[40] 莫让恒. 凝结器铜管局部更换为不锈钢管改造. 贵州电力技术，2008，（8）：50，65
[41] 李苑霞，梁群华. 不锈钢管技术在电厂凝汽器中的应用探讨. 广东电力，2006，19（4）：32-34
[42] 白雪寒. 凝汽器中间隔板安装变形控制措施. 广东电力，2003，16（3）：88-90
[43] 张升坤. 不锈钢管式凝汽器管系安装工艺探讨. 西北电建，2006，（3）：22-25
[44] 张峰. 机组凝汽器采用不锈钢换热管的技术经济性分析. 化工装备技术，2008，29（1）：70-72
[45] 周辉辉. 凝汽器采用铜管与不锈钢管的对比分析. 工业汽轮机，2009，（2）：20-22
[46] 冯兴隆. 应用城市中水的凝汽器冷却管选材探讨. 热力发电，2006，（11）：56-58
[47] 葛红花，陈霞，张慧鑫，等. 不同水质稳定剂对凝汽器不锈钢管的缓蚀性能. 中国电力，2007，40（11）：72-74
[48] 李兴. 不锈钢凝汽器管使用中的问题与对策. 天津电力技术，2008，（4）：18-19
[49] 张振达，陈静. 工业冷却水对不锈钢换热器腐蚀的研究及对策. 甘肃电力技术，2004，（2）：1-4
[50] 梁磊，修思刚，朱云鹏，等. 304 不锈钢管凝汽器腐蚀原因研究. 汽轮机技术，2007，49（1）：78-80，34
[51] 张大全，刘卫国，海涛，等. 316L 不锈钢在回用污水培养微生物介质中的腐蚀行为. 腐蚀与防护，2005，26（7）：277-279
[52] 郑红艾，张大全，沈燕燕. 钙离子浓度对铜材硫酸盐还原菌腐蚀的影响. 材料保护，2010，43（3）：21-23
[53] 张大全，谢彬，杜国明. 火力发电厂凝汽器铜合金管的腐蚀与防护//海峡两岸材料腐蚀与防护研讨会. 2010
[54] 张大全，吴一平，周国定. 火力发电厂凝汽器铜管的腐蚀与节能措施//2009 全国电力系统腐蚀控制及检测技术交流会. 2009
[55] 葛红花，廖强强，张大全. 火力发电工程材料失效与控制. 北京：化学工业出版社，2015

第 6 章 海水淡化设备腐蚀与控制

淡水资源缺乏是人类目前和今后相当长时间内在生产和生活中必须要面临的一大问题。虽然地球表面的三分之二被水覆盖，但其中约 97.5%是无法为人们所直接饮用的海水。而在这仅剩的 2.5%的淡水中，还包含了积雪、冰川等，约占淡水总量的 87%，其余的淡水主要来自于地下水、湖泊、河流、大气水等，后者总量也只占世界总水量的 0.26%。同时环境污染又使得仅有的淡水资源不断受到破坏，而全球人口总数的不断增加使得人均可利用淡水量不断减少。因此，必须寻求获取淡水资源的新途径，其中海水淡化技术受到了重点关注、研究和应用。

海水淡化，是指通过各种方式将海水脱去盐分，转换为可供人类生活及工农业生产用的淡水。不管是去除海水中的盐类，或是将淡水从海水中分离出来，皆可达到淡化海水的效果，因此，海水淡化技术的种类也是多种多样，如蒸馏法、电渗析法、冷冻法、离子交换法、溶剂萃取法、膜法、水合物法等，目前应用最广泛的两种技术是蒸馏法及膜法。蒸馏法是指通过加热海水，使其蒸发冷凝，最终获取淡水的方法，可分为多级闪蒸、低温多效蒸馏、压气蒸馏。而膜法主要指反渗透（RO）技术，通过压力差，使得水分子通过天然的或人工合成的半透膜，从而获得较为纯净的淡水。海水是一种具有高腐蚀性的天然水体，海水淡化装置在运行过程中将不可避免地面临金属的腐蚀问题。

6.1 低温多效海水淡化铜合金热交换管失效分析

低温多效海水淡化技术具有不受原水浓度限制、出水水质高、对海水温度不敏感、能在较低的温度下操作（最高操作温度不超过 70℃），可以利用低品位热源和废热等优势。传热管是低温多效海水淡化装置的核心部件，对传热管的要求是高的传热性能、高的阻垢性能、高的耐蚀性能，且价格低廉。从国内外的低温多效海水淡化装置运行状况来看，铜合金换热管的耐蚀性是装置运行可靠性的关键因素。某电厂大型 MED 海水淡化装置运行两个多月后，2-5 效蒸发器的第 4 层铝黄铜管的上部大面积的麻点状蚀坑，在管板或隔板与铝黄铜管接近部位出现横向开裂。我们通过实验室模拟研究，借助表面物相结构和元素成分分析，对其失效原因进行分析。

6.1.1 海水水质分析

多效蒸馏海水淡化装置对海水水质的要求没有反渗透（RO）海水淡化技术严

格。对某电厂所取的海水的水质分析见表 6-1。

表 6-1　某电厂海淡进水水质分析

测定项目	测定值	测定方法
pH	8.02	pH 计
电导率	65600μS/cm	电导率仪
溶解氧浓度	8.03mg/L	溶氧仪
悬浮物颗粒浓度	4mg/L	重量法
COD	0.8976mg/L	碱性高锰酸钾法
浊度	4.35NTU	浊度仪
Cl^-浓度	17.598g/L	离子色谱
SO_4^{2-} 浓度	2.416g/L	离子色谱
Ca^{2+}浓度	483mg/L	等离子色谱
Mg^{2+}浓度	1375.25mg/L	等离子色谱

该电厂所处海域主要污染物为无机氮和化学需氧量，无机氮含量为 1.34mg/L，超出了四类海水水质标准（0.5mg/L）；化学需氧量为 2.37mg/L，超出一类海水水质标准（2.00mg/L），其海水水质随季节变化较大，污染情况严重[1-4]。

6.1.2　失效管样的表面分析实验

1. XPS 分析

失效管样如图 6-1 所示。失效管样各处刻蚀前后的 XPS 分别如图 6-2～图 6-5 所示，相应的元素成分见表 6-2。

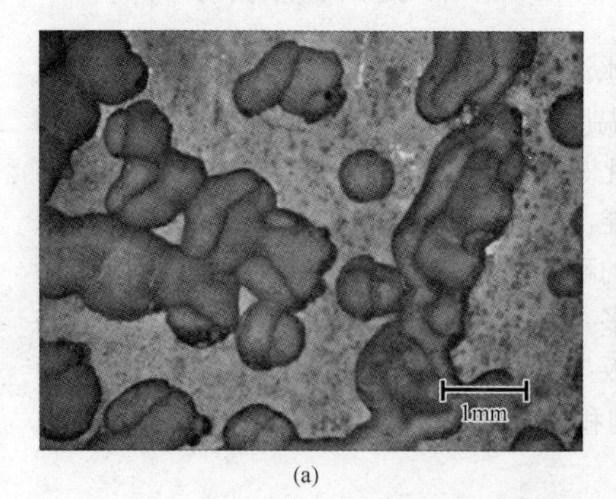

(a)

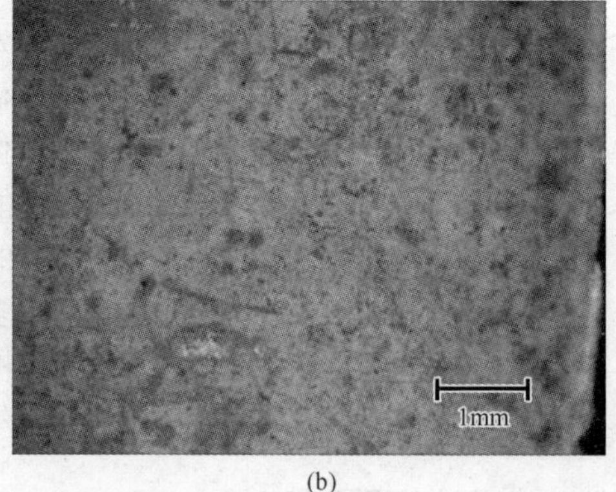

(b)

图 6-1　失效 HAl77-2 的铜合金管样

（a）发生点蚀处；（b）结垢处

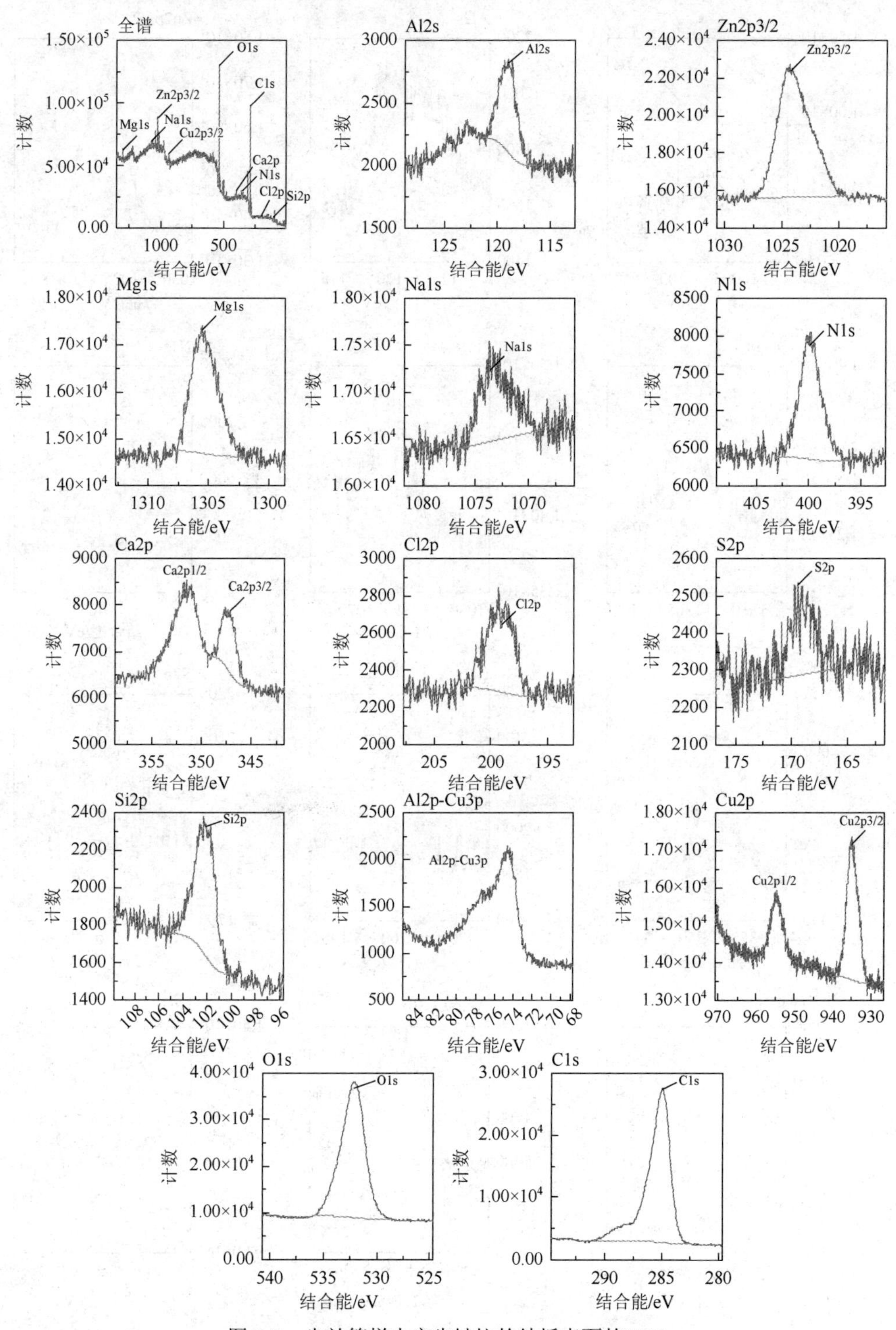

图 6-2　失效管样未产生蚀坑的结垢表面的 XPS

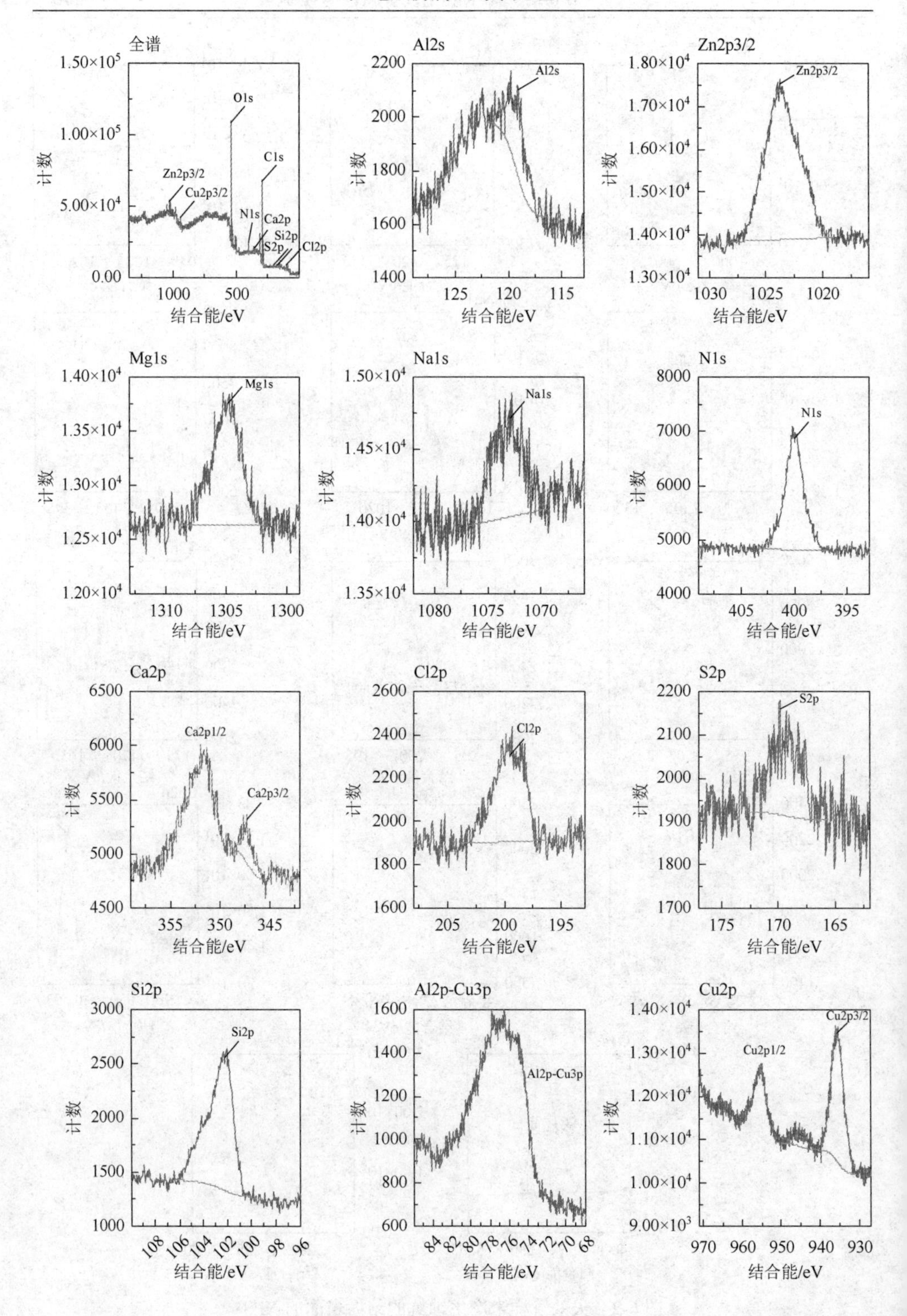
全谱
O1s
C1s
Zn2p3/2
Cu2p3/2
N1s
Ca2p
Si2p
S2p
Cl2p
Al2s
Zn2p3/2
Mg1s
Na1s
N1s
Ca2p
Ca2p1/2
Ca2p3/2
Cl2p
S2p
Si2p
Al2p-Cu3p
Cu2p
Cu2p1/2
Cu2p3/2
计数
结合能/eV

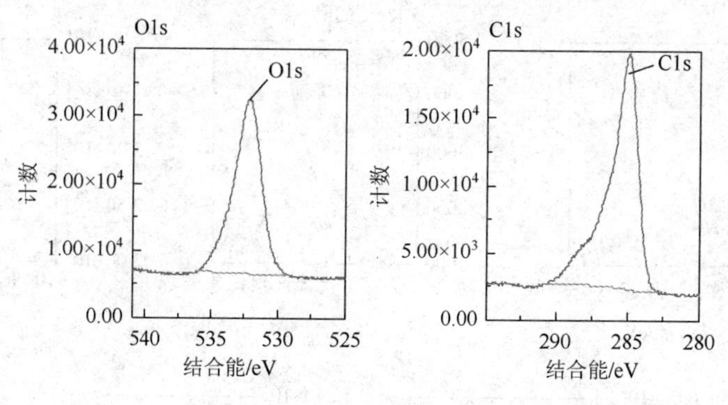

图 6-3　失效管样蚀坑处的 XPS

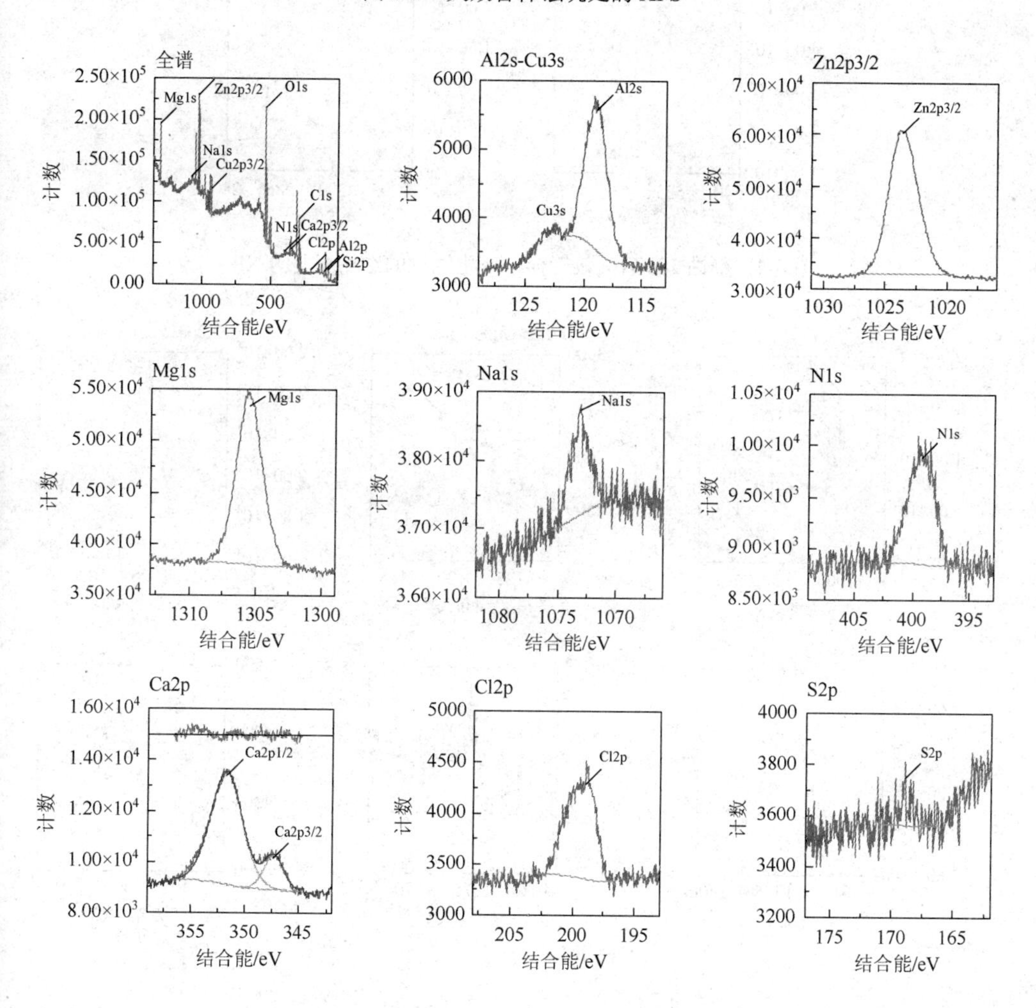

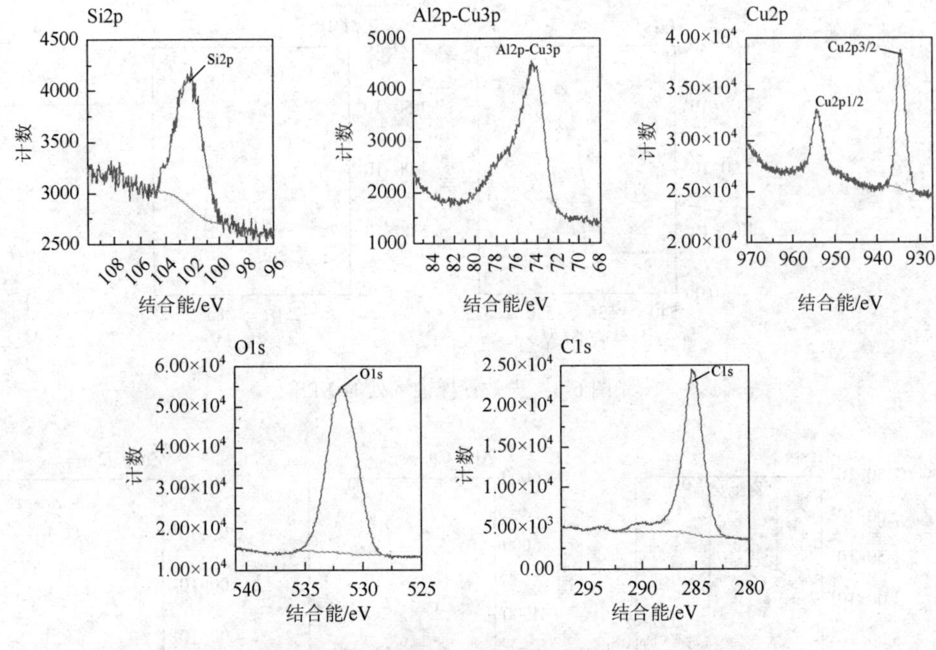

图 6-4　刻蚀 20s 后失效管样未产生蚀坑的结垢表面的 XPS

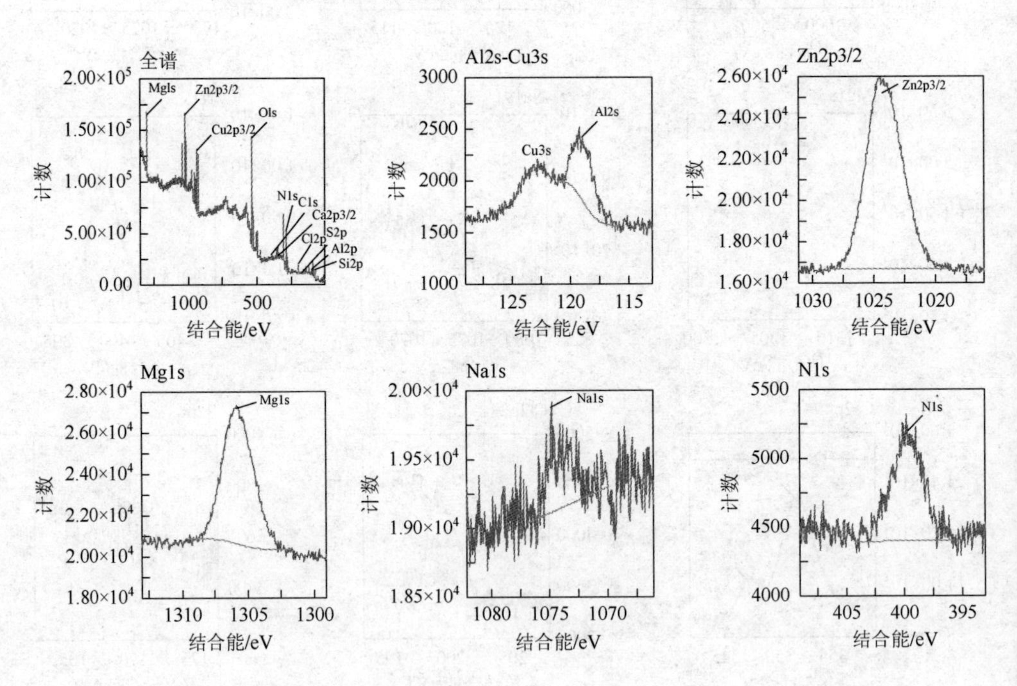

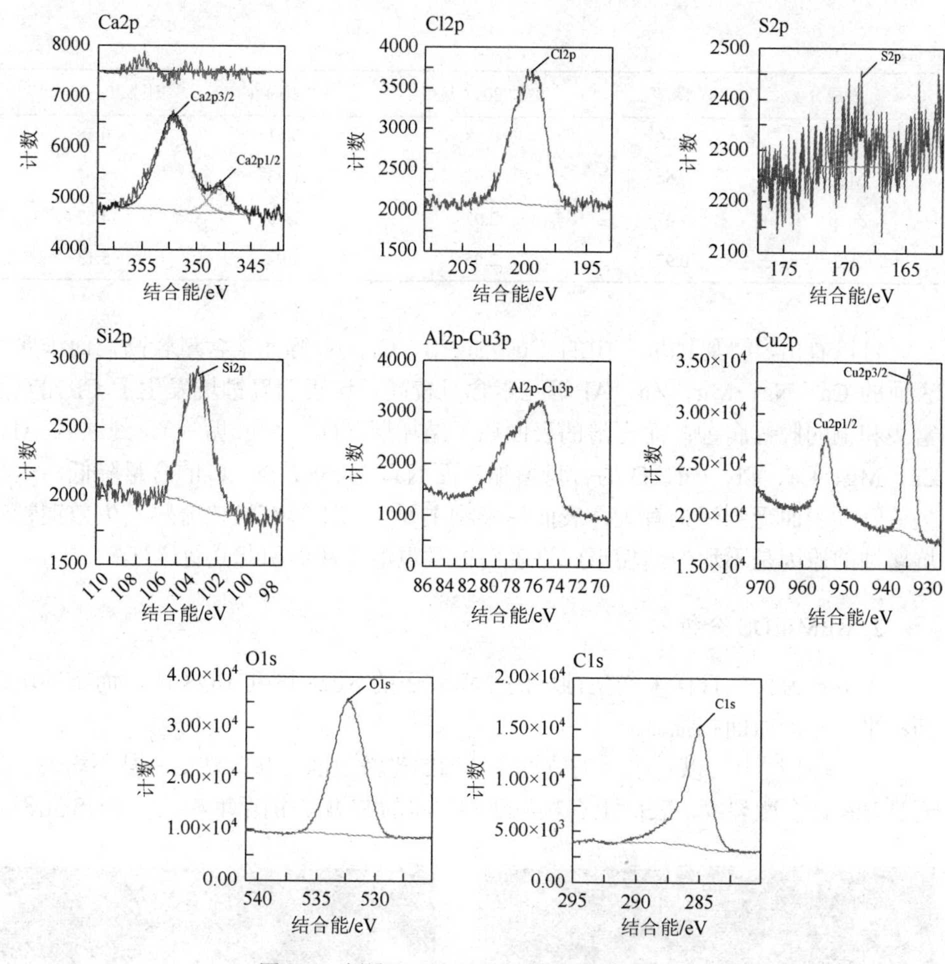

图 6-5 刻蚀 20s 失效管样蚀坑处的 XPS

表 6-2 不同区域的 XPS 成分分析

元素成分	“坑”	刻蚀 20s“坑”	“表面”	刻蚀 20s“表面”
C1s	55.75	38.06	57.97	38.57
O1s	29.95	39.23	29.61	37.25
Cu2p3/2	1.24	4.58	1.07	2.23
Si2p	4.97	3.63	1.79	2.93
S2p	0.49	0.14	0.35	0.07
Cl2p	0.85	2.78	0.6	0.97
Ca2p3/2	0.18	0.47	0.7	0.73
N1s	3.43	1.9	2.44	1.44

续表

元素成分	“坑”	刻蚀 20s“坑”	“表面”	刻蚀 20s“表面”
Na1s	0.46	0.28	0.51	0.38
Mg1s	0.64	3.97	1.23	5.67
Zn2p3	1.07	2.92	1.83	4.62
Al2s	0.97	2.05	1.92	5.13

可以看出，“腐蚀坑”中的 Cu、Si、S、Cl、N 等元素含量较高，而未腐蚀表面的 Ca、Na、Mg、Zn、Al 等元素含量较高，这表明腐蚀坑发生了 Cl 元素的富集和铜的脱锌腐蚀；而光滑的表面属于结垢层（Ca、Mg 垢等）。刻蚀后 Al、Zn、Mg、Ca、Cl、Cu、O 的含量增加，而 Na、N、S、Si、C 的含量降低，这与失效管样表面受到污染有关，表面污染物主要为油脂等有机化合物。失效铜管麻坑腐蚀的原因是不均匀结垢形成许多腐蚀微电池，从而引起点蚀[5, 6]。

2. SEM/EDS 分析

图 6-6 为失效管样未产生蚀坑的结垢表面的 SEM 图和 EDS 图。而腐蚀坑凹凸不平，不能做面扫描。

从 SEM 图上可以看出，失效管样结垢的光滑表面，从微观上看是不均匀的，而且存在许多微裂纹，表面上有颗粒状和层状的 Si 垢、铜垢堆积。从 EDS 元素面

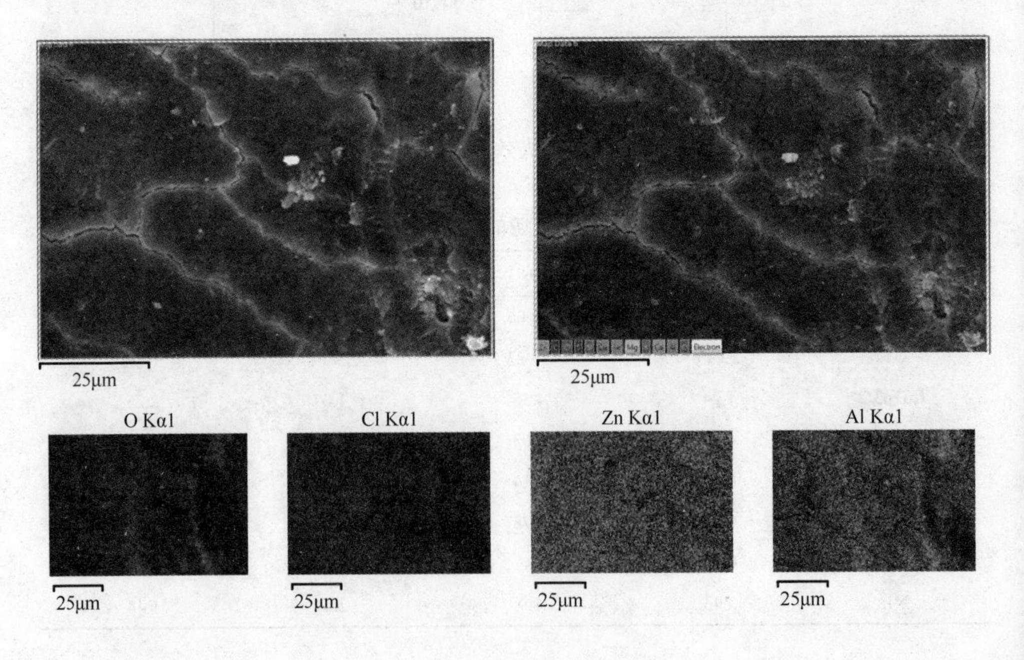

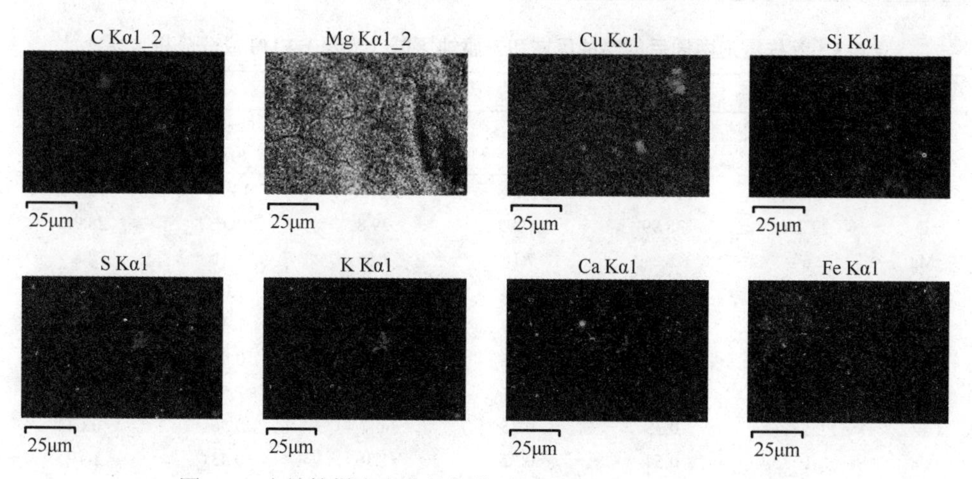

图 6-6　失效管样未产生蚀坑的结垢表面的 SEM 图和 EDS 图

扫描看，Al 和 Cl 存在正相关性、K 和 S 存在正相关性、Mg 和 O 存在正相关性，这表明失效铜管的结垢层主要以镁垢为主，存在微观上的不均匀的裂纹。另外，对腐蚀坑和未腐蚀结垢光滑处做 EDS 成分的定量分析，结果分别见图 6-7 和表 6-3。

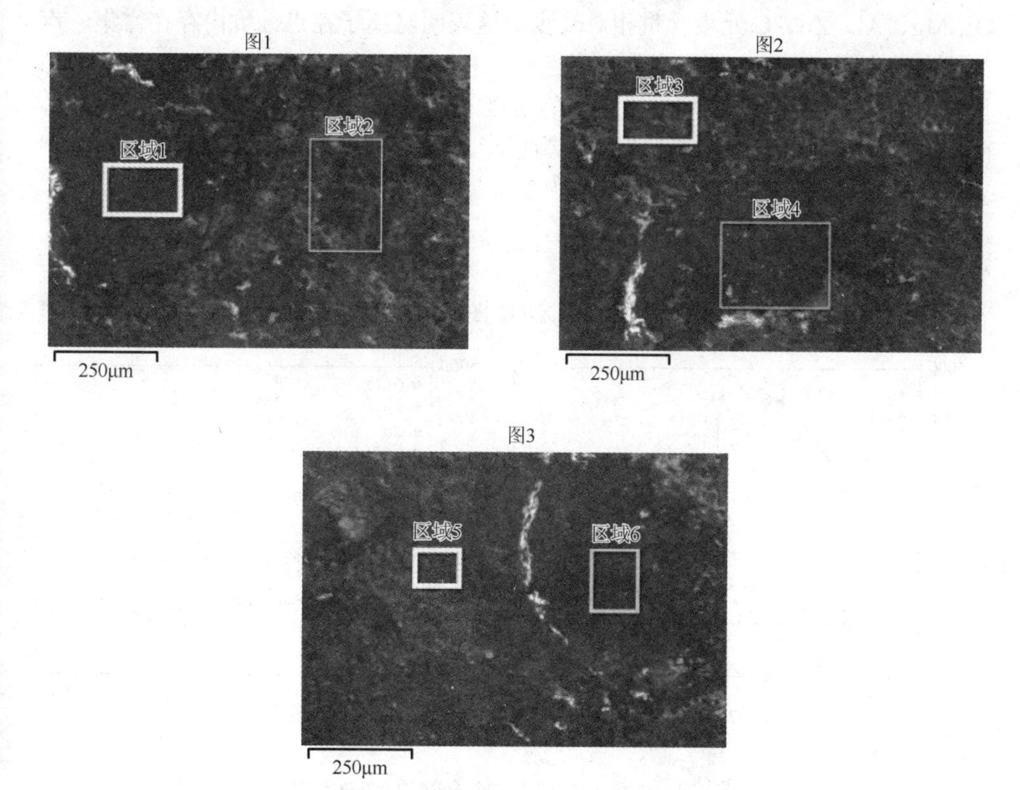

图 6-7　失效管样腐蚀坑处和光滑结垢处的 EDS 成分分析

表 6-3　管样浸泡两周后的腐蚀区域和未腐蚀区域（光滑）EDS 成分分析（%）

元素	图 1		图 2		图 3	
	区域 1（“蚀坑”）	区域 2（“垢层”）	区域 3（“垢层”）	区域 4（“蚀坑”）	区域 5（“垢层”）	区域 6（“蚀坑”）
C	13.85	13.96	14.48	13.84	13.34	12.04
O	29.25	38.99	37.99	29.8	38.68	28.98
Mg	2.64	8.3	7.18	2.85	8.11	2.8
Al	2.94	6.84	6.14	3.26	7.09	2.89
Si	3.29	1.34	1.99	3.72	1.45	3.53
S	0.52	0.81	0.65	0.62	0.83	0.68
Cl	10.09	1.77	2.31	9.14	2.53	10.66
K	0.58	0.35	0.35	0.7	0.56	0.62
Ca	1	0.54	0.72	1.36	0.43	1.19
Fe	5.9	1.84	1.6	6.85	1.35	6.21
Cu	24.02	6.57	7.02	21.29	4.38	23.24
Zn	5.94	18.71	19.58	6.57	21.23	7.17

可以看出，失效管样点蚀坑中的 Cu、Ca、Cl、Fe、K、Si 元素含量相对较高，O、Mg、Al、Zn、C 元素含量相对较少，这表明氯离子在点蚀坑内存在富集，点蚀坑中发生了 Zn、Al 等元素的选择性溶解和 Si 垢的形成，促进了 Cu、Zn 腐蚀反应的发生。点蚀坑处为腐蚀微电极的阳极，发生了 HAl77-2 铝黄铜的脱锌腐蚀，而周围未形成点蚀的“结垢层”主要为镁垢，Zn、Al 含量相对较高，表明铝黄铜表面的 Al_2O_3、ZnO 等保护膜较完整[7, 8]。

3. XRD 分析

图 6-8 是点蚀坑和光滑结垢处的 XRD 图。可以看出，发生点蚀坑的铜管外壁

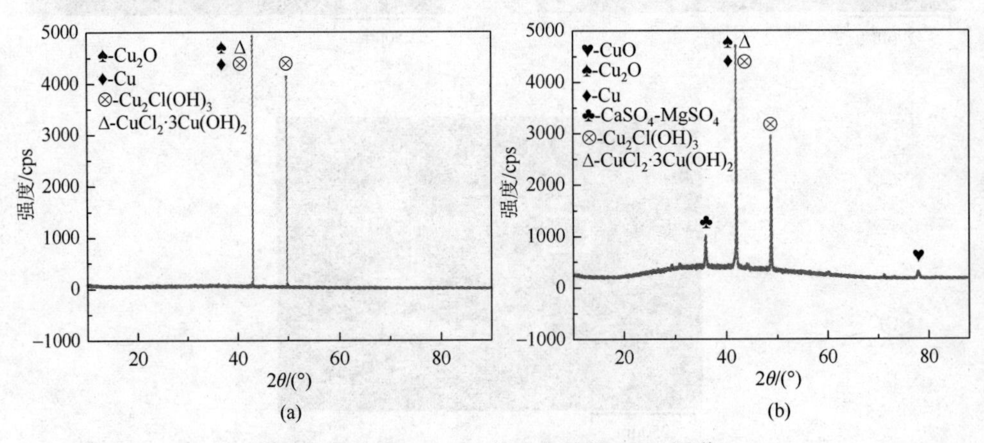

图 6-8　失效 HAl77-2 铜合金管的 XRD 图谱

（a）发生点蚀坑；（b）未发生点蚀坑

生成了铜氯化合物 $Cu_2Cl(OH)_3$ 和 $CuCl_2·3Cu(OH)_2$ 腐蚀产物；而未发生点蚀坑的铜管外壁除了铜氯化合物 $Cu_2Cl(OH)_3$、$CuCl_2·3Cu(OH)_2$ 等腐蚀产物外，在衍射角（2θ）38°处出现了衍射峰，对应的是 $CaSO_4$、$MgSO_4$，这说明未发生点蚀坑的铜管外壁含有镁垢、钙垢。

从以上分析可以看出，麻坑处存在氯离子富集，发生了脱锌腐蚀，麻坑的形成和铜合金管表面结垢有关。低温多效海水淡化过程是一个负压的环境，海水中含有大量的钙、镁离子，易在热交换管表面结垢。该海水淡化装置 HAl77-2 铜合金热交换管表面结垢以镁垢为主，垢层不均匀、不致密，表面存在许多微裂纹，造成了铜管表面电化学不均匀性，形成了腐蚀微电池。垢层裂纹处暴露的黄铜是阳极，发生了脱锌腐蚀，形成点蚀坑；而周围结垢处是阴极，受到保护。点蚀坑内氯离子的富集，造成局部酸化，进一步加剧了铝黄铜的腐蚀。低温多效海水淡化过程快速结垢，是形成点蚀坑的根本原因。

6.1.3　腐蚀浸泡实验

为进一步验证结垢和点蚀之间的关系，从失效管样上分别选取三种不同的区域，分别是：①有垢，但无腐蚀麻坑的区域；②无垢，无腐蚀麻坑的区域；③有垢，有轻微腐蚀麻坑的区域。选取上述三种区域铜合金管制成样品，进行腐蚀浸泡试验。实验介质为电厂提供的海水，海水均为 600mL，每个容器内放入一种不同的管样，放入恒温水浴锅（70℃±1℃），每隔两小时打开，同时用玻璃棒缓慢搅拌 1min，每天加入一定量的去离子水，维持溶液的体积为 600mL。每天均用数码相机和奥林巴斯 SZX7 荧光体视显微镜对三种不同管样进行观察记录。

1. 腐蚀形貌及分析

图 6-9～图 6-11 为不同区域的三种铜合金管样浸泡不同时间的显微镜照片。

(a)

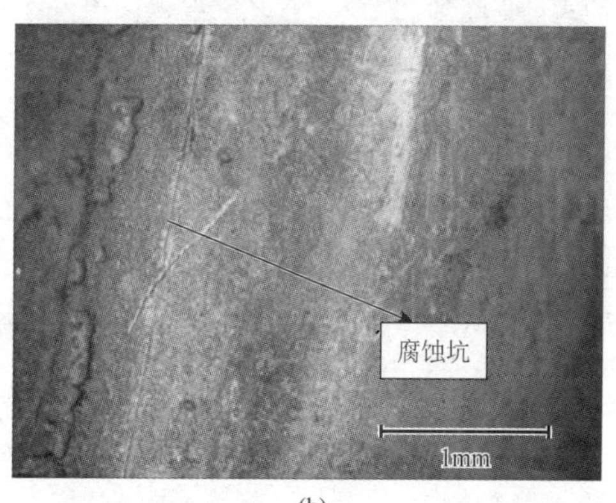

(b)

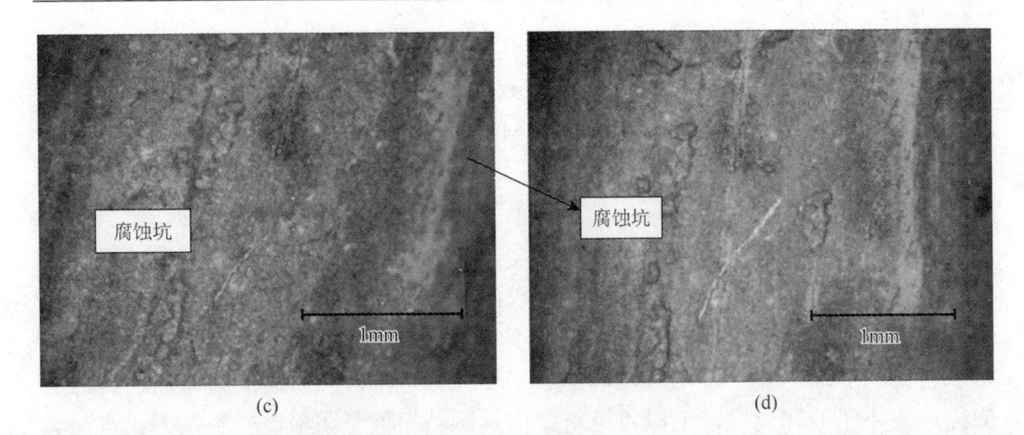

(c)　(d)

图 6-9　有垢，无腐蚀麻坑的管样

(a) 浸泡前；(b) 浸泡 40 天；(c) 浸泡 70 天；(d) 浸泡 80 天

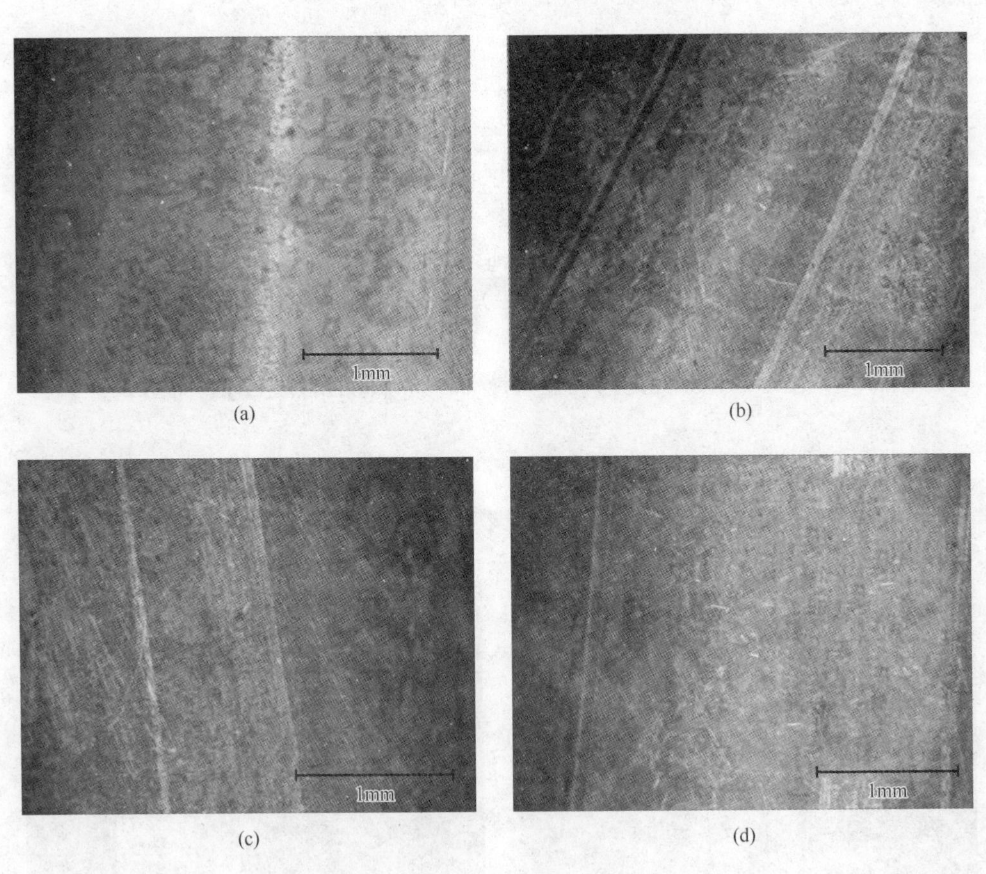

(a)　(b)

(c)　(d)

图 6-10　无垢，无腐蚀麻坑的管样

(a) 浸泡前；(b) 浸泡 40 天；(c) 浸泡 70 天；(d) 浸泡 80 天

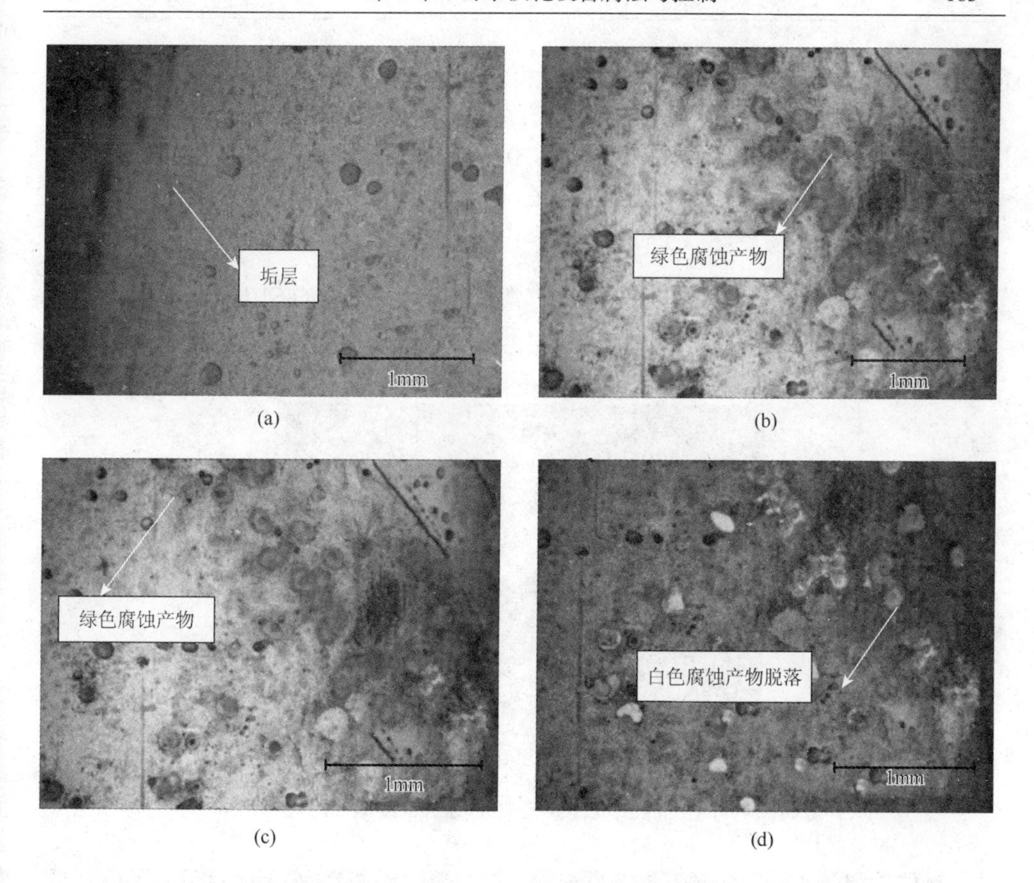

(a)　(b)　(c)　(d)

图 6-11　有垢，有轻微腐蚀麻坑的管样

（a）浸泡前；（b）浸泡 40 天；（c）浸泡 70 天；（d）浸泡 80 天

由图 6-9 可知，在腐蚀浸泡实验之前，铜管表面附着一层致密的垢层，没有明显的腐蚀坑。而浸泡 40 天之后，铜管的表面垢层脱落，表面出现明显的腐蚀坑。浸泡 70 天后，铜表面的腐蚀坑明显变大，且腐蚀坑增多。由图 6-10 可知，在脱锌实验之前，铜管表面没有明显的垢层，没有明显的腐蚀坑。浸泡 40 天之后，铜管的表面同样没有明显的垢层，没有明显的腐蚀坑。浸泡 70 天后，铜管表面仍没有明显的垢层，也没明显的腐蚀坑。由图 6-11 可知，在脱锌实验之前，铜管表面附着一层垢层，有少量的腐蚀坑。而浸泡 40 天之后，铜管的表面垢层脱落，但表面腐蚀进一步加剧，有大量的新腐蚀坑。另外，在部分腐蚀坑上覆盖着一层绿色物质，应该为铜的腐蚀产物。浸泡 70 天后，腐蚀加剧，铜表面局部区域变黑，且腐蚀坑增多，腐蚀坑上面覆盖的绿色物质变成白色，应该为铜产物脱水所致。浸泡 80 天后，腐蚀坑上面覆盖的白色物质逐渐减少。

实验发现，有垢无腐蚀坑的管样表层的垢层缓慢脱落，之后出现腐蚀坑；无垢无腐蚀坑的管样随着浸泡时间的增加并没有明显变化；有轻微麻坑的管样表面的垢层脱落较快，腐蚀速率较快，表面的腐蚀坑变化明显。在浸泡 15 天后，部分腐蚀坑上覆盖着一层绿色物质，当浸泡 70 天时，表面的绿色物质变成白色。

2. SEM/EDX 测试

图 6-12 为有垢无腐蚀坑管样在 70℃海水中浸泡 80 天的 SEM 图，图 6-13 为图 6-12 上区域 A、B 放大 300 倍的 SEM 图。

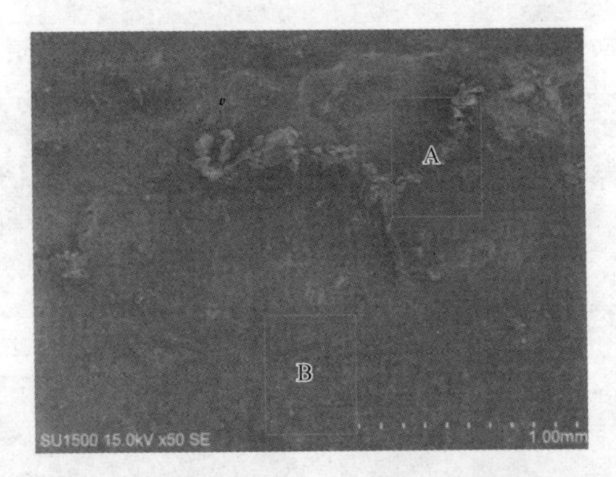

图 6-12　有垢无腐蚀坑管样在 70℃海水中浸泡 80 天的 SEM

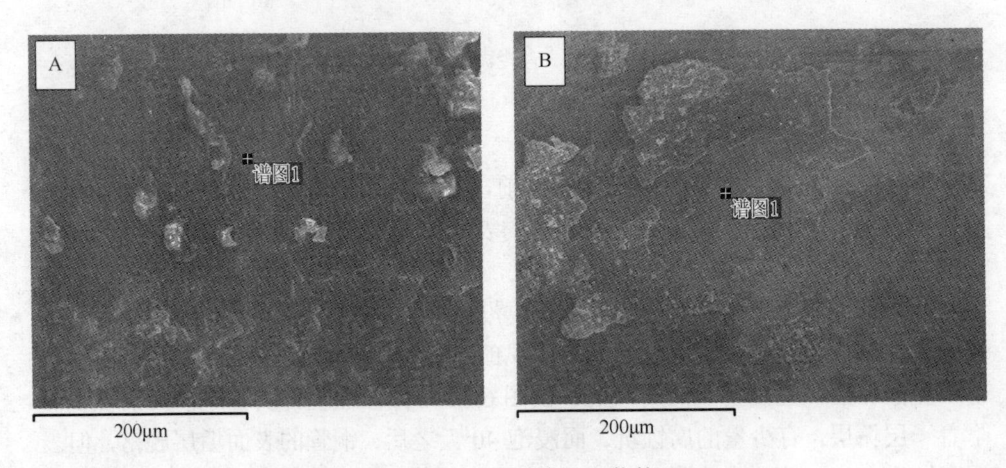

图 6-13　区域 A、B 放大 300 倍的 SEM

图 6-14 为有垢有少许腐蚀坑管样在 70℃海水中浸泡 80 天的 SEM 图，图 6-15 为图 6-14 上区域 D、E 和 F 放大 300 倍的 SEM 图。表 6-4 为不同区域元素含量的 EDS 数据。

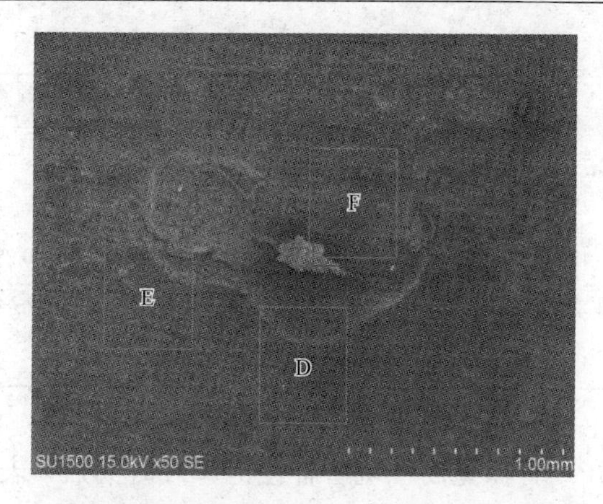

图 6-14　有垢有轻微腐蚀坑管样在 70℃海水中浸泡 80 天的 SEM

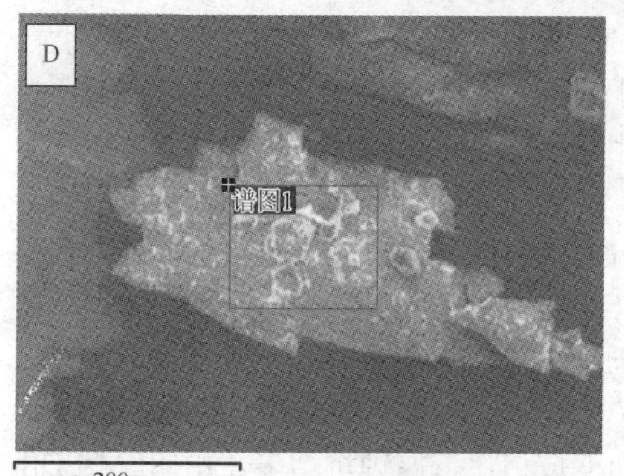

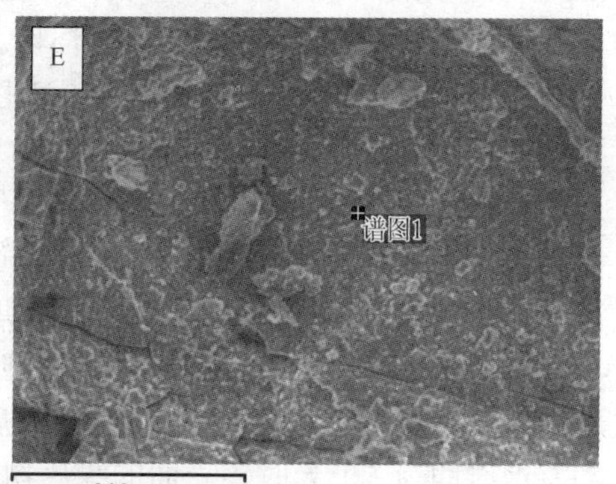

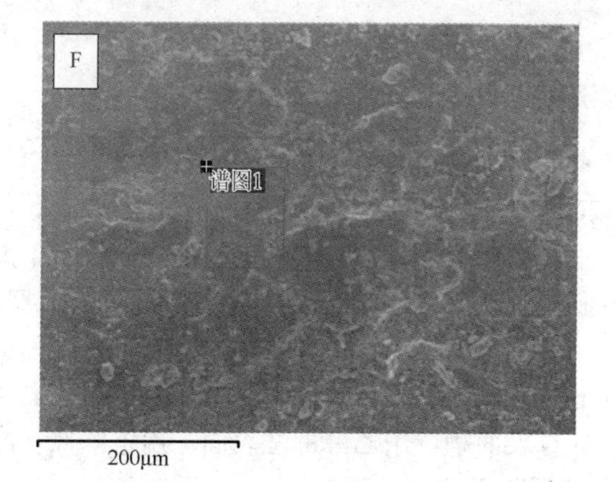

图 6-15　区域 D、E、F 放大 300 倍的 SEM

表 6-4 铜管不同区域元素含量的 EDS 数据

试样质量分数/%	C	O	Na	Mg	Al	Si	Cl	S	K	Ca	Fe	Cu	Zn
“A”	—	42.78		10.41	1.86	13.03	4.54	0.42	0.65	—	0.91	18.17	7.66
“B”	5.12	23.31	3.81	2.11	2.51	0.54	1.70	0.50	—	—	—	39.32	21.21
“D”	—	45.24	2.46	10.55	1.94	14.29	5.25	0.73	—	0.28	3.08	11.36	5.55
“E”	9.08	46.4	1.68	9.67	1.15	13.26	4.17	0.63	0.35	0.38	1.61	9.10	3.15
“F”	—	43.12	1.85	10.53	3.14	10.41	7.46	0.63	0.32	—	1.48	13.73	7.96

由图 6-12 可知，有垢无腐蚀坑管样浸泡一段时间后，表面出现明显的腐蚀坑，对图 6-13 的不同区域进行能谱分析，发现：区域“A”含有大量的 O、Mg、Cl 元素，同时含有少量的 Cu 等元素。这说明“A”区域表层的垢层主要是镁垢，同时含有部分金属化合物。而区域“B”的 O、Mg、Cl 元素明显低于区域“A”，C 元素明显增加。由图 6-14 可知，有垢有轻微腐蚀坑管样浸泡一段时间后，腐蚀坑变大，且腐蚀坑中出现白色腐蚀产物，如图上区域“D”，应该是脱水的铜腐蚀产物。

综上所述，有垢无腐蚀坑的管样随着浸泡时间的增加，表层的垢层缓慢脱落，并出现腐蚀坑；无垢无腐蚀坑的管样随着浸泡时间的增加，没有出现腐蚀坑；有垢有轻微腐蚀坑的管样随着浸泡时间的增加，管样表面的垢层脱落较快，表面的腐蚀坑变化明显，在浸泡 15 天后，部分腐蚀坑上覆盖着一层绿色物质，当浸泡时间为 70 天时，表面的绿色物质变成白色，腐蚀坑增多。由 SEM/EDS 数据分析可知：表面垢层主要是镁垢、钙垢等，在 70℃海水浸泡过程中垢层会局部脱落[9]。

6.1.4 腐蚀管样的酸洗实验

酸洗实验主要参考电力行业标准 DL/T794—2012《火力发电厂锅炉化学清洗导则》和 DL/T523—2007《化学清洗缓蚀剂应用性能评价指标及试验方法》。主要实验仪器为：分析天平、游标卡尺、恒温水浴锅、电吹风机、干燥器、温度计、量筒、烧杯、回流冷凝器等。试剂为去离子水、盐酸。酸洗腐蚀试验装置如图 6-16 所示。

将铜管切成 40mm×10mm（弧长 40mm，轴向长度 10mm），用游标卡尺精确测量试样表面尺寸，计算表面积。用乙醇擦洗表面，用电吹风（冷风）吹干，置于干燥器内干燥 1h，然后称重。

在试验容器内加入一定量的 3% HCl 清洗液，清洗液用量按试样表面积计（15mL/cm^2）。将试验容器放入已升至试验温度的恒温水浴锅内（25℃），盖上盖

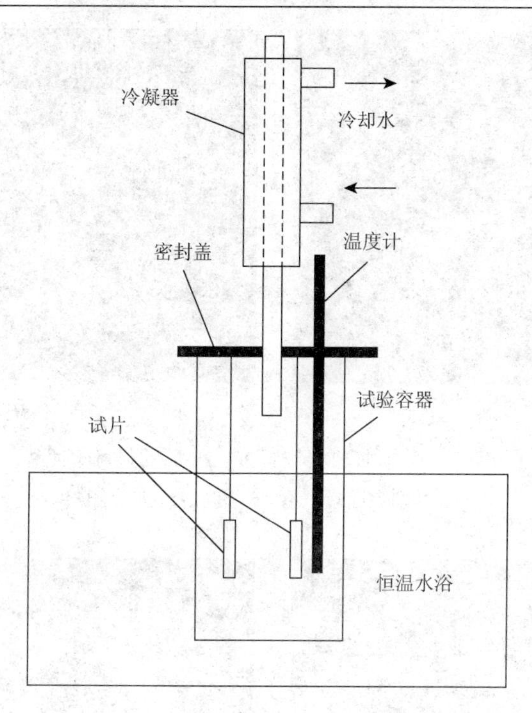

图6-16　酸洗腐蚀试验装置示意图

子，接好回流冷凝器，待试验容器内清洗液达到试验温度后，将试样挂上，放入清洗液中（试样挂在清洗液中央，不与器壁接触，试样顶部与液面距离保持大于10mm）。开始计时，2h、4h后取出试样，立即用去离子水彻底冲洗试样，观察外观并拍照，同时对表面现象详细记录，之后用软橡皮擦去表面附着物，放入干燥器内干燥1h，然后称重。酸洗实验后，用奥林巴斯SZX7体视荧光体视显微镜对HAl77-2管样进行分析，结果如图6-17、图6-18所示。

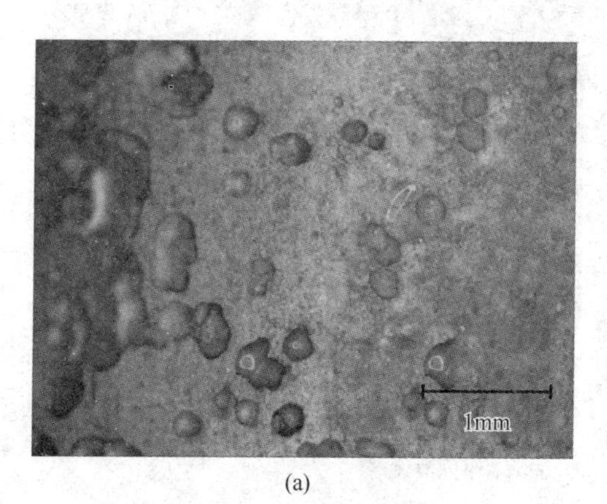

(a)

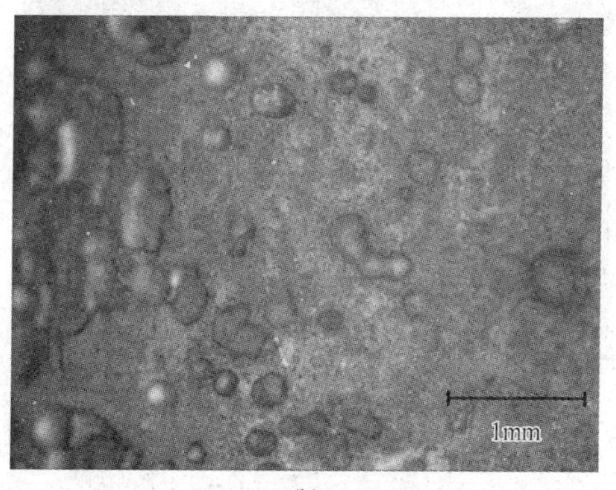

(b)

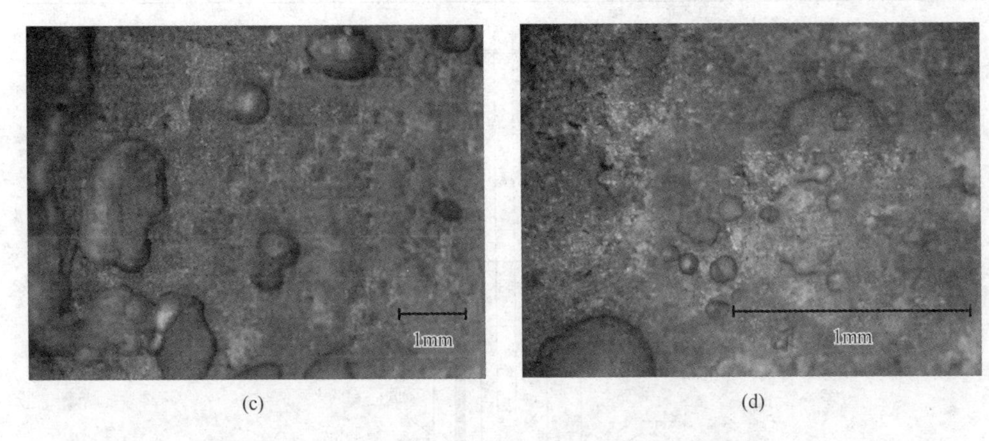

(c)　(d)

图 6-17　有腐蚀坑的管样酸洗 2h 后的显微镜照片

（a）酸洗前；（b）、（c）、（d）酸洗后不同放大倍数

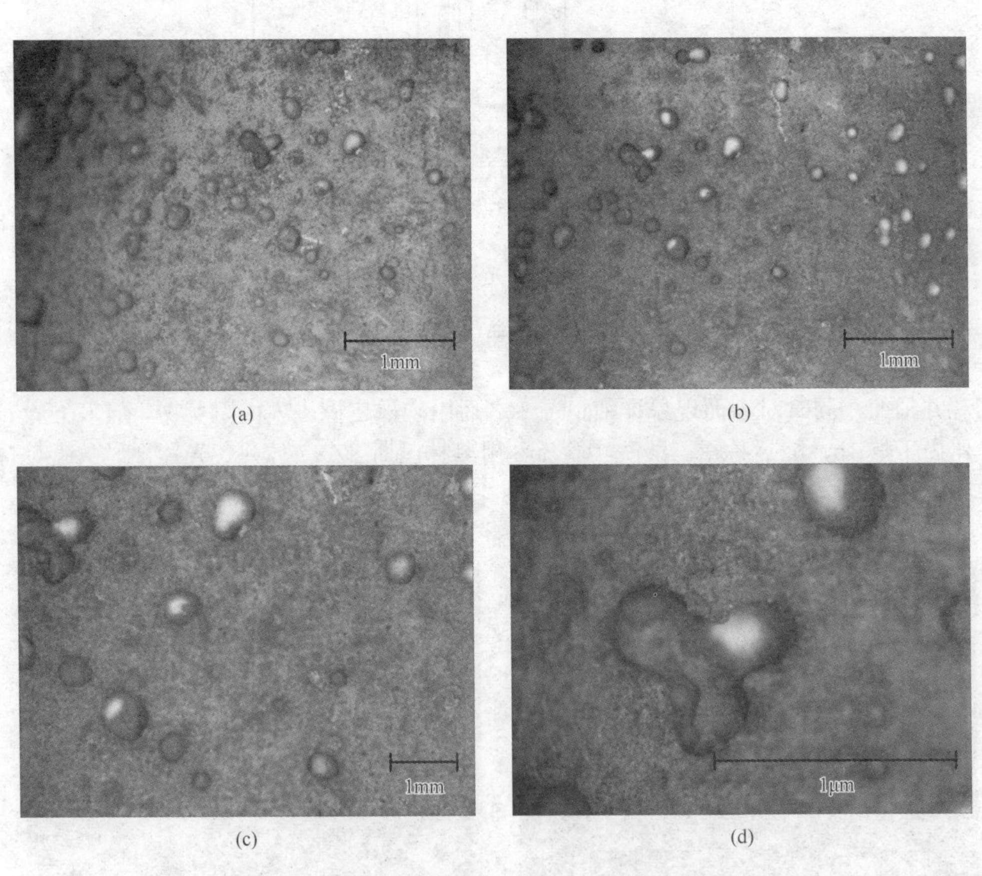

(a)　(b)
(c)　(d)

图 6-18　有腐蚀坑的管样酸洗 4h 后的显微镜照片

（a）酸洗前；（b）、（c）、（d）酸洗后不同放大倍数

由图 6-17、图 6-18 可知：酸洗 2h、4h 后，腐蚀管样表面没有出现腐蚀坑区域垢层轻微脱落的现象；而腐蚀坑底部呈现红褐色，表明腐蚀坑处发生了严重的脱锌腐蚀。酸洗 2h、4h 后管样的失重量见表 6-5。

表 6-5　酸洗 2h、4h 后管样的失重量

酸洗时间/h	m_0/g	m_1/g	Δm/g
2h	2.8363	2.8266	0.0097
4h	3.9290	3.9145	0.0145

可见，失效管样表层的垢层很难溶解，而腐蚀坑处的腐蚀垢很容易溶解，清洗后裸露出单质铜的颜色，证明了腐蚀坑处发生了 HAl77-2 黄铜脱锌腐蚀[10]。

6.1.5　总结

（1）麻坑处存在铜沉积，局部的氯离子富集，发生了脱锌腐蚀。点蚀坑的形成和铜管表面结垢有关。该电厂海水淡化装置 HAl77-2 铜合金热交换管表面结垢以镁垢为主，垢层不均匀、不致密，表面存在许多微裂纹，造成了铜管表面电化学不均匀性，形成腐蚀微电池。点蚀坑是腐蚀阳极，发生了铝黄铜中锌元素的选择溶解；而周围的结垢层是腐蚀阴极，垢下的 Zn、Al 元素含量较高，表明垢下的铝黄铜的耐蚀膜较完整。

（2）浸泡实验表明，有垢无腐蚀坑的管样随着浸泡时间的增加，表层的垢层缓慢脱落，并出现腐蚀坑；无垢无腐蚀坑的管样随着浸泡时间的增加，没有出现腐蚀坑；有垢有轻微腐蚀坑的管样随着浸泡时间的增加，管样表面的垢层脱落较快，表面的腐蚀坑变化明显，在浸泡 15 天后，部分腐蚀坑上覆盖着一层绿色物质，当浸泡时间为 70 天时，表面的绿色物质变成白色，腐蚀坑增多。

（3）由酸洗实验可知：失效管样表层的垢层很难溶解，而腐蚀坑处的腐蚀垢很容易溶解，腐蚀坑清洗后裸露出单质铜的颜色，证明腐蚀坑处发生了 HAl77-2 黄铜脱锌腐蚀。

6.2　低温多效海水淡化铜合金热交换管耐蚀性研究

铜合金管是目前低温多效海水淡化装置最常用的传热管材质，通常一台 8 效的产水能力为 10000t/日的淡化装置，传热管用量接近 300t[11]。铜合金换热管的耐蚀性是装置运行可靠性的关键因素。加紧研发新型低成本、高耐蚀的铜合金热交换管对于提高海水淡化装置的安全、经济运行具有重要意义[12，13]。

海水淡化用铜合金主要有铝黄铜、锡黄铜和铜镍合金，牌号分别为 HAl77-2（铝黄铜）、HSn70-1（锡黄铜）和 BFe10-1-1、BFe30-1-1[14，15]。传统的铜合金管为挤压生产工艺，采用氮气、氩气等可控保护性气氛的光亮退火工艺，可避免表面形成黑色氧化皮，提高表面质量。但是保护气氛的引入，增加了热处理的费用。桂林漓佳金属有限责任公司（以下简称漓佳公司）开发了无保护气氛中退火工艺，我们在真实海水中对预氧化退火处理铜合金管和光亮退火处理铜合金管的耐蚀性进行了比较。

6.2.1　海水的取样、预处理及水质分析

海水水质条件对蒸馏法海水淡化设备的腐蚀和结垢有重要影响。从多效蒸馏海水淡化装置稳定运行的角度考虑，如何进行经济有效的海水预处理，除去海水中的细菌、CO_2、O_2、泥沙、悬浮物和可溶性碳酸盐及碳酸氢盐等，是一个重要的研究内容。低温多效海水淡化设备进水水质要求见表 6-6。

表 6-6　低温多效海水淡化设备进水水质要求

项目	SS 直径/μm	浊度/NTU	SS 含量/(mg/L)	余氯/(mg/L)
指标	100	＜5	＜50	＜0.3

常规的蒸馏法海水淡化预处理系统可采用如下预处理流程：海水（加杀菌剂）→沉沙池（加杀菌剂、$FeCl_3$ 聚电解质）→混凝沉淀设备（加阻垢剂）→多效蒸发装置。通常认为海水进入低温多效装置之前只需经过筛网过滤和加入 5mg/L 左右的阻垢剂，而不像多级闪蒸那样必须进行加酸脱气处理。目前对低温多效海水淡化的海水预处理认识还不统一。当海水预处理加铁盐混凝剂时，某电厂每年冬季检查海水淡化装置，发现在蒸发器换热管表面、冷凝器和板式换热器的换热管内部含有大量红褐色污垢，堵塞换热管，导致进入蒸发器的海水流量降低，并影响换热器的换热作用，从而引起海水淡化设备的制水效率大幅下降。在某年冬季，海水淡化装置的造水比由设计值 8.33 剧降至 4.5 左右，为此，被迫停运海水淡化装置进行污垢清理。分析认为污垢产生的主要原因是：冬季海水水温一般在 5℃以下，虽然铁盐作混凝剂受温度的影响较小，但低温时铁胶体在反应区内吸附架桥能力降低，导致矾花生长缓慢。另外，水温低时，水的黏度大，水流的剪切力大，使絮凝物生成速度和沉降速度缓慢，被出水带出小矾花增多，在后续换热设备产生二次絮凝现象，沉积含铁量高的污泥软垢，出现了冬季铁盐带入系统、污染设备和水质的情况。目前，该电厂海水预处理采用停止加絮凝剂而仅依靠物理沉降作用的方式，其出水水质能满足下级海水淡化装置的进水要求。

实验海水取样地点为上海市浦东新区东海大桥旁，实验用水均采用经自然沉降的上海地区海水上清液作为海水淡化设备进水和腐蚀介质。为检验沉降处理前后海水的区别并考察沉降清水作为海水淡化设备进水的适宜性，沉降前后海水水

质指标对比见表 6-7。

表 6-7　沉降前后海水水质指标对比

项目	浊度/NTU	SS 直径/μm	SS 含量/(mg/L)
沉降前	2772	101	3066
沉降后	4.54	—	22

从表 6-7 可以看出，通过自然沉降所得海水清液的悬浮固体含量为 22mg/L，基本满足低温多效海水淡化装置进水要求。试验用海水水质见表 6-8。

表 6-8　海水水质指标（mg/L）

Ca^{2+}	Mg^{2+}	总硬度	Cl^-	SO_4^{2-}
132.74	168.62	301.36	14090	2380

可以看出，上海地区海水的氯离子含量为 14090mg/L，含盐量明显偏低。Ca^{2+}、Mg^{2+}含量也明显低于传统海水，符合河口海水的水质特征。

6.2.2　预氧化铜管和光亮铜管模拟腐蚀实验研究

铜合金一直是海水淡化工程的首选材料。漓佳公司提供的四种管材规格为 25.4mm×0.7mm×250mm，均符合 GB/T23609—2009《海水淡化装置用铜合金无缝管》的技术要求，其化学成分见表 6-9。从外观上看，BFe10-1-1 管经氧化退火处理后，其表面变暗、变黑；HAl77-2 管经氧化退火处理后，其内表面颜色变深，外表面颜色变化不明显。

表 6-9　铜合金化学成分（质量分数，%）

牌号	Cu	Fe	Pb	Al	Zn	Mn	Ni+Co	P	S	C	Si	Sn	As
HAl77-2	76.0～79.0	0.06	0.07	1.8～2.5	余量	—	—	—	—	—	—	—	0.02～0.06
BFe10-1-1	余量	1.0～1.5	0.02	—	0.3	0.5～1.0	9.0～11.0	0.006	0.01	0.05	0.15	0.03	—

1. 海水淡化二效蒸馏模拟装置设计

低温多效海水淡化系统分 4 个主要组成部分：蒸发器、冷凝器、真空喷射系统、管道系统。其中蒸发器为多效组件，是影响系统性能的最关键部件，其热交换管容易发生腐蚀和结垢等失效问题。低温多效蒸馏中海水的蒸发温度不超过 70℃，最高盐水浓度控制在 7%以下，为了避免海水中的氧气对设备造成腐蚀，进入低温多效蒸馏装置的海水首先需要在冷凝器中进行脱气处理，而且整个蒸发冷凝过程都必须在真空条件下进行，这样可减缓设备的腐蚀和结垢，提高设备的使用性能、降低运行成本[16, 17]。

本研究在实验室设计了二效蒸馏模拟海水淡化装置，进行了两种退火工艺所制备铜合金管的对比腐蚀实验。该装置主要由蒸馏系统、换热系统、海水进水及回流系统、蒸馏水收集系统组成，工艺流程图如图 6-19 所示。将在水浴锅中控温的海水，经转子流量计后分别输送到一效和二效蒸发器的海水喷淋管中，来自蒸汽发生器的初始蒸汽在一效蒸发器的铜合金热交换管中和喷淋下的海水进行换热，海水蒸发产生的蒸汽进入二效蒸发器的热交换管中和海水进行二次换热，蒸汽冷凝便产生淡水。整个系统的真空度由两台真空泵控制，蒸汽发生器可以控制初始蒸汽的流量和压力。有机玻璃模拟换热器壳体，便于观察热交换管运行时腐蚀和结垢情况。

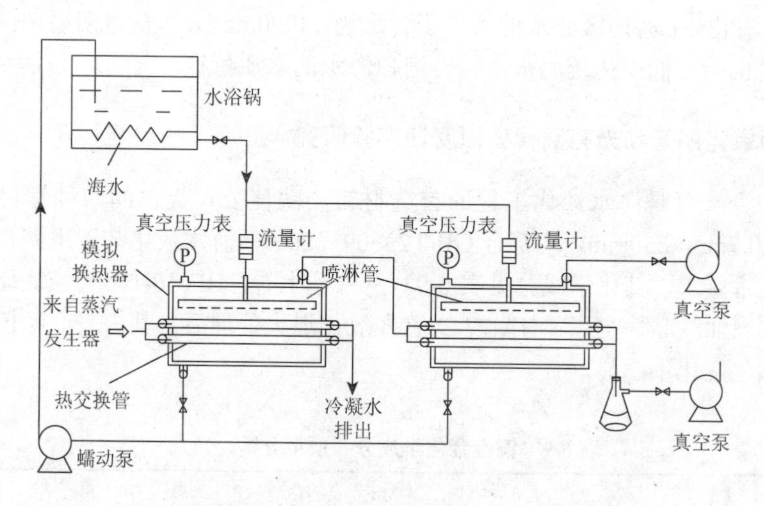

图 6-19　腐蚀模拟实验装置工艺流程图

由于是实验室小型模拟装置，为满足整个系统的运行流畅性，部分主要设备的选型具有以下特点，其一，真空泵选用微型泵，其优点是可操作性强，缺点是抽气量不大，当换热器内连续产生蒸汽时，所抽真空度小于其所能达到的最大负压（如为了保障布液及换热蒸发效果，一效真空度控制在–0.02MPa）；其二，浓盐水回流泵选用实验室常用蠕动泵，其优点是简单实用，缺点是耐真空能力不强，对于一效–0.02MPa 真空度能确保顺畅排水，但对于二效–0.04MPa 真空度无法顺畅排水（排水不畅，需要调小进水量，进而导致换热蒸汽少，抽真空效果较好，进一步加剧了二效布液器排水不畅的问题)。但如果真空泵和回流泵都选用较大的真空泵与排水泵，将导致模拟换热器壳体材料承受不住，影响系统的气密性。从实际运行效果来看，一效换热器的运行工况稳定性较好，能较好地对比出光亮铜管和预氧化铜管耐蚀性的差别；而二效换热器的运行工况稳定性较差，其测试结果仅具有一定的参考性。通过对该装置的调试，主要包括气密性试验、各系统的修正和调整，解决了换热器以及管路等的泄漏问题，能基本满足腐蚀模拟实验的要求，我们在此装置上进行了光亮铜管和预氧化铜管耐蚀性能的比较。

2. 预氧化铜管和光亮铜管的腐蚀模拟实验比较

实验所用 4 种铜合金管（HAl77-2 光亮管、HAl77-2 预氧化管、B10 光亮管、B10 预氧化管）各 4 根，直径为 25.4mm，壁厚为 0.7mm，长度为 22cm。每效蒸发器中，安装 4 根热交换管，分两层排列，每层对同种材质的预氧化管和光亮管进行对比实验。海水在水浴锅中加热至 85℃（综合考虑一、二效模拟换热器的蒸发温度以及水浴加热海水的可操作性）后，通过 4 个流量计分别进入一效、二效中的 4 根布液管，每根布液管正下方设有 2 根铜合金管，海水在铜合金管上换热蒸发，一效换热器海水蒸发产生蒸汽抽入二效换热器铜合金管内，二效换热器蒸发的蒸汽直接抽取排出，两个换热器的浓盐水通过蠕动泵返回水浴锅内。控制水浴锅温度在 85℃左右，一效换热器真空度控制在–0.02MPa 左右，二效换热器真空度控制在–0.04MPa 左右，保证进效海水温度比相应真空度下海水的蒸发温度低 2～3℃，每天运行 8h，运行周期为 2 周。每天观察铜合金管的腐蚀状况。

1）HAl77-2 光亮管与 HAl77-2 预氧化管耐蚀性比较

运行初始，由于设备非连续运行，HAl77-2 光亮管和预氧化管表面均出现了少量灰黑色锈斑（设备停运后残留海水液滴腐蚀铜管所形成），之后大部分区域慢慢产生了灰白斑垢并逐渐致密。随着运行时间增加，上下排 HAl77-2 预氧化管表面均出现斑垢脱落现象，而对于 HAl77-2 光亮管仅上排管出现该现象，表现不如预氧化管明显。海水淡化热交换管的污垢，可分为以下四种：①析晶污垢；②微粒型污垢；③腐蚀垢等化学反应垢；④生物污垢。在各种污垢中析晶污垢是主要的。在本实验条件下，铜合金热交换管表面的垢，经分析主要包括：硫酸钙、硫酸镁、碳酸钙等[18, 19]。

从两周腐蚀模拟实验来看，预氧化 HAl77-2 管和光亮 HAl77-2 管均未出现明显的点蚀，两者外表面均出现了灰白色垢斑。相比较而言，预氧化 HAl77-2 管表面的灰白色斑垢色泽较均匀，而且随运行时间的延长，预氧化 HAl77-2 管表面的灰白色斑垢出现局部脱落现象。从热交换管内壁来看，光亮 HAl77-2 管内壁颜色较浅，且不均匀；而预氧化 HAl77-2 管内壁颜色较深且较均匀。由于氧化退火过程中，铜的氧化物与基体的结合力较差，所以在运行过程中氧化物上的结垢连同氧化膜一起从铜管表面脱落。预氧化 HAl77-2 管内壁颜色较深且较均匀。预氧化 HAl77-2 管在海水中的耐蚀性和抗结垢性有一定程度的提高。

2）B10-1-1 光亮管与 B10-1-1 预氧化管耐蚀性比较

运行前期，光亮 B10-1-1 管表面出现大量的砖红色锈斑及少量黑色锈斑，预氧化 B10-1-1 管表面黑色膜层脱落并出现深紫色锈斑；随着运行时间增加，光亮 B10-1-1 管表面砖红色锈斑颜色加深，且部分区域由于布液不均匀而出现锈斑消失且表面颜色变成了银白色，而预氧化 B10-1-1 管表面锈斑由深紫色逐渐变成红褐色，同样部分布液不足区域出现锈斑消失且表面变成银白色的现象。运行过程中光亮 B10-1-1 管和预氧化 B10-1-1 管均未出现明显的结垢现象。

两周腐蚀模拟实验结束，预氧化 B10-1-1 管和光亮 B10-1-1 管均未出现明显点蚀，两者外表面均出现了灰白色垢斑，且出现了少量绿色垢斑。绿色垢斑应为铜氧化物进一步发展形成的腐蚀垢，是以碱式氯化铜为主的盐膜。相对而言，预氧化 B10-1-1 管表面的绿色腐蚀垢的面积较大，预氧化 B10-1-1 管表面主要为红褐色锈斑，而光亮 B10-1-1 管主要为砖红色锈斑（砖红色表明 Cu_2O 含量较多，而红褐色表明 CuO 含量较多）。从热交换管内壁来看，预氧化 B10-1-1 管表面只出现少量点状黑斑，而光亮B10-1-1管表面出现大量片状及块状黑斑。预氧化B10-1-1管与光亮 B10-1-1 管相比，其在海水中的耐蚀性明显下降；在淡水中其耐蚀性可能有一定程度改善。

6.2.3 预氧化铜管和光亮铜管腐蚀的表面分析研究

采用扫描电子显微镜（SEM）观察材料表面的微观结构，通过能量色散 X 射线光谱仪（EDX）进行表面的元素分析，X 射线衍射（XRD）进行表面物相分析。

1. 腐蚀前铜管的表面形貌和组成

预氧化 HAl77-2 铜管外壁和内壁有纵向的拉拔痕迹，拔痕之间有层状物的堆积，内壁出现长度在 20μm、宽度在 2～3μm 的微坑表面，相比较外壁比内壁光滑。预氧化 B10-1-1 铜管外壁表面较光滑，但带有些微裂纹，裂纹长度在 20μm 左右，走向随机排列；而内壁表面光滑平整并均匀分布大小在 1μm 左右的二次相颗粒。

由光亮 HAl77-2 管及光亮 B10-1-1 管化学成分对比可知，预氧化 HAl77-2 管增加了 O 这一成分，且含量超过 4%，同时 Al 成分的含量有所上升。预氧化 B10-1-1 管也增加了 O 这一成分，且其含量高达 15%左右，同时 Zn 含量有所上升。这表明氧化退火工艺将导致铜合金热交换管内外表面氧化物含量增加。白铜是以镍为主要添加元素的铜基合金，具有低层错能面心立方结构，铜镍之间可无限固溶，形成连续固溶体。B10-1-1 铜管内表面的细微颗粒应该是氧化退火过程中形成的二次相颗粒。从 XRD 结果看，预氧化 HAl77-2 铜管和预氧化 B10-1-1 铜管，出现新的 CuO 和 Cu_2O 的衍射峰，表明其表面铜的氧化物含量明显增加。

2. 腐蚀后铜管的表面形貌和组成

腐蚀模拟实验结束后，预氧化 HAl77-2 铜管外表面结垢程度低于光亮 HAl77-2 铜管外表。从含氧量看，预氧化 HAl77-2 铜管外壁上表面含氧量显著低于光亮 HAl77-2 铜管外壁上表面，预氧化 HAl77-2 铜管和光亮 HAl77-2 铜管具有较好的耐海水腐蚀和防结垢的能力。光亮管的外壁上表面有大量的垢结晶析出，而预氧化管外壁上表面结垢情况较轻，比较光滑平整；而两者的外壁下表面无明显差别。对于铜合金管内壁，无论上下表面，预氧化管都比光亮管光滑平整。

光亮 HAl77-2 铜管和预氧化 HAl77-2 铜管，其外壁上表面的 O 含量远远高于外壁下表面，说明在实验过程中，铜管接触海水进一步氧化腐蚀，铜的氧化物主要在外壁的上表面形成。所有试样均未检测到 Ca，说明超声清洗对于去除钙垢效果显著，但在管外壁均检测到 Mg，且上表面含量明显高于下表面，说明镁垢有残留，并且上表面镁结垢比下表面严重。预氧化 HAl77-2 铜管外表面结垢程度低于光亮 HAl77-2 铜管外表面。从含氧量看，预氧化 HAl77-2 铜管外壁上表面含氧量显著低于光亮 HAl77-2 铜管外壁上表面，表明光亮 HAl77-2 铜管外壁发生较严重的氧化腐蚀。铜及铜合金具有较好的耐蚀性能，主要是由于材料表面能够形成一层致密的氧化物保护膜。因此，从模拟实验来看，预氧化 HAl77-2 铜管和光亮 HAl77-2 铜管具有较好的耐海水腐蚀和防结垢的能力。预氧化 HAl77-2 铜管和光亮 HAl77-2 铜管内壁上下表面的成分含量差别不大，未见明显的腐蚀产物，表明在实验条件下，预氧化的 HAl77-2 铜管不会加重内壁淡水侧的腐蚀。

腐蚀模拟实验结束后的光亮 HAl77-2 铜管外壁与预氧化 HAl77-2 铜管外壁均生成了铜氯化合物 $Cu_2Cl(OH)_3$ 和 $CuCl_2·3Cu(OH)_2$；而光亮 HAl77-2 铜管内壁和预氧化 HAl77-2 铜管内壁与腐蚀试验前相比，其表面物相成分均无明显变化，预氧化 HAl77-2 铜管内壁在衍射角（2θ）为 80°时，出现了对应于 CuO 的衍射峰。

光亮 B10-1-1 和预氧化 B10-1-1 铜合金管，外壁上出现了表面膜的剥离脱落，光亮 B10-1-1 管的外壁上表面有大量的垢析出，而预氧化管外壁上表面结垢较少，表面膜剥离情况较轻，比较光滑平整，出现一些微裂纹。光亮 B10-1-1 管内壁均较光滑平整，而预氧化 B10-1-1 管内壁出现了表层剥离脱落。预氧化 B10-1-1 管所形成的氧化膜在海水和淡水中均不稳定。腐蚀模拟实验结束后的 B10-1-1 铜合金管，光亮管与预氧化管外壁上表面均出现了表面膜的剥离脱落，光亮 B10-1-1 管的外壁上表面有大量的垢结晶析出，而预氧化管外壁上表面结垢较少，表面膜剥离情况较轻，比较光滑平整，出现一些微裂纹；光亮 B10-1-1 管的外壁下表面也出现了表面膜剥离现象，但脱落情况较上表面轻，而预氧化 B10-1-1 管外壁下表面未见表面膜剥离和脱落。对于 B10-1-1 铜合金管内壁，光亮管内壁上下表面均较光滑平整，而预氧化管内壁上下表面均出现了表层剥离脱落，推测为表层黑色膜的脱落。

无论光亮 B10-1-1 铜管还是预氧化 B10-1-1 铜管，其外壁上表面均含有大量的镁，说明残留有镁垢，同时含有大量的氧，其中外壁上表面氧含量远远高于外壁下表面，说明实验条件下两种铜管外壁的上表面发生了严重的氧化腐蚀。研究表明，镍铁在产物膜中的富集是 B10-1-1 耐蚀性提高的前提条件。Cu-Ni 合金在海水中的耐蚀性很大程度上取决于表面生成的保护膜（二次膜）的质量和完整性。好的保护膜为黄绿色（橄榄绿色）或黄铜色，薄而均匀，致密完整，附着力强。其主要成分为 Cu_2O（致密的），此外还有 $Cu_2(OH)_3Cl$。预氧化 B10-1-1 管内壁表面和光亮 B10-1-1 管内壁表面相比具有较高的氧含量，这是由于预氧化 B10-1-1 管内壁表面膜中有较多的氧化物，在模拟实验的条件下，这些氧化膜也出现了剥离和脱落，表明预氧化 B10-1-1 管所形成的氧化膜并不稳定。从两种管子的内壁镍铜元素之比来看，它们均出现了脱镍现象，一般认为镍的选择性溶解会导致 Cu-Ni 合金耐蚀性下降，所以模拟实验的条件下，两种 B10-1-1 管的内壁均存在脱镍腐蚀的可能性。所有试样均未检测到 Ca，说明超声清洗对于去除钙垢效果显著，但在管外壁均检测到 Mg，且上表面含量明显高于下表面，说明镁垢有残留，并且上表面镁结垢比下表面严重。

腐蚀模拟实验结束后的光亮 B10-1-1 铜管外壁与预氧化 B10-1-1 铜管外壁均生成了铜氯化合物 $Cu_2Cl(OH)_3$ 和 $CuCl_2 \cdot 3Cu(OH)_2$；而光亮 B10-1-1 铜管内壁和预氧化 B10-1-1 铜管内壁与腐蚀试验前相比，其表面物相成分均无明显变化。

6.2.4 预氧化铜管和光亮铜管的腐蚀电化学实验研究

分别将光亮 HAl77-2 铜合金、预氧化 HAl77-2 铜合金、光亮 B10-1-1 铜合金、预氧化 B10 铜合金电极浸泡在 50℃海水中不同时间后进行电化学阻抗和电化学极化曲线测试。

1. 电化学阻抗谱

图 6-20～图 6-23 分别为光亮 HAl77-2 铜合金、预氧化 HAl77-2 铜合金、光亮 B10-1-1 铜合金、预氧化 B10-1-1 铜合金电极浸泡在 50℃海水中不同时间所测得的 Nyquist 图。

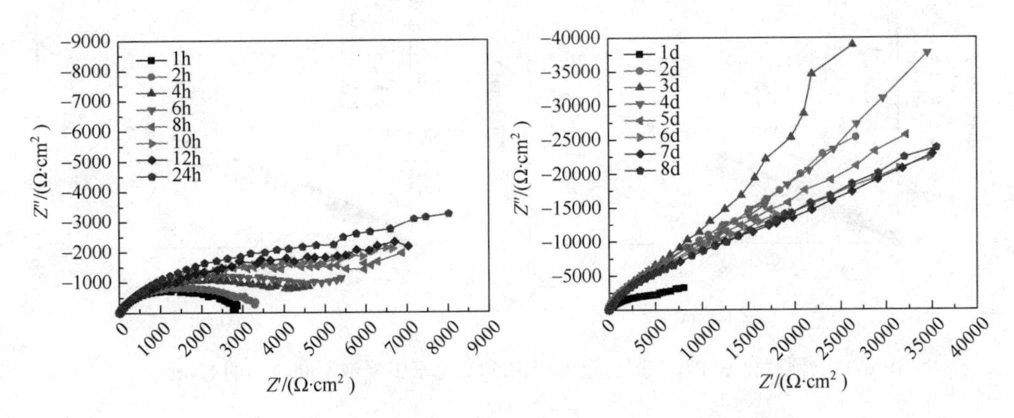

图 6-20　光亮 HAl77-2 铜合金电极在 50℃海水中浸泡不同时间的 Nyquist 图

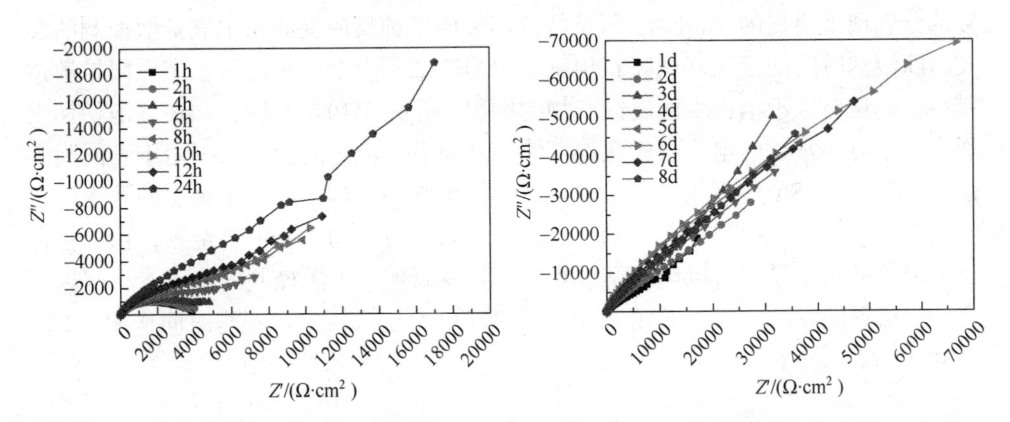

图 6-21　预氧化 HAl77-2 铜合金电极在 50℃海水中浸泡不同时间的 Nyquist 图

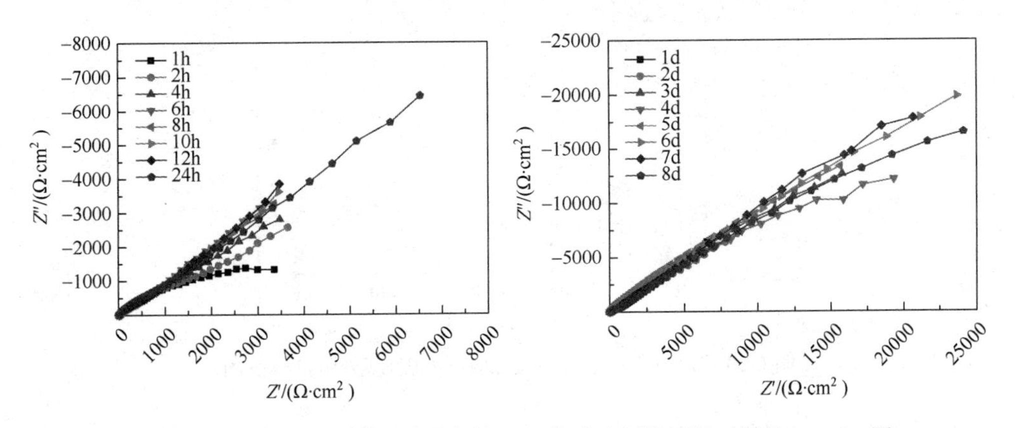

图 6-22　光亮 B10-1-1 铜合金电极在 50℃海水中浸泡不同时间的 Nyquist 图

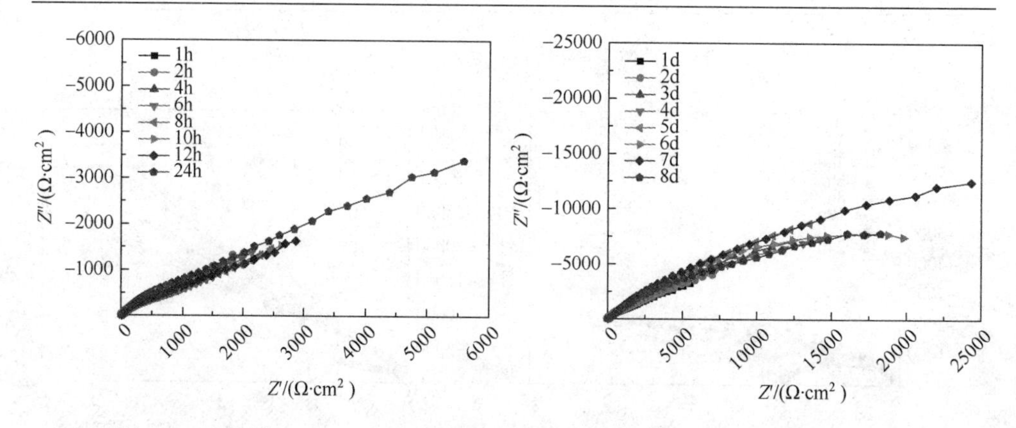

图 6-23　预氧化 B10-1-1 铜合金电极在 50℃海水中浸泡不同时间的 Nyquist 图

从图中可以看出，浸泡初期光亮和预氧化 HAl77-2 铜合金的电化学阻抗谱低频部分表现出明显的 Warburg 阻抗特征，表明腐蚀反应受海水中氧扩散控制的影响。随浸泡时间的延长，光亮和预氧化 HAl77-2 铜合金电极出现了半无限扩散控制特征，这对应于电极表面腐蚀产物的堆积。光亮 B10-1-1 铜合金在浸泡初期表现为一个时间常数的电化学活化控制特征，随着浸泡时间的延长，由于表面膜中诸如 Ni、Zn、Sn 等元素富集，改变了膜中的缺陷结构，增强了膜层的致密性，腐蚀电化学过程表现为扩散控制。而对于预氧化的 B10-1-1 铜合金管，由于存在表面黑色的氧化膜，所以电化学过程一开始就表现为扩散控制的特点。将四种铜合金管材料制成的电极在低频（0.02Hz）处阻抗模值 $|Z|_{0.02}$ 对浸泡时间作图，如图 6-24 所示。

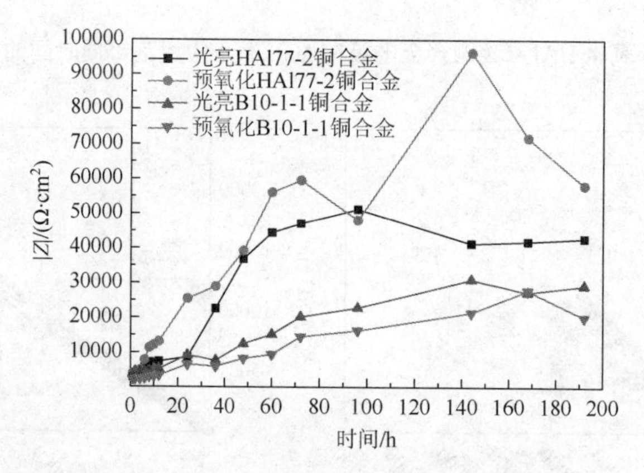

图 6-24　各铜合金电极的浸泡时间/0.02Hz 处阻抗模值图

低频端对应的阻抗模值越大，说明金属表面膜越稳定，越不容易被腐蚀，由图 6-24 可以看出，预氧化 HAl77-2 管的阻抗模值大于光亮 HAl77-2 管，而预氧化

B10-1-1 管的阻抗模值小于光亮 B10-1-1 管，说明预氧化 HAl77-2 管的耐蚀性能优于光亮 HAl77-2 管，而预氧化 B10-1-1 管的耐蚀性能劣于光亮 B10-1-1 管。同时，4 种管样的阻抗模值均随浸泡时间延长逐渐增大，浸泡几天后达到最大值，然后趋于稳定或稍有下降，表明电极表面逐渐形成保护层并逐渐变致密而后又到达一个溶解平衡。

综上所述，光亮和预氧化铜合金电极的阻抗值随浸泡时间的延长而增大，HAl77-2 铜合金管浸泡 3 天后，阻抗值接近最大值；B10-1-1 铜合金浸泡 2 天后，阻抗值接近最大值；铜合金表面耐蚀膜的形成需要一定的时间。预氧化 HAl77-2 管的阻抗模值大于光亮 HAl77-2 管，而预氧化 B10-1-1 管的阻抗模值小于光亮 B10-1-1 管，说明预氧化 HAl77-2 管的耐蚀性能优于光亮 HAl77-2 管，而预氧化 B10-1-1 管的耐蚀性能劣于光亮 B10-1-1 管。

浸泡初期光亮和预氧化 HAl77-2 铜合金的腐蚀电化学出现 Warburg 扩散控制特征；随浸泡时间的延长，光亮和预氧化 HAl77-2 铜合金电极出现了半无限扩散控制特征，这对应于电极表面腐蚀产物的堆积。光亮 B10-1-1 铜合金在浸泡初期表现为一个时间常数的电化学活化控制特征，随着浸泡时间的延长，腐蚀电化学过程表现为扩散控制。预氧化的 B10-1-1 铜合金管，由于表面存在黑色的氧化膜，所以腐蚀电化学过程一开始就表现为扩散控制的特点。

2. 电化学极化曲线测量

图 6-25 为 HAl77-2 铜合金（光亮退火与预氧化退火）电极浸泡在 50℃海水中 8d 的极化曲线。图 6-26 为 B10-1-1 铜合金（光亮退火与预氧化退火）电极浸泡在 50℃海水中 8d 的极化曲线。由 CorrView 软件拟合得到相应的极化曲线电化学参数，见表 6-10。

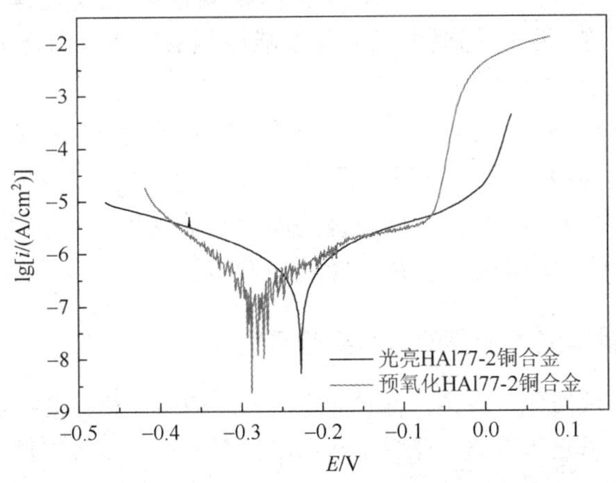

图 6-25　HAl77-2 铜合金（光亮退火与预氧化退火）电极浸泡在 50℃海水中 8d 的极化曲线图

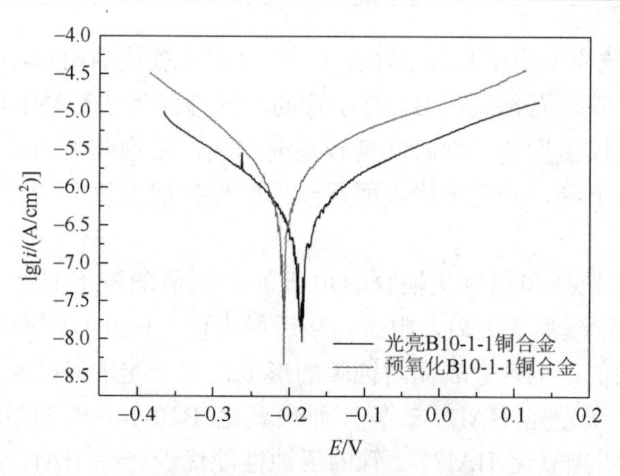

图 6-26　B10-1-1 铜合金（光亮退火与预氧化退火）电极浸泡在 50℃海水中 8d 的极化曲线图

表 6-10　铜合金在 50℃海水中浸泡 8d 的极化曲线电化学参数

合金种类	i_{corr}/(μA/cm²)	E_{corr}/mV	B_a/(mV/dec)	B_c/(mV/dec)
光亮 HAl77-2 铜合金	1.0082	−226.95	207.57	264.64
预氧化 HAl77-2 铜合金	0.036754	−280.06	71.75	50.80
光亮 B10-1-1 铜合金	0.53599	−184.83	174.30	148.50
预氧化 B10-1-1 铜合金	1.7121	−207.27	196.21	139.68

由表 6-10 可以看出，氧化退火处理可以导致 HAl77-2 和 B10-1-1 铜合金电极腐蚀电位负移，光亮退火 HAl77-2 铜合金电极的腐蚀电流密度比预氧化退火 HAl77-2 铜合金电极大，但其阳极钝化区间变小，说明氧化退火 HAl77-2 铜合金的腐蚀速率比光亮退火 HAl77-2 铜合金小，预氧化处理后 HAl77-2 铜合金管的耐蚀性得到一定程度的提高。光亮退火 B10-1-1 铜合金电极的腐蚀电流密度比氧化退火 B10-1-1 铜合金电极小，其阳极和阴极腐蚀电化学速率均小于氧化退火 B10-1-1 铜合金，这表明氧化退火工艺并没能增强 B10-1-1 铜合金管的耐蚀性，这与交流阻抗谱测试结果一致。

综上所述光亮退火 HAl77-2 铜合金电极的腐蚀电流密度比预氧化退火 HAl77-2 铜合金电极大，预氧化处理后 HAl77-2 铜合金管的耐蚀性得到一定程度的提高。光亮退火 B10-1-1 铜合金电极的腐蚀电流密度比氧化退火 B10-1-1 铜合金电极小，这表明氧化退火工艺并没能增强 B10-1-1 铜合金管的耐蚀性。

6.2.5　预氧化铜管和光亮铜管的酸洗实验研究

在低温多效海水淡化过程中，传热面上放入沉积垢，导致换热效率变小，海水的蒸发量相应减小，造水比下降。化学清洗是维持海水淡化设备正常运行的重要措施，从文献报道的化学方法来看，主要有盐酸酸洗、复合酸清洗、氨基磺酸酸洗等。盐酸酸洗具有成本低、在室温下方便操作、清洗效果好等优点，是清洗铜合金热交换器的主要方法之一。为考察预氧化铜合金管表面膜在酸洗液中的稳定性，进行了盐酸酸洗实验，观察其表面变化，对比预氧化铜管与光亮铜管表面膜的耐酸洗性能差别。通过电化学方法考察不同退火工艺所制备的铜合金管表面膜在酸洗溶液中的稳定性。

1. 不同铜合金管在 3%盐酸溶液中的浸泡实验

在试验容器内加入一定量的 3% HCl 清洗液，清洗液用量按试样表面积计（15mL/cm^2）。将试验容器放入已升至试验温度的恒温水浴锅内，盖上盖子，接好回流冷凝器，待试验容器内清洗液达到试验温度后，将试样挂上，放入清洗液中（试样挂在清洗液中央，不与器壁接触，试样顶部与液面距离保持大于 10mm）。开始计时，4h 后取出试样，立即用去离子水彻底冲洗试样，观察外观并拍照，同时对表面现象详细记录，之后用软橡皮擦去表面附着物，并用丙酮洗净，用冷风吹干，放入干燥器内干燥 1h，然后称重。

图 6-27、图 6-28 分别为光亮 HAl77-2 管与预氧化 HAl77-2 管、光亮 B10-1-1 管与预氧化 B10-1-1 管酸洗腐蚀实验前后外观对比图。

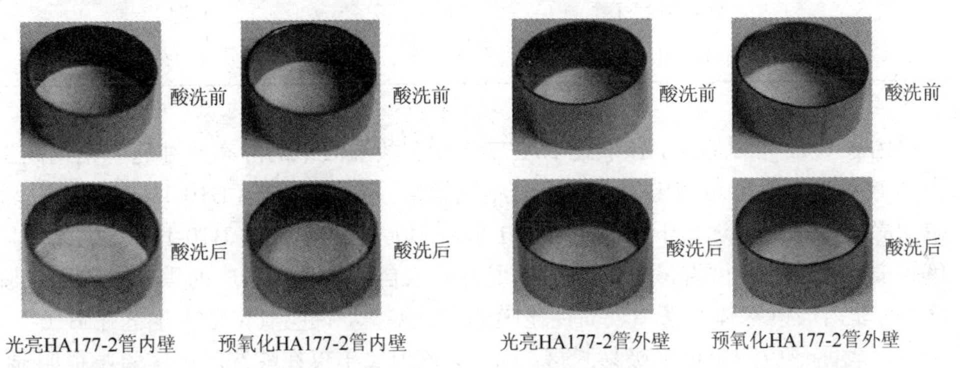

图 6-27　光亮 HAl77-2 管与预氧化 HAl77-2 管酸洗腐蚀实验前后外观对比图

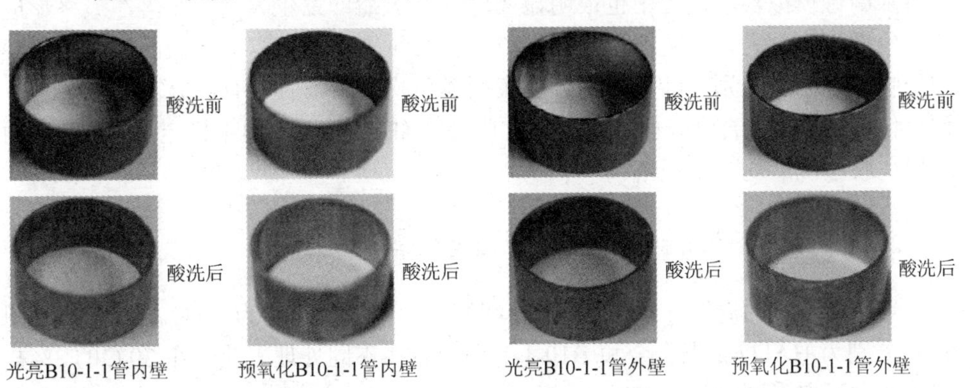

图 6-28　光亮 B10-1-1 管与预氧化 B10-1-1 管酸洗腐蚀实验前后外观对比图

由图 6-27 可以看出，光亮 HAl77-2 管与预氧化 HAl77-2 管酸洗后内外壁表面颜色均变暗，且带有部分灰黑色斑迹。预氧化 HAl77-2 管酸洗后表面的斑迹分布比光亮 HAl77-2 管的更均匀。总体来说，酸洗对两种 HAl77-2 铜合金管表面形成钝化膜的影响没有明显区别。

由图 6-28 可以看出，光亮 B10-1-1 管酸洗后内外壁表面颜色均变暗，且带有部分灰黑色斑迹，但分布不均匀；预氧化 B10-1-1 管酸洗后内外壁表面的黑色膜均完全脱落，颜色变为古铜色，且表面均匀分布着灰黑色斑迹。很明显，预氧化 B10-1-1 铜合金表面形成的钝化膜在 3% HCl 酸洗液中不稳定。表 6-11 为酸洗腐蚀实验得到的腐蚀速率结果。

表 6-11　各种管样的酸洗腐蚀速率

管样	v_{corr}/[g/(m^2·h)]
光亮 HAl77-2 管	0.4154
预氧化 HAl77-2 管	0.4478
光亮 B10-1-1 管	0.2902
预氧化 B10-1-1 管	1.3421

由表 6-11 可以看出，预氧化 HAl77-2 管在酸洗液中的静态腐蚀速率稍稍高于光亮 HAl77-2 管，这与电化学阻抗谱测试结果一致；预氧化 B10-1-1 管在酸洗液中的静态腐蚀速率远大于光亮 B10-1-1 管，其原因是预氧化 B10-1-1 管表面的黑色膜很不稳定，在酸洗液中的腐蚀减重主要来自退火工艺形成的黑色膜的腐蚀脱落，而非内层铜基体及基体表面钝化膜的腐蚀减重，说明氧化退火工艺在 B10-1-1 合金管表面形成的黑色膜极易脱落。同时，该现象不仅在酸洗腐蚀实验中很明显，在海水腐蚀模拟实验过程中也很明显（运行 2 天后即发生大面积脱落，最终形成红褐色锈斑。总之，酸洗对光亮 HAl77-2 管与预氧化 HAl77-2 管表面形成钝化膜的影响没有明显区别，酸洗后内外壁表面颜色均变暗，且带有部分灰黑色斑迹。预氧化 B10-1-1 铜合金表面形成的钝化膜在 3%HCl 酸洗液中不稳定，内外壁表面的黑色膜酸洗后均完全脱落。

2. 不同铜合金管在 3%盐酸溶液中的电化学实验

电化学测试的腐蚀介质为 3%的盐酸溶液，测试温度均为 30℃。图 6-29、图 6-30 分别为 HAl77-2 铜合金和 B10-1-1 铜合金在不同处理工艺下在 30℃的 3%盐酸溶液中浸泡不同时间的 Nyquist 图。

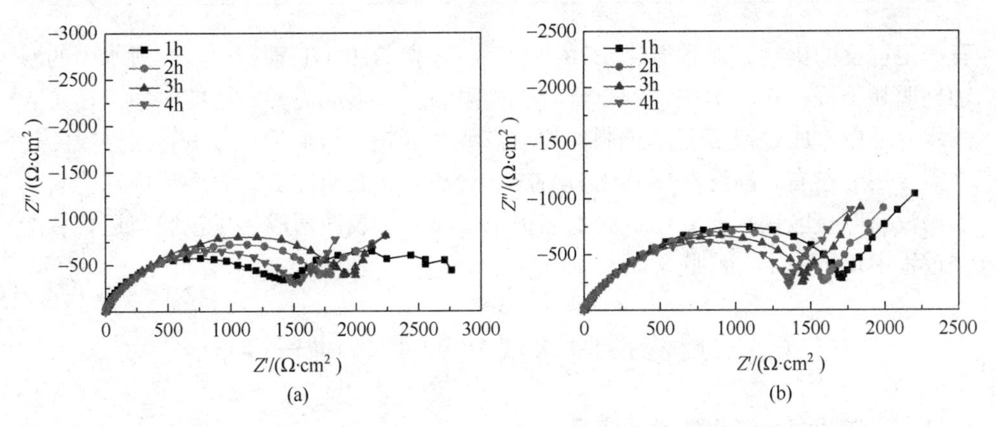

图 6-29　HAl77-2 铜合金在 30℃的 3%盐酸中浸泡的 Nyquist 图

（a）光亮；（b）预氧化

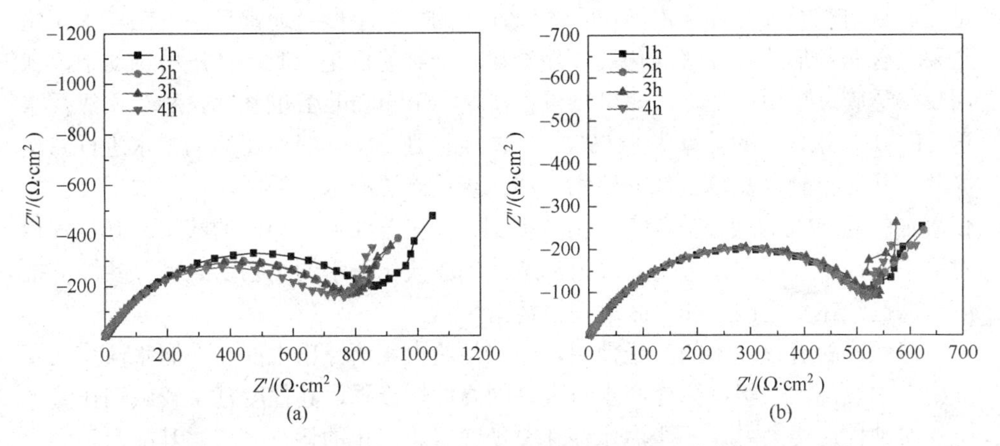

图 6-30　B10-1-1 铜合金电极在 30℃的 3%盐酸中浸泡的 Nyquist 图

（a）光亮；（b）预氧化

可以看出，在 3%HCl 溶液浸泡初期，预氧化 HAl77-2 铜合金在高频处的容抗半圆直径大于光亮 HAl77-2 铜合金的容抗半圆直径。随着在 3%盐酸溶液中浸泡时间的延长，预氧化 HAl77-2 铜合金容抗半圆直径下降很快，这表明氧化退火在 HAl77-2 铜合金表面形成的氧化膜不稳定。光亮 HAl77-2 铜合金在高频处的容抗半圆直径先增大后减小。光亮 B10-1-1 铜合金的容抗弧直径随浸泡时间延长逐渐减小，而预氧化 B10-1-1 铜合金容抗弧直径随浸泡时间变化不大，但总体来说，预氧化 B10-1-1 铜合金在 3%HCl 溶液中的耐蚀性小于光亮 B10-1-1 铜合金的耐蚀性[20-22]。

6.2.6　总结

预氧化 HAl77-2 管与光亮 HAl77-2 管相比，其在海水中的耐蚀性和抗结垢性有一定程度的提高。而预氧化 B10-1-1 管与光亮 B10-1-1 管相比，在海水中的耐蚀性明显下降。在海水中，铜合金管表面耐蚀膜的形成需要一定的时间，在实验海水介质中，HA177-2 管耐蚀膜的建立需要 3 天左右，而 B10-1-1 管耐蚀膜的建立需要 12h 左右。酸洗对预氧化 HAl77-2 管和光亮 HAl77-2 管表面形成钝化膜的影响没有明显区别。而氧化退火工艺在 B10-1-1 管表面形成的黑色膜在运行和酸洗过程中均不稳定，易脱落。

6.3　反渗透海水淡化产水腐蚀与控制

6.3.1　反渗透海水淡化技术的应用

反渗透海水淡化技术，具有其他海水淡化技术无法比拟的优点，近年来发展迅速，目前已经成为许多沿海电厂生产淡水的主要手段。通常反渗透法海水淡化主要包含两种形式：一级淡化及二级淡化。一级淡化是指海水在压力推动下，使用反渗透膜进行脱盐处理，即可制得含盐量小于 500mg/L 的淡水，称为一级反渗透（RO）产水，其脱盐率大于 99%；二次淡化则是将一级淡化后的淡水进行二次脱盐，从而得到含盐量更低的淡水，即二级反渗透产水。采用一级反渗透工艺能使海水中约 99%的盐分被除去，由此得到含盐量与江河水相似的淡水，其过程相对简单、经济。因此，采用一级反渗透法制取淡化海水的工艺受到世界各国的推广，并已经在一些国家和地区大规模运用[23]。

然而，随着该技术的广泛使用，一些问题也逐渐浮出水面。在海水淡化的实际生产中发现，一级反渗透产水对碳钢的腐蚀性极强，其程度甚至较碳钢在海水中的腐蚀性还要高[24]。不少海水淡化系统在二至三年的运行之后，其配水管网中碳钢管道的腐蚀相当严重，且在经过长距离的管道输送后，水流对管道表面腐蚀产物的冲刷使之混入水中，导致配水管网中的水质变差。国内用于反渗透产水输送的主要材料为碳钢，部分用到不锈钢材料，而金属管道耐蚀性能的强弱在一定程度上影响着海水淡化系统的供水水质及配水管网安全。因此，研究金属管道在海水淡化一级反渗透产水中的腐蚀机理及防护措施，是十分有必要的。

6.3.2　碳钢在一级反渗透产水和海水中的腐蚀行为比较

1. 碳钢在两种水质中的腐蚀电位分布比较

图 6-31 和图 6-32 分别为碳钢丝束电极在模拟一级 RO 产水和海水中经过不同时间后测得的腐蚀电位、电流分布图，图中灰色、浅色部位代表电位（或电流）较正区域，是腐蚀体系的阴极区；深色部位代表电位（或电流）较负区域，是腐蚀体系的阳极区。

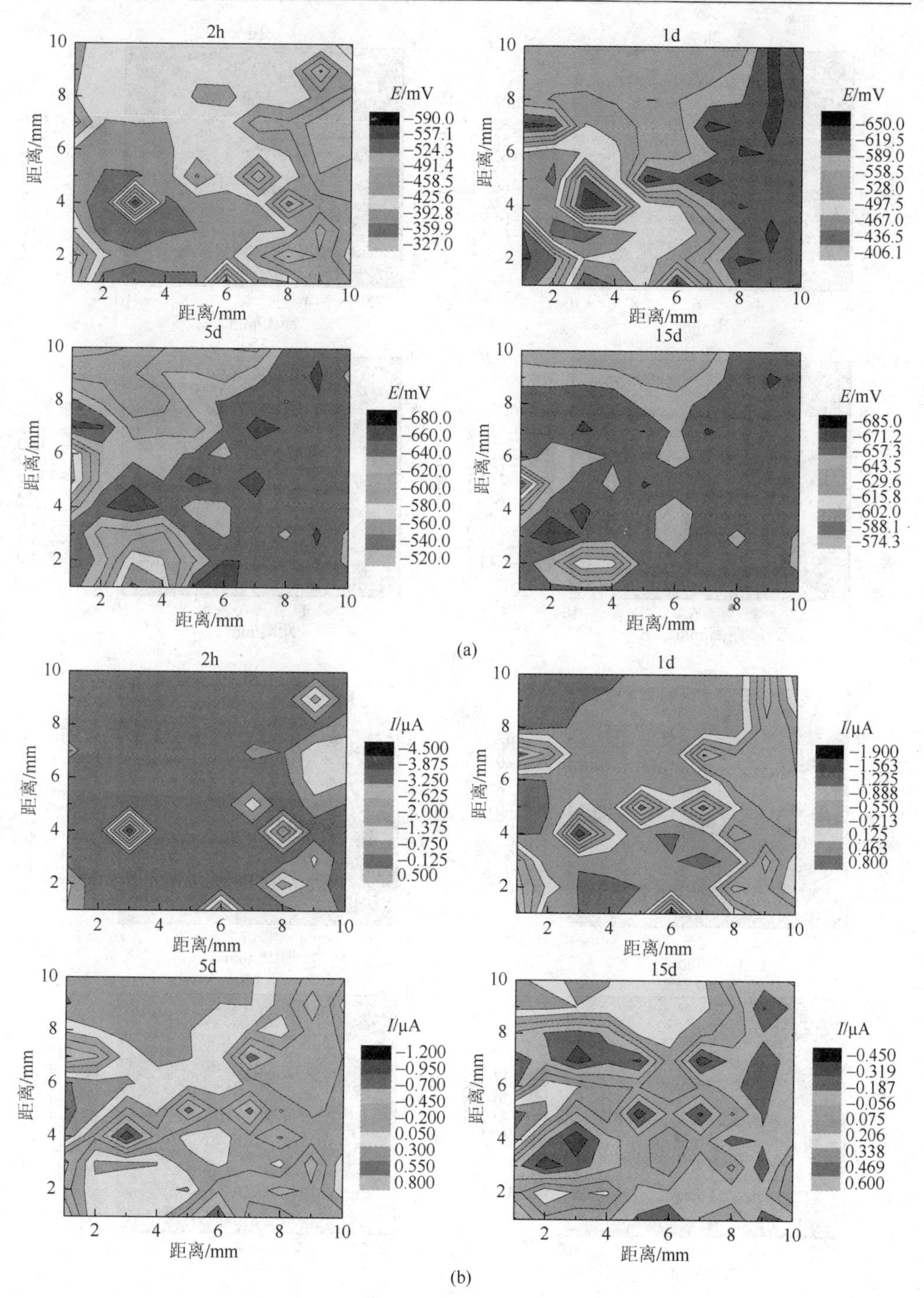

图 6-31　丝束电极在模拟一级 RO 产水中的腐蚀电位及电流分布随时间的变化

（a）腐蚀电位；（b）腐蚀电流

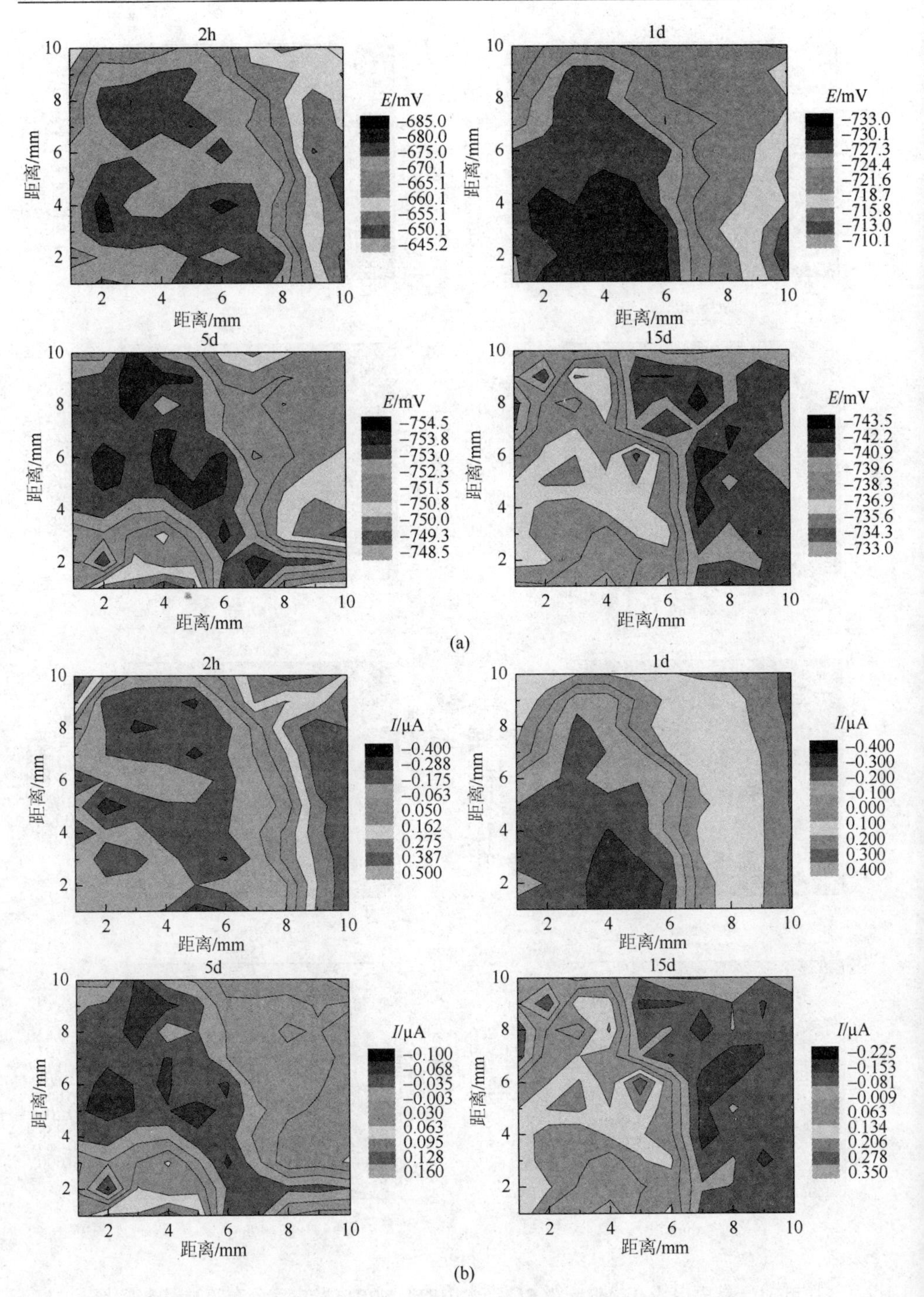

图 6-32　丝束电极在模拟海水中的腐蚀电位及电流分布随时间的变化

（a）腐蚀电位；（b）腐蚀电流

图 6-33 和图 6-34 分别为碳钢丝束电极在模拟一级 RO 产水和海水中浸泡不同时间的电位分布数据的高斯（Gauss）拟合曲线，其中高斯拟合采用公式

$$y = y_0 + \frac{A}{\sigma\sqrt{\pi/2}} e^{-2\frac{(x-\mu)^2}{\sigma^2}} \tag{6-1}$$

式中，y 为纵坐标电位分布计数值；x 为横坐标电位值；y_0 为纵坐标偏移量；A 为常数；σ^2 为高斯分布的方差；μ 为高斯分布的期望。在本分析中，μ 值代表了电位集中的位置，σ^2 值代表了电位分布的集中程度。σ^2 的数值越小，则电位分布越集中于 μ 值。表 6-12 和表 6-13 分别显示了其对应的高斯拟合结果[25, 26]。

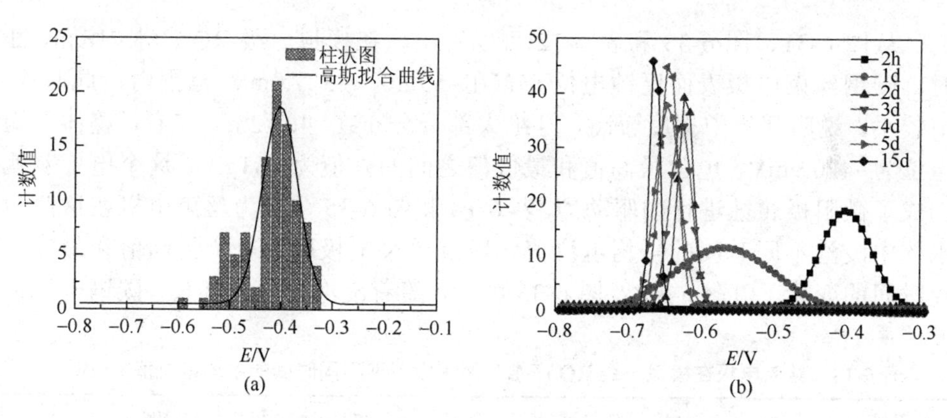

图 6-33　碳钢在模拟一级 RO 产水中浸泡不同时间的电位分布曲线

（a）电位分布直方图及高斯拟合曲线（浸泡 2h）；（b）浸泡不同时间后电位分布高斯拟合曲线

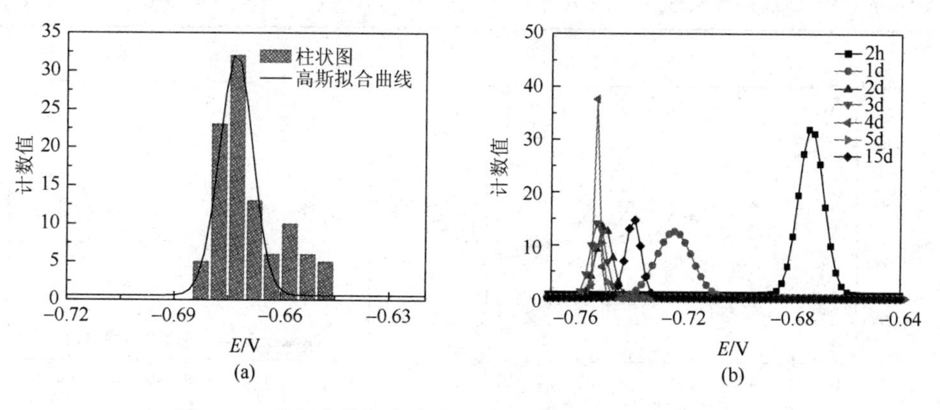

图 6-34　碳钢在模拟海水中浸泡不同时间的电位分布曲线

（a）电位分布直方图及高斯拟合曲线（浸泡 2h）；（b）浸泡不同时间电位分布高斯拟合曲线

表 6-12　碳钢在模拟一级 RO 产水中浸泡不同时间的电位分布的高斯拟合结果

时间/h	2	24	48	72	96	120	360
μ/V	−0.4022	−0.5681	−0.6216	−0.6282	−0.6450	−0.6464	−0.6639
σ^2	0.070^2	0.140^2	0.021^2	0.029^2	0.024^2	0.033^2	0.012^2

表 6-13　碳钢在模拟海水中浸泡不同时间的电位分布的高斯拟合结果

时间/h	2	24	48	72	96	120
μ/V	−0.6735	−0.7243	−0.7503	−0.7526	−0.7528	−0.7522
σ^2	0.009^2	0.014^2	0.006^2	0.006^2	0.002^2	0.004^2

从图 6-31、图 6-33 和表 6-12 可以看出，在模拟一级 RO 产水中浸泡 2h 时，碳钢丝束电极表面腐蚀电位分布在−590.0～−327.0mV 范围内，此时 σ^2 值较小，说明其集中程度较高，且绝大部分分布在−402.2mV 左右，整体平均电位为−420.9mV，电位最高值和最低值之间的差值为 263mV，这个电位差就构成了微阳极腐蚀进行的驱动力。表 6-14 和图 6-35 分别为丝束电极在这两种水体中浸泡不同时间的平均电位值，以及丝束电极腐蚀电位最高值和最低值随时间的变化。由图 6-33 及图 6-35 可见，随着浸泡时间的延长，碳钢电极在

表 6-14　丝束电极在模拟一级 RO 产水及海水中浸泡不同时间的平均电位值（mV）

时间	2h	1d	2d	3d	4d	5d	10d	15d
一级 RO 产水	−420.9	−554.5	−581.1	−602.8	−625.7	−633.2	−636.7	−658.4
海水	−668.8	−724.1	−750.1	−752.3	−751.8	−752.1	−738.0	−739.3

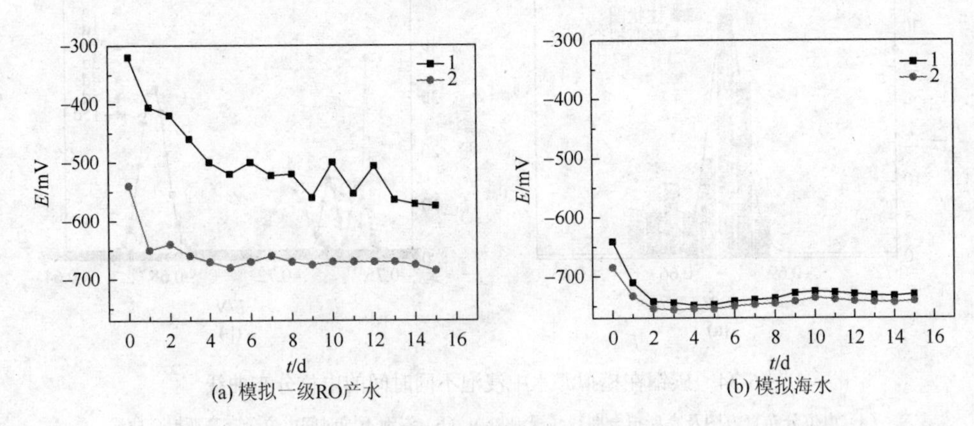

图 6-35　丝束电极在模拟海水和一级 RO 产水中腐蚀电位最高值与最低值随时间的变化

1. 电位最高值；2. 电位最低值

RO 产水中的腐蚀电位整体发生负移，但阴、阳极电位差始终较大；在浸泡4d后，腐蚀电位下降趋势变缓，阴、阳极最大电位差趋于稳定，但仍大于111mV，此时的电位集中分布在−645.0mV附近；腐蚀过程中阴极、阳极区域位置基本不变，同时，电位较负的阳极区域面积随时间不断增加，而电位较正的阴极区域面积逐渐减小，在15d后阴极区域表面仍有未腐蚀部位，说明一级 RO 产水中碳钢表面呈现局部区域腐蚀特征。而同时进行的腐蚀电流测量结果显示，其分布变化规律始终与腐蚀电位分布变化规律一致，检验了上述规律的可靠性。

由图6-32可以看出，在浸入模拟海水中2h时，丝束电极的腐蚀电位分布在−685.0～−645.2mV范围内，此时σ^2值比一级RO产水中更小，说明腐蚀电位集中程度更高，且集中分布在−673.5mV 左右，而整体平均电位为−668.8mV，电位最高值和最低值之间的差值为39.8mV，可见碳钢在模拟海水中的微阳极腐蚀驱动力远小于其在模拟一级 RO 产水中。随着浸泡时间的延长，碳钢腐蚀电位同样整体负移，但与在模拟一级 RO 产水中相比负移程度较小，阴、阳极最大电位差始终较小。在浸泡2d后，阴、阳极最大电位差趋于稳定，但始终小于10mV，比碳钢在模拟一级 RO 产水中浸泡 4d 后形成的较稳定的阴、阳极最大电位差 111mV小得多，此时腐蚀电位集中分布在−750.1mV 附近。这表明碳钢在模拟海水和一级RO 产水中从腐蚀初期至腐蚀稳定期所需时间明显不同，模拟海水中碳钢能够较早地转为稳定腐蚀，但腐蚀过程中其微电偶腐蚀驱动力明显小于一级 RO 产水。此外，碳钢在模拟海水中腐蚀电位分布的高斯拟合参数σ^2值始终保持较小数值，且较其在模拟一级RO产水浸泡相同时间的σ^2值小得多，可见碳钢在模拟海水中腐蚀电位分布较为集中，同时，由于腐蚀过程中微阴极、微阳极区域位置在不断变化，腐蚀初期的阴极区域在腐蚀过程中逐渐转变为阳极区域，因此碳钢在模拟海水中发生了全面腐蚀。测得的腐蚀电流分布变化规律与腐蚀电位分布变化规律一致。

2. 碳钢在两种水质中的腐蚀行为比较分析

1）静态腐蚀行为比较

将碳钢挂片分别浸入模拟海水和一级 RO 产水中进行静态腐蚀实验，发现在浸泡初期碳钢在海水中的腐蚀明显较快，碳钢表面很快被腐蚀产物覆盖，并且锈层分布较为均匀，属于全面腐蚀；而在模拟一级 RO 产水中的腐蚀则显得较为缓慢，表面腐蚀产物相对较少，且分布不均匀，属于局部区域腐蚀。随着浸泡时间的增加，碳钢在海水中的全面腐蚀使试片表面完全被腐蚀产物覆盖，覆盖层较均匀而致密；而在模拟一级 RO 产水中碳钢的局部腐蚀区域被大量较为疏松的腐蚀产物覆盖，而未腐蚀的阴极区域仍保持金属本色。图6-36为碳钢挂片分别在模拟海水、一级 RO 产水中静态浸泡 360h 后的表面腐蚀形貌。

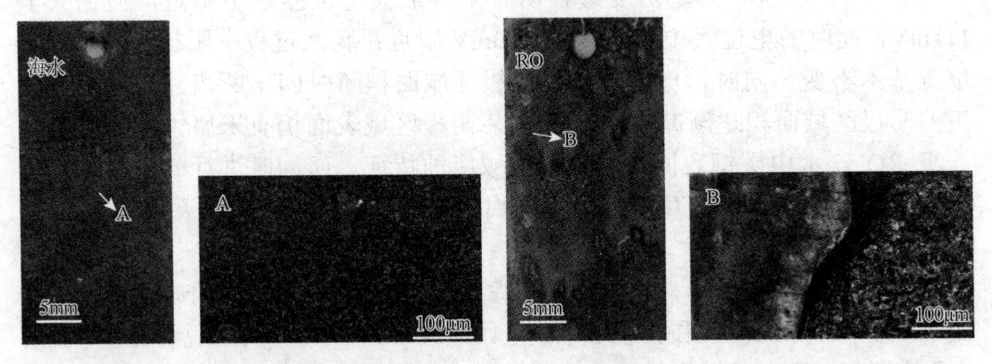

图 6-36 碳钢挂片在模拟海水和一级 RO 产水中静态浸泡 360h 后的腐蚀形貌

对分别在模拟海水和一级 RO 产水中经过 360h 静态浸泡的碳钢挂片，采用失重法计算腐蚀速率，可得碳钢的腐蚀速率分别为 0.0820mm/a 和 0.0834mm/a，即碳钢在这两种水体中的静态平均腐蚀速率相近。但由于碳钢在模拟一级 RO 产水中为局部区域的腐蚀，因此，其腐蚀部位的实际腐蚀速率应明显大于模拟海水中的腐蚀速率。

2）动态腐蚀行为比较

为了全面考察碳钢在模拟海水和一级 RO 产水中随着浸泡时间增加而产生的腐蚀差异，进一步采取多组动态挂片实验进行测试分析。

碳钢挂片在动态模拟海水、一级 RO 产水中的腐蚀速率随着浸泡时间的变化趋势如图 6-37 所示。由此可以明显看出，碳钢在模拟一级 RO 产水和在模拟海水中的腐蚀速率变化趋势是截然不同的。在模拟一级 RO 产水中初期阶段碳钢的腐蚀速率较低，浸泡 2h 后的平均腐蚀速率仅为 0.451mm/a；与之相反，碳钢在模拟海水中的初期腐蚀速率大得多，浸泡 2h 的平均腐蚀速率达到了 2.353mm/a，是模拟一级 RO 产水中的 5 倍多。这与碳钢挂片在上述两种水体中的实验初期现象一致：在挂片旋转过程中，模拟海水中初期在碳钢表面生成的浮锈被大量卷入实验溶液中，模拟海水的颜色很快就由澄清变为黄色浑浊状，而模拟一级 RO 产水中仅仅出现少许锈迹。随着实验时间的增加，碳钢在两种水体中的腐蚀速率发生显著变化。其中，碳钢在模拟海水中的腐蚀速率随着浸泡时间的延长急剧下降，在实验约 96h 后逐渐趋于稳定，之后其腐蚀速率维持在 0.800mm/a 左右。与此相对应，碳钢在模拟一级 RO 产水中的腐蚀速率随着浸泡时间的延长迅速增大，浸泡 48h 后的平均腐蚀速率已大于碳钢在模拟海水中的腐蚀速率，同样在实验约 96h 后腐蚀速率趋于稳定，之后维持在 1.300mm/a 左右。

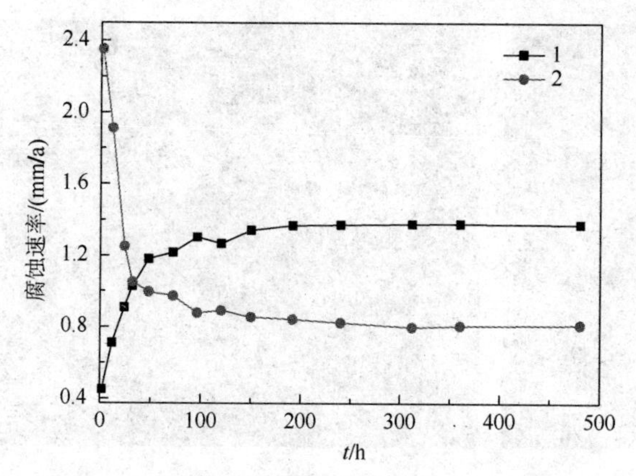

图 6-37　碳钢挂片在动态模拟海水和一级 RO 产水中的腐蚀速率随时间的变化

1. 一级 RO 产水；2. 海水

比较静态和动态条件下碳钢的失重实验结果可以看出，碳钢在动态模拟海水以及模拟一级 RO 产水中的腐蚀速率明显高于其在静态中的腐蚀速率，说明流速促进碳钢腐蚀的作用明显。但流速并未改变碳钢在上述两种水体中的腐蚀规律，反而加速了碳钢在两种水体中的腐蚀差异的体现。

3. 碳钢在两种水质中的锈层特性表征

图 6-38 和图 6-39 分别为碳钢挂片在动态模拟海水和一级 RO 产水中浸泡 360h、清洗前后的宏观腐蚀形貌及局部区域放大后的微观形貌。通过宏观形貌观察可以发现，碳钢在模拟海水中生成的外层锈量较大且锈层相对紧密，能够对溶解氧扩散到金属表面起到一定的阻碍作用；相反，其在模拟一级 RO 产水中生成的外层锈较薄且锈层表面疏松多孔，对溶解氧扩散的阻挡作用较弱。在对碳钢挂片表面外层疏松锈层清洗后发现，碳钢在模拟海水中生成了一层面积大且不易脱落的较致密黑色锈层，通过对图 6-38（b）中所示 B 部位的微观形貌分析，求得其粗糙度 R_a 值为 1.856μm，较为平整；而在模拟一级 RO 产水中形成的黑色锈层疏松多孔，在清洗过程中即可从金属基体表面剥落，通过对图 6-39（b）中所示 B 部位的微观形貌分析，求得其粗糙度 R_a 值为 10.641μm，较为粗糙，使得锈层难以很好地附着在金属基体表面。对此，实验采用了 XRD、拉曼光谱等表面分析方法对这两种锈层进一步分析。

图 6-40 为动态挂片实验中碳钢分别在模拟海水、一级 RO 产水中浸泡不同时间（2d 及 15d）后生成锈层的 XRD 谱图。通过 XRD 表面分析发现，在模拟海水中，实验浸泡初期（2d）的碳钢锈层中检测出了 γ-FeOOH 及少量的 α-FeOOH；经过 15d 的动态浸泡后，碳钢表面锈层中发现存在 γ-FeOOH、α-FeOOH、Fe_3O_4 及少量的 β-FeOOH。

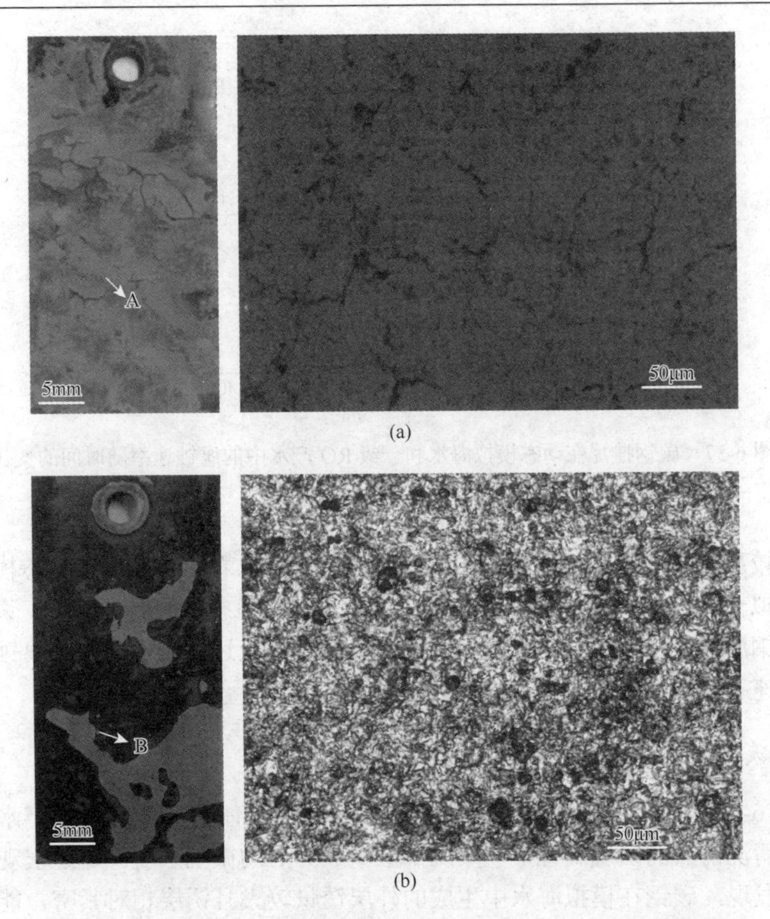

图 6-38　碳钢挂片在动态模拟海水中浸泡 360h 的表面宏观和微观形貌

（a）清洗前；（b）清洗后

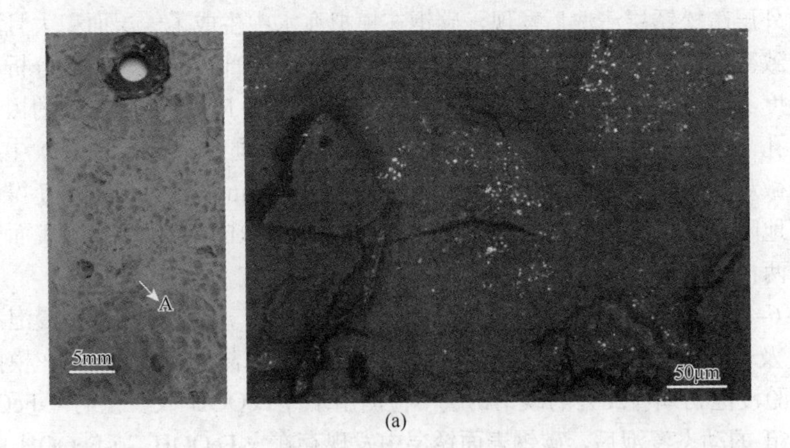

图 6-39　碳钢挂片在动态模拟一级 RO 产水中浸泡 360h 的表面宏观和微观形貌

（a）清洗前；（b）清洗后

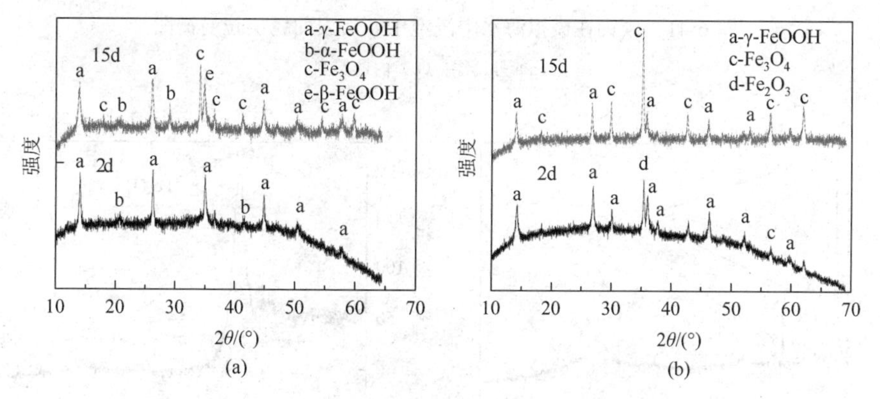

图 6-40　碳钢在两种水质中不同浸泡时间生成的锈层 XRD 谱图

（a）海水；（b）一级 RO 产水

浸泡在模拟一级 RO 产水 2d，碳钢表面生成的锈层中检测到 γ-FeOOH、Fe_2O_3 及少量的 Fe_3O_4；而经过 15d 后，从碳钢的锈层中检测到 γ-FeOOH 及大量的 Fe_3O_4。

另外，还对锈层进行了拉曼光谱分析。由于拉曼光谱表面分析技术可对样品表面锈层成分进行原位分析，因此可以很好地避免内、外锈层之间的相互干扰。图 6-41 及图 6-42 分别为碳钢在动态模拟海水、一级 RO 产水中浸泡 15d 后生成的锈层拉曼谱图，分为内、外锈层。

通过比对铁腐蚀产物具有的特征峰[27-29]，并结合拉曼谱图分析得知，碳钢在动态模拟海水中浸泡 15d 后的锈层分为两层，碳钢外锈层的组成大部分为 γ-FeOOH（特征峰在 $252cm^{-1}$、$378cm^{-1}$、$526cm^{-1}$、$640cm^{-1}$、$1306cm^{-1}$ 等处），而

内锈层包含 β-FeOOH、α-FeOOH、Fe_3O_4（特征峰分别在 $334cm^{-1}$、$552cm^{-1}$、$673cm^{-1}$ 等处）。

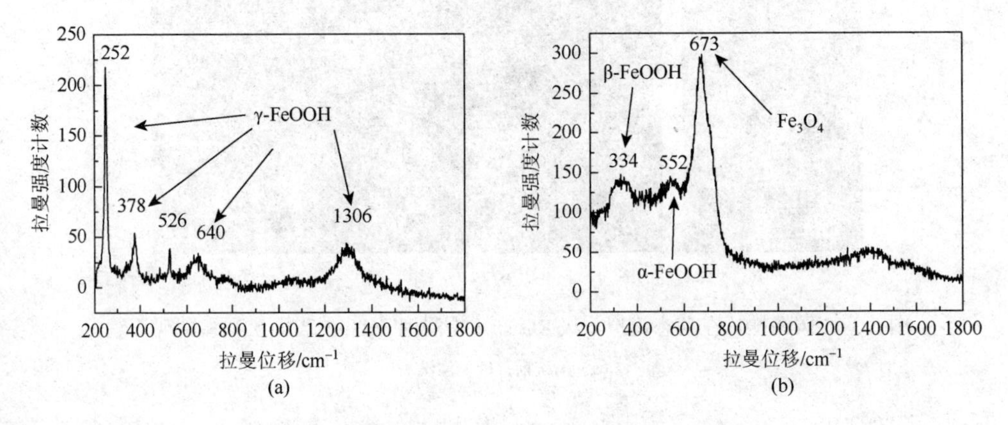

图 6-41　碳钢在模拟海水中浸泡 15d 后表面锈层拉曼谱图

（a）外锈层；（b）内锈层

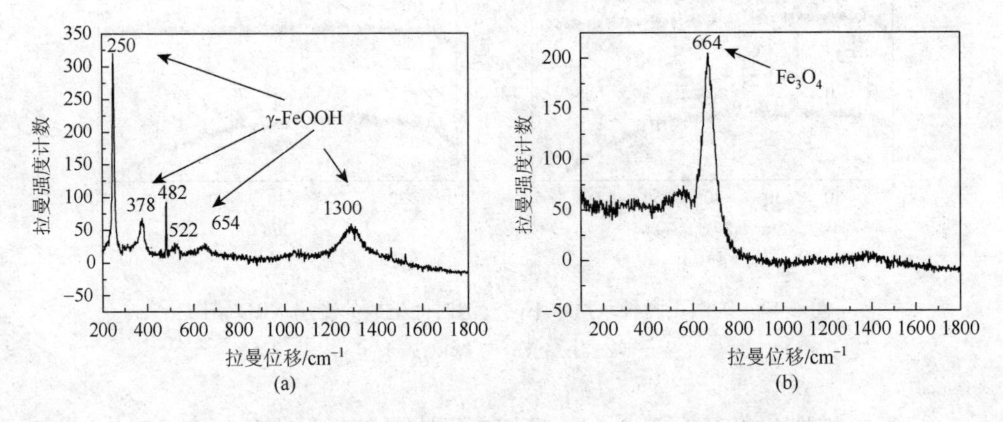

图 6-42　碳钢在模拟一级 RO 产水中浸泡 15d 后表面锈层拉曼谱图

（a）外锈层；（b）内锈层

碳钢在动态模拟一级 RO 产水中浸泡 15d 后所生成的锈层同样分为两层，其外锈层中大部分也是 γ-FeOOH（特征峰在 $250cm^{-1}$、$378cm^{-1}$、$482cm^{-1}$、$522cm^{-1}$、$654cm^{-1}$、$1300cm^{-1}$ 等处），而内锈层则大部分为 Fe_3O_4（特征峰在 $664cm^{-1}$ 处）。

由此可见，拉曼谱图所得数据基本与 XRD 表征结果一致。碳钢在模拟海水中浸泡初期，其表面迅速形成大量的腐蚀产物（大部分为 γ-FeOOH），并且均匀地覆盖在金属基体上，形成紧密的黄色锈层，在一定程度上阻碍了溶解氧向锈层/金属基体反应界面的扩散，形成内部缺氧的环境。随着浸泡时间的延长，一部分 γ-FeOOH 转化为稳定性更好的 α-FeOOH，另一部分缓慢还原生成 Fe_3O_4[30, 31]而形成内锈层，同时，碳钢在模拟海水中一直处于均匀腐蚀状态，金属基体表面时刻保持较为平整的状态，使得 α-FeOOH 和 Fe_3O_4 等能够较均匀紧密地附着在碳钢基体表面，形成大面积致密的黑色锈层，对溶解氧的扩散起到进一步的阻碍作用。

碳钢在模拟一级 RO 产水中浸泡初期，腐蚀受到多种因素的影响[32]，其表面生成的腐蚀产物多为 γ-FeOOH、Fe_2O_3，该腐蚀产物所形成的锈层结构疏松多孔[33]，容易脱落，难以有效地阻碍溶解氧的扩散，因此无明显的减缓腐蚀的作用。其腐蚀反应如下[32]：

阳极反应：$Fe \longrightarrow Fe^{2+}+2e$　（6-2）

阴极反应：$O_2+2H_2O+4e \longrightarrow 4OH^-$　（6-3）

产生的 Fe^{2+} 在溶液中以水合离子形式存在：

$$Fe^{2+}+H_2O \longrightarrow FeOH^++H^+ \tag{6-4}$$

腐蚀中间产物 $FeOH^+$ 能够被 O_2 快速氧化，进而生成 γ-FeOOH：

$$2FeOH^++O_2+2e \longrightarrow 2\gamma\text{-}FeOOH \tag{6-5}$$

同时，随着浸泡时间的延长，γ-FeOOH 中的一部分发生还原反应，生成 Fe_3O_4[34, 35]，反应机理如下：

$$3\gamma\text{-}FeOOH+H^++e \longrightarrow Fe_3O_4+2H_2O \tag{6-6}$$

并且由于碳钢在模拟一级 RO 产水中的腐蚀并不均匀，其金属基体表面的平整度急剧下降，不利于 Fe_3O_4 附着在金属基体表面，因此难以形成致密的锈层，故无明显的保护作用。

6.3.3　碳钢在一级反渗透产水中的腐蚀控制研究

碳钢在水溶液中的腐蚀与水的 pH、水中侵蚀性物质含量（O_2、Cl^- 等）均有较大关系。抑制碳钢的腐蚀可以从改善水质、涂层保护、缓蚀剂保护、电化学保护等方面着手。这里介绍通过调节 pH、添加缓蚀剂等手段来抑制碳钢在一级反渗透产水中腐蚀的可行性。

1. 通过提高 pH 抑制碳钢在模拟一级反渗透产水中的腐蚀

采用稳态极化曲线研究碳钢在模拟一级 RO 产水（pH 为 6.8）及分别以 NaOH、$Ca(OH)_2$ 调节 pH 的一级 RO 产水中的腐蚀性。

图 6-43、图 6-44 分别为碳钢电极在以 NaOH、$Ca(OH)_2$ 调节 pH 的一级 RO

产水中的极化曲线，表 6-15 及表 6-16 为相应的极化曲线分析数据。可以发现，通过添加 NaOH 调节模拟一级 RO 产水的 pH 可以在一定程度上改善一级 RO 产水的腐蚀性，起到一定的缓蚀效果。在一级 RO 产水的 pH 为 6.8～11 的范围内，随着 pH 逐渐升高，碳钢的腐蚀电位发生负移，腐蚀电流密度先降低，在 pH 为 8～10 范围内基本保持不变，当 pH 进一步升高到 11 时，又出现腐蚀电流密度增大。pH 为 8 时的缓蚀效果较好，约为 40.4%。通过添加 NaOH 改变模拟一级 RO 产水的 pH，在一定范围内，可以使碳钢的腐蚀电流密度减小，腐蚀电位负移，说明 pH 的升高抑制了腐蚀体系的阴极过程，即抑制了氢离子的还原过程（H^+浓度降低）和氧的还原过程（pH 升高可以使不溶性的腐蚀产物在电极表面生成，起到一定的抑制氧扩散的作用）。

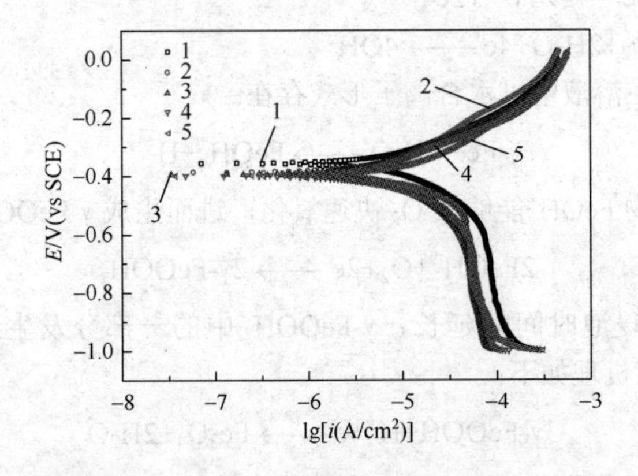

图 6-43　碳钢电极在以 NaOH 调节 pH 的一级 RO 产水中的极化曲线

1. pH=6.8；2. pH=8；3. pH=9；4. pH=10；5. pH=11

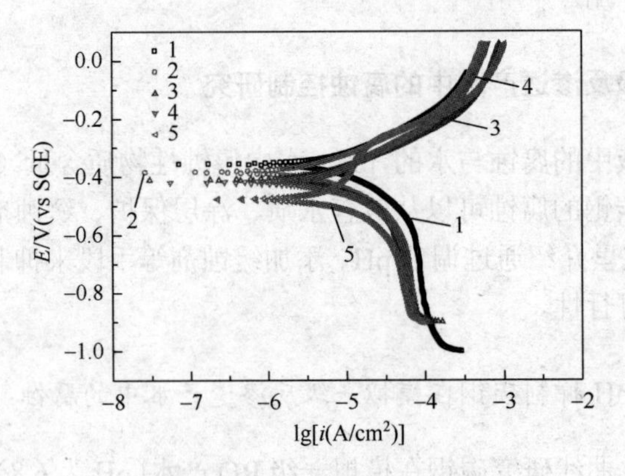

图 6-44　碳钢电极在以 $Ca(OH)_2$ 调节 pH 的一级 RO 产水中的极化曲线

1. pH=6.8；2. pH=8；3. pH=9；4. pH=10；5. pH=11

表 6-15　碳钢电极在以 NaOH 调节 pH 的一级 RO 产水中的极化曲线参数

pH	6.8	8	9	10	11
腐蚀电流密度 i_{corr}/(μA/cm^2)	8.56	5.10	5.45	5.88	8.37
阴极塔费尔斜率 b_c/(mV/dec)	5.73	5.12	5.51	5.67	6.77
阳极塔费尔斜率 b_a/(mV/dec)	6.91	5.17	7.56	8.20	5.89
缓蚀效率 η/%	0	40.4	36.3	31.2	2.2

表 6-16　碳钢电极在以 $Ca(OH)_2$ 调节 pH 的一级 RO 产水中的极化曲线参数

pH	6.8	8	9	10	11
腐蚀电流密度 i_{corr}/(μA/cm^2)	8.56	4.55	5.15	5.38	8.35
阴极塔费尔斜率 b_c/(mV/dec)	5.73	6.48	5.56	8.56	5.97
阳极塔费尔斜率 b_a/(mV/dec)	6.91	7.43	7.27	7.27	2.54
缓蚀效率 η/%	0	46.8	39.8	37.1	2.4

模拟一级 RO 产水 pH 的调节也可以采用更廉价的 $Ca(OH)_2$ 来实现，国内外也有这方面的研究报道[36, 37]，极化曲线测试结果见图 6-44 及表 6-16，可以发现，实验结果与添加 NaOH 的体系相类似。

通过添加 $Ca(OH)_2$ 调节模拟一级 RO 产水的 pH 也能够改善一级 RO 产水的腐蚀性。在一级 RO 产水的 pH 为 6.8～11 范围内，随着 pH 逐渐升高，碳钢在该体系中的腐蚀电位同样发生负移，腐蚀电流密度先减小，后增大，pH 为 8 时的缓蚀效果最佳，为 46.8%。通过添加 $Ca(OH)_2$ 改变模拟一级 RO 产水的 pH，也能够在一定程度上起到抑制碳钢腐蚀的作用，其缓蚀效率较相同条件下采用 NaOH 的略高，但缓蚀率整体不高。

2. 缓蚀剂对碳钢腐蚀的抑制作用

水溶液中碳钢的缓蚀剂一般为阳极型缓蚀剂或氧化膜型缓蚀剂，这类缓蚀剂可以通过在金属表面生成钝化膜而增大阳极溶解的阻力，从而抑制金属的腐蚀过程。图 6-45 为碳钢电极在含不同浓度钨酸钠的一级 RO 产水中的极化曲线，通过极化曲线获得的腐蚀过程动力学参数见表 6-17。由图 6-45 及表 6-17 可见，加入钨酸钠缓蚀剂后碳钢电极的极化曲线显示腐蚀电位发生正移，同时腐蚀电流密度减小，说明缓蚀剂钨酸钠抑制了腐蚀电池的阳极过程，使阳极反应阻力增大。随着 Na_2WO_4 浓度的增加，碳钢电极的腐蚀电流密度减小，缓蚀效率逐渐提高，当模拟一级 RO 产水中的 Na_2WO_4 浓度达到 40mg/L 时，缓蚀效率增加到 75.9%，随后，再增加 Na_2WO_4 浓度，缓蚀效率变化不大。

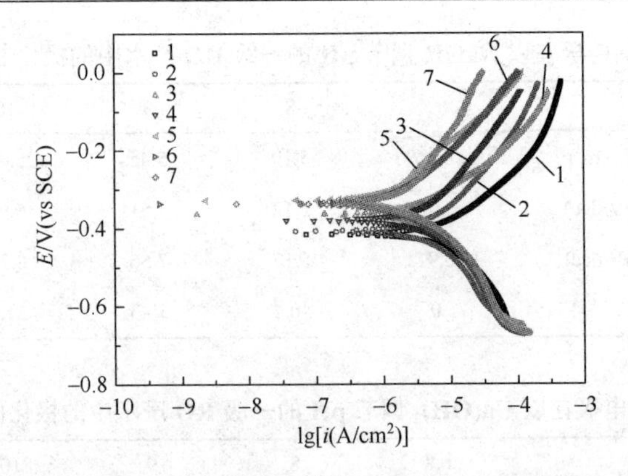

图 6-45　碳钢电极在添加不同浓度 Na_2WO_4 的一级 RO 产水中的极化曲线

1. 0mg/L；2. 10mg/L；3. 20mg/L；4. 30mg/L；5. 40mg/L；6. 50mg/L；7. 100mg/L

表 6-17　碳钢电极在添加不同浓度 Na_2WO_4 的一级 RO 产水中的极化曲线参数

浓度/(mg/L)	0	10	20	30	40	50	100
腐蚀电流密度 i_{corr}/(μA/cm^2)	8.56	5.36	5.06	3.68	2.06	1.76	1.81
阴极塔费尔斜率 b_c/(mV/dec)	5.73	5.13	5.27	5.87	5.64	6.14	5.71
阳极塔费尔斜率 b_a/(mV/dec)	6.91	5.92	5.56	9.74	5.77	7.07	4.33
缓蚀效率 η/%	0	37.4	40.8	57.0	75.9	79.4	78.9

本实验测定了添加 Na_2WO_4 缓蚀剂的模拟一级 RO 产水的 pH 对碳钢极化曲线的影响，考察测试液 pH 调节对缓蚀剂性能的影响。图 6-46 和图 6-47 为碳钢电极在分别以 NaOH、$Ca(OH)_2$ 调节 pH，并含 20mg/L Na_2WO_4 的一级 RO 产水中测

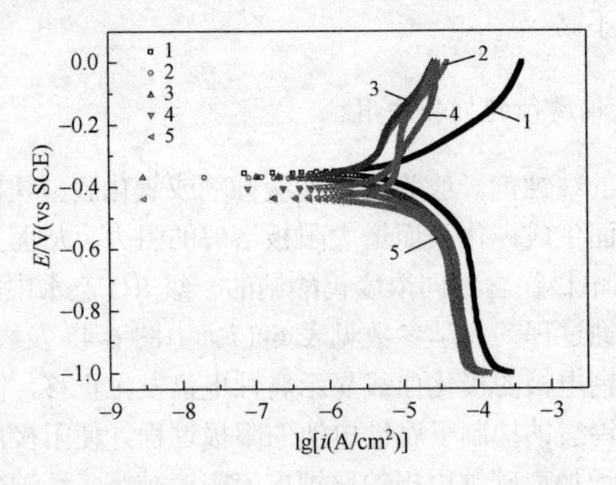

图 6-46　碳钢电极在不同 pH 的含 20mg/L Na_2WO_4 的一级 RO 产水中的极化曲线（NaOH）

1. pH=6.8；2. pH=8；3. pH=9；4. pH=10；5. pH=11

得的极化曲线，其数据分析结果见表 6-18 及表 6-19。由图 6-46 及表 6-18 可以看出，在含 20mg/L Na_2WO_4 的模拟一级 RO 产水的 pH 为 6.8～11 的范围内，随着 pH 的提高，碳钢的腐蚀电位发生负移，腐蚀电流密度先降低，在 pH 为 8～10 范围内基本保持不变，当 pH 进一步升高到 11 时，又出现腐蚀电流密度增大。pH 为 8 时的缓蚀效果较好，约为 47.2%。

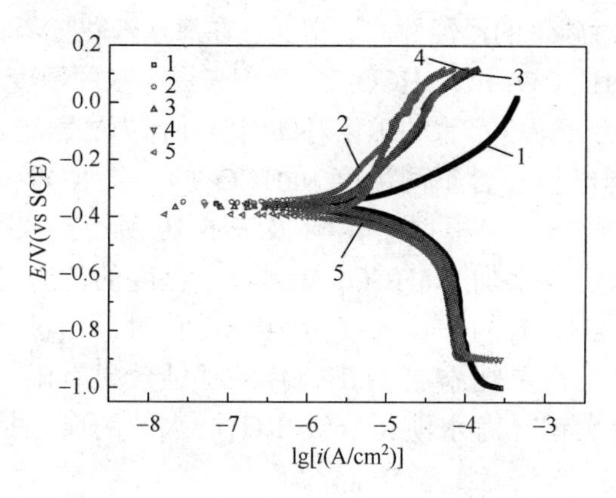

图 6-47　碳钢电极在不同 pH 的含 20mg/L Na_2WO_4 的一级 RO 产水中的极化曲线（$Ca(OH)_2$）

1. pH=6.8；2. pH=8；3. pH=9；4. pH=10；5. pH=11

表 6-18　极化曲线（图 6-46）分析数据

pH	6.8	8	9	10	11
腐蚀电流密度 i_{corr}/(μA/cm^2)	8.56	4.51	4.62	5.37	8.18
阴极塔费尔斜率 b_c/(mV/dec)	5.73	7.38	7.75	7.37	5.71
阳极塔费尔斜率 b_a/(mV/dec)	6.91	2.37	2.13	3.08	1.21
缓蚀效率 η/%	0	47.2	46.0	37.2	4.4

表 6-19　极化曲线（图 6-47）分析数据

pH	6.8	8	9	10	11
腐蚀电流密度 i_{corr}/(μA/cm^2)	8.56	2.78	3.55	4.47	6.99
阴极塔费尔斜率 b_c/(mV/dec)	5.73	9.25	8.54	8.75	6.70
阳极塔费尔斜率 b_a/(mV/dec)	6.91	2.95	3.35	3.34	1.21
缓蚀效率 η/%	0	67.5	58.5	47.8	18.3

由图 6-47 及表 6-19 可以看出，含 20mg/L Na_2WO_4 的模拟一级 RO 产水，采用 $Ca(OH)_2$ 调节 pH 在 6.8～11 范围内，随着 pH 逐渐升高，碳钢腐蚀电流密度先降低，直至 pH 升高到 9 时，腐蚀电流密度增大。pH 为 8 时的缓蚀效果较好，约

为 67.5%。调节 pH 后 Na_2WO_4 的缓蚀效果较明显提升。同时，使用 $Ca(OH)_2$ 调节 pH 比使用 NaOH 对 Na_2WO_4 缓蚀性能的提升更为明显。

3. 碳钢在经碳酸氢钠矿化的一级 RO 产水中的腐蚀行为

对反渗透产水进行矿化处理也可以减缓碳钢的腐蚀。矿化就是在水中引入硬度和碱度以降低水对碳钢的侵蚀性，通常通过在海水淡化一级 RO 产水中投加石灰、$Ca(OH)_2$、NaOH、CO_2 和 $NaHCO_3$ 等[36, 38]来提高水的硬度和碱度。下面以投加 $NaHCO_3$ 为例，介绍 RO 产水的矿化对碳钢腐蚀行为的影响。

图 6-48 为碳钢电极在含不同浓度 $NaHCO_3$ 的一级 RO 产水中的极化曲线，其数据分析结果见表 6-20，根据图 6-48 及表 6-20 所得结果，模拟一级 RO 产水的强腐蚀性可以通过添加 $NaHCO_3$ 得到一定程度的改善，在实验所尝试的浓度范围内，当 $NaHCO_3$ 的添加浓度为 100mg/L 时，缓蚀效果最好，但缓蚀率只有 56.3%。可见，单纯添加 $NaHCO_3$ 的缓蚀效果有限，且所需 $NaHCO_3$ 的投加量较大。对碳钢在海水淡化一级 RO 产水中的腐蚀抑制技术，还有待进一步研究。

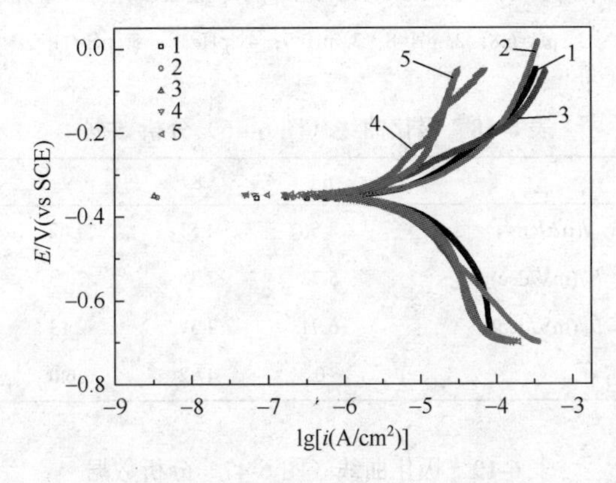

图 6-48 碳钢电极在添加不同浓度 $NaHCO_3$ 的一级 RO 产水中的极化曲线

1. 0mg/L；2. 50mg/L；3. 100mg/L；4. 200mg/L；5. 500mg/L

表 6-20 碳钢电极在添加不同浓度 $NaHCO_3$ 的一级 RO 产水中的极化曲线参数

浓度/(mg/L)	0	50	100	200	500
腐蚀电流密度 i_{corr}/(μA/cm^2)	8.56	6.93	3.73	4.28	7.09
阴极塔费尔斜率 b_c/(mV/dec)	5.73	4.27	6.70	6.20	5.39
阳极塔费尔斜率 b_a/(mV/dec)	6.91	9.40	11.74	5.06	3.61
缓蚀效率 η/%	0	18.9	56.3	49.9	17.1

6.3.4　不锈钢在一级反渗透产水中的腐蚀与防护技术研究

1. 温度对不锈钢在不同水质中的腐蚀行为影响

不锈钢是一种较耐蚀的金属材料，在中性水体中，其主要的失效形式是点蚀，可以通过测定不锈钢在不同体系中的点蚀电位来判断水体的侵蚀性。图6-49、图6-50及图6-51分别显示了不同温度（20℃、30℃、40℃、50℃）下304不锈钢在不同水质（模拟一级RO产水、海水、冷却水）中的极化曲线，相应的钝态电流密度（极化电位0.1V下）及过钝化电位（或点蚀电位）见表6-21及表6-22。

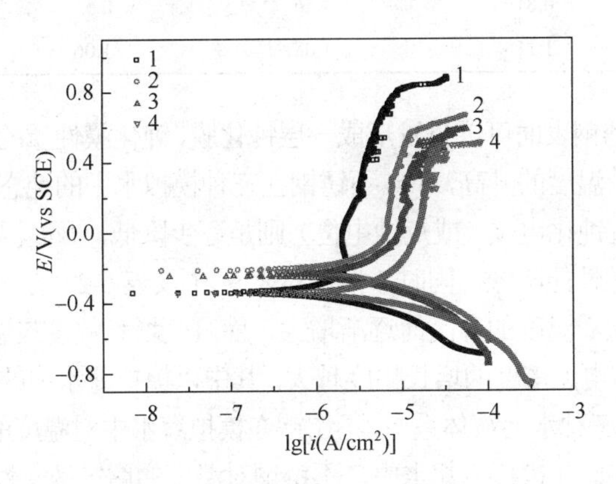

图6-49　不同温度下304不锈钢在模拟一级RO产水中的极化曲线

1. 20℃；2. 30℃；3. 40℃；4. 50℃

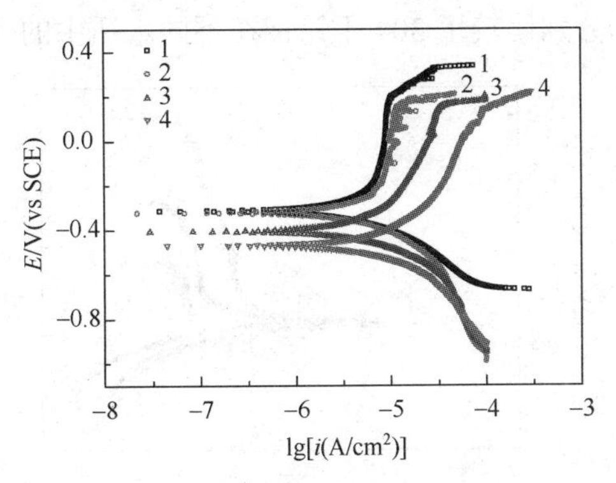

图6-50　不同温度下304不锈钢在模拟海水中的极化曲线

1. 20℃；2. 30℃；3. 40℃；4. 50℃

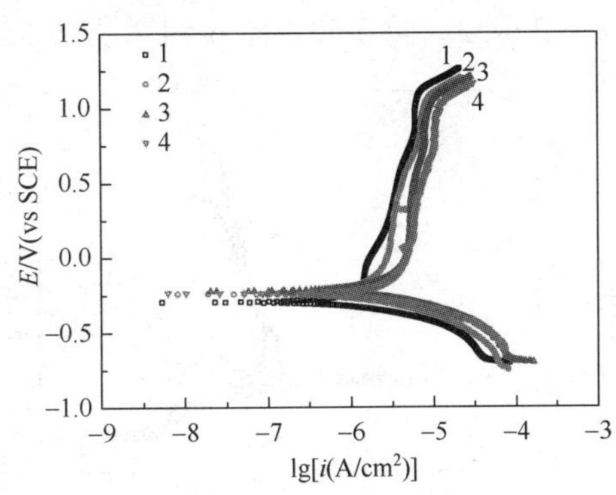

图6-51　不同温度下304不锈钢在模拟冷却水中的极化曲线

1. 20℃；2. 30℃；3. 40℃；4. 50℃

表 6-21 304 不锈钢在不同水质中的钝态电流密度（极化电位 0.1V 时，单位为 μA/cm²）

水质 \ 温度/℃	20	30	40	50
海水	10.423	13.36	32.21	95.28
一级 RO 产水	9.63	12.70	15.84	25.06
冷却水	7.17	9.39	10.44	13.00

表 6-22 304 不锈钢在不同水质中的过钝化电位（或点蚀电位，单位为 V）

水质 \ 温度/℃	20	30	40	50
海水	0.19	0.17	0.14	0.12
一级 RO	0.81	0.56	0.51	0.49
冷却水	1.11	1.08	1.06	1.03

水体中 304 不锈钢表面可以自发形成一层钝化膜，钝化膜性质的好坏直接影响不锈钢的耐蚀性能。随着温度的升高，304 不锈钢在三种模拟水中的钝态电流密度均呈现上升趋势，而相应的过钝化电位（或点蚀电位）则是逐步降低，升高温度使得不锈钢在此三种水溶液中的耐蚀性能降低。同时，根据对表 6-21 及表 6-22 的分析可以发现，不锈钢的钝态电流密度随着温度的升高而逐渐增大，而且其增长幅度与温度也是呈正相关，即温度越高，其钝态电流密度的增长幅度越大，其中以模拟海水中的不锈钢腐蚀行为最为明显。这说明在这三种水溶液体系中，不锈钢在模拟海水中对温度的腐蚀敏感性最高，一级 RO 产水次之，而在模拟冷却水中，不锈钢对温度的腐蚀敏感性最弱。

2. 不锈钢在不同水质中的耐蚀性比较

图 6-52、图 6-53、图 6-54 及图 6-55 分别比较了 304 不锈钢在不同水质中的

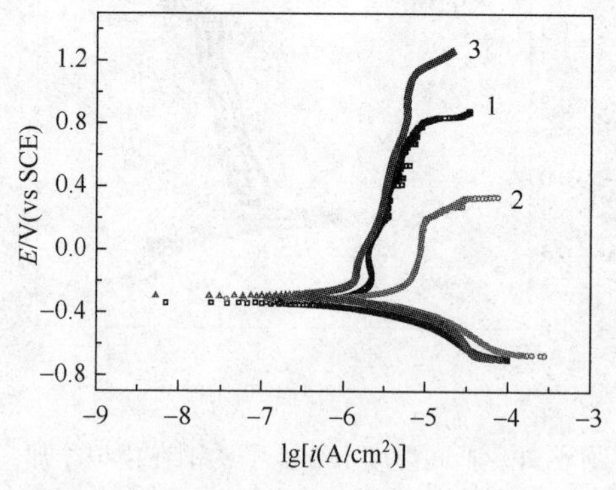

图 6-52 不锈钢在不同水质中的极化曲线（20℃）

1. 一级 RO；2. 海水；3. 冷却水

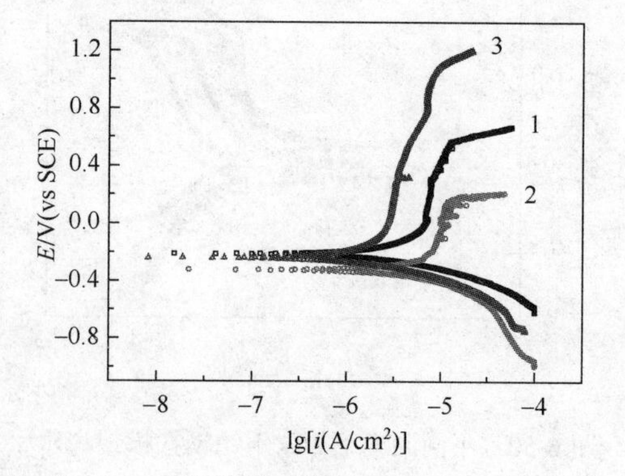

图 6-53 不锈钢在不同水质中的极化曲线（30℃）

1. 一级 RO；2. 海水；3. 冷却水

极化曲线。结合表 6-21 及表 6-22 所列数据，可以得出，在相同温度下，不锈钢在海水中的钝态电流密度始终大于模拟一级 RO 产水及模拟冷却水，而相应的点蚀电位最低；不锈钢在模拟冷却水中的耐蚀性始终是三者中最优异的，而且随着温度的升高，三种水质对不锈钢的侵蚀性差异愈加明显。

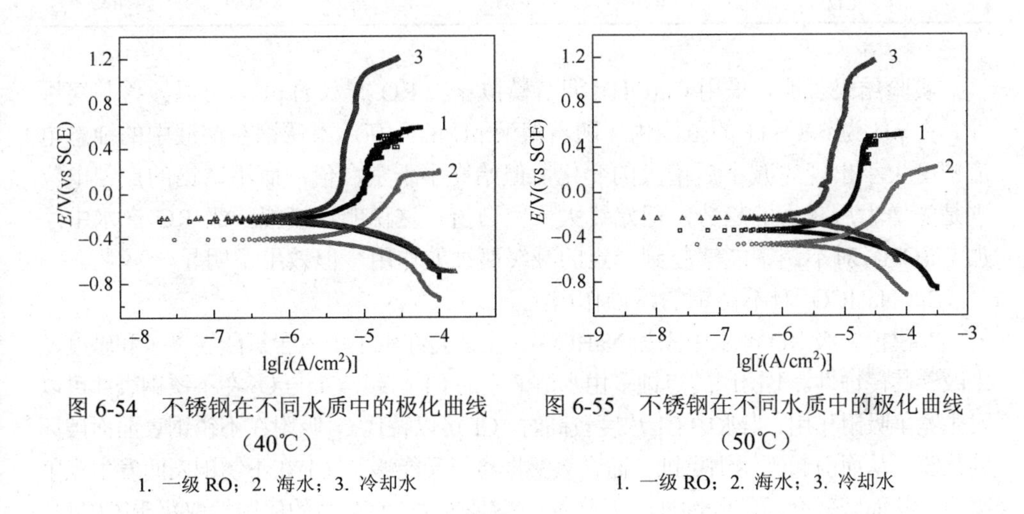

图 6-54　不锈钢在不同水质中的极化曲线（40℃）

1. 一级 RO；2. 海水；3. 冷却水

图 6-55　不锈钢在不同水质中的极化曲线（50℃）

1. 一级 RO；2. 海水；3. 冷却水

3. 不锈钢在模拟一级 RO 产水中的缓蚀研究

1）$Ca(OH)_2$ 对不锈钢的缓蚀作用

在模拟一级 RO 产水中添加 $Ca(OH)_2$ 不仅能够使溶液的 pH 增加，而且能够提高水体硬度，从而减小一级 RO 产水对金属的腐蚀性。图 6-56 为不锈钢电极在以 $Ca(OH)_2$ 调节 pH 后的一级 RO 产水中的极化曲线，表 6-23 为根据极化曲线得到的钝态电流密度（极化电位 0.1V）及点蚀电位。

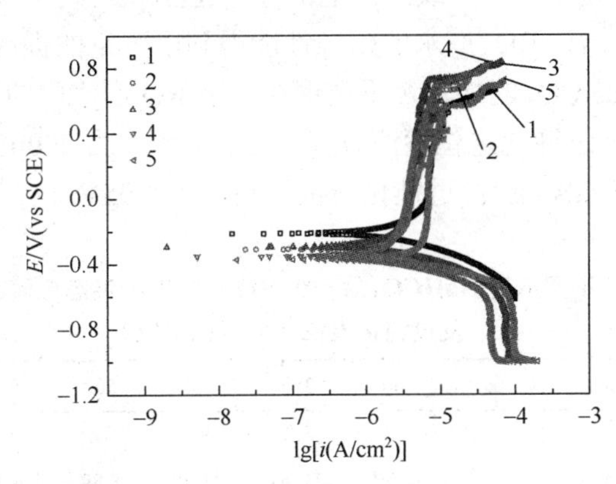

图 6-56　不锈钢电极在以 $Ca(OH)_2$ 调节 pH 后一级 RO 产水中的极化曲线

1. pH=6.8；2. pH=8；3. pH=9；4. pH=10；5. pH=11

表 6-23　不锈钢在以 $Ca(OH)_2$ 调节 pH 后一级 RO 产水中的钝态电流密度（极化电位 0.1V）及点蚀电位

pH	6.8	8	9	10	11
钝态电流密度/($\mu A/cm^2$)	12.70	9.68	6.95	9.24	11.88
点蚀电位/V	0.56	0.65	0.72	0.69	0.57

实验结果表明，采用 $Ca(OH)_2$ 调节模拟一级 RO 产水的 pH，可以改善其腐蚀性。在 pH 为 6.8～11 的范围内，随着溶液 pH 的升高，不锈钢在溶液中的钝态电流密度大小出现先减小后增大的变化，但始终小于空白值；而不锈钢的点蚀电位则是先增大后减小的趋势，但始终大于空白值。这说明在模拟一级 RO 产水中添加 $Ca(OH)_2$ 对不锈钢能够起到一定的减缓腐蚀的作用，但效果不明显。

2）$NaHCO_3$ 对不锈钢的缓蚀作用

在模拟一级 RO 产水中添加 $NaHCO_3$，主要是在水中引入含氧酸根离子和碱度，来改善其侵蚀性。不锈钢的点蚀多由水溶液中的 Cl^- 引起，Cl^- 与 O_2 在不锈钢表面可以发生竞争吸附作用，当水中 Cl^- 浓度较高时，Cl^- 可以替代 O_2 吸附在不锈钢表面而破坏钝化膜，从而引起不锈钢点蚀。而含氧酸根离子又能够与 Cl^- 在不锈钢表面发生竞争吸附，从而降低介质的侵蚀性。因此对不锈钢来说，水溶液的侵蚀性取决于[Cl^-]/[含氧酸根离子]大小，不锈钢的点蚀电位与[Cl^-]/[含氧酸根离子]比值直接相关[39]。

实验中添加 $NaHCO_3$ 来改变一级 RO 产水的电导率 κ，以此来改变含氧酸根在溶液中的比值。实验以不添加 $NaHCO_3$ 的模拟一级 RO 产水（κ=260μS/cm）作为空白溶液，通过添加 $NaHCO_3$ 来改变一级 RO 产水的电导率值分别为 350μS/cm、400μS/cm、500μS/cm、600μS/cm、800μS/cm、1000μS/cm，实验温度均为 30℃。表 6-24 为不锈钢在添加不同浓度 $NaHCO_3$ 的一级 RO 产水中的钝态电流密度（极化电位 0.1V）及过钝化电位（或点蚀电位）。实验结果显示，随着 $NaHCO_3$ 的加入，不锈钢在模拟一级 RO 产水的耐蚀性能得到了一定的提高。在 κ 为 260～500μS/cm，由于 $NaHCO_3$ 的加入，不锈钢在一级 RO 产水中的钝态电流密度逐渐降低，而点蚀电位或过钝化电位逐渐升高，当电导率 κ 为 500μS/cm 时，其钝态电流密度最小，为 8.89μA/cm^2；过钝化电位最高，为 0.95V。

表 6-24　不锈钢在添加不同浓度 $NaHCO_3$ 后一级 RO 产水中的钝态电流密度（极化电位 0.1V 下）及过钝化电位（或点蚀电位）

电导率/(μS/cm)	260	350	400	500	600	800	1000
pH	6.8	8.2	8.5	8.5	8.5	8.5	8.5
钝态电流密度/($\mu A/cm^2$)	12.70	11.96	11.69	8.89	8.96	9.05	9.07
过钝化电位（或点蚀电位）/V	0.56	0.63	0.72	0.95	0.88	0.84	0.84

6.3.5　总结

（1）碳钢在模拟海水中腐蚀电位较低，局部阴极和局部阳极之间的电位差小，腐蚀过程中微阴极、微阳极区域位置在不断变化，发生全面腐蚀并在腐蚀初始阶段具有较大的腐蚀速率；在模拟一级RO产水中碳钢腐蚀电位随时间逐渐负移，局部阴极和局部阳极之间的电位差较大，腐蚀主要集中在局部区域（微阳极）。

（2）模拟海水中碳钢腐蚀初期的腐蚀速率较大，表面腐蚀产物较少；随着表面较致密腐蚀产物的形成且不断增厚，碳钢腐蚀速率减少。碳钢在模拟海水中发生均匀腐蚀，表面较为平整，腐蚀产物α-FeOOH和Fe_3O_4等能较均匀紧密地附着在碳钢表面，形成较为致密的、有一定保护作用的内锈层，碳钢腐蚀速率降低。在模拟一级RO产水中，腐蚀初期由于水中离子浓度较低，溶液电阻较大，碳钢的腐蚀反应阻力大，碳钢的腐蚀速率较小。随着金属不断被氧化腐蚀，部分腐蚀产物以离子的形式进入溶液，使得溶液电阻变小，腐蚀阻力减小，使碳钢腐蚀速率增加，部分腐蚀产物覆盖在金属表面。腐蚀初期碳钢表面生成的腐蚀产物多为γ-FeOOH及少量的Fe_2O_3，该锈层结构疏松多孔，未能起到较好的保护作用，使碳钢腐蚀速率随时间延长而增大。随着腐蚀的进行，部分γ-FeOOH逐渐转化为Fe_3O_4而形成内锈层，然而由于碳钢在模拟一级RO产水中腐蚀的不均匀性及腐蚀产物中γ-FeOOH含量较多，腐蚀产物在金属表面难以形成致密的锈层，保护作用小。

（3）采用NaOH或$Ca(OH)_2$调节水质pH可以在一定程度上减缓碳钢在模拟一级RO产水中的腐蚀，其中采用$Ca(OH)_2$比采用NaOH的缓蚀效果更好。采用钨酸盐缓蚀剂能够进一步减缓碳钢在一级RO产水中的腐蚀。使用钨酸盐缓蚀剂同时通过NaOH或$Ca(OH)_2$调节pH可以使碳钢在模拟一级RO产水中具有更好的耐蚀性能。采用$NaHCO_3$调节水质也有利于降低一级RO产水对碳钢的腐蚀。

（4）温度升高使304不锈钢在模拟一级RO产水、模拟海水和模拟冷却水三种模拟水中的钝态电流密度增大，过钝化电位（或点蚀电位）下降，耐蚀性能降低。不锈钢的在模拟海水中对温度的腐蚀敏感性最高，一级RO产水次之，而在模拟冷却水中的腐蚀敏感性最弱。

（5）在模拟一级RO产水中添加$Ca(OH)_2$，对不锈钢能够起到一定的减缓腐蚀的作用，调节pH为9左右时对不锈钢的缓蚀效果最好。水中添加$NaHCO_3$也可提高不锈钢的耐蚀性能，随着$NaHCO_3$加入量的增加，水溶液中的含氧酸根离子浓度增大，不锈钢在模拟一级RO产水中的耐点蚀性能得到了一定的提高。

参 考 文 献

[1]　孙育文，周军. 海水淡化预处理系统选择. 华电技术，2008，30（5）：76-78

[2] 阳金龙，袁秀坤. 海水淡化预处理工艺流程分析与设计. 东方电气评论，2013，27（2）：78-80
[3] 马世松. 低温多效蒸馏海水淡化系统污堵原因分析及改进. 电站辅机，2014，35（1）：20-22
[4] 张建丽. 低温多效海水淡化系统预处理工艺在黄骅电厂的应用. 电力设备，2008，9（10）：80-82
[5] 王仁雷，刘克成，孙小军. 滨海电厂万吨级低温多效蒸馏海水淡化工程. 水处理技术，2009（10）：111-114
[6] 刘克成，孙心利，马东伟，等. 低温多效海水淡化技术在发电厂的应用. 河北电力技术，2008，27（4）：5-6
[7] 张瑞祥，裴胜，刘慧娟，等. 低温多效海水淡化设备结垢原因分析及处理. 热力发电，2013，42（7）；97-99
[8] 王晓巍，付崇涛. 铜合金的光亮退火及退火设备. 应用能源技术，2000，66（6）：9-10
[9] 曾慧晶，高屹峰，高立新，等. 用于低温多效海水淡化的预氧化 HAl77-2 管的耐蚀性研究. 2014 海洋材料腐蚀与防护大会，2014
[10] 张建丽，朱力华，王大鹏，等. HAl77-2 铜合金管在低温多效海水淡化装置中的耐蚀性. 腐蚀与防护，2016，37（6）：484-487
[11] 马学虎，兰忠，温荣福，等. 低温多效蒸发海水淡化系统性能的实验研究. 高校化学工程学报，2014，28（6）：1210-1216
[12] 赵万花，韩卫光，刘海涛. 海水淡化：铜有优势但不是唯一. 中国金属通报，2013，（25）：30-31
[13] 李超，张建丽，黄桂桥，等. 国产海水淡化装置铝黄铜换热管腐蚀调查分析. 装备环境工程，2014，11（3）：105-109
[14] 贾雲. 海水淡化白铜长冷凝管技术背景. 中国金属通报，2014（13）：13
[15] 雷光艳. 海水淡化新型换热管与管板连接方法. 天津化工，2014，28（3）：54-55
[16] 靳军宝，秦英杰，王奔，等. 高温多效膜蒸馏用于处理高盐溶液的实验研究. 化学工业与工程，2014，31（2）：31-37
[17] 唐智新，吴礼云，梁红英. 低温多效蒸馏海水淡化蒸发器替代汽轮机凝汽器可行性及应用. 水处理技术，2015，41（10）：113-115
[18] 汪鸣，赵学龙. 海水淡化热交换用铜合金管的应用前景. 世界有色金属，2009，5：72-75
[19] 王碧文. 中国海水淡化用铜合金管的生产应用及发展. 上海有色金属，2013，34（2）：47-51
[20] 田利，庞胜林，张龙明，等. 提高反渗透海水淡化水缓蚀性能研究. 水处理技术，2015，41（10）：69-72
[21] 李献军，王镐，冯军宁，等. 钛焊管生产技术及其在我国海水淡化产业的应用前景. 中国钛业，2014，1：9-13
[22] 冯厚军，齐春华，徐克，等. 我国海水淡化技术及产业发展问题与建议. 中国给水排水，2015，31（12）：31-34
[23] Abdessemed D，Hamouni S，Nezzal G. State of the reverse osmosis membrane of sea water corso plant desalination（Algiers）. Physics Procedia，2009，2（3）：1469-1474
[24] Misdan N，Lau W J，Ismail A F. Seawater Reverse Osmosis（SWRO）desalination by thin-film composite membrane-Current development，challenges and future prospects. Desalination，2012，287：228-237
[25] 张敏，葛红花，王学娟，等. 碳钢在模拟一级 RO 产水和海水中的腐蚀性比较研究. 腐蚀与防护，2015，36（9）：814-818，823
[26] Zhang M，Ge H H，Wang X J，et al. Research into corrosion behavior of carbon steel in simulated reverse osmosis product water and seawater using a wire beam electrode. Anti-Corrosion Methods and Materials，2015，62（3）：176-181
[27] Li S，Hihara L H. *In situ* Raman spectroscopic identification of rust formation in Evans' droplet experiments. Electrochemistry Communications，2012，18：48-50

[28] Singh D D N，Yadav S，Saha J K. Role of climatic conditions on corrosion characteristics of structural steels. Corrosion Science，2008，50（1）：93-110

[29] Singh J K，Singh D D N. The nature of rusts and corrosion characteristics of low alloy and plain carbon steels in three kinds of concrete pore solution with salinity and different pH. Corrosion Science，2012，56：129-142

[30] García K E，Morales A L，Barrero C A，et al. New contributions to the understanding of rust layer formation in steels exposed to a total immersion test. Corrosion Science，2006，48（9）：2813-2830

[31] 邹妍，王佳，郑莹莹. 锈层下碳钢的腐蚀电化学行为特征. 物理化学学报，2010

[32] 胡家元，曹顺安，谢建丽. 锈层对海水淡化一级反渗透产水中碳钢腐蚀行为的影响. 物理化学学报，2012，28（5）：1153-1162

[33] 陈小平，王向东，刘清友，等. 耐候钢锈层组织成分及其耐腐蚀机制分析. 材料保护，2009，42（1）：18-20

[34] 邹妍，郑莹莹，王燕华，等. 低碳钢在海水中的阴极电化学行为. 金属学报，2009，46（1）：123-128

[35] Lair V，Antony H，Legrand L，et al. Electrochemical reduction of ferric corrosion products and evaluation of galvanic coupling with iron. Corrosion Science，2006，48（8）：2050-2063

[36] El Azhar F，Tahaikt M，Zouhri N，et al. Remineralization of Reverse Osmosis（RO）-desalted water for a Moroccan desalination plant：optimization and cost evaluation of the lime saturator post. Desalination，2012，300：46-50

[37] Liang J，Deng A，Xie R，et al. Impact of flow rate on corrosion of cast iron and quality of re-mineralized seawater reverse osmosis（SWRO）membrane product water. Desalination，2013，322：76-83

[38] Shemer H，Hasson D，Semiat R，et al. Remineralization of desalinated water by limestone dissolution with carbon dioxide. Desalination and Water Treatment，2013，51（4-6）：877-881

[39] Ge H H，Guo R F，Guo Y S，et al. Scale and corrosion inhibition of three water stabilizers used in stainless steel condensers. Corrosion，2008，64（6）：553-557

第7章 热力设备停备用保护

7.1 热力设备停备用保护概述

热力设备停备用期间，由于空气的大量进入以及热力系统内部的潮湿环境，未经保护或保护不当的热力设备金属表面极易产生腐蚀。未经保护的热力设备在停备用时产生的腐蚀往往比其运行时腐蚀更严重。停备用腐蚀有如下危害[1]：

（1）腐蚀范围广，腐蚀速率大。

热力设备停备用时空气大量进入系统，而水汽系统管道多，排汽慢，湿度大，金属表面易形成水膜，因此凡是能与空气接触到的部位均可能发生耗氧腐蚀。停备用期间热力设备的腐蚀范围广，金属的腐蚀形态多以溃疡型和斑点型腐蚀为主。由于供氧充分，设备的腐蚀速率较大，产生的腐蚀产物较多。

（2）加剧热力设备的运行腐蚀。

热力设备的停备用腐蚀对其运行腐蚀有促进作用。一方面停备用期间金属表面因大面积腐蚀而形成腐蚀坑，为运行时金属设备的腐蚀疲劳和应力腐蚀破裂等的发生提供了疲劳源和表面缺陷，使这类腐蚀更易发生；另一方面，停备用腐蚀所生成的高价铁的氧化物 Fe_2O_3 和 $Fe(OH)_3$，可成为热力设备运行时氧的替代品，成为腐蚀原电池的阴极去极化剂，促进钢铁的腐蚀。

本章介绍了火电厂常用的停备用保护方法，并以十八胺基胺停炉保护和气相缓蚀剂保护为例，系统阐述停备用保护的原理、保护性能及影响因素、实施条件和性能评价方法。

7.1.1 热力设备停备用腐蚀特点

与运行腐蚀相比较，热力设备停备用时由于设备内部温度、压力、湿度、含氧量等均发生很大变化，停备用腐蚀与运行腐蚀存在较大差别[1, 2]。

与运行氧腐蚀相比，锅炉的停备用腐蚀（即停炉腐蚀）在腐蚀产物的颜色、组成、腐蚀的严重程度和腐蚀的部位、形态上均有明显差别。停炉腐蚀属于常温（低温）腐蚀，腐蚀产物较为疏松，在金属表面的附着力较小，容易被水带走，腐蚀产物的表层通常为黄褐色，主要成分为 FeOOH。由于停炉时大量空气进入系统，金属表面的水膜或与金属接触的水中均含有较高浓度的溶解氧，腐蚀面广，因此无论从腐蚀的广度还是深度来看，停炉腐蚀往往比运行腐蚀更严重。

从不同的热力设备来看：

（1）运行时锅炉省煤器的入口部位氧腐蚀较严重（氧浓度较大），出口部位氧腐蚀较轻（氧浓度较小）；而停炉时，整个省煤器金属表面均可出现氧腐蚀，而出口部位的腐蚀往往更严重一些。

（2）对锅炉上升管、下降管和汽包，运行时只有当除氧器运行工况显著恶化，使除氧性能明显下降，氧腐蚀才会扩展到汽包和下降管，而上升管（水冷壁管）不会发生氧腐蚀；停炉时上升管、下降管和汽包均遭受氧腐蚀，汽包的水侧要比汽侧腐蚀更严重。

（3）锅炉运行时过热器一般不会发生氧腐蚀；停炉时立式过热器的下弯头通常会发生严重的氧腐蚀。

（4）再热器与过热器一样，运行时一般不发生氧腐蚀，停备用时可在积水处发生严重的氧腐蚀。

（5）运行时汽轮机不发生氧腐蚀，在低压缸湿蒸汽区易发生酸腐蚀；汽轮机的停备用腐蚀（停机腐蚀）多发生在被氯化物污染的机组，其腐蚀形态主要为点蚀，通常发生在喷嘴和叶片上，有时也在转子本体和转子叶轮上发生。

7.1.2　停备用腐蚀的影响因素

对放水停备用的设备，停备用腐蚀的影响因素与大气腐蚀相似，最主要的影响因素是 H_2O 和 O_2，任何影响金属表面水膜形成的因素、影响氧气分子传质的因素等均会对停备用氧腐蚀产生影响，如停备用时设备内部环境温度、相对湿度、金属表面液膜中侵蚀性物质类型和含量、金属表面清洁程度等均可影响腐蚀过程。对于充水停备用的锅炉，影响腐蚀的因素与水溶液中的氧腐蚀类似，主要有水的温度、溶解氧含量、水中的其他侵蚀性物质类型及浓度、金属表面的清洁程度等。

1. 相对湿度

放水停备用设备内部的相对湿度直接影响金属表面水膜的形成，一般相对湿度越大，金属表面水膜的形成越快，水膜的停留时间越长，大气腐蚀速率越快。金属的大气腐蚀存在临界相对湿度，当大气环境中相对湿度小于该临界值时，金属表面不能形成水膜，金属与大气中的氧气分子直接发生化学腐蚀，腐蚀速率较小；只有当相对湿度大于该临界值时，金属表面形成水膜，发生电化学腐蚀，具有较大的腐蚀速率。一般金属受大气腐蚀的临界相对湿度在70%左右。对停备用的热力设备来说，当相对湿度大于70%时，停备用腐蚀就会产生，腐蚀速率随相对湿度的增加而加快。

2. 温度和温度变化

温度对大气腐蚀速率的影响不是很显著，因为温度升高一方面可以提高腐蚀反应的速率，加速金属的大气腐蚀；但另一方面，温度升高使金属表面水膜不易形成，或使已形成的水膜更易干燥，从这一角度来看反而降低了大气腐蚀的速率。因此，以上两方面的因素相互抵消，使得温度对大气腐蚀的影响并不显著。

对大气腐蚀具有较大影响的是温差变化，如昼夜温差或其他不同时间段的温差。设备所处环境的温差越大，大气腐蚀速率越快。如白天温度高、夜晚温度低，当这种昼夜温差加大时，则在温度低的夜晚水汽更易发生凝结而在金属表面形成水膜，使大气腐蚀更易发生。

3. 水中侵蚀性物质

水中或金属表面水膜中的含盐量决定了水的电导率，含盐量越高，金属腐蚀速率越大。水中的侵蚀性离子特别是 H^+、Cl^-等浓度增加时，腐蚀速率的增大更为明显。

4. 金属表面清洁程度

当热力设备的金属表面有沉积物或水渣时，停备用腐蚀更易发生。在沉积物或水渣与金属基体之间的缝隙中，因空气中的氧气不易扩散进来而含氧量低，在无沉积物或水渣覆盖的其他金属表面，水膜中因供氧充分而含氧量高，这样就使金属表面的不同区域因含氧量的不同而形成了氧浓差电池，使氧含量低的部位（沉积物或水渣下）遭到较严重的氧腐蚀[2]。

7.2 停备用保护方法

7.2.1 停炉保护方法

为了防止或控制热力设备停备用时金属的腐蚀，采用适当的方法进行防护是必需的。目前热力设备常用的停备用保护方法较多，根据停备用保护原理，一般可分为以下三类[1]：

（1）防止空气进入热力设备水汽系统内部，即防止或减缓氧气分子进入系统内部。这类方法有充气法、保持蒸汽压力法等。

（2）降低热力设备水汽系统内部的湿度，以防止金属表面水膜的形成。这类方法有烘干法、干燥剂法等。

（3）使用化学药剂保护，即在热力设备停炉前后加入一定量的化学药剂，通过在金属表面成膜、钝化，使金属表面形成不同的保护膜而减缓金属的腐蚀。这类方法有成膜胺保护法、气相缓蚀剂法、联氨法等。

下面对以上三类保护方法分别作更详细的介绍[2,3]。

1. 防止空气进入

1）保持给水压力法

保持给水压力法是指当锅炉停备用后，采用合格的给水充满锅炉，使炉内保持一定的给水压力和溢流量，从而防止空气进入。保护时锅炉压力一般控制在 0.5～1.0MPa，并使给水从饱和蒸汽取样器处溢流，溢流量控制在 50～200L/h。

利用这种方法，可以对锅炉进行有效的停炉保护。保护期间应保持系统严密性，定期检查锅炉给水压力和给水品质，定期分析水中溶解氧的含量，如发现含氧量超过允许的标准，应立刻采取措施，使其符合要求。该保养方法操作简单，启动方便，适合低压锅炉热备用的短期保养。

2）保持蒸汽压力法

保持蒸汽压力法是指处于热备用状态的锅炉，利用炉膛余热，引入邻炉蒸汽加热或间断点火的方式，保持锅炉内蒸汽压力在 0.4～0.6MPa，防止空气进入锅炉。这种方法适用于锅炉因临时小故障或外部电负荷需求经常开停的机组，由于锅炉必须随时投入运行，所以不能放水，也不允许改变炉水成分。保护期间，应经常监督锅炉水的水质。

3）充氮保护法

充氮保护法是将纯度大于 99%的氮气充入锅炉水汽系统中，并保持一定的压力以防止空气进入。由于氮气不活泼，对钢铁又无腐蚀性，所以即使炉内有水，也不会引起金属的腐蚀。

实施充氮保护法时可以将锅炉水汽系统的水放掉，也可以不放水。具体操作时，当锅炉压力降至 0.5MPa，开始向锅炉充氮，对于不放水的锅炉，在锅炉冷却和保护过程中，保持氮气压力在 0.03～0.05MPa；对于放水锅炉，充氮和排水同时进行，在排水和保护过程中，保持氮气压力在 0.01～0.03MPa。充氮期间，应保持系统的严密性，并经常检查系统内氮气压力及严密性，以维持系统内氮气压力，防止空气进入。在满水充氮时，应加入一定量的联氨和氨，调节炉水的 pH 到 10 以上。另外，充氮保护时，需保证氮气纯度在 99%以上。

充氮保护法是一种长期停炉的简易、可靠的保养方法，适用于各种参数、各种结构的锅炉停炉保护，对于高参数、大容量机组可以普遍采用。该法既可用于长期停备用的锅炉，又可用于短期停备用的锅炉，适用于冷备用、封存锅炉。但由于充氮保护法所需的氮气量较大和对锅炉的密封性要求较高，因而该方法并没有被大量采用。

4）充氨保护法

充氨保护法是向停备用锅炉的水汽系统中充入氨气，排出系统内部空气，降低氧的分压，使金属表面水膜中的含氧量下降。同时，氨可以溶解在水膜中，使水膜呈碱性，起到对钢铁的保护作用。

进行充氨保护时，应注意以下问题：

（1）充氨前，尽可能使锅炉内部干燥，并保持各部分阀门完好，以保证水汽系统严密性。与运行系统的连接部分应加装堵板，并拆除铜及铜合金部件。

（2）由于氨的密度比空气小，加氨时应将锅炉水汽系统分成若干个回路，从锅炉顶部冲入氨气，空气从下部排出。充氨时，当空气排出口出现强烈的氨气味后，关闭排气门，继续充氨升压，直至达到规定压力为止。另外，液氨气化时需要吸收大量热量，因此充氨速度不易太快，以免管壁产生结霜现象。

（3）锅炉上部应安装压力计，以监视炉内压力。炉内充氨后，应加强炉内压力的监督，使之达到并维持在规定值；炉内气体含氨量大于30%。如发现炉内压力显著下降，应迅速查出原因，再进行补氨操作。待炉内压力稳定后，在锅炉下部取样测定氨的浓度，达到要求后再转入正常的维护监督。

（4）可用湿润的红色石棉试纸（由红变蓝），或用蘸有浓盐酸的棉球（出现白烟），进行氨气泄漏部位的检查。

（5）含氨 16%～25%的空气，遇明火有发生爆炸的危险，因此，在任何情况下，炉内的氨气不得向室内排放。在充氨的锅炉或储存液态氨的容器周围 10m 范围内，严禁一切明火作业。

充氨保护法对停备用的锅炉具有良好的保护作用，但保安条件要求严格，因而仅适用于长期停备用的锅炉。

2. 降低相对湿度

1）烘干法

烘干法即采用热炉放水，使受热面在放水后保持干燥。锅炉停炉后，当锅炉水温或汽包压力降至规定范围时，将受热面内的水全部放尽，利用炉膛内的余热、点微火或将邻炉热风引入炉膛内以蒸干锅炉内表面的湿气，还可采用负压抽干的方法，使金属表面干燥。经过规定的时间后，关闭所有阀门，完成干燥工作。

（1）热炉放水余热烘干法。

锅炉停运后，当压力降至锅炉制造厂规定值时，如固态排渣汽包锅炉的汽包压力降至 0.6～1.6MPa，固体排渣直流锅炉的分离器压力降至 0.6～2.4MPa 时，将锅炉内存水快速放尽，利用炉膛余热烘干受热面。当炉膛温度降至 105℃，如果锅炉内空气湿度仍高于 70%，则需要将锅炉点火进行再次烘干。这种方法适用于锅炉进行临时检修、小修场合。

（2）邻炉热风烘干法。

锅炉停运后，当压力降至锅炉制造厂规定值时，将锅炉内存水快速放尽，利用炉膛余热烘干受热面。为了补充炉膛余热的不足，可以将正在运行的邻炉热风引入炉膛，进一步烘干受热面，直至锅炉内空气湿度低于70%。这种方法适用于锅炉冷备用或者需大、小修的场合。

（3）负压余热烘干法。

锅炉停运后，当压力降至锅炉制造厂规定值时，将锅炉内存水快速放尽，然后立刻抽真空，加速锅炉内湿气的排出，提高烘干效果。这种方法适用于锅炉需要大、小修的场合。

由于锅炉水具有一定的碱性，通过以上方法将锅炉内湿汽蒸干后，可在金属表面生成一层保护膜，起到一定的保护作用，烘干法常用于锅炉检修期间的防护，有时防腐效果并不理想。

（4）氨、联氨钝化烘干法。

这种方法是在锅炉停运前2h，利用给水和炉水的加药系统，向给水和炉水中加入氨和联氨，提高水的pH和联氨浓度，使金属表面形成钝化保护膜，然后按常规方法热炉放水、余热烘干。这种方法适用于锅炉冷备用和需要大小修的机组的保护。

（5）氨水碱化烘干法。

对于给水采用加氨处理和加氧处理的机组，可在锅炉停运前4h停止加氧，而增加给水中氨的加入量，提高水汽系统的pH，改善金属表面状态。这种方法同样适用于锅炉冷备用和需要大小修的机组的保护。

2）干燥剂法

干燥剂法是利用吸湿能力很强的干燥剂，使炉内保持干燥，防止腐蚀。该法通过热炉放水将锅炉水放净，用压缩空气吹干或利用热风烘干，除去具有吸湿作用、可促进腐蚀的水渣和水垢，然后通过人孔和手孔，将放在特制容器内的干燥剂放入汽包和各联箱内，再将人孔和手孔严密封闭，使锅炉与外界隔绝。保养期间要定期检查和更换干燥剂。

常用的干燥剂有生石灰、无水氯化钙和硅胶，干燥剂的使用量按照锅炉容积计算。干燥剂法具体操作方法如下：

（1）按正常程序热炉放水，使锅内金属表面干燥，并清除水渣和水垢；

（2）按锅炉容积计算干燥剂用量，一般生石灰为2～3kg/m^3、无水氯化钙1～2kg/m^3、硅胶1～2kg/m^3（使用前需经120～140℃烘干）；

（3）生石灰或无水氯化钙应放在搪瓷盘等容器中，硅胶可以放入布袋中，按预定布点位置分别均匀放置在汽包和联箱内；

（4）完成上述工作后，立即封闭汽包、联箱和所有阀门，使锅炉内与外界空气隔绝，进入保护期；

（5）定期检查保护情况，干燥剂失效时应及时更换，检查时间为第一次 7～10 天，第二次半个月，以后每月检查一次。

氯化钙和生石灰用过一次后即失效，而硅胶用过后可定期从汽包或联箱内取出加热除水后继续使用。采用氯化钙作为干燥剂时，要防止干燥剂吸湿后液体溢出，造成锅炉腐蚀。

此方法防腐保护效果良好，但只适用于结构简单、容量小的中、低压机组的锅炉和汽轮机保护。高参数机组锅炉结构复杂，锅炉内各部分的水不容易完全放尽，采用该法达不到理想的防腐效果，所以一般不采用。

3）除湿机保护法

在锅炉停运并热炉放水后，采用除湿机来降低水汽系统内湿度。锅炉除湿机可直接与锅炉管道连接使用，除湿机工作时可交替地进行除湿和对吸附剂进行复活，除湿效果可达绝对湿度 $0.05g/m^3$。目前还只适合于 0.2～20t/h 蒸汽锅炉和 8MW 以下的热水锅炉等小型锅炉停炉期间除湿保养。

3. 缓蚀性化学药剂保护

1）氨水法

此法是采用一定浓度的氨水溶液进行保护，由于氨水呈碱性，可以使钢铁表面生成钝化保护膜，从而大幅度降低钢铁类金属的腐蚀速率。

采用氨水法进行保护时，在锅炉停运并经热炉放水后，将用除盐水配制的含氨量为 500～700mg/L 的保护液打入锅炉水汽系统内，并在系统内循环，直到氨浓度混合均匀。采用氨水法进行保护时，应注意防止系统内铜及铜合金部件的腐蚀，应拆除系统内可能与氨水接触的铜部件。氨水法适用于保护长期停备用的锅炉，如锅炉冷备用、封存的场合。

2）氨-联氨保护法

氨-联氨保护法是用一定浓度和 pH 的联氨（N_2H_4）水溶液充满锅炉进行保护。锅炉停运后，先将汽包内存水放尽，再充入联氨浓度为 200～300mg/L，并用氨调节 pH 至 10～10.5 的给水。在采用氨-联氨法保护时，由于实施温度为室温，联氨的主要作用不是与氧反应除去氧，而是作为阳极型缓蚀剂使金属表面钝化或起到牺牲阳极的作用，因而联氨的使用量必须足够，用量不足反而会加速腐蚀。此法适用于对冷态备用、长期停备用或封存的锅炉保护，在保护期内，应定期检查水中的联氨浓度与 pH。

应用氨-联氨法保护的锅炉再次启动时，应先将氨-联氨液排放干净，并彻底冲洗。锅炉点火后，应先排气，至蒸汽中氨含量小于 2mg/kg 时才可送汽，以免氨浓度过大而腐蚀系统中的含铜设备。对废弃的氨-联氨保护液，需进行适当的处理后才可对外排放，以防止对环境造成污染。

由于联氨是剧毒品，除了在配药时做好一定的防护工作外，采用联氨保护法的锅炉，当启动或需要转入检修时，必须先排净保护液，并用水冲洗干净，使锅炉水中的联氨含量小于规定值后，方可点火或转入检修。

3）成膜胺保护法

成膜胺保护法是采用一定浓度的有机胺化合物，在机组滑停过程中加入水汽系统，在一定的温度和压力下，这类化合物可以在金属表面形成保护膜。常用的成膜胺是十八胺，详细内容请见 7.3 节。

4）Na_3PO_4 和 $NaNO_2$ 混合液保护法

Na_3PO_4 和 $NaNO_2$ 混合液是一种钝化剂，能在金属表面上形成一层保护膜，因此可用来防止锅炉金属停备用时的腐蚀。混合液中 Na_3PO_4 和 $NaNO_2$ 浓度一般为 0.1%～1.0%。此方法可用于中、低压锅炉的短期保护。

5）乙醛肟保护法

乙醛肟（CH_3CHNOH）是一种除氧剂，可以降低水中溶解氧含量，并促进金属表面钝化。采用乙醛肟进行保护的主要反应式如下：

$$4CH_3CHNOH + 5O_2 \longrightarrow 4CH_3CHO + 4NO_2 + 2H_2O$$

$$2CH_3CHNOH + 3Fe_2O_3 \longrightarrow 2CH_3CHO + 2Fe_3O_4 + N_2 + H_2O$$

进行乙醛肟保护时，首先乙醛肟与氧反应去除水中的 O_2，然后使金属表面形成磁性四氧化三铁保护膜，起到防腐保护作用。进行保护时，将保护液的 pH 用氨水调至 10.5～10.8，乙醛肟浓度控制在 300～400mg/L。在要求保护时间长且不能完全密封条件下，乙醛肟浓度应大于 400mg/L。

6）二甲基酮肟保护法

二甲基酮肟的保护作用机理与乙醛肟类似，其可作为除氧剂和钝化剂对锅炉进行湿法保护。二甲基酮肟的分子式为$(CH_3)_2CNOH$，是一种强还原剂，可以使金属钝化。二甲基酮肟促进金属钝化的化学反应为

$$2(CH_3)_2CNOH + 6Fe_2O_3 \longrightarrow 2(CH_3)_2CO + 4Fe_3O_4 + N_2O + H_2O$$

进行二甲基酮肟保护时，保护液中二甲基酮肟浓度为 300～400mg/L，同时用 NH_3 调节 pH 至 10.5 以上。二甲基酮肟对黄铜具有一定腐蚀作用，使用时应尽可能避免与铜或铜合金部件直接接触。二甲基酮肟对金属表面具有良好的保护效果，适用于锅炉的长期停备用保护。

7）气相缓蚀剂保护法

气相缓蚀剂是一类可挥发性缓蚀剂，在常温下能自动挥发出缓蚀成分，吸附在与之接触的金属表面，起到保护金属的作用。有关气相缓蚀剂的详细内容请见 7.4 节。

4. 锅炉停备用保护方法的选择

具体对某台锅炉进行停炉保护时，应根据停备用时间和停备用设备是否需要放水等情况合理选择停备用保护的方法。

1）按停备用时间选择

（1）1 周以内保护可选择热炉放水法和保持蒸汽压力法；

（2）1 周至 1 个月保护可选择充氮气法和保持给水压力法；

（3）1～3 个月保护可选择氨-联氨法、碱液法和二甲基酮肟法等；

（4）3 个月以上选择成膜胺保护法、干燥剂法、气相缓蚀剂法等。

2）根据保护对象选择

（1）蒸汽锅炉长期保养可选择干燥剂法、成膜胺保护法、气相缓蚀剂法、氨-联氨保护法、碱液法等。

（2）热水锅炉及水循环系统保养可选择有机成膜胺保护法和碱液保护法，热水锅炉不宜采用干燥剂法。

7.2.2 其他热力设备停备用保护方法

1. 汽轮机停备用保护方法

汽轮机在停备用期间均采用干法保护，保护方法的选择主要考虑除湿与除氧。

1）短期保护方法

机组停备用时间在一周之内的短期保护，主要是采取措施防止空气进入汽轮机。视凝汽器真空能否维持，可采用不同的方法：

（1）凝汽器真空能维持的机组停备用时，维持凝汽器汽侧真空度，提供汽轮机轴封蒸汽，防止空气进入汽轮机。

（2）凝汽器真空不能维持的机组停备用时，应隔绝一切可能进入汽轮机内部的汽、水，并开启汽轮机本体疏水阀；隔绝与公用系统连接的汽水阀门，并放尽其内部剩余的汽水。冬季机组停运时，有可靠的防冻措施。

2）中长期保护方法

停备用时间超过一周的机组，需采用中长期保护方法，主要是采取除湿干燥的方法，控制汽轮机内相对湿度小于 50%；以及充氮除氧法等。

（1）压缩空气法，即汽轮机快冷装置保护法。汽轮机停止进汽后，加强汽轮机本体疏水排放，当汽缸温度降低至允许通热风时，启动汽轮机快冷装置，从汽轮机高、中、低压缸注入点向汽缸通入一定量的热压缩空气，加快汽缸冷却，并保持汽缸干燥。注入汽缸内的压缩空气经过轴封装置，高、中压缸调节阀的疏水管，汽轮机本体硫水管，以及凝汽器汽侧人孔和放水门排出。

保护期间应定期检测汽轮机排出空气的相对湿度，应不大于 50%。所使用的压缩空气杂质含量小于1mg/m^3，含油量小于2mg/m^3，相对湿度小于30%。汽轮机压缩空气充入点应装有滤网。

（2）热风干燥法。机组停机后，按规程要求关闭与汽轮机本体有关的汽水管道上的阀门，阀门不严时，应加装堵板，防止汽水进入汽轮机；开启各抽汽管道、疏水管道和进汽管道上的疏水门，放尽与汽轮机本体连通管道内的余汽、存水或疏水，以及凝汽器热水井和凝结水泵入口管道内的存水。当汽缸壁温度降至80℃以下时，从汽缸顶部的导汽管或低压缸的抽汽管向汽缸送入温度为50～80℃的热风，使汽缸内保持干燥。热风流经汽缸内各部件表面后，从轴封、真空破坏门、凝汽器人孔门等处排出。当排出热风湿度低于70%（室温）时，若停止送入热风，则应在汽缸内放入干燥剂，并封闭汽轮机本体；如不放干燥剂，则应保持排气处空气的温度高于周围环境温度（室温）50℃。

干燥过程中，应定时测定从汽缸排出气体的相对湿度，并通过调整送入热风风量和温度来控制由汽缸排出空气的相对湿度，使之尽快符合控制标准。

（3）干风干燥法。机组停机后，按规程规定关闭与汽轮机本体有关的汽水管道上的阀门，阀门不严时，应加装堵板，防止汽水进入汽轮机；开启各抽汽管道、疏水管道和进汽管道上的疏水门，放尽汽轮机本体及相关管道、设备内的余汽、积水或疏水，以及凝汽器热水井和凝结水泵入口管道内的存水。当汽缸壁温度降至 100℃以下时．向汽缸内通入干风，使汽缸内保持干燥。控制汽轮机排出口空气的相对湿度不大于50%。

在干燥和保护过程中，应定时测定从汽缸排出气体的相对湿度，当相对湿度超过50%时启动除湿机除湿，使相对湿度达到控制要求。

（4）干燥剂保护法。对于停运后的汽轮机，先按规程对汽轮机进行热风干燥，当汽轮机排气的相对湿度达到70%时，停止送热风，按2kg/m^{3}的量将纱布袋包装的变色硅胶从排汽缸安全门放入凝汽器的上部，然后封闭汽轮机，使汽缸内保持干燥状态。

本法适用于周围环境湿度较低（大气湿度不高于70%）、汽缸内无积水的封存汽轮机防腐蚀保护，保护期间应定期检查硅胶的吸湿情况，发现硅胶变色失效时要及时更换。

（5）氮气保护法

向汽轮机内通入氮气，置换系统内的空气，将氧气含量控制在一定范围，达到保护汽轮机内金属材料的目的。

2. 凝汽器停备用保护方法

1）凝汽器汽侧

凝汽器汽侧的保护与汽轮机相似，短期保护主要是防止空气进入，长期保护则主要是控制系统内相对湿度，保持系统内干燥。

凝汽器汽侧短期（一周之内）停备用时，应保持真空，防止空气进入。不能保持真空时，应放尽热井积水，并尽量保持干燥。

长期停备用时，应放尽热井积水，隔离可能的疏水，并清理热井及底部的腐蚀产物和杂物，然后用压缩空气吹干，或将其纳入汽轮机干风保护系统之中。

2）凝汽器循环水侧

短期停备用（3d 以内）时，凝汽器循环水侧宜保持运行状态，当水室有检修工作时可将凝汽器排空，并打开人孔门，保持自然通风状态。

停备用时间较长（3d 以上）时，宜将凝汽器排空，清理金属表面附着物，并保持通风干燥状态。

在循环水泵停运之前，应投运凝汽器胶球清洗装置，清洗凝汽器冷却管，使停备用期间冷却管表面保持清洁状态。在夏季，循环水泵停运前 8h，应进行一次杀菌灭藻处理。

3. 高压加热器停备用保护法

高压加热器停备用保护，可以采用以下方法：

（1）充氮法。高压加热器停备用后，其水侧和汽侧均可用充氮保护，对需要放水的系统在保护过程中维持氮气压力在 0.01～0.03MPa 范围内；对不需要放水的系统维持氮气压力在 0.03～0.05MPa 范围内，以阻止空气进入。

（2）氨-联氨法。同锅炉系统的氨-联氨保护法，采用含联氨 200～300mg/L、加氨调节 pH 在 10.0～10.5 范围的保护液进行保护。为防止空气漏入，高压加热器顶部应采用水封或氮气封闭措施。

（3）氨水法。对于加氨或加氧处理的机组，可以在停运前加大凝结水精处理出口的加氨量，提高给水 pH 至 9.4～10.0，并在停机后不放水，有条件时向汽侧和水侧充氮密封。

（4）干风干燥法。停备用时高压加热器的干风干燥保护与汽轮机的干风干燥保护同时进行。

4. 低压加热器停备用保护法

对碳钢和不锈钢低压加热器，停备用时的保护方法可参见高压加热器的保护方法。当低压加热器汽侧与汽轮机、凝汽器无法隔离时，因无法充氮或充保护液，其保护方法应纳入汽轮机保护系统中。

对铜合金低压加热器，停备用时水侧应保持还原性环境，以防止铜合金的腐蚀和铜腐蚀产物转移。采用湿法保护时，可用联氨浓度为 5～10mg/L、pH 为 5.8～9.2 的水溶液充满低压加热器，同时充氮密封，保持氮气压力在 0.03～0.05MPa 范围内。干法保护时，可参考汽轮机干风干燥法，保持低压加热器汽水侧处于干燥状态，也可以考虑用氮气或压缩空气吹干法保护。

5. 除氧器停备用保护法

短期保护（机组停运时间在一周之内）时，如果除氧器不需要放水，可以采用热备用保护方法，即向除氧器水箱通入辅助蒸汽，定期启动除氧器循环泵，维持除氧器水温高于 105℃。对需要放水的短期停运除氧器，可在停运放水前，适当加大凝结水加氨量，提高除氧器内水的 pH 至 9.4～10.0。

较长时间（机组停备用时间在一周以上）停备用保护时，可用下列方法进行保护：充氮保护、水箱充保护液并充氮密封、通干风干燥、高温成膜缓蚀剂保护法等。具体实施可参见锅炉和汽轮机的停备用保护。

6. 停备用锅炉烟气侧的防腐蚀方法

锅炉烟气侧的停备用保护，主要是保持烟气侧金属表面的清洁与干燥，具体可以采取以下措施[4]：

（1）燃煤锅炉停备用前，应对所有的受热面进行一次全面、彻底的吹灰。

（2）锅炉停备用冷却后，应及时对炉膛进行吹扫、通风，彻底排除残余的烟气。

（3）锅炉长期停备用时，应清除烟道内受热面的积灰，防止在受热面堆积的积灰因吸收空气中的水分而产生酸性腐蚀。

（4）积灰清除后，应采取措施保持受热面金属的温度在露点温度以上。

（5）海滨电厂和联合循环余热锅炉长期停备用时，可安装干风系统对炉膛进行干燥。干风装置的容量应保证每小时置换炉膛内空气 1～3 次。

下面以十八胺停炉保护和气相缓蚀剂保护为例，阐述停炉保护的原理、保护性能及影响因素、实施条件和评价方法。

7.3　十八胺停炉保护

十八胺是一种成膜胺，十八胺停炉保护法属于成膜胺保护法。十八胺保护法就是通过在金属表面生成保护性的有机膜而使金属少受或免受腐蚀。十八胺即十八烷基胺（ODA），分子式为 $CH_3(CH_2)_{16}CH_2NH_2$，呈白色晶体或颗粒，难溶于水，但能形成乳浊液，溶于乙醇、乙醚或苯，微溶于丙酮，凝固点为 53.1℃，沸点为 348℃。作为一种有机缓蚀剂，ODA 在高温成膜方面具有独特的优越性。此项技术在国外特别是苏联应用较早，至 20 世纪 90 年代初俄罗斯、南斯拉夫及德国等国已在 80 多台动力装置上推广应用了该项技术，核电站使用 ODA 后设备寿命增加了十倍。国内在 20 世纪末陆续对该项技术进行研究，并逐步在电厂应用。

7.3.1　十八胺成膜条件研究

十八胺在热力设备金属表面的成膜性能与多种因素有关[5-10]。

1. 十八胺在液相和汽相成膜效果

在 ODA 浓度为 5mg/L、液相温度为 220℃、恒温 3h 的条件下，将碳钢样品分别置于高压釜的液相和汽相中成膜，并与未经 ODA 处理的样品进行比较。将样品分别制成电极后，进行电化学阻抗谱测量。图 7-1 为汽、液相成膜电极和空白电极在溶液中浸泡 30min 后测得的 Bode 图。

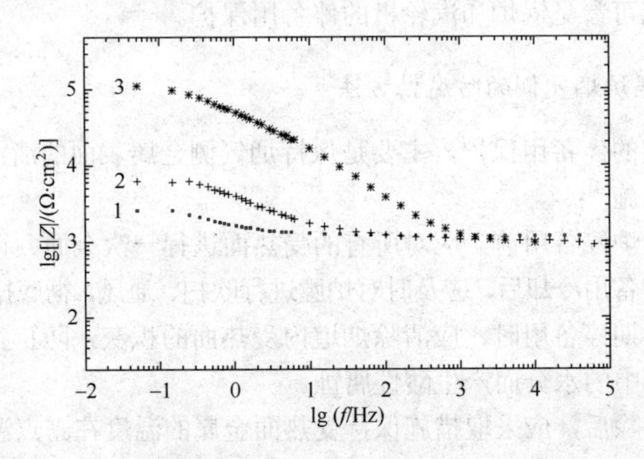

图 7-1　汽、液相成膜电极及空白电极在测试溶液中的 Bode 图

1. 未经 ODA 处理；2. 液相成膜；3. 汽相成膜

由图 7-1 可知，未经处理的电极 1、液相成膜电极 2、汽相成膜电极 3 在频率为 0.05Hz 时的阻抗模值 $|Z|_{0.05}$ 分别为 2.5kΩ·cm^2、6.3kΩ·cm^2 和 119.9kΩ·cm^2。$|Z|_{0.05}$ 值越大，则电极的耐蚀性越好[5]。这表明汽相成膜电极的耐蚀性高于液相成膜电极，液相成膜电极的耐蚀性高于未经 ODA 处理的电极。

ODA 在汽相的成膜效果优于液相，这与 ODA 在水中的分配系数（K）较大有关。$K=c_{汽}/c_{液}$，其中 $c_{汽}$和 $c_{液}$分别为 ODA 在汽相和液相中的浓度。ODA 在 1 个标准大气压、100℃时 K=1，压力在 2.9～15.2MPa 范围内 K＞1，15.2MPa 时的 K 值小于 2.9MPa 时的值。实验中高压釜内水温 220℃对应的蒸汽压力为 7.8～8.3MPa，在这个压力范围内 K＞1，即汽相的 ODA 浓度大于液相，故汽相的成膜效果比液相好。另外可能是液相中的样品表面初步形成 ODA 膜以后，由于膜的疏水性，阻碍了水中 ODA 分子进一步接近样品表面，影响了膜的进一步生成。因此，液相生成的 ODA 膜的致密性和保护性均不如汽相。

2. 温度对ODA成膜效果的影响

无论是对化学反应还是吸附过程，均与温度相关。在ODA浓度为5mg/L、恒温3h条件下，设定一定的液相温度，进行碳钢样品成膜处理，研究温度对ODA汽相成膜效果的影响。图7-2为不同成膜温度下碳钢电极的Bode图，曲线1、2、3、4、5分别对应实验的液相温度为120℃、170℃、220℃、240℃、260℃。液相温度与$|Z|_{0.05}$值的关系见表7-1，可以看出，液相温度在220℃左右时ODA的成膜效果最佳。

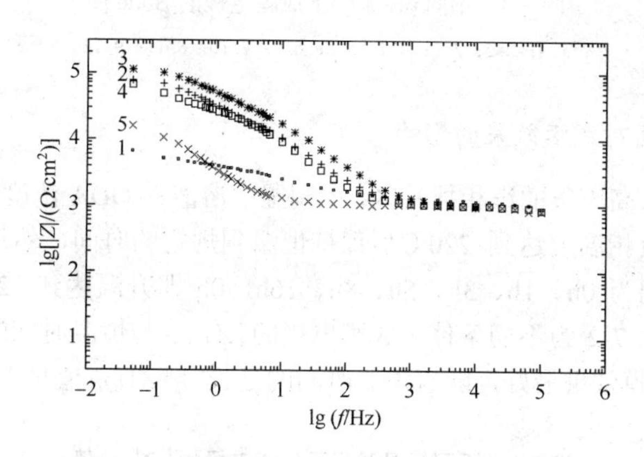

图7-2　不同液相温度下成膜电极的Bode图

1. 120℃；2. 170℃；3. 220℃；4. 240℃；5. 260℃

表7-1　不同液相温度下成膜电极的$|Z|_{0.05}$值

温度/℃	120	170	220	240	260
$\lvert Z\rvert_{0.05}/(k\Omega\cdot cm^2)$	6.6	76.4	111.9	64.9	15.6

3. pH对成膜效果的影响

在ODA浓度为5mg/L、恒温时间3h条件下，进行汽相成膜实验，研究不同pH介质中ODA在碳钢表面的成膜效果。关于成膜介质的pH对成膜效果的影响，McGlone提出ODA在碳钢上成膜时介质pH在7.5～8.5之间为佳；Dubrovskii指出pH对ODA在汽、液两相中的分配系数有影响。图7-3为不同pH条件下成膜电极的Bode图，显示成膜效果在pH为9左右时最佳。有机胺膜往往在铁的氧化物上形成，较低的pH不利于铁氧化物层的生成。有人认为在有机胺的成膜过程中，N原子被金属吸附（或配位）之前，要先与H^+配位，因此，较高的pH介质（较低的H^+浓度）也不利于ODA成膜。

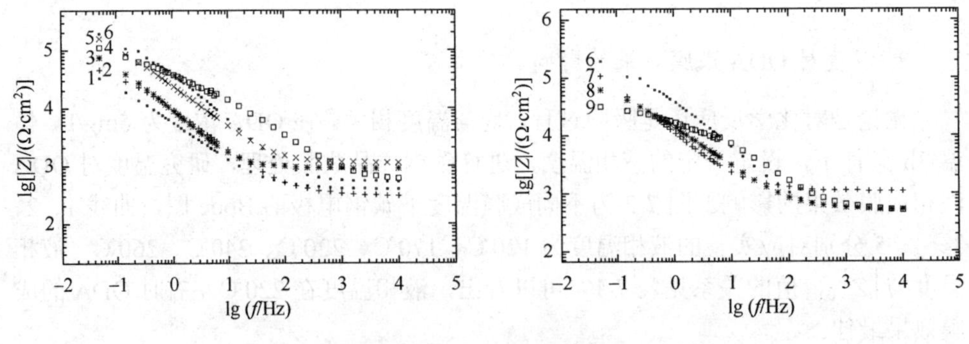

图 7-3 不同 pH 条件下成膜电极的 Bode 图

1. 4; 2. 5; 3. 6; 4. 7; 5. 8; 6. 9; 7. 10; 8. 11; 9. 12

4. 成膜时间对成膜效果的影响

将样品放入高压釜的汽相挂片区，控制釜中溶液的 ODA 浓度为 5mg/L，进行成膜实验，当液相温度达到 220℃后保持恒温到规定的时间，然后自然冷却。控制恒温时间分别为 0h、1h、3h、5h、8h、16h，0h 即升温达到 220℃后不经恒温就自然冷却。表 7-2 为不同条件下成膜电极的 $|Z|_{0.05}$ 与恒温时间的关系。可见恒温 1h 的电极成膜效果最好，随着恒温时间的延长，$|Z|_{0.05}$ 值呈下降趋势。

表 7-2 不同恒温时间下成膜电极的 $|Z|_{0.05}$ 值

时间/h	0	1	3	5	8	16
$|Z|_{0.05}/(k\Omega\cdot cm^2)$	8.70	141.0	111.9	41.3	20.7	16.3

5. ODA 浓度对成膜效果的影响

控制液相温度为 220℃、恒温时间为 1h 的条件下，研究 ODA 浓度对成膜效果的影响。表 7-3 是 ODA 浓度分别为 0mg/L（不加 ODA 的空白实验）、5mg/L、15mg/L、25mg/L、40mg/L、60mg/L 时，成膜碳钢电极的 $|Z|_{0.05}$ 值，可以看出，碳钢电极耐蚀性能首先随 ODA 浓度的增加而增大，ODA 浓度增大到 25mg/L 时电极的 $|Z|_{0.05}$ 值最大，电极耐蚀性能最好；随着 ODA 浓度的进一步增加，电极耐蚀性能又有所下降。ODA 分子中含有一个以 N 原子为中心的极性基团和一个由 CH 链组成的非极性基团（烷基），极性基团具有亲水性，可以吸附于金属表面，而非极性基团具有疏水性，远离金属表面。这样 ODA 吸附在金属表面上就形成了一层疏水薄膜，这层疏水薄膜将金属基体与水溶液隔离开来，阻止了水中溶解氧对金属的作用，抑制了腐蚀反应的发生。当 ODA 浓度继续增大时，可能由于 ODA 分子间的相互作用，ODA 膜的保护性反而下降了。

表 7-3　不同 ODA 浓度处理后电极的 $|Z|_{0.05}$ 值

ODA 浓度/(mg/L)	0	5	15	25	40	60
$|Z|_{0.05}$/(kΩ·cm^2)	21.2	141.0	245.9	2580	1179	874.7

6. 金属表面粗糙度对成膜效果的影响

电化学阻抗谱的拟合参数之一的常相位角元件指数η可以表征金属表面的粗糙度，对理想的光滑表面，η=1，随着表面粗糙度的增加，η逐渐减小。对三种经不同方法处理的具有不同粗糙度的电极在溶液中进行电化学阻抗谱测定，经拟合计算后所对应的η值见表 7-4。

表 7-4　不同条件处理电极的常相位角元件指数η值

电极编号	表面处理	η（平均值）
1	6#金相砂纸磨光（上海砂轮厂）	0.6869
2	1#砂纸打磨	0.5659
3	125mm 钢挫（国产）打磨	0.5396

将不同η值的样品置于高压釜中进行汽相成膜，成膜浓度 5mg/L，成膜时间 1h。成膜后制成电极测量其电化学阻抗谱，得到不同电极的$|Z|_{0.05}$值，见表 7-5。实验表明，金属表面粗糙度越大（即η值越小），ODA 成膜效果越差；与未经 ODA 处理的样品（$|Z|_{0.05}$值为 2.5kΩ·cm^2）相比，表面非常粗糙的样品（η=0.5396）经 ODA 处理后，其耐蚀性仍显著提高，$|Z|_{0.05}$值达到了 12.9kΩ·cm^2。锅炉和汽轮机等热力设备在运行和停备用过程中，水汽侧金属因腐蚀而使表面粗糙不平，以上结果表明，即使是金属表面很粗糙的热力设备，经 ODA 处理后仍有良好的保护效果。

表 7-5　不同粗糙度下成膜电极的$|Z|_{0.05}$

电极编号	1	2	3
$|Z|_{0.05}$/(kΩ·cm^2)	141.0	32.9	12.9

7.3.2　十八胺成膜机理分析[10-13]

1. ODA 成膜电极的阴极充电曲线

对 ODA 成膜电极通以阴极电流，电极表面氧化铁层发生阴极还原反应：

$$Fe_2O_3+H_2O+2e \longrightarrow 2Fe+O_2+2OH^-$$

$$Fe_3O_4+H_2O+2e \longrightarrow 3Fe+3/2O_2+2OH^-$$

对经过 0mg/L、1mg/L、5mg/L、15mg/L、25mg/L、40mg/L 和 60mg/L 等不同浓度 ODA 处理的电极，通以 40nA/cm^2 的阴极电流，其阴极充电曲线示于图 7-4。图 7-4 显示，随着氧化铁还原反应的进行，电极电位 E 逐渐变负，当 E 降至−1.3V 左右，电极发生析氢反应：

$$2H_2O+2e \longrightarrow H_2+2OH^-$$

根据出现析氢反应的时间 t 的大小可以比较电极表面被还原的氧化铁量，t 越大，被还原的氧化铁越多。ODA 浓度与 t 的关系见表 7-6。

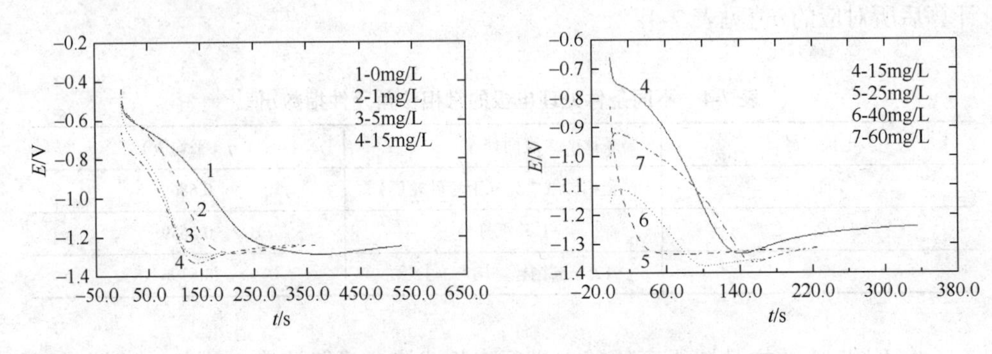

图 7-4　成膜电极的阴极充电曲线（阴极电流：40nA/cm^2）

表 7-6　ODA 浓度与析氢时间 t 的关系

c_{ODA}/(mg/L)	0	1	5	15	25	40	60
t/s	270	180	140	130	40	90	150

由表 7-6 可见，ODA 浓度为 25mg/L 时 t 最小。

憎水性的 ODA 膜可以有效地阻挡水溶液到达金属表面与氧化铁进行反应，ODA 膜阻挡作用越好，氧化铁阴极还原反应越难进行。因此，ODA 浓度为 25mg/L 时成膜效果最佳。

2. 铁表面 ODA 膜的俄歇电子能谱测试

为了确定 ODA 成膜处理后铁表面的结构，将经过 15mg/L 和 40mg/L ODA 处理的铁试片进行氩离子刻蚀俄歇电子能谱测试，分析结果见表 7-7。表 7-7 中表面膜的主要检测元素为 Fe、O、C，试片 A、B 分别经 15mg/L 的 ODA 和 40mg/L 的 ODA 处理，A′、B′分别为 A 和 B 在 30℃乙醇中浸泡了 3 天的试片。A、A′、B、B′试片随刻蚀时间增加，C 量减小，Fe 和 O 量增加，表明刻蚀过程中 ODA 量减小，氧化铁量增加。C、O、Fe 共存的状态对应于含氧化铁的 ODA 层或含 ODA 的氧化铁层，不含 C 的状态对应于氧化铁层。B 试片未刻蚀时表面含 C 100%，测不到 O 和 Fe，对应于纯 ODA 层。参照标样 Ta_2O_5 的刻蚀速率 20nm/min，A、A′、B、B′试片的含氧化铁 ODA 层厚度分别约 80nm、60nm、120nm、60nm。比较 A 和 A′、B 和 B′发现，成膜试片经乙醇浸泡清洗后可洗去表面纯 ODA 层以及部分含氧化铁的 ODA 层。我们认为铁表面经 ODA 处理后有如下结构：

ODA 浓度较低时：铁|氧化铁层|含氧化铁的 ODA 层

ODA 浓度较高时：铁|氧化铁层|含氧化铁的 ODA 层|纯 ODA 层

表 7-7　成膜电极的俄歇电子能谱分析数据

刻蚀时间/min			0	10″	20″	30″	1	2	3	4	6	9	12	15	18
A	原子分数/%	C	73.3	66.1	57.3	51.8	17.3	11.0	5.4	7.0	1.8	1.8	—	—	—
		O	16.0	18.1	21.7	23.9	39.3	42.1	47.1	46.6	48.1	48.6	49.3	—	49.1
		Fe	10.7	15.8	21.0	24.3	43.4	46.9	47.5	46.4	50.1	49.6	50.7	—	50.9
A′	原子分数/%	C	68.4	—	—	22.1	13.0	7.3	6.2	4.0	3.3	2.1	—	—	—
		O	17.9	—	—	40.9	43.6	46.8	47.8	49.3	48.2	49.4	51.6	51.3	50.9
		Fe	13.8	—	—	37.0	43.4	45.9	46.0	46.8	48.5	48.5	48.4	48.7	49.1
B	原子分数/%	C	100.0	84.8	81.4	80.7	72.2	53.8	38.5	32.0	17.7	4.5	3.2	—	—
		O	0	7.3	7.8	9.3	11.7	20.4	28.0	32.4	39.3	46.4	48.4	49.9	50.6
		Fe	0	8.0	10.8	10.0	16.1	25.8	33.5	35.6	43.0	49.1	48.4	50.1	49.6
B′	原子分数/%	C	75.8	—	—	28.1	17.1	10.0	8.0	4.8	3.5	2.1	—	—	—
		O	14.0	—	—	37.2	43.5	47.3	48.9	50.5	49.0	49.6	50.8	51.2	51.1
		Fe	10.2	—	—	34.7	39.5	42.8	43.1	44.8	47.6	48.4	49.2	48.8	48.9

注：刻蚀速率参照标样 Ta_2O_5 约为 20nm/min。

A. 15mg/L ODA 处理电极；A′. 15mg/L ODA 处理后又经 30℃乙醇浸泡 3 天的电极。

B. 40mg/L ODA 处理电极；B′. 40mg/L ODA 处理后又经 30℃乙醇浸泡 3 天的电极。

另外，将分别经过 25mg/L 和 15mg/L 的 ODA 处理的电极用无水乙醇浸泡，测定了经不同浸泡时间后电极的电化学阻抗谱，发现随着电极在乙醇中浸泡时间的增加，电极阻抗值减小。表 7-8 列出了经 15mg/L ODA（电极 1）和 25mg/L ODA（电极 2）成膜处理的电极在乙醇中浸泡不同时间的 $|Z|_{0.05}$ 值，$|Z|_{0.05}$ 值随乙醇浸泡时间的增加而减小。ODA 易溶于乙醇，可能是由于电极表面上 ODA 发生了溶解，导致电极阻抗值迅速降低，如经乙醇浸泡 5min 后电极 2 的阻抗值

比浸泡前下降了 80%。继续增加浸泡时间，$|Z|_{0.05}$ 值的变化较小，浸泡 30min 后的电极阻抗值下降幅度为 86%，表明可溶解的 ODA 层在 5min 内已大部分溶解。电极 1 的阻抗值随乙醇浸泡时间的增加而减小的程度，则相对较小，说明电极 1 表面的 ODA 层或含氧化铁的 ODA 层较薄，乙醇浸泡对阻抗的影响较电极 2 小。比较电极 1 和电极 2 的数据还发现，电极 2 的乙醇浸泡 30min 后的 $|Z|_{0.05}$ 值，仍大于电极 1 乙醇浸泡前的 $|Z|_{0.05}$ 值，说明随 ODA 浓度增大，ODA 层及含氧化铁的 ODA 层同时增厚。因此，通常将 ODA 层视为单分子层的观点是不正确的。

表 7-8　ODA 处理电极在乙醇中浸泡不同时间的 $|Z|_{0.05}$ 值（$k\Omega \cdot cm^2$）

浸泡时间/min	0	2	5	10	30
电极 1（15mg/L）	246	219	125	111	99
电极 2（25mg/L）	2580	825	431	394	359

3. 铁表面 ODA 膜的红外镜反射光谱分析

将 36mm×20mm 的铁试片，经过 $1^{\#}$、$4^{\#}$、$6^{\#}$金相砂纸和绒布打磨成光洁的表面之后在高压釜中进行 ODA 成膜处理。取经 15mg/L ODA 处理、40mg/L ODA 处理、60mg/L ODA 处理、60mg/L ODA 处理并用 30℃乙醇浸泡 3 天的样品进行红外镜反射光谱测试，在 $3000cm^{-1}$ 范围观测 ODA 长碳氢链（CH）的伸缩振动吸收 ν（CH），入射角θ=26°。红外镜反射光谱与被测样品和衬底的折射指数、吸收指数以及入射角有密切联系，往往由之产生畸变，甚至发生反吸收现象。这批样品所测得的光谱均呈现不对称状谱峰畸变，经 Kramers-Kronig 转换则得到ν（CH）吸收峰呈反吸收现象。发生反吸收的原因是，在最表层的 ODA 薄膜之下有介电质氧化铁层，ODA 的红外镜反射光谱是在氧化铁表面的反射。图 7-5 为四种样品的红外镜反射光谱图。当 ODA 成膜浓度为 15mg/L 时，光谱图（a）中未能测得波数 $2918cm^{-1}$ 所对应的ν(CH)吸收峰。在 ODA 成膜浓度为 40mg/L(b)、60mg/L（c）以及 60mg/L 经 30℃乙醇浸泡 3 天（d）三种情况下，ν（CH）吸收峰值分别为 0.98、1.74、0.46，表明 ODA 浓度为 15mg/L 时纯铁表面纯 ODA 层很少，而(b)、(c)、(d）三种情况均有较厚的纯 ODA 层，而且用 60mg/L ODA 处理的样品经 30℃乙醇浸泡后ν（CH）吸收峰从 1.74 降低到 0.46，提示乙醇能溶解掉很大一部分 ODA，ODA 膜不是单分子层。另外，对 25mg/L ODA 处理的样品测量红外镜反射光谱时也见到了ν（CH）吸收峰，表明 ODA 浓度为 25mg/L 时铁表面已出现纯 ODA 层。

4. 成膜电极表面的光电化学研究

在合适的条件下，铁电极表面存在一层钝化膜，钝化膜的组成为铁的氧化物，其结构一般认为是 $Fe/Fe_3O_4/Fe_2O_3$。铁的钝化膜具有半导体结构，在光照下会产生 n 型光响应，出现光电流。在一定条件下，光电流大小与钝化膜的厚度有关，光电流 I_{ph} 越大则钝化膜越厚。为了研究成膜后 ODA 对电极表面钝化膜的影响，对经过不同浓度 ODA 成膜处理的铁电极进行光电流测定，测量结果如图 7-6 所示。图 7-6 显示，随 ODA 浓度增大，I_{ph} 先增大，然后减小，ODA 浓度为 2mg/L 时达到最大值 205nA，光电流 I_{ph} 与单色光波长 λ 的关系以及一些计算和处理的结果显示，经不同浓度 ODA 成膜处理铁电极的直接跃迁禁带宽度 $E_{d,g}$ 均为（2.7 ± 0.1）eV，与未经 ODA 处理铁电极的 $E_{d,g}$ 值一致，提示经 ODA 处理后铁电极氧化铁层的化学组成大致不变，而小于或等于 10mg/L ODA 处理电极 I_{ph} 的增大可能是氧化铁层的物理结构（如氧化铁层的厚度、孔隙等）变化所致。结合俄歇电子能谱实验数据，ODA 成膜过程是 ODA 渗透到氧化铁层成膜，同时改变了氧化铁层的物理结构。ODA 浓度超过 2mg/L 以后，随着 ODA 浓度的增大，I_{ph} 变小；当 ODA

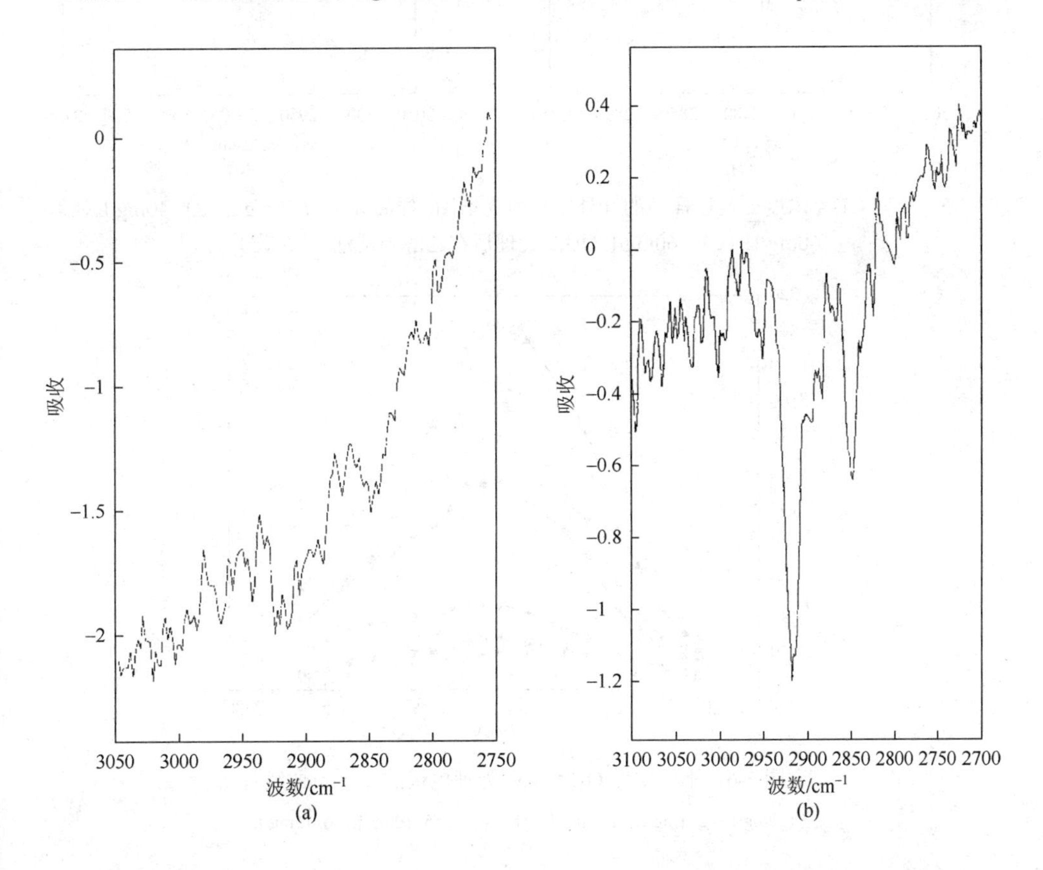

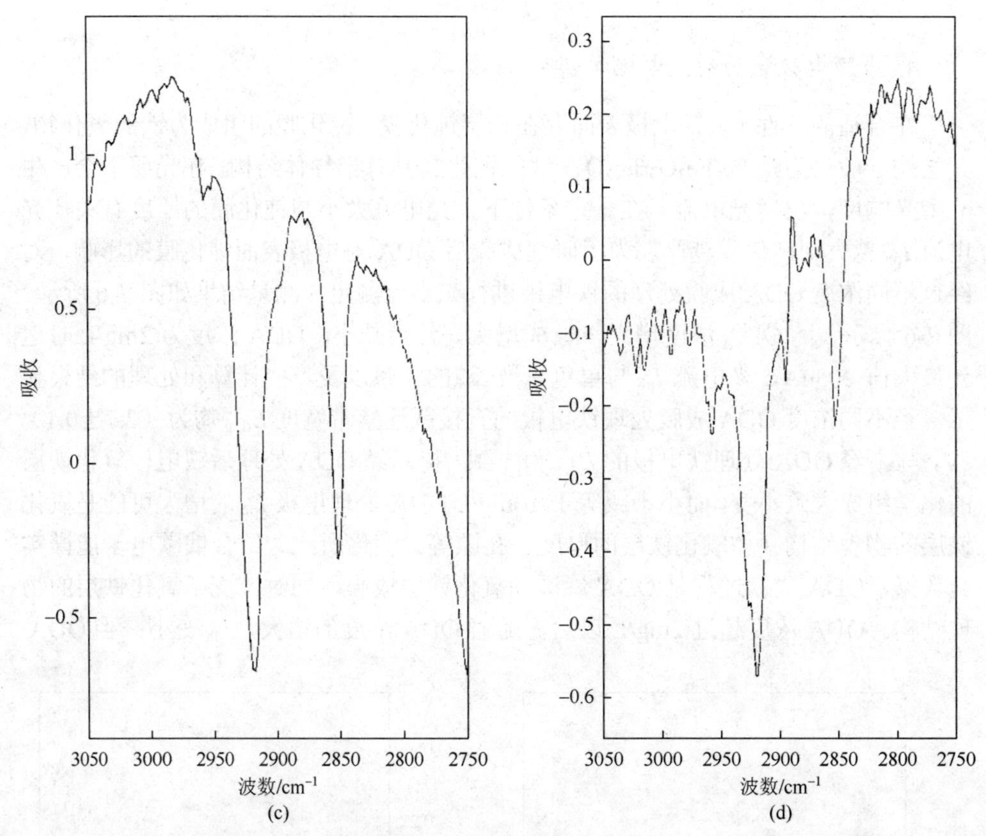

图 7-5　不同 ODA 浓度处理后样品的红外镜反射光谱图。样品分别为 15mg/L（a），40mg/L（b），60mg/L（c），60mg/L ODA 处理后在乙醇中浸泡 3 天（d）

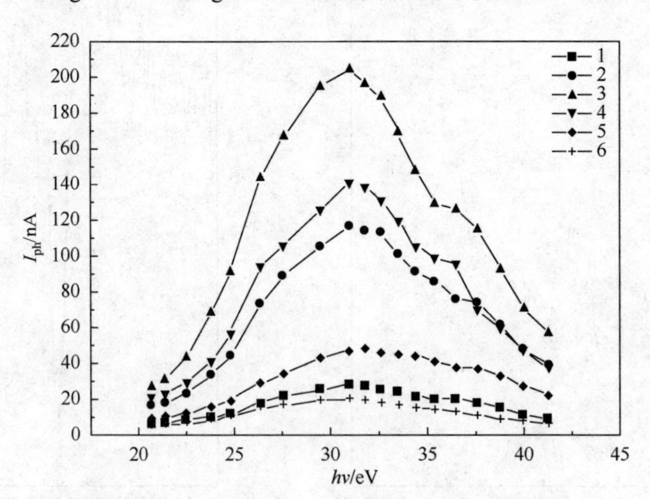

图 7-6　不同浓度 ODA 成膜处理电极的 I_{ph}～$h\nu$曲线

1. 0mg/L；2. 1mg/L；3. 2mg/L；4. 5mg/L；5. 10mg/L；6. 15mg/L

浓度达到或超过 20mg/L 时，已测不出光电流，这可能是由于 ODA 的吸光作用，减小了照射在氧化铁层上光的强度，所以 I_{ph} 随 ODA 浓度的增加反而减小。为此将成膜浓度为 15mg/L 的电极在乙醇中浸泡一定时间，在 400nm 单色光照射下测定 I_{ph}，得到了不同浸泡时间下的电极光电流，如图 7-7 所示。发现随浸泡时间增大，电极的 I_{ph} 增大。ODA 能溶于乙醇，电极表面 ODA 的部分去除减少了对光的吸收，使电极光电流增大。

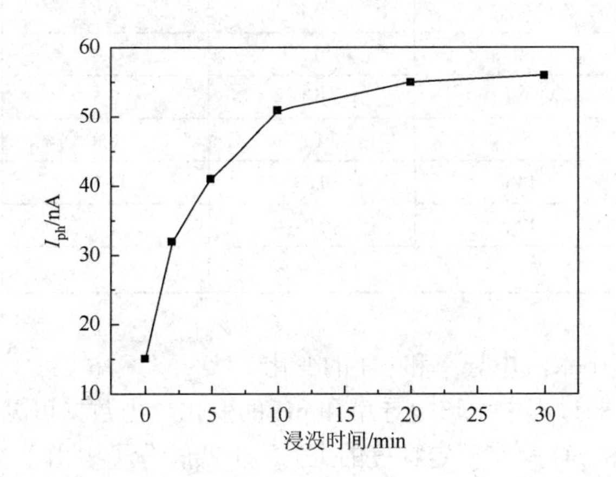

图 7-7　经过 15mg/L 的 ODA 处理电极的光电流随乙醇浸泡时间的关系曲线

单色光波长：400nm

7.3.3　十八胺在电厂停备用保护中的应用[14-16]

1. 十八胺停炉保护在某 200MW 机组上的应用

在某电厂 200MW 机组上利用十八胺进行停备用保护，在实施保护过程中，对十八胺在水汽系统中的分布、十八胺对水汽品质的影响以及十八胺的成膜效果进行了评价测试。

1）加药过程中十八胺在水汽系统的分布

ODA 的加药位置在除氧器出口，利用原有的加丙酮肟的管道加入一定量的十八胺药剂。加药在机组滑停过程中进行，时间为 1h 左右，加药过程不影响机组的正常滑停。

加药过程中，隔一定时间取给水、炉水、过热蒸汽及凝结水的水样，测定水样的十八胺浓度、电导率和 pH。表 7-9 为加药过程中各部位的十八胺浓度的变化，可以发现，从总的变化趋势来看，随着加药过程的进行，各部位十八胺的浓度逐步增大，加药 90min 左右达到最大值。其中炉水的十八胺浓度较小，这可能是因为在滑停过程的温度和压力下，十八胺的分配系数大于 1，使进入汽包的十八胺主要分布在汽相。

表 7-9　加药后十八胺在水汽系统中的分布

时间/min	十八胺浓度/(mg/L)			
	给水	炉水	过热蒸汽	凝结水
0	0	0	0	0
30	0.2	0.1	0.5	1.4
45	0	0.1	1.0	6.9
60	1.8	0.1	0.5	8.2
75	5.4	1.5	0.9	10.0
90	14.0	0.08	1.5	19.5
105	12.5	0.07	2.4	15.5
热炉放水	31.0	0.9		1.0

2）加药过程中水汽电导率和 pH 的变化

表 7-10 为加药过程中水汽电导率和 pH 的变化，由数据可见，十八胺的加入使水汽的电导率和 pH 都有一定程度的上升。十八胺分子中由于氨基（—NH_2）的存在，有一定的弱碱性，可以使水的电导率和 pH 升高。

表 7-10　加药过程中水汽电导率和 pH 的变化

时间/min	电导率/(μs/cm)				pH	
	给水	炉水	过热蒸汽	凝结水	给水	炉水
0	0.105	16.25	0.148	0.286	8.8	9.27
30	0.144	16.67	0.273	0.41	9.12	9.32
45	0.141	16.83	0.208	0.42		
60	0.164	16.89	0.181	0.41	9.15	9.50
75	0.170	17.03	0.201	0.39		
90	0.174	17.22	0.220	0.42	9.23	9.45
105	0.183	17.09	0.121	0.43		

3）十八胺的保护效果评定

本次停备用保护的时间长达 8 个月，在停炉三个月后割取省煤器、水冷壁、再热器、过热器管样，进行保护效果评定。评定方法采用电化学阻抗谱、恒电位阶跃法及极化曲线。

图 7-8（a）和（b）分别为水冷壁管和再热器管电极在保护前后的 Bode 图，可见经十八胺保护后的电极的 $|Z|_{0.05}$ 值比保护前大一个数量级以上。省煤器和过

热器管的 Bode 图与图 7-8 相似，四种管材保护前后的 $|Z|_{0.05}$ 值列于表 7-11。

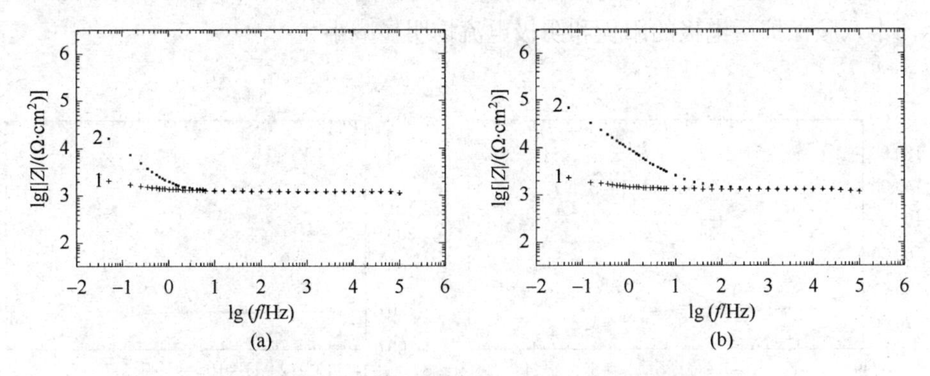

图 7-8　水冷壁管（a）和再热器管（b）在十八胺保护前后的 Bode 图

1. 保护前；2. 保护后

表 7-11　管样保护前后的 $|Z|_{0.05}$ 值及 I_s 值

参数		水冷壁	再热器	省煤器	过热器
$\|Z\|_{0.05}$/(kΩ·cm²)	保护前	2.06	2.09	3.87	3.15
	保护后	16.21	81.97	37.79	34.39
i_s/(μA/cm²)	保护前	4.06	5.85	—	—
	保护后	0.35	0.033	—	—

图 7-9（a）和（b）是用恒电位阶跃法测定水冷壁和再热器管样得到的 $i \sim t$ 曲线，可见电路接通后，i 下降很快，100s 后，i 渐趋稳定。取 180s 时对应的电流为 i_s 作比较，i_s 越小，电极耐蚀性越好。图 7-9 中水冷壁和再热器管样在保护前的 i_s 分别为 4.06μA/cm² 和 5.85μA/cm²，保护后减小为 0.35μA/cm² 和 0.033μA/cm²，耐蚀性得到了很大提高。

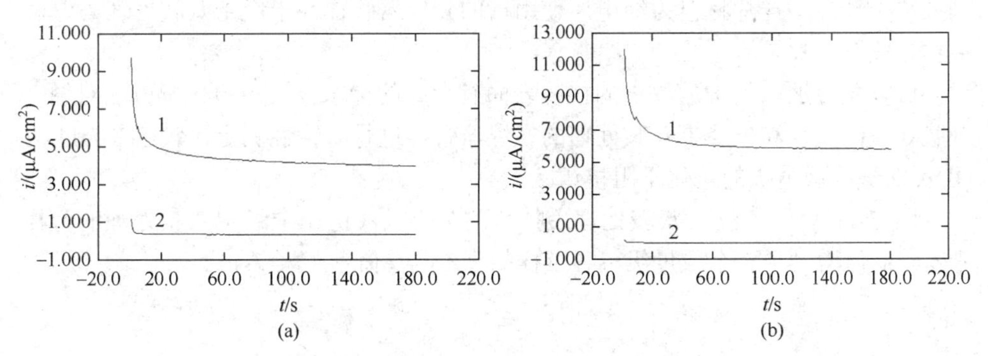

图 7-9　水冷壁管（a）和再热器管（b）十八胺保护前后的 $i \sim t$ 曲线

1. 保护前；2. 保护后

另外，对成膜前后的电极进行极化曲线的测定，结果如图 7-10 所示。图中显示，十八胺保护后电极的阳极和阴极电流均明显减小。

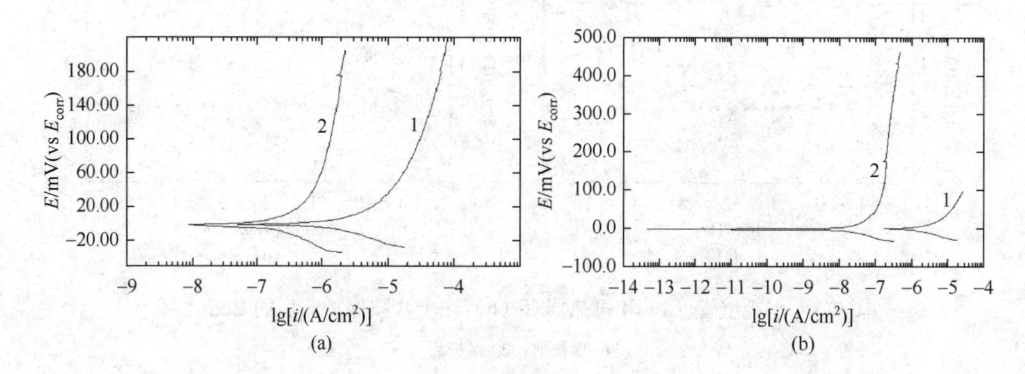

图 7-10　水冷壁管（a）和再热器管（b）十八胺保护前后的极化曲线

1. 保护前；2. 保护后

从外观来看，成膜前后电极表面颜色变化不大，但成膜电极表现出一定的憎水性，其中以省煤器管样的憎水性最好，测试前，该管样不挂水，在测试液中浸泡测试 2h 后，仍滴水不沾。但四种管样中，省煤器的阻抗值并不是最高的（见表 7-11），其他样品也有类似情况。因此，备受人们关注的憎水性不能完全表征加药效果。

以上结果表明，十八胺保护后金属电极的耐蚀性得到了很大提高。

2. 十八胺在启动锅炉停备用保护中的应用

对某厂的启动锅炉进行 ODA 停备用保护，加药前在锅炉的汽、液相部位分别放置了挂片，挂片材料为经电厂使用后的省煤器管样（未经十八胺处理），汽、液相各放置 4 片。

可以发现加药保护后取出的挂片表面有很好的憎水性。用电化学方法对经十八胺处理的挂片和未经十八胺处理的省煤器管样进行耐蚀性测定比较，图 7-11 为 ODA 保护前后电极的电化学阻抗谱。

图 7-11 显示，经十八胺处理后挂片的 $|Z|_{0.05}$ 值比未经十八胺处理的管样 $|Z|_{0.05}$ 值增大了 3 个数量级，各试样的 $|Z|_{0.05}$ 值示于表 7-12。

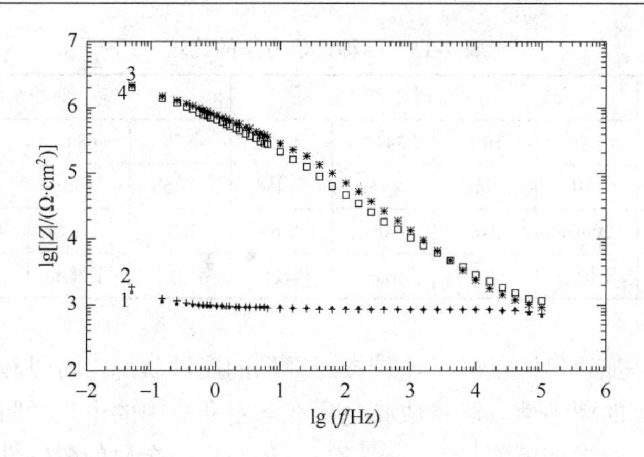

图 7-11　保护前后试样的 Bode 图

1. 保护前省煤器管样 1；2. 保护前省煤器管样 2；3. 汽相挂片；4. 液相挂片

表 7-12　各试样的 $|Z|_{0.05}$ 值（$\Omega\cdot cm^2$）

参数	保护前省煤器管样 1	保护前省煤器管样 2	汽相挂片	液相挂片
$\lvert Z\rvert_{0.05}$	1.55×10^3	1.86×10^3	2.16×10^6	2.03×10^6

表 7-12 的数据显示，未经十八胺处理管样的 $|Z|_{0.05}$ 值约 $2\times10^3\Omega\cdot cm^2$，经十八胺处理后管样的 $|Z|_{0.05}$ 值提高到 $2\times10^6\Omega\cdot cm^2$ 以上，十八胺保护后试样的 $|Z|_{0.05}$ 值比保护前增加了 1000 多倍，即管样材料的耐腐蚀性能得到了很大提高。

启动锅炉由于成膜条件容易控制，取得了理想的成膜效果。

7.3.4　ODA 成膜效果的评价方法

实施 ODA 停备用保护后，如何对保护效果进行有效、可靠的评价，是电厂工作人员十分关心的一个问题。

目前，火电厂通常用于评价 ODA 在金属表面成膜效果的方法有 $CuSO_4$ 法和憎水性检验，采用这两种方法进行评价操作简便，结果比较直观，无需添加任何设备。下面将这两种方法与实验室常用的电化学阻抗谱、湿热试验进行了比较和分析[17]。

表 7-13 采用了这四种方法评价在不同条件下成膜的省煤器管和再热器管。电化学阻抗谱选用 $|Z|_{0.05}$ 值（$k\Omega\cdot cm^2$）来评价；湿热试验条件为：40℃、100%相对湿度。表 7-13 记录了样品在湿热试验中出现锈蚀的时间（h 表示小时，d 表示天）；$CuSO_4$ 法记录的是 $CuSO_4$ 液滴变色的时间，实验中，$CuSO_4$ 液滴因蒸发变小时，可加入适量去离子水以维持液滴大小；憎水性检验是将去离子水滴在成膜样品上，当水流过金属表面后，观察样品表面的浸润（憎水）情况。

表 7-13　四种评价方法的比较

	省煤器管				再热器管			
$\|Z\|_{0.05}$值/($k\Omega\cdot cm^2$)	5.49	30.1	344.1	1380	6.79	68.8	711.4	3157
湿热试验	＜1h	6d	＞45d	＞45d	＜1.5h	10d	＞45d	＞45d
$CuSO_4$法	20min	24h	4h	3h	1.2h	7h	40min	＞24h
憎水性检验	不憎水	憎水	憎水	稍浸润	不憎水	不憎水	憎水	稍浸润

湿热试验是加速腐蚀试验，比较接近现场的腐蚀状况，可以较真实地反映不同表面状态金属的耐蚀性。测量成膜电极在一定介质中的电化学阻抗谱，可以获得该条件下电极的阻抗模值$|Z|_{0.05}$，$|Z|_{0.05}$值对应于金属的耐蚀性，因此，电化学阻抗法和湿热试验的结果应该是一致的。表 7-13 中的数据证实了这一点，电化学阻抗值$|Z|_{0.05}$与湿热试验数据一一对应。然而湿热试验费时较长，因此电化学阻抗谱测定是目前评价成膜效果较科学和便捷的一种方法。另外，从表 7-13 可见$CuSO_4$法和憎水性检验都不完全可靠，如$|Z|_{0.05}$值为 1380kΩ·cm^{2}的省煤器样品在湿热试验中 45 天不见锈蚀，但用 $CuSO_4$ 法只有 3h 就变色了；而$|Z|_{0.05}$值为 30.1kΩ·cm^{2}的样品在湿热试验中 6 天就出现锈蚀，用$CuSO_4$法却可达 24h 才变色。憎水性检验也存在同样的问题，$|Z|_{0.05}$值为 1380kΩ·cm^{2}的省煤器管样及$|Z|_{0.05}$值为 3157kΩ·cm^{2}的再热器管样，根据湿热试验都具有很好的耐蚀性，但用憎水性检验却不是完全憎水的。对水冷壁管和过热器管用上述四种方法进行比较测量时得到同样的结果。

7.3.5　十八胺停备用保护的实施方法

（1）停备用保护加药前的准备工作。

（a）将加药专用车推到发电机组给水泵附近，将专用车上加药泵出口与机组给水泵过滤网后排水门连接好。将 ODA 药液运到发电机组给水泵附近。

（b）检查加药装置及药液，使之处于完好备用状态。检查加药系统的严密性，应严密无泄漏，保证加药泵运行良好，并准备好取样瓶等器具。

（c）加药开始前停备用并隔离氨泵、磷酸盐泵、联氨泵，停运并关闭隔离门钠表、磷表、硅表、溶氧表。

（d）运行一台给水泵，检查给水泵进口滤网排水阀一次门，保证其处于全开状态。对加药系统进行水压试验，并冲洗系统。

（e）使汽包低水位运行（不得高水位以致发生汽包紧急放水）。

（f）高中压炉给水流量控制在 200～300t/h，去低压汽包回水阀门微开。

（g）关闭连排和定排。

（h）锅炉与汽机一起运行，保证水汽循环系统正常循环，如在保护期间汽轮机出现跳闸，可以将蒸汽旁路直接进入凝汽器。

（i）有凝结水精处理系统的机组，在加药前应解列凝结水精处理系统。

（2）加药应在主蒸汽温度接近450℃时开始，2～3h后再打闸停机；给水流量在300t/h左右，停炉前约2～3h，开始加药。加药过程中，汽包继续维持低水位，加药完毕后，系统尽量不再补充除盐水。

（3）十八胺停炉保护液控制在1h左右加完，药液加完后用水冲洗药箱、药泵及加药管道10min。加药完毕后通知值长，机组应在加药完毕后120min左右停机，关闭汽机的主蒸汽门。

（4）加药开始后对给水、炉水、过热蒸汽、凝结水的pH、电导率进行记录，每5min一次，如发现电导率、pH显著异常，应立即取样人工复测。

对给水、过热蒸汽、炉水、凝结水，自加药开始每15min取一次样，测定十八胺浓度。

记录保护期间锅炉运行参数（给水流量、负荷、主蒸汽温度），每5min记录一次。

（5）停炉后，热力系统尽量不再补充除盐水。锅炉、凝汽器、除氧器按原规程规定进行热炉放水，记录各设备放水时间、温度、压力。

（6）加药完毕后，取样管道及pH表、电导率表管道不要关闭，冲洗至热炉放水完全后关闭。

7.4　气相缓蚀剂停炉保护

电力生产的特点决定了热力设备应按照用电负荷的周期变化，进行频繁的启停转换。火力发电厂的热力设备，如锅炉、汽轮机、各种热交换装置（如高压加热器、低压加热器等），各种输送水和蒸汽的管道与水泵等，处于停备用检修或备用状态时，如不采取有效的保护措施，其水汽系统将会受到严重腐蚀，即停备用腐蚀。热力设备停备用腐蚀会在短期内造成设备金属表面的大面积损坏，导致设备的启动时间延长，排污量增大，同时还会加剧机组在运行时的腐蚀，降低机组效率，严重时会导致炉管爆裂，对机组的安全运行产生危害，并造成巨大的经济损失。停备用腐蚀不仅会缩短设备的使用寿命，而且影响机组的快速启动，做好热力设备的停备用保护工作，是电厂金属监督的一项重要内容。气相缓蚀剂不用涂敷，能挥发或升华，自动吸附在金属表面形成防护层，阻止金属表面发生腐蚀。气体能够无孔不入，气相缓蚀剂可以保护各种形状的金属零部件。同时，挥发出的缓蚀成分，能不断补充到封闭空间，以提供长期的防锈效果。气相缓蚀剂使用方便，成本低廉，对环境无害。我国20世纪80年代就采用气相缓蚀剂对闲置锅炉进行保护，取得了较好的效果。在火力发电厂，气相防锈技术主要用于锅炉、高压加热器、汽轮机等设备的冷备用或长期封存[18]。

7.4.1 热力设备的气相缓蚀剂停备用保护原理

随着我国许多高参数、大容量机组不断投入运行，我国的火电机组单机容量从以 200MW 以下为主发展到以 600～1000MW 为主。特别是经济发展进入新常态的情况下，随着国家“节能减排、上大压小”政策的实施，许多机组不得不进入长期停备用状态。做好热力设备的停备用保护工作，对保证火力发电厂的安全、经济运行具有重要的意义。

气相防锈技术具有简单易行、扩散速度快、残留药剂少、无需专门清洗等特点，尤其适合现代电力系统中复杂结构的热力设备的保护[19]。气相缓蚀剂用于热力设备的停备用保护具有以下优点[20, 21]：

（1）气相缓蚀剂法属于一种主动保护方法，可以在金属表面自动生成一种保护膜。即使在温度高和酸性介质等相对苛刻的条件下，也具有很强的防腐能力。对锅炉等热力系统的严密性要求不高，少量空气进入或保护气体外泄对于金属表面的整体钝化和环境几乎没有影响。

（2）气相缓蚀剂可以渗入孔隙，到达难以接触到的金属表面。对于锅炉内部复杂管道，选择合适的充气点和排出点，可使所有金属内表面处于保护状态。

（3）气相缓蚀剂使用方便、易于操作，特别适合于调峰机组的停备用保护。它在水中有一定的溶解度，即使在湿度较大的情况下也具有较强的保护能力。

（4）适用范围广。适合不同容积、结构复杂的热力系统，对于不同容积的热力系统只是充气时间不同；对放不尽水的大型复杂系统（如电站锅炉的立式过热器、再热器）的保护效果也不会造成不良影响。

（5）气相缓蚀剂属于干法保护，启动无需专门冲洗。可以防止北方地区冬季湿法保护带来的设备内部结冰的危害。此外，气相缓蚀剂在水中的溶解性比十八胺好，不会引起给水处理的树脂的污染问题。

7.4.2 气相缓蚀剂停备用保护的基本要求

20 世纪 80 年代国内一些电厂采用碳酸环己胺等对锅炉等设备进行停备用保护，取得了较好的保护效果。气相缓蚀剂可单独使用或和其他方法联合使用，对热力设备、化工装置和管道进行防腐蚀保护[22, 23]。气相缓蚀剂法应用时，可将气相缓蚀剂经多个回路气化注入设备内。气相缓蚀剂气化后注入锅炉的水汽系统，或者依靠负压将缓蚀剂吸入。此外，还可以将其配成溶液喷涂在金属表面，或者包于纱布中直接悬挂于锅炉内等。通常的方法是气相缓蚀剂气化后由汽包进入水冷壁及过热器等分多个回路进行充注，在充注时用 pH 试纸在各回路的排气孔检验 pH 是否合格。也可以将其配成溶液喷涂在金属表面，或包于纱布中直接悬挂于设备内。实际应用时，通过热风充气系统将气相缓蚀剂气化并充入已基本干燥的需要保护的设备和管道中。采用热炉放水余热烘干法时，气化了的气相缓蚀剂从炉底部的放水或疏水管充入，使其自下而上逐渐充满锅炉；采用负压余热烘干法时，气化的气相缓蚀剂则从锅炉顶部的蒸汽管或排气管充入，使其自上而下逐渐充满锅炉。充入气相缓蚀剂时最好有辅助抽气措施，并使抽气量和进气量基本一致。气相缓蚀剂气化系统如图 7-12 所示。

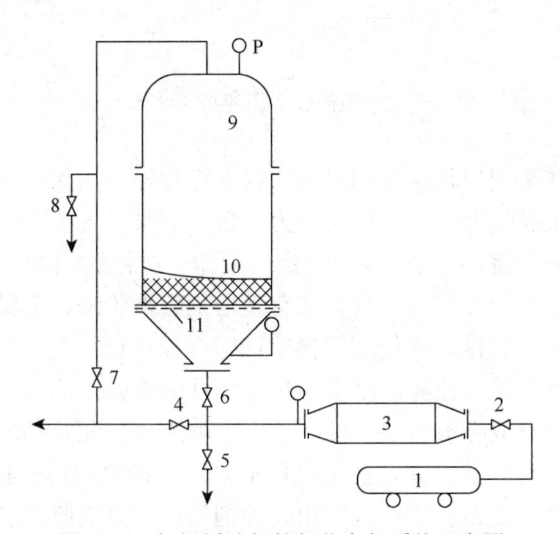

图 7-12　气相缓蚀剂的气化充气系统示意图

1. 空气压缩机；2. 调节门；3. 电加热器；4. 旁路门；5. 疏水门；6. 进气门；7. 出气门；8. 取样门；9. 汽化器；10. 气相缓蚀剂；11. 底部孔板

充入气相缓蚀剂前，用不低于 50℃的热风，经气化器旁路先对充气管路进行暖管，以免气相缓蚀剂遇冷析出，造成堵管。当充气管路温度达到 50℃时，停止暖管并将热风导入气化器，使气相缓蚀剂气化并充入锅炉，当锅炉内气相缓蚀剂含量达到控制标准时，停止充入气相缓蚀剂并迅速封闭锅炉。

气相缓蚀剂保护停备用汽包锅炉可采用简单的气化充入式，而不需要空压机，流程示意图如图 7-13 所示。气相缓蚀剂由汽包进入水冷壁及过热器等回路进行充注，在充注时用 pH 试纸在各回路的排气孔检验 pH 是否合格。或者将气相缓蚀剂配成 30%左右的溶液，在停炉后压力降至 $10kg/cm^2$ 左右，温度 100℃以上时，将配制好的药液借助重力加入压力式加药罐中，开高压给水门将药液压入汽包内，同时监测汽包及过热器排汽点的 pH，当 pH 达到 9.5～10 时，即认为充气合格，可进入保护状态。也可直接采用暖风机或电加热器鼓风，以加热的空气（40～50℃）为载体，经过 2～3h 充气，在充注时用 pH 试纸在各回路的排气孔检验 pH 是否合格。当 pH 达到 9～10 时，即认为充气合格，在排气点安装监视片后，可进入保护状态。

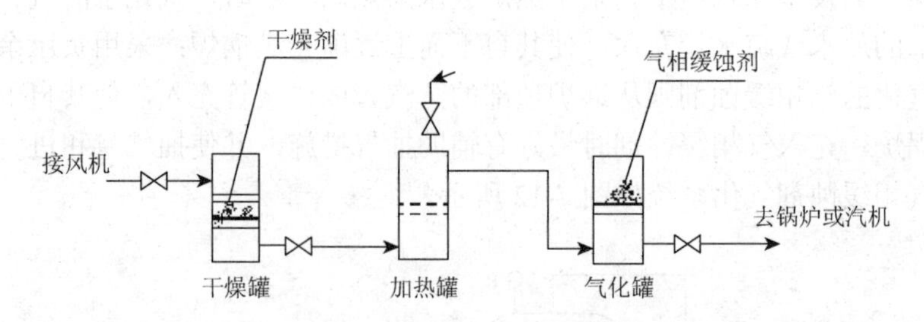

图 7-13　气相缓蚀剂停备用保护工艺流程示意图

一般来说，在采用气相缓蚀剂对热力设备进行停备用保护时，充气回路分得越细，保护的效果越好。对于检修的热力设备，如果设备能在拆修承压部件时，随即加装临时简易封盖，在检修期内固定时间作一次补气，则可以增强保护效果。通常气相缓蚀剂停备用保护的监测方法有现场割管检验法、金属挂片直接监测法和测 pH 的间接监测方法。现场割管检验法即在保护进行到一定的时间，割取特定的设备部位的管件进行检验，这是一种破坏性的检验方法，一般是对于已发生腐蚀失效的设备进行故障诊断的一种方法。采用测 pH 的间接监测方法，即 2～3 个月以后，重新把排气孔打开，在主汽门的蒸汽管疏水阀门，检测排气孔的 pH 是否为碱性，以确定是否重新补充气相缓蚀剂气体。直接监测法即在汽轮机进入保护状态的同时，可以将打磨光亮的碳钢腐蚀试片挂在选定设备内部，经过一定保护时间后，取出碳钢腐蚀试片进行检验和分析，确定保护效果和保护方法的改进。

在现场实际使用过程中为补偿系统封闭不良，以及气相缓蚀剂逸散损失和气体置换排气损失，一般应多加入药剂 10%～20%，关于保护效果的判定均以试片为主观察对象，试片光亮无锈蚀则认为起到保护作用，现场实践证明当在 24～72h 能起到保护作用时，在系统封闭正常的条件下可在较长时间内起到保护作用，最长保护时间约为 3～4 个月。通过定期补充气体，可以延长停备用保护时间。

7.4.3　气相缓蚀剂停备用保护的应用

某热电厂的高压锅炉主要参数是：蒸发量 230t/h，汽包工作压力 110kg/cm^2，过热器压力 100kg/cm^2，饱和汽温度 317℃，过热蒸汽温度 510℃。将气相缓蚀剂配成 30%左右的浓度，停炉后当压力降至 10kg/cm^2 左右、温度 100℃以上时将配制好的药液由加药罐，开高压给水门将药加入锅炉内，同时监测汽包及过热器排气点处 pH，当 pH 达到 9.5～10 时，认为充气合格，可进入保护状态，并在排汽点装入监视片（图 7-14）。采用混合缓蚀剂进行，保护时间为 80 天，采用锅筒内、联箱内挂片实验，实验数据与结果见表 7-14[24.25]。

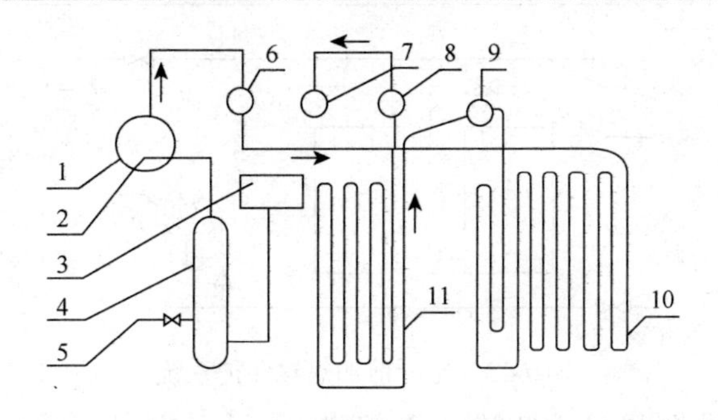

图 7-14　HG321-230/100 型锅炉气相防锈保护示意图

1. 汽包；2. 加药管；3. 溶药箱；4. 加药罐；5. 高压给水；6. 减湿器；7. 集汽包；8. 出口联箱；9. 中间联箱；10. 低压过热器；11. 高温过热器

表 7-14　炉内挂片实验数据

钢片编号	实验前质量/g	取出后质量/g	失重/g	外观	锅内壁防腐效果
1	6.8604	6.8590	0.0014	光亮	良好
2	6.7240	6.7205	0.0035		
3	6.1418	6.1360	0.0058		
4	6.2623	6.2579	0.0044		
5	6.5907	6.3863	0.0044		

从表 7-14 中数据可以看出，钢片经实验后最大失重为 5.8mg，外观基本无变化，锅内壁检查无新的腐蚀现象，实验结果理想。

某电厂 4 台 410t/h 高压锅炉都装有前置加热器，加热器冬季运行时间较长，夏季由于气温增高有时停备用，停备用时间由于没有采取保护措施而受到一定程度的腐蚀，致使运行中疏水含铁量增高，最高时超过部颁标准 2～3 倍，每小时 10t 左右铁含量高的疏水由除氧器补入给水系统，经稀释后给水的铁量虽然能达到部颁标准的合格范围，但长期处于高限，加速了炉内铁量的沉积率，为了降低给水含铁量，首先采取对前置加热器进行保护的措施，不但减缓了前置加热器的腐蚀，同时减少了前置加热器疏水的带铁。加保护前进行了空白试验（4 号炉），测得疏水含铁量最高为 1200ppb，空白试片已在 72h 内明显生锈，随后采用气相缓蚀剂气化充入式对前置加热器进行了保护，保护系统如图 7-15 所示。气化后气体由管 2 充入，待加热器本体充满气后由采样管 5 监视 pH 达到 9.5～10 为合格，前加充气系统由于未安装排气管，只有间断打开排地沟门使缓蚀剂顺利充入，此加药量远大于理论计算用药量（共用药 3kg），充气合格后在 2 号管装入监视片，观察到防腐蚀情况收到良好效果，与 72h、96h、120h 后保护试片相比，空白试片明显锈蚀，保护试片光亮如新[26]。

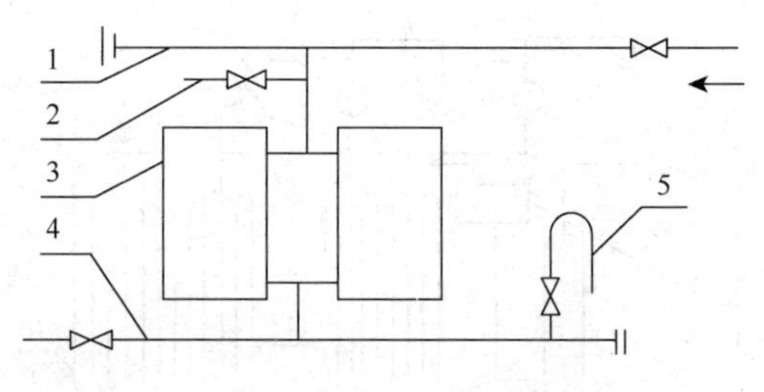

图 7-15　电厂前加热器保护系统

1. 蒸汽母管；2. 保护加药管；3. 前置加热器；4. 输水母管；5. 采样管

汽轮机和凝汽器等热力设备在停备用期间，一般采用干法保护。采用气相缓蚀剂对 50MW 的汽轮机进行停备用保护，方案是气相缓蚀剂可以从两个凝结水阀门，分两路进入凝汽器的本体，通过凝汽器的壳程进入汽轮机的汽缸中。气相缓蚀剂的进气管确定选取凝汽器的真空破坏门处，以主蒸汽管的疏水管（防腐汽门处）作为排气孔和监测孔，如果考虑到增加排气速度的问题，在充气的过程中可以将主蒸汽管上的汽阀同时打开，等到检测排气孔的 pH 为碱性后，即可关闭排汽孔和进汽孔，汽轮机进入保护状态。监测方法开始定为在调速汽门中安置碳钢试片进行监测，根据碳钢试片有无锈蚀和表面状况，及时补充气相缓蚀剂。但通过现场的勘查，考虑到碳钢试片监测法实际操作时需把调速汽门和主汽门打开，不切实际，所以如果需要快速监测，可将监测的碳钢试片放置在汽轮机排汽缸的人孔门处，此处很潮湿，条件苛刻，便于监测和评价。通常密封条件下，一次充气可以保证 2～3 个月的良好保护效果。充气后，电厂可根据情况打开设备检查碳钢试片腐蚀情况，确定一次充气后实际合理的保护周期。

7.4.4　热力设备气相缓蚀剂停备用保护的展望

热力设备停备用保护用气相缓蚀剂主要有无机的铵盐类和有机的胺类，如碳酸铵、碳酸氢铵、苯甲酸铵、尿素、磷酸氢二铵、乌洛托品和碳酸环己胺等。这类缓蚀剂能够分解放出氨气，在较低的温度下容易气化，气化的分子冷凝在金属表面以后，发生水解或离解作用，生成缓蚀基团，从而起到防腐蚀作用，所以它们对钢铁有缓蚀作用。由于缓蚀剂的分子结构不同，离解后的产物也不相同。例如，无机的铵盐类主要是水解成氨气，起缓蚀作用；而有机胺分子可以水解或离解成有机阳离子、氢氧根离子以及羧酸根离子，有机阳离子中的氨与金属以配位键结合，吸附在金属表面上，从而降低金属反应能力，氢氧根离子和亚硝根离子维持金属表面钝化状态，使金属表面得到很好的保护。对于分解放出 NH_3 的气相缓蚀剂需注意的问题是：在锅炉汽水系统上的阀门、阀心部分材质为铜，铜不耐氨腐蚀，氨与铜生成络离子，氨或铵离子还能使铜和铜合金产生应力腐蚀破裂，所以将锅体上可能接触到氨的阀门，加装盲板以防腐蚀阀门。用于热力设备停备用保护的传统气相缓蚀剂碳酸环己胺，已有较多的应用实践。以碳酸环己胺作为热力设备停备用保护气相缓蚀剂应注意以下几点：

（1）碳酸环己胺对铜部件有腐蚀，应有隔离。

（2）气相缓蚀剂气化时，应有稳定的压缩空气气源，其压力为0.6～0.8MPa，气量不小于$6m^3$/min，且能连续供气；锅内气相缓蚀剂含量控制大于$30g/m^3$。

（3）碳酸环己胺为白色粉末状物质，有氨味。当它与人体直接接触时，有轻微刺激感。使用时，操作人员应注意保护，切勿使其溅入眼内。碳酸环己胺为可燃物，不应与明火接触，需做好安全措施。

（4）实施气相缓蚀剂保护的锅炉，当维修人员需要进入汽包时，须进行通风换气。

热力设备停备用保护的气相防锈技术的特点是使用方便、效果可靠、保护周期可长可短，长时间可达五年到十年以上，而且不需要配制药液和经常维护，设备不需要严格的密封和保温，对热力设备的停备用和启动操作没有干扰。近年来，国外已把气相缓蚀剂作为一种常用的设备停备用保护方法。使用气相缓蚀剂必须注意其饱和蒸气压，饱和蒸气压是气相缓蚀剂的一个重要的性能指标。饱和蒸气压大，气相缓蚀剂可以快速发挥气相防锈作用，但保护的长效性差；饱和蒸气压小，虽然具有持久的效果，但不利于抑制先期的锈蚀过程。作为热力设备停备用保护用的气相缓蚀剂，另一个重要的性能是要具有良好的热稳定性。在设备重新投入运营后，其高温热分解产物不应影响锅炉的蒸汽质量，不应对设备造成腐蚀危害。目前大量市售的气相缓蚀剂，均不适合于热力设备的停备用保护。通常使用的气相缓蚀剂亚硝酸二环己胺的不足之处是毒性太大，饱和蒸气压太低，有效保护距离太短。碳酸环己胺的饱和蒸气压较大，但是由于分解后产生CO_2，如果排不干净，设备重新启用后可能造成蒸汽及凝结水系统严重的酸腐蚀。有关研究表明，当CO_2压力大于$0.2l\times10^6$Pa时将发生CO_2腐蚀。系统总压力提高将引起CO_2压力按比例提高，从而引起腐蚀速率提高，温度越高，腐蚀速率越快。开发适用于热力设备停备用保护的气相缓蚀剂新品种也是一个急需解决的问题，吗啉类低聚型气相缓蚀剂是一种新型停备用保护缓蚀剂，吗啉已用于蒸汽温度为550～565℃的直流锅炉的碱性水处理，热稳定性很好，少量的热分解产物不会形成酸性物质，它在凝结水净化系统中被离子交换树脂吸收的行为同氨相似，因而凝结水净化系统中的阳离子交换树脂可以按常规方法再生。目前已开发的用于锅炉停备用保护的HJ-20-4缓蚀剂由吗啉衍生物及其他助剂组成，具有较好的停备用保护效果[27]。

随着环境保护意识的加强，人们对停备用保护技术提出更高的要求。成膜胺法对凝结水精处理系统有不良影响，成膜胺中不纯化学品的分解对设备可能造成腐蚀。研究停备用保护缓蚀剂的作用机理和协同作用，开发出性能良好的停备用保护缓蚀剂配方。开发新型、高效、无毒的湿法停备用保护缓蚀剂，取代联氨等毒性大的化学品。气相防锈封存法已成为停备用保护的一个发展方向，应加强研究其蒸气压和挥发性的调控，综合解决防止早期腐蚀和停备用保护持久性的问题，特别适合启停频繁的调峰机组。

参考文献

[1] 谢学军，龚洵洁，许崇武，等. 热力设备的腐蚀与防护. 北京：中国电力出版社，2011

[2] 陈颖敏. 热力设备腐蚀与防护. 北京：航空工业出版社，1999：119-136

[3] 史培甫. 工业锅炉节能减排应用技术. 北京：化学工业出版社，2009：206-208

[4] 胡荫平. 电厂锅炉手册. 北京：中国电力出版社，2005

[5] Ge H H，Zhou G D，Liao Q Q，et al. A study of anti-corrosion behavior of octadecylamine-treated iron samples. Applied Surface Science，2000，156：39-46

[6] 葛红花，周国定，廖强强，等. 十八烷基胺处理在热力设备停备用保护中的应用研究. 材料保护，1998，31（11）：34

[7] 王海涛，周国定，廖强强，等. 影响十八烷基胺在金属表面成膜的因素. 华东电力，1998，（10）：35

[8] 王海涛，周国定，葛红花，等. 用十八烷基胺处理法防止热力设备的停备用腐蚀. 材料保护，1998，31（6）：29

[9] 葛红花，廖强强，周国定. 发电厂停炉保护用十八烷基胺的成膜研究. 腐蚀与防护，1999，20（3）：118-120，134

[10] 葛红花，廖强强，周国定. 十八烷基胺在铁上成膜结构和耐腐蚀性研究. 物理化学学报，2000，16（9）：860-864

[11] 葛红花，廖强强，周国定，等. 十八胺（ODA）在铁表面的成膜研究. 上海理工大学学报，2000，22（3）：252-254

[12] 廖强强，葛红花，周国定. 十八烷基胺膜的光电化学研究. 上海电力学院学报，2001，17（3）：76-78

[13] Liao Q Q，Zhou G D，Ge H H，et al. Characterisation of surface film on iron samples treated with octadecylamine. Corrosion Engineering，Science and Technology，2007，42（2）：102-105

[14] Liao Q Q，Ge H H，Zhou G D. Use of octadecylamine for shutdown protection at power plants. Material Performance，2008，47（1）：58-62

[15] 葛红花，吴一平，周国定，等. 十八胺处理在电厂停备用保护中的应用. 腐蚀与防护，2001，22（11）：468-470，474

[16] 廖强强，牛国平，周国定，等. 十八胺在火电厂 300MW 机组停备用保护中的应用. 腐蚀与防护，2006，27（11）：564-566

[17] 廖强强，葛红花，周国定. 十八烷基胺膜的耐腐蚀性评定. 中国电力，2001，34（7）：19-21，25

[18] 张大全. 气相缓蚀剂及其应用. 北京：化学工业出版社，2007：4

[19] 张大全，高立新. 气相防锈技术及其在热力设备停备用保护中的应用. 腐蚀与防护，2001，22（1）：20-22

[20] Zhang D Q，An Z X，Pan Q Y. Comparative study of bis-Piperidiniummethyl-urea and mono-piperidiniummethyl-urea as volatile crrosion inhibitors for mild steel. Corros Sci，2006，48（6）：1437-1441

[21] Zhang D Q，An Z X，Pan Q Y. Volatile corrosion inhibitor film formation on carbon steel surface and its inhibition effect on the atmospheric corrosion of carbon steel. Appl Surf Sci，2006，253（3）：1343-1348

[22] 彭杰民，冀国龙，马啸飞. 气相缓蚀技术在热力设备停备用保护中的应用. 山西电力，2014，（6）：70-72

[23] 张宇，任利成，朱旭玲. 电厂机组停备用保护气相缓蚀剂的实验筛选. 山西科技，2015，（3）：46-49

[24] 张宇，魏强，任利成，等. 气相缓蚀剂在电厂热力设备停备用保护中的应用. 山西科技，2014，29（3）：40-43

[25] 邓宇强，曹杰玉，张祥金，等. 直接空冷机组停备用保护剂. 腐蚀与防护，2014，35（1）：87
[26] 王睿，何云信. 气相缓蚀剂在锅炉停炉保护上的应用. 轻工科技，2014（2）：39-39
[27] 张大全，高立新，周国定. 吗啉衍生物气相缓蚀剂的分子设计和缓蚀协同作用研究. 中国腐蚀与防护学报，2006，26（2）：120-124

第 8 章　我国火电厂腐蚀现状调查

金属的腐蚀是世界各国都面临的共同问题。不少国家特别是发达国家均定期开展腐蚀状况调查，以全面了解本国腐蚀与防护现状，为进一步开发利用高效防腐蚀技术、降低腐蚀成本和腐蚀损失、保障工业安全生产提供信息支撑和决策咨询。据统计，各国每年的腐蚀损失约占各国国内生产总值的 2%～5%。2014 年年底中国工程院由侯保荣院士领衔，启动了“我国腐蚀状况及控制战略研究”重大咨询项目，研究领域涉及公路桥梁、港口码头、水利工程、市政管网、海洋平台、飞机、汽车、化工、冶金及采矿业等 30 个行业。研究人员采用发放问卷、实地调研、专家咨询、电话访谈、学术讨论、大会交流、查阅文献等方式，围绕我国基础设施、交通运输、能源、水环境、生产制造及公共事业等领域腐蚀状况开展调查研究，在广泛深入调查研究基础上获取全国腐蚀成本数据，并揭示我国腐蚀控制领域存在的问题及制约其发展的主要因素，提出解决我国腐蚀控制领域所存在的问题的战略建议和对策。其中作者承担了火电厂腐蚀现状的调查任务。

8.1　火电厂腐蚀状况调查及现状分析

火力发电厂的多种设备可发生腐蚀，从而影响正常生产，造成经济损失，甚至人身伤害。例如，某余热锅炉高压蒸发器钢管在停备用期间，部分管子内部有积水，导致发生氧腐蚀，管子表面发生均匀腐蚀和点蚀，形成了大量的腐蚀产物[1]（图 8-1）。

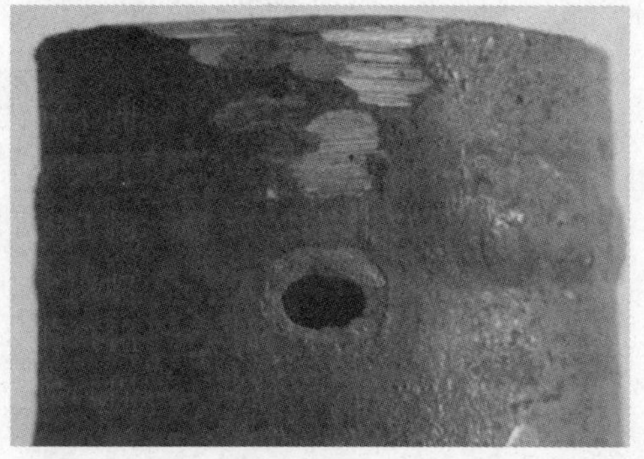

图 8-1　锅炉高压蒸发器管腐蚀现象

汽轮机叶片在运行过程中易出现积盐现象（图 8-2），这将导致汽轮机转动不平稳和叶片腐蚀，甚至造成叶片断裂飞出等重大安全事故。汽轮机通流部位的杂质沉积机理主要有两种：一是过热蒸汽中的杂质沉积，通常发生在中高压缸，包括氧化铁的沉积和钠盐沉积现象，将导致汽轮机通流部分热力参数发生变化，降低了汽轮机运行的经济性和安全性；二是凝结水在热表面的蒸发沉积，与在低压缸初始凝结水现象有关，其主要的危害是腐蚀，尤其是点蚀[2]。

图 8-2　汽轮机叶片积盐

凝汽器是发电厂常见的易腐蚀设备，凝汽器腐蚀泄漏将直接影响汽水品质，对锅炉、汽轮机等其他设备造成极大的危害，同时凝汽器冷却管表面腐蚀产物的覆盖降低了热交换效率，造成能源浪费。凝汽器的腐蚀易发生在管板与冷却管表面（图 8-3）。

图 8-3　凝汽器腐蚀情况

另外，火电厂的钢架建筑物、混凝土建筑物、地下建筑物等均可发生不同程度的腐蚀损坏。这主要与火电厂所处的环境有关，通常采用涂覆防腐涂层等方法来延缓腐蚀。

与其他行业相比较，火电企业的腐蚀程度相对较轻。这一方面与火电企业对腐蚀控制的重视有关，另一方面也与火电厂热力设备接触的介质有关，特别是随着水处理技术的发展，热力设备水汽品质得到了很大的提升。然而也要注意到，随着腐蚀控制技术的进步和发展，电力生产企业在腐蚀防护人员的投入和对相关设备腐蚀控制技术的研发投入都较少。例如，在所调研的近60家火力发电厂中，仅有一家在近三年在相关设备腐蚀防护技术研究上有所投入。

8.1.1 参加问卷调查的火力发电厂基本情况

2015年12月～2016年3月，我们对部分火电厂进行了问卷调查。参与调研的火电厂共60家，其中燃煤电厂51家，使用天然气的为9家。

参与调查的火电厂冷却水介质使用天然地表水淡水的有33家，使用海水的有8家，使用空气冷却的有6家，另外还有11家用城市中水为冷却介质。同时使用地下水和城市中水的有3家，同时使用天然地表水、地下水和城市中水的有3家，另有1家使用矿井疏干水。

以发电为主的有34家，热电联产的有26家。

从机组等级来看，1000MW以上机组11家，600MW以上机组18家，300MW以上机组25家，300MW以下机组14家。其中有6家拥有2种不同等级的机组，还有1家拥有3种不同等级的机组。

8.1.2 火力发电厂腐蚀状况问卷调查

调查问卷采用的是记名问卷调查，回答问卷的人员主要是电厂生产运行部技术专工和化学专工及少部分技术管理人员。这些人员大多为一线生产管理人员，对设备运行及生产操作规章制度等较为熟悉。

1. 与腐蚀控制相关的政策性问卷调查结果

在问卷中首先对与腐蚀控制相关的政策性问题进行了调查，问卷问题及反馈结果分析如下：

（1）问卷回答中认为企业存在腐蚀，腐蚀情况较轻的有19份（38.0%），腐蚀情况一般的有25份（50.0%），腐蚀情况较重的有6份（12.0%）。

可见电力行业，尤其是火力发电厂的相关人员认为所在企业热力设备存在腐蚀问题，但多数并不严重。这如前所述与火电厂水汽品质较好、企业对安全生产重视有关。但腐蚀是一个缓慢发生的过程，电力企业的生产必须做到万无一失，设备腐蚀问题及其控制必须引起一线生产人员的重视。

（2）认为腐蚀较为严重的设备或结构主要是机组设备（62%）、地下管网（58%）等，而水工建筑物（码头、取水口、闸门）（24%）、钢筋混凝土结构（9%）以及其他设备或结构（22%）腐蚀较轻，输变电部分（6%）的腐蚀最少。

这说明在火力发电厂中机组设备和地下管网等的腐蚀比较严重，已受到一线生产人员较多关注。

（3）腐蚀发生的主要部位排序为：水中结构（62%）＞高温高压（46%）＞其他（34%）＞土中结构（22%）～高流速（22%）。

火电厂腐蚀发生的主要部位和环境是和水接触的相关运行设备以及存在较为苛刻的技术条件的设备，如运行中的高温高压设备。

（4）主要采取的防腐或补救措施为：涂层（80.6%）＞耐腐蚀材料（64%）＞阴极保护（42%）＞包覆防腐（如复层矿脂包覆技术、氧化聚合型包覆技术等）（30%）＞热喷涂金属（26%）～腐蚀裕量（26%）＞其他（如保证水质、合理加氨加氧）（10%）＞钢筋阻锈剂（8%）、未采取措施（2%）。

认为更长效的防腐措施是：阴极保护（14%）＞包覆防腐（10%）～耐腐蚀材料（10%）＞热喷涂金属（8%），另外也有人认为钢筋阻锈剂、涂层和腐蚀裕量也是长效的防腐措施。

目前，腐蚀防护措施采用涂层保护较为常见，选择耐蚀材料和使用电化学保护的方法也占较大比例。发电厂的技术人员认为阴极保护、包覆防腐、开发耐蚀新材料和新技术是火电厂腐蚀控制的主要应用技术。

（5）企业工况条件主要是：潮湿（82%）＞高温（64%）＞酸性（53%）＞高压（42%）＞淡水（40%）＞碱性（36%）、高负荷（32%）＞工业污水～海水（28%）＞低温（20%）＞干燥（10%）。

与腐蚀相关的环境工况主要是潮湿环境以及高温等的苛刻条件，而且酸性环境、高压、海水等腐蚀环境对设备的腐蚀也具有非常大的影响。目前造成火力发电厂设备腐蚀的环境条件主要是高温高湿环境，以及高压、酸性、高盐水（海水）环境。

（6）认为所处行业腐蚀问题：一般（52%）＞较轻（26%）＞较重（20%）＞严重（2%）。

相关答卷人员认为电力行业的腐蚀问题多数不严重，对腐蚀问题的认识有待深入，腐蚀控制问题还未能引起发电厂相关专业人员的足够重视。这是火力发电厂为代表的电力行业对相关设备腐蚀的一种普通认识。

（7）所在企业有无腐蚀防护的规范要求：有，但不完备（60%）＞有，很完备（30%）＞不知道（6%）＞没有（4%）。

由此可以看出，目前企业在腐蚀控制方面的要求规范尚不完备，还需要进一步推进和改善。

（8）所在企业腐蚀防护的执行力度：强（62%）＞一般（38%）。

目前企业在生产中对腐蚀控制方面的执行力度比较强，这是火电厂的设计、建设与日常运行管理中一直比较规范的做法。这也说明管理者对腐蚀控制问题影响到企业的生产运行是有一定的了解的，腐蚀防护问题也得到了管理人员一定的重视。

（9）企业的腐蚀防护对策能否使腐蚀损失最小化？回答：能，我们的腐蚀防护对策完善（64%）＞不能，我们在腐蚀发生后才进行腐蚀维护（20%）＞不知道（16%）。

一般认为火力发电企业的腐蚀防护对策可以使腐蚀损失最小化是建立在规范的管理和较高技术水平基础上的，这也说明我国火电厂的腐蚀控制技术水平还是可以的。

（10）参与腐蚀防护的主要工作人员是否有相关的认证资质？没有（60%）＞有（36%）。

（11）企业内部是否提供专业的腐蚀防护技术相关培训？没有（66%）＞有（32%）。

以上两个问题的回答说明企业的某些制度和管理还需要进一步改进和完善，尤其是腐蚀与防护相关技术培训和应用需要进一步引起重视和规范化。

（12）企业对腐蚀发生情况是如何监测的？回答：本企业有专门的腐蚀监测人员及设备（50%）＞委托第三方定期进行监测（36%）＞不监测（12%）。

（13）发生腐蚀问题之后，相关信息是否记录在案，并用于指导企业中其他与腐蚀防护相关的工作？回答：有（66%）＞没有（30%）。

这两个问题的回答说明火力发电厂对腐蚀控制问题有一定的关注，企业生产管理的制度化水平较高。

（14）由腐蚀造成的损失主要存在于哪个阶段（可多选）？运行/维护阶段（90%）＞制造/建造阶段（22%）＞设计方案不完备（34%）。

腐蚀问题主要发生在运行/维护阶段，这就要求管理人员和技术人员对热力设备的腐蚀控制意识要强，相应的技术水平比较高。因此对相关管理和操作人员的技术培训尤为重要。

（15）在建设之初，企业制定整体设计方案时，是否把防腐蚀问题考虑在内？回答：有（90%）＞没有（10%）。

腐蚀问题无处不在，尤其是在生产中会不断出现各种相关问题，在建设之初就必须考虑如何把这一问题最小化。设备设施腐蚀问题在我国火电厂设计建设时已经进行了考虑，并进行了相关的防护和控制设计。

（16）腐蚀问题有没有引起相关领导的重视？回答：有（98%）＞没有（2%）。

这说明发电企业的管理层对腐蚀控制是相当重视的。

（17）在选择腐蚀防护对策时，贵企业优先考虑的因素是哪一项？防腐技术的先进性和长效防腐性（78%）＞防腐技术的成本价格（18%）＞由上层领导直接决策（2%）。

这说明高效率的腐蚀控制技术是企业所急需的，发电企业对腐蚀防护的要求是防护时间长、效果好，而对于价格的因素关注较少。这与腐蚀防护占生产成本的比例较低相符。

（18）企业在腐蚀防护工作中，所执行的标准主要是（可多选）：国家标准（82%）＞行业标准（80%）＞企业标准（46%）＞国际标准（4%）。

这说明企业进行腐蚀控制比较注重参照各类标准执行，其中国家标准和行业标准是最常参考的。

（19）企业是否需要开展对员工的防腐蚀理论培训：非常需要高校、科研院所的学者专家来企业对自己的员工进行防腐蚀理论培训（82%）＞需求不大，企业内部已经开展相关的培训活动（12%）＞没必要（4%）。

目前企业对自身具备的腐蚀控制技术人才需求还比较大，通过对员工的技术培训可以部分解决这个问题。同时，科研院所的技术人员可以和电力生产企业紧密开展相关合作。

（20）下列技术或措施对于提升贵企业整体防腐水平的重要性程度评价：

①对于各相关部门负责人，进行腐蚀防护以及材料相关的教育：重要（82%）＞一般（18%）。

这可以有效地令相关部门的管理者认识到腐蚀与防护的重要性。

②建立材料腐蚀、损伤数据库以及材料选定数据库：重要（80%）＞一般（18%）＞不重要（2%）。

这可以为电力设计、生产和运行中相关设备的防腐蚀选材提供重要的参照和依据。

③建立和使用全寿命成本评估方法（LCCLCA）：重要（70%）＞一般（22%）＞不重要（6%）。

建立标准的设备腐蚀与防护相关的选材规范和方法及材料腐蚀数据库，开展金属材料全寿命评估等是非常有必要的。

④使用或改进防腐检测和维护管理方法（RCM 和 RBI）：重要（88%）＞一般（8%）＞不重要（2%）。

建立标准的设备腐蚀与防护检测规范和方法流程很重要。

⑤腐蚀剩余寿命评价技术：重要（86%）>一般（12%）>不重要（2%）。

建立标准的设备腐蚀与防护寿命预测规范和方法流程对于电力生产企业是很重要的。

⑥腐蚀监测技术：重要（80%）>一般（16%）>不重要（0）。

发电企业对发电设备腐蚀状况的实时监测技术有较大需求。

⑦使用新材料（如新合金、有机材料、无机材料、耐蚀性材料、高温材料）：重要（84%）>一般（16%）>不重要（0）。

耐蚀新材料的使用有助于维护生产设备的正常运行。

⑧在维护中可以使用的新型防腐修复技术（如特种涂料、包覆防腐技术等）：重要（88%）>一般（10%）>不重要（2%）。

高性能新型防腐技术的开发和使用是企业安全生产迫切期待的。

⑨通过建立腐蚀行为模型，进行多元化腐蚀模拟来实现腐蚀预测：重要（64%）>一般（28%）>不重要（6%）。

总之，从以上问卷调查的结果来看，火力发电厂的技术人员多数认识到腐蚀控制对于企业的安全经济运行影响较大。企业对于提升自身的腐蚀控制水平有较大的期待，而且比较紧迫。

（21）您认为影响企业设备或生产线寿命的主要因素包括（　）（以下三种因素共10个选项，请按重要程度的顺序填写，即按照英文字母排序，如HBE。

①人的因素。C、维修保养（74%）>B、管理水平（60%）>A、操作失误（24%）>D、其他人为因素（14%）。

企业由于人为因素造成的损失的比例数（　）%。<u><40</u>

②物的因素。E、配件质量（68%）>F、润滑油（24%）>G、其他物的因素（18%）（如介质属性等）。

③环境的因素。I、腐蚀（76%）>H、磨损（62%）>J、其他环境因素（16%）。

排序：认为B（管理水平）为第一的（38.8%）；认为C（维修保养）为第一的（33.3%）；认为H（磨损）为第一的（11.1%）；认为I（腐蚀）为第一的（5.6%）；认为A（操作失误）为第一的（2.8%）；认为G（其他物的因素）为第一的（2.8%）。

由此可见，企业相关技术人员认为企业管理水平和设备的维护保养会直接影响企业设备或生产线寿命。其中，腐蚀对设备的寿命影响巨大。设备材质是对腐蚀控制有极大影响的一个方面。发电企业的技术人员对于腐蚀对企业生产的影响拥有较为一致的看法，认为腐蚀防护非常重要，同时人的因素是影响腐蚀防护效果的重要原因。

（22）请您根据本企业的特点进行估计，如果没有采取现有的防腐蚀措施，由腐蚀产生的损失可能会增大的比例：B. 10%～30%（50%）＞C、30%～50%（22%）＞A、＜10%（18%）＞其他（6%）。

企业相关技术人员认为不采取现有的防腐蚀措施，由腐蚀产生的损失可能会有较大的比例增大。腐蚀控制是必须关注的一个方面。

（23）贵企业是否使用钛合金等特种耐蚀材料？是（52%）＞否（48%）。

这说明钛合金等耐蚀材料在许多电厂已经应用。

（24）对于腐蚀防护相关的问题，贵企业有下列哪些需求？（可多选）对腐蚀防护解决方案有需求（88%）＞对腐蚀防护专业技术人才有需求（66%）＞对非传统腐蚀防护技术有需求（36%）。

目前企业自身的研发力量还比较薄弱，对于腐蚀防护解决方案的需求还比较大。这可以通过电力生产企业与相关科研院所展开密切合作来解决。

（25）您认为在贵企业开展腐蚀防护工作最大的困难是什么？没有适合的防腐技术（58%）＞资金问题（56%）～缺乏相关人才（56%）＞重视度不够（26%）＞其他（4%）＞管理层调整，无法长期执行（2%）。

目前企业自身的研发力量还比较薄弱，对于腐蚀防护解决方案的需求还体现在需要现成技术等方面，这就需要科研院所相关专业技术人员深入生产一线，理论与实际相结合，解决电力生产中出现的腐蚀问题。

（26）对于贵企业设备或设施的关键部位（螺栓螺母、法兰、节点、异形部位等），采用何种防护措施？涂料（68%）＞防锈油（64%）＞包覆技术（如复层矿脂包覆技术、氧化聚合型包覆技术等）（24%）＞没有采取防腐措施，仅对这些关键部位进行定期更换（10%）。

目前企业的防锈措施主要是涂料和防锈油涂装等，处理方法还比较简单。期待新技术的开发与应用。

（27）企业是否愿意采用初期投资相对较大，但保护年限更长的腐蚀防护新技术？了解后决定（54%）＞愿意（40%）＞不愿意（4%）。

由此可见，企业对长效防腐蚀技术的研发投入还比较审慎，更愿意采用现有的成熟技术。

（28）是否有必要建立“腐蚀防护投资回报经济模型”？有（68%）＞非常有必要（16%）＞没有（14%）。

建立了“腐蚀防护投资回报经济模式”有助于企业了解利用腐蚀控制技术的经济性，提高企业研发和应用防腐蚀新技术的积极性。

（29）企业对“我国腐蚀状况及控制战略研究”的结果感兴趣吗（可多选）？是，仅对本行业腐蚀成本感兴趣（84%）＞是，对全国腐蚀总成本感兴趣（16%）＞不感兴趣（4%）。

这说明我国的腐蚀问题还没有引起大范围的足够的关注，目前还只是在较小的行业范围内的关注。

（30）您认为是否有必要制定腐蚀防护相关的法律法规？是（88%）＞否（10%）。

制定腐蚀防护相关的法律法规有助于先进防腐蚀技术的研发和推广应用，提升我国的腐蚀控制水平，促进我国国民经济的快速发展。相关电力生产企业技术人员对此已有高度认同。

2. 火电厂建设过程中的防腐蚀投入

为了最大限度减少火电厂在运行过程中出现的腐蚀，在电厂设计、建设过程中，需要充分考虑设备在运行过程中可能出现的腐蚀环境及防护措施，如通过合理的化学水处理来净化水质，减缓水汽系统金属腐蚀；对裸露在大气中的设备表面，进行涂装防护；对脱硫脱硝系统，采用橡胶衬里、玻璃鳞片树脂、钛合金衬里等进行防护；在易腐蚀部位，采用更耐蚀的金属材料，等等。

表 8-1 为 9 家火电企业在设计和建设过程中的防腐蚀设施和防腐蚀技术的投入情况，包括以防腐蚀为主要目的的化学水处理车间建设、防腐蚀涂装、衬里、耐蚀材料（以防腐蚀为目的的材料升级费用）、电化学保护等。该部分防腐蚀投入有的是一次性的，有的需经过若干年之后进行维护，在电厂运行过程中这些投入多数不能体现在运行维护费中。从表 8-1 可以看出，该部分费用约占火电厂建设总费用的 1.97%～5.92%，平均为 3.06%。在本次腐蚀调查中，该部分费用将以防腐蚀设备年折旧费的形式，计入每年的腐蚀损失中。

表 8-1　火电厂设计建造过程中的防腐蚀投入

电厂编号	1	2	3	4	5	6	7	8	9
燃料类型（煤、油、汽、生物质）	煤	煤	煤	煤	煤	煤	天然气	天然气	煤
冷却类型（海水、淡水、空冷等）	淡水	海水	海水冷却	中水冷却	淡水冷却	淡水冷却	海水冷却	淡水冷却	淡水
电厂用途（发电、供热、热电联产）	热电联产	发电	发电	发电	发电	热电联产	发电	热电联产	热电联产
装机容量/MW	2×350	2×660	2×1000	2×660	2×1000	2×300	4×413	2×220	350
机组台数	2	2	2	2	2	2	4	4	2

续表

电厂编号	1	2	3	4	5	6	7	8	9
投运年份	2016	2017	2015.12	2015.12	2015.9	2016.01	2012.03	2011.12	2016
设计使用年限	0	50	20	20	20	20	20	20	30
年发电量/MW	$2\times1.75\times10^6$	9.504×106	10000	6600	10000	3000	3304	2200	—
工程建设总费用/万元	330000	550000	837000	551000	741000	310000	548000	129000	300000
主要腐蚀介质（烟气、化水①等）	烟气、化水	烟气、化水、地下水	烟气、化水	烟气、化水	烟气、化水	烟气、化水	化水	化水	—
水处理车间建设费用/万元	2328	4120	2964	2700	2761	3206	1678	2528	1800
防腐蚀涂装费用/万元	300	664	5010	3390	1300	1031	1552	799	1100
各类衬胶衬里费用②/万元	1600	3770	4140	2133	5000	1037	2800	1350	200
阴极保护费用/万元	0	0	126	50	243	54	105	—	—
耐蚀材料投入费用③/万元	0	0	—	—	—	—	—	—	—
化学仪器仪表投入费用/万元	1557	3040	120	120	180	120	100	60	400
其他防腐类设备投入费用/万元	5299	7210	—	—	—	—	—	—	—
其他防腐类设备	无	无	—	—	—	—	—	—	—
其他防腐措施投入费用/万元	无	无	—	—	—	—	—	—	750
其他防腐蚀措施	无	无	—	—	—	—	—	—	烟囱复合钛板保护
防腐总投入/万元	11084	18804	12360	8393	9484	5448	6235	4737	4250
占总投资比例/%	4.33	4.16	2.05	2.29	1.93	2.76	1.97	5.92	2.12

①化水是化学处理水的简称。

②如脱硫系统橡胶衬里、烟囱复合钛板保护等费用。

③指以防腐蚀为目的的材料升级费用。

3. 火力发电厂运行中与腐蚀控制相关的腐蚀投入情况

根据调研反馈表中资料较全的33家火力发电厂的相关数据，整理后的情况见表 8-2。可以看出 33 家火力发电厂 2013～2015 年每年防腐费用占其年产值比例的平均值为 1.60%。火电厂防腐费用的投入占其年产值的比例随着电厂运行年限的增加呈增长趋势，一方面是因为设备随使用年限增加其腐蚀老化逐渐加重，为了维持其正常运行，需要增加的投入更大；另一方面，年产值的下降造成在防腐费用的投入量变化不大的情况下防腐费用的投入占其年产值的比例增大了。年产值下降的一个重要原因是发电设备因腐蚀造成必须停机维护的时间增加，使得设备实际运行时间缩短，年发电量下降，造成年产值下降。

表 8-2　火力发电厂腐蚀防护投入情况（1）

电厂编号	年度	防腐蚀设备年折旧费用/万元	运行维护检修费中防腐类费用/万元	防腐人工费/万元	每年腐蚀防护投入/万元	年产值/万元	每年防腐费用/年产值/%
1	2013	1700	1425	152	3277	228693	1.43
	2014	1700	1410	167	3277	201109	1.63
	2015	1700	1432	189	3321	174063	1.91
2	2013	1675	820	200	2695	264099	1.02
	2014	1675	920	210	2805	238073	1.18
	2015	1675	1080	220	2975	199529	1.49
3	2013	796	450	210	1456	145000	1.00
	2014	796	403	210	1409	135000	1.04
	2015	796	537	210	1543	109000	1.42
4	2013	712	145	430	1287	139522	0.92
	2014	712	230	450	1392	124973	1.11
	2015	712	220	400	1332	116853	1.14
5	2013	1813	680	117	2610	255033	1.02
	2014	1813	680	111	2604	231231	1.13
	2015	1813	680	123	2617	195684	1.34
6	2013	859	1605	441	2905	292215	0.99
	2014	859	1627	469	2955	205464	1.44
	2015	859	1420	498	2777	181309	1.53
7	2013	1625	370	363	2359	165071	1.43
	2014	1625	370	365	2361	165071	1.43
	2015	1625	370	417	2412	165071	1.46
8	2013	533	200	417	1150	50000	2.30
	2014	533	200	481	1214	50000	2.43
	2015	533	200	501	1234	50000	2.47

续表

电厂编号	年度	防腐蚀设备年折旧费用/万元	运行维护检修费中防腐类费用/万元	防腐人工费/万元	每年腐蚀防护投入/万元	年产值/万元	每年防腐费用/年产值/%
9	2013	1266	450	803	2519	103681	2.43
	2014	1266	430	772	2468	97027	2.54
	2015	1266	460	491	2217	85964	2.58
10	2013	455	230	439	1124	111453	1.01
	2014	455	130	563	1148	102562	1.12
	2015	455	130	625	1211	104757	1.16
11	2013	2072	1350	1195	4617	460094	1.00
	2014	2072	1430	1205	4707	442898	1.06
	2015	2072	1450	1200	4722	407738	1.16
12	2013	784	150	431	1366	66542.73	2.05
	2014	784	180	529	1493	65640.47	2.27
	2015	784	175	563	1522	64435.47	2.36
13	2013	1677	50	15	1742	91000	1.91
	2014	1677	80	16	1773	89000	1.99
	2015	1677	100	14	1791	90000	1.99
14	2013	1644	1776	315	3734	230900	1.62
	2014	1644	1741	306	3691	237400	1.55
	2015	1644	1960	328	3931	230100	1.71
15	2013	1727	1210	320	3257	240319	1.36
	2014	1727	1293	300	3320	202300	1.64
	2015	1727	1140	450	3317	176905	1.88
16	2013	1362	464	453	2279	164655	1.38
	2014	1362	586	475	2423	183150	1.32
	2015	1362	575	476	2413	161153	1.50
17	2013	1559	1183	82	2824	194512	1.45
	2014	1559	1269	87	2916	198430	1.47
	2015	1559	1228	89	2876	186893	1.54
18	2013	2786	980	1620	5386	412770	1.30
	2014	2786	960	1600	5346	321807	1.66
	2015	2786	880	1650	5316	255737	2.08
19	2013	1552	540	130	2222	166200	1.34
	2014	1552	560	140	2252	190282	1.18
	2015	1552	590	135	2277	208272	1.09

续表

电厂编号	年度	防腐蚀设备年折旧费用/万元	运行维护检修费中防腐类费用/万元	防腐人工费/万元	每年腐蚀防护投入/万元	年产值/万元	每年防腐费用/年产值/%
20	2013	1295	580	655	2530	177877	1.42
	2014	1295	990	702	2987	205042	1.46
	2015	1295	941	721	2957	187538	1.58
21	2013	6042	2005	1995	10042	542579	1.85
	2014	6042	2360	1943	10345	513199	2.02
	2015	6042	2593	2213	10849	544480	1.99
22	2013	15800	2757	405	18962	810000	2.34
	2014	15800	2987	396	19183	750000	2.56
	2015	15800	2761	390	18951	630000	3.01
23	2015	1169	4000	200	5369	392400	1.37
24	2013	1386	990	340	2716	247422	1.10
	2014	1386	910	350	2646	240491	1.10
	2015	1386	945	360	2691	216818	1.24
25	2013	1209	1060	390	2659	316745	0.84
	2014	1209	1004	380	2593	247012	1.05
	2015	1209	926	330	2465	206296	1.19
26	2014	2346	1600	230	4176	420000	0.99
	2015	2346	1610	220	4176	378000	1.10
27	2013	228	110	105	443	11380	3.89
	2014	228	130	95	453	11380	3.98
	2015	228	105	45	378	11380	3.32
28	2015	143	45	30	218	9143	2.39
29	2013	2839	1200	390	4429	526000	0.84
	2014	2839	1150	380	4369	405000	1.08
	2015	2839	1210	400	4449	365000	1.22
30	2015	182	30	20	232	10393	2.23
31	2013	700	434	150	1284	111073	1.16
	2014	700	496	150	1346	118340	1.14
	2015	700	480	150	1330	125000	1.06
32	2015	330	42	30	402	16992	2.36
33	2014	956	636	95	1687	195000	0.87
	2015	956	470	85	1511	135000	1.12
平均							1.60

在以上三年（2013～2015 年）中参与调查的火力发电厂的总防腐蚀费用的构成如图 8-4 所示，在建设电厂时一次性投入的防腐蚀设备（如化学水处理车间设备等）的三年折旧费用在防腐蚀总投入中所占比例达到 60%，三年的日常运行维护检修防腐蚀费用所占比例达到 27%，防腐蚀的人工费用仅占 13%。这说明电厂在设计和建设时已注重腐蚀与防护问题，所以运行后投入防腐蚀费用较少。在建成投产后的运行阶段，防腐蚀维护检修费用大于人工费用，说明维护检修多是设备在发生腐蚀问题后进行了维修和更换部件等，而日常的防腐蚀监测等产生的人工费用较低，也说明电厂在日常腐蚀防护人工的投入上较少，即组织专业人员进行日常的腐蚀监测与检测还没有引起管理层的足够重视。

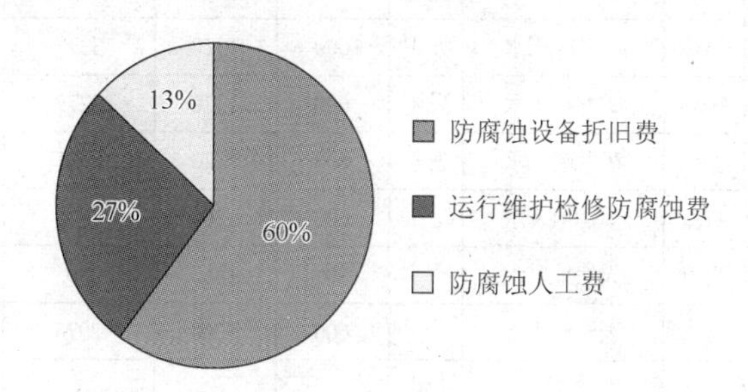

图 8-4　三年的主要防腐蚀费用比例

随着设备运行年限的增加，设备折旧费在防腐蚀总费用中的比例逐渐减小，而运行维护费用中的防腐蚀费用比例逐渐增加，防腐蚀人工费所占比例基本维持不变（图 8-5）。这主要是因为在设备运行中，随着腐蚀的发生，对部分设备进行维修和更换，由此产生较大的运行维护防腐费用和人工费。

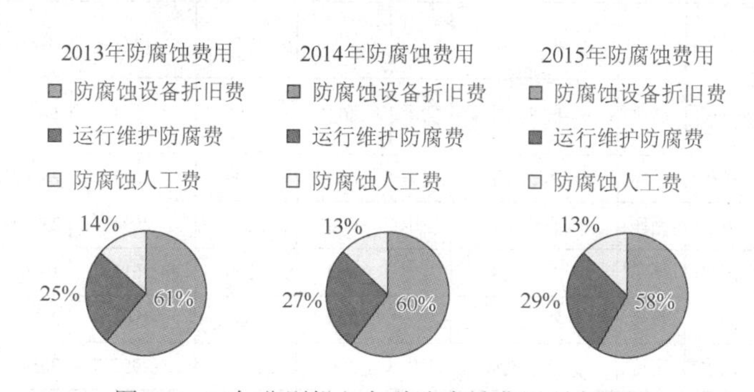

图 8-5　三年分别投入各种防腐蚀费用所占比例

机组等级也影响热电厂防腐费用的投入占其年产值的比例，见表 8-3。可以看出，燃煤电厂的防腐费用的投入占其年产值的比例（平均值为 1.63%）比燃气发电厂（平均值为 1.31%）大，可能是燃煤电厂对金属的腐蚀性更强。使用较大等级机组（≥600MW）的发电厂的防腐费用的投入占其年产值的比例（平均值为1.52%）比使用较小等级机组（≤300MW）的发电厂（平均值为 1.64%）小。其原因主要是较大等级机组的运行管理水平、水汽品质等要求更高，另外多数高参数机组的建设时间较晚，技术水平和管理水平整体较高，一些新材料、新的防腐蚀技术也得到应用。可见提高技术水平和管理水平能有效减少腐蚀防护方面的资金投入，提升发电厂的经济效益。

表 8-3　火力发电厂腐蚀防护投入情况（2）

电厂编号	年度	燃料类型	冷却介质	冷却方式	补给水来源	电厂用途	机组等级/MW	总装机容量/MW	每年腐蚀防护投入/万元	年产值/万元	每年防腐费用/年产值/%
1	2013	燃煤	淡水	循环	矿井疏干水	发电	600	1320	3277	228693	1.43
	2014	燃煤	淡水	循环	矿井疏干水	发电	600	1320	3277	201109	1.63
	2015	燃煤	淡水	循环	矿井疏干水	发电	600	1320	3321	174063	1.91
2	2013	燃煤	淡水	直流	天然地表水		600	1260	2695	264099	1.02
	2014	燃煤	淡水	直流	天然地表水		600	1260	2805	238073	1.18
	2015	燃煤	淡水	直流	天然地表水		600	1260	2975	199529	1.49
3	2013	燃煤	淡水、空气		天然地表水	热电联产	300	700	1456	145000	1.00
	2014	燃煤	淡水、空气		天然地表水	热电联产	300	700	1409	135000	1.04
	2015	燃煤	淡水、空气		天然地表水	热电联产	300	700	1543	109000	1.42
4	2013	燃煤	淡水	循环	地下水	热电联产	300	675	1287	139522	0.92
	2014	燃煤	淡水	循环	地下水	热电联产	300	675	1392	124973	1.11
	2015	燃煤	淡水	循环	地下水	热电联产	300	675	1332	116853	1.14
5	2013	燃煤	淡水	循环	天然地表水	发电	600	1200	2610	255033	1.02
	2014	燃煤	淡水	循环	天然地表水	发电	600	1200	2604	231231	1.13
	2015	燃煤	淡水	循环	天然地表水	发电	600	1200	2617	195684	1.34
6	2013	燃煤	淡水	直流	天然地表水	发电	300	1300	2905	292215	0.99
	2014	燃煤	淡水	直流	天然地表水	发电	300	1300	2955	205464	1.44
	2015	燃煤	淡水	直流	天然地表水	发电	300	1300	2777	181309	1.53
7	2013	燃煤	淡水、空气	循环	地表水、城市中水	热电联产	600	1200	2359	165071	1.43
	2014	燃煤	淡水、空气	循环	地表水、城市中水	热电联产	600	1200	2361	165071	1.43

续表

电厂编号	年度	燃料类型	冷却介质	冷却方式	补给水来源	电厂用途	机组等级/MW	总装机容量/MW	每年腐蚀防护投入/万元	年产值/万元	每年防腐费用/年产值/%
7	2015	燃煤	淡水、空气	循环	地表水、城市中水	热电联产	600	1200	2412	165071	1.46
8	2013	燃煤	淡水	循环	城市中水	热电联产	300 以下	270	1150	50000	2.30
	2014	燃煤	淡水	循环	城市中水	热电联产	300 以下	270	1214	50000	2.43
	2015	燃煤	淡水	循环	城市中水	热电联产	300 以下	270	1234	50000	2.47
9	2013	燃煤	淡水	循环	地表水、城市中水	热电联产	300	600	2519	103681	2.43
	2014	燃煤	淡水	循环	地表水、城市中水	热电联产	300	600	2468	97027	2.54
	2015	燃煤	淡水	循环	地表水、城市中水	热电联产	300	600	2217	85964	2.58
10	2013	燃煤	淡水	循环	天然地表水	热电联产	300	600	1124	111453	1.01
	2014	燃煤	淡水	循环	天然地表水	热电联产	300	600	1148	102562	1.12
	2015	燃煤	淡水	循环	天然地表水	热电联产	300	600	1211	104757	1.16
11	2013	燃煤	空气	循环	天然地表水	发电	600	2520	4617	460094	1.00
	2014	燃煤	空气	循环	天然地表水	发电	600	2520	4707	442898	1.06
	2015	燃煤	空气	循环	天然地表水	发电	600	2520	4722	407738	1.16
12	2013	燃煤	淡水	循环	地下水	热电联产	300 以下	400	1366	66542.73	2.05
	2014	燃煤	淡水	循环	地下水	热电联产	300 以下	400	1493	65640.47	2.27
	2015	燃煤	淡水	循环	地下水	热电联产	300 以下	400	1522	64435.47	2.36
13	2013	燃煤	淡水	循环	天然地表水	发电	600	1400	1742	91000	1.91
	2014	燃煤	淡水	循环	天然地表水	发电	600	1400	1773	89000	1.99
	2015	燃煤	淡水	循环	天然地表水	发电	600	1400	1791	90000	1.99
14	2013	燃煤	淡水	循环	天然地表水	热电联产	300	1200	3734	230900	1.62
	2014	燃煤	淡水	循环	天然地表水	热电联产	300	1200	3691	237400	1.55
	2015	燃煤	淡水	循环	天然地表水	热电联产	300	1200	3931	230100	1.71

续表

电厂编号	年度	燃料类型	冷却介质	冷却方式	补给水来源	电厂用途	机组等级/MW	总装机容量/MW	每年腐蚀防护投入/万元	年产值/万元	每年防腐费用/年产值/%
15	2013	燃煤	海水	直流	地下水	热电联产	300 以下	880	3257	240319	1.36
	2014	燃煤	海水	直流	地下水	热电联产	300 以下	880	3320	202300	1.64
	2015	燃煤	海水	直流	地下水	热电联产	300 以下	880	3317	176905	1.88
16	2013	燃煤	淡水	循环	地下水	发电	300	800	2279	164655	1.38
	2014	燃煤	淡水	循环	地下水	发电	300	800	2423	183150	1.32
	2015	燃煤	淡水	循环	地下水	发电	300	800	2413	161153	1.50
17	2013	燃煤	淡水、空气	循环	地表水、城市中水	热电联产	300	1000	2824	194512	1.45
	2014	燃煤	淡水、空气	循环	地表水、城市中水	热电联产	300	1000	2916	198430	1.47
	2015	燃煤	淡水、空气	循环	地表水、城市中水	热电联产	300	1000	2876	186893	1.54
18	2013	燃煤	淡水	循环				2000	5386	412770	1.30
	2014	燃煤	淡水	循环				2000	5346	321807	1.66
	2015	燃煤	淡水	循环				2000	5316	255737	2.08
19	2013	燃煤	淡水	循环	地表水、地下水、城市中水	热电联产	300	960	2222	166200	1.34
	2014	燃煤	淡水	循环	地表水、地下水、城市中水	热电联产	300	960	2252	190282	1.18
	2015	燃煤	淡水	循环	地表水、地下水、城市中水	热电联产	300	960	2277	208272	1.09
20	2013	燃煤	淡水	循环	地表水、地下水、城市中水	热电联产	300	950	2530	177877	1.42
	2014	燃煤	淡水	循环	地表水、地下水、城市中水	热电联产	300	950	2987	205042	1.46
	2015	燃煤	淡水	循环	地表水、地下水、城市中水	热电联产	300	950	2957	187538	1.58
21	2013	燃煤	淡水	循环	地表水、地下水、城市中水	发电	1000	4610	10042	542579	1.85
	2014	燃煤	淡水	循环	地表水、地下水、城市中水	发电	1000	4610	10345	513199	2.02
	2015	燃煤	淡水	循环	地表水、地下水、城市中水	发电	1000	4610	10849	544480	1.99
22	2013	燃煤	海水	循环/直流	天然地表水、海水	发电	1000/600	4400	18962	810000	2.34

续表

电厂编号	年度	燃料类型	冷却介质	冷却方式	补给水来源	电厂用途	机组等级/MW	总装机容量/MW	每年腐蚀防护投入/万元	年产值/万元	每年防腐费用/年产值/%
22	2014	燃煤	海水	循环/直流	天然地表水、海水	发电	1000/600	4400	19183	750000	2.56
	2015	燃煤	海水	循环/直流	天然地表水、海水	发电	1000/600	4400	18951	630000	3.01
23	2015	燃煤	海水、淡水	循环/直流	海水	发电	1000	2000	5369	392400	1.37
25	2013	燃煤	海水	循环	天然地表水	发电	300	1260	2659	316745	0.84
	2014	燃煤	海水	循环	天然地表水	发电	300	1260	2593	247012	1.05
	2015	燃煤	海水	循环	天然地表水	发电	300	1260	2465	206296	1.19
26	2014	燃煤	海水		天然地表水	发电	1000	2000	4176	420000	0.99
	2015	燃煤	海水		天然地表水	发电	1000	2000	4176	378000	1.10
29	2013	燃煤	海水	直流	海水	发电	600	1260	4429	526000	0.84
	2014	燃煤	海水	直流	海水	发电	600	1260	4369	405000	1.08
	2015	燃煤	海水	直流	海水	发电	600	1260	4449	365000	1.22
31	2013	燃煤	淡水、海水	循环	天然地表水、海水	发电	300	910	1284	111073	1.16
	2014	燃煤	淡水、海水	循环	天然地表水、海水	发电	300	910	1346	118340	1.14
	2015	燃煤	淡水、海水	循环	天然地表水、海水	发电	300	910	1330	125000	1.06
33	2014	燃煤	淡水	循环	天然地表水、城市中水	热电联产	300	1200	1687	195000	0.87
	2015	燃煤	淡水	循环	天然地表水、城市中水	热电联产	300	1200	1511	135000	1.12
24	2013	燃气	淡水	循环	天然地表水	发电	300 以下	1226	2716	247422	1.10
	2014	燃气	淡水	循环	天然地表水	发电	300 以下	1226	2646	240491	1.10
	2015	燃气	淡水	循环	天然地表水	发电	300 以下	1226	2691	216818	1.24
27	2013	燃气	淡水	循环	天然地表水	热电联产	300 以下	460	443	11380	3.89
	2014	燃气	淡水	循环	天然地表水	热电联产	300 以下	460	453	11380	3.98
	2015	燃气	淡水	循环	天然地表水	热电联产	300 以下	460	378	11380	3.32
28	2015	燃气	淡水	循环	天然地表水	热电联产	300 以下	240	218	9143	2.39
30	2015	燃气	淡水、空气	循环	天然地表水	发电	300 以下	643	232	10393	2.23

续表

电厂编号	年度	燃料类型	冷却介质	冷却方式	补给水来源	电厂用途	机组等级/MW	总装机容量/MW	每年腐蚀防护投入/万元	年产值/万元	每年防腐费用/年产值/%
32	2015	燃气	空气		天然地表水	热电联产	300 以下	405	402	16992	2.36
大机组（≥600MW）电厂平均值				1.52%	小机组（≤300MW）电厂平均值			1.64%	总平均值		1.60%
燃煤电厂平均值				1.63%	燃气电厂平均值			1.31%			

4. 火电厂设备腐蚀状况及常见防护措施

在问卷调查中，多数技术人员认为应“选用合适的耐蚀材料来解决腐蚀防护问题”。火力发电厂多数热力设备采用的金属材料为碳钢以及合金钢，加热器和凝汽器的管材主要采用铜合金、不锈钢等，沿海电厂凝汽器冷却管多采用耐蚀性能优异的钛合金管。但是火力发电厂中不少设备的金属材料耗用量大，如果设备全部用耐蚀材料，会使得造价超高，造成不必要的浪费。因此，火电厂热力设备的合理选材很重要。

除了在选材方面提高设备的耐蚀性外，在设备运行中也可以根据具体情况分别采取措施进行腐蚀防护。

1）水处理系统和补给水管道

水处理系统主要接触生水、除盐水，离子交换设备还要接触酸、碱、盐等化学药品。水处理系统的设备和管道所接触的水质一般含有较高浓度的溶解氧，水的含盐量也相对较大，因此该系统的氧腐蚀比较普遍。

图 8-6 为某厂水处理系统的部分管路内部、预处理机、补给水箱、酸碱管道、除盐水箱等部位的腐蚀形貌，可以发现有的管道和设备腐蚀较严重[如图 8-6（a）、（d）]。除水侧外，管道和设备外壁在大气环境中的腐蚀也较普遍，这主要与水处理系统环境潮湿，或者局部腐蚀条件较为苛刻等有关。可以通过更换管道材料、在管道内壁衬胶、设备或管道外部刷涂防腐涂料等方法减缓腐蚀。

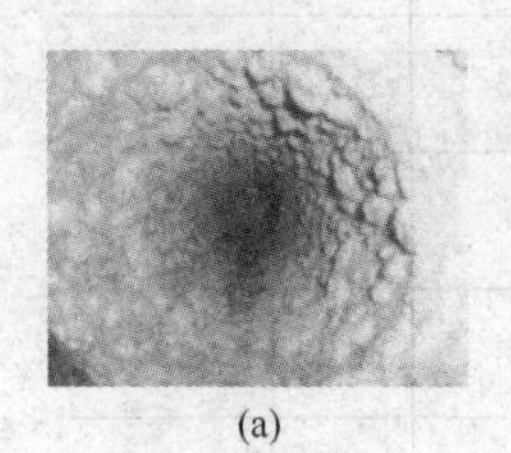
(a)

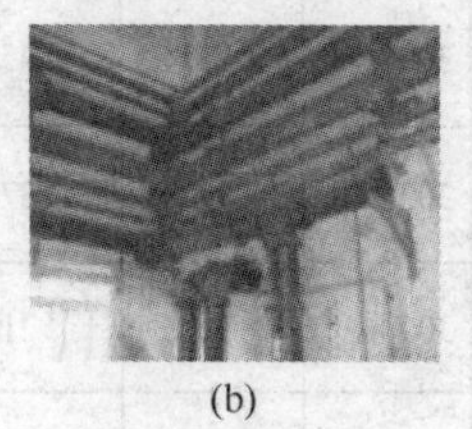
(b)

(c)

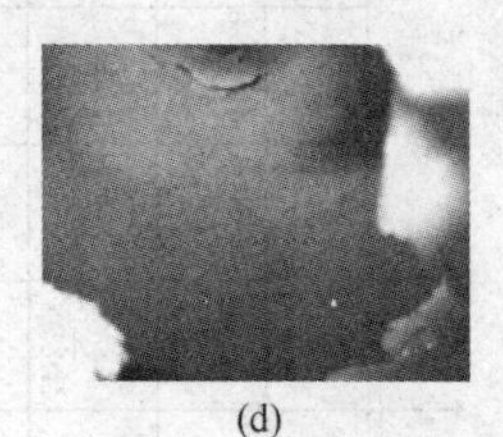
(d)

(e)

(f)

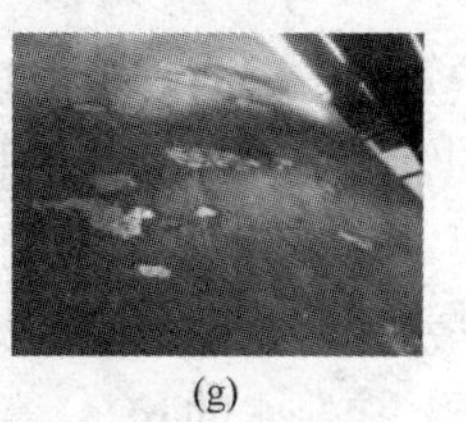
(g)

图 8-6　水处理系统的腐蚀

（a）水管道内壁；（b）水管道外壁；（c）预处理机和水池底部；（d）补给水箱；（e）水处理离子交换器水箱；（f）酸碱管道、容器；（g）除盐水箱

凝结水精处理系统的氧腐蚀也比较严重，图 8-7 为某厂精处理再生树脂捕捉器和精处理阳树脂再生塔内壁腐蚀形貌。凝结水由于 pH 较低，除了氧腐蚀外，还存在 CO_2 腐蚀。

(a)

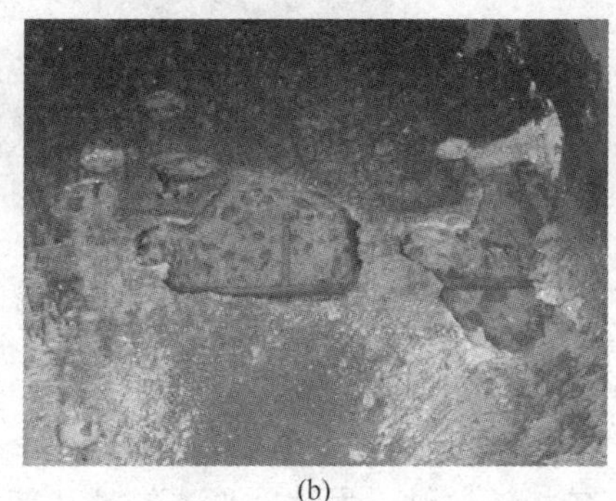
(b)

图 8-7　精处理设备的腐蚀

（a）精处理再生树脂捕捉器；（b）精处理阳树脂再生塔

2）锅炉及制水系统的腐蚀防护

在电厂锅炉系统中，水冷壁、锅炉管道、省煤器、炉管、过热再热器、汽包等部位都可发生腐蚀，这些部位易发生氧腐蚀和高温腐蚀等，表面形成腐蚀产物后，还易出现垢下腐蚀，加剧金属的腐蚀损坏。图 8-8 是某电厂水冷壁的腐蚀形貌。

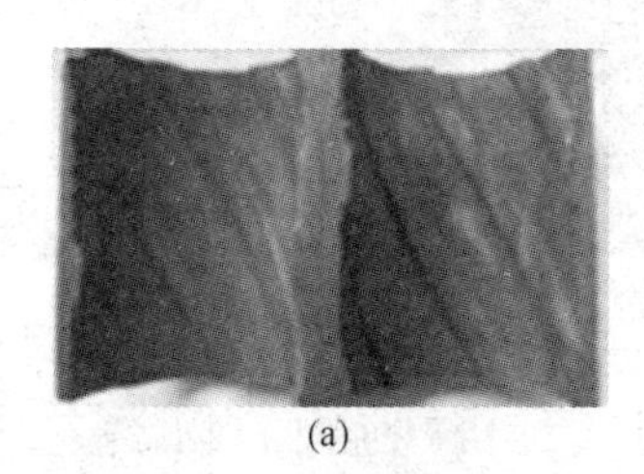
(a)

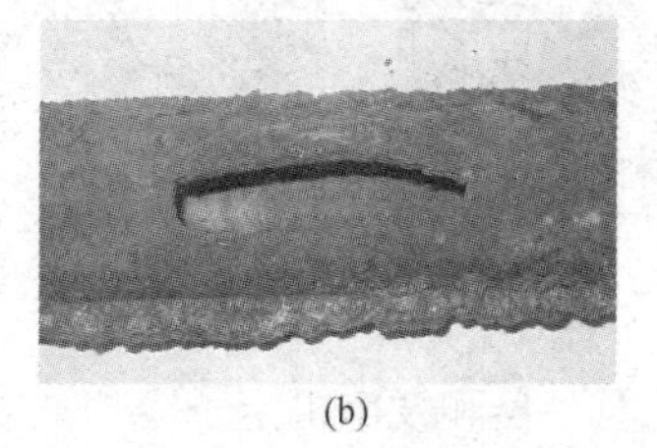
(b)

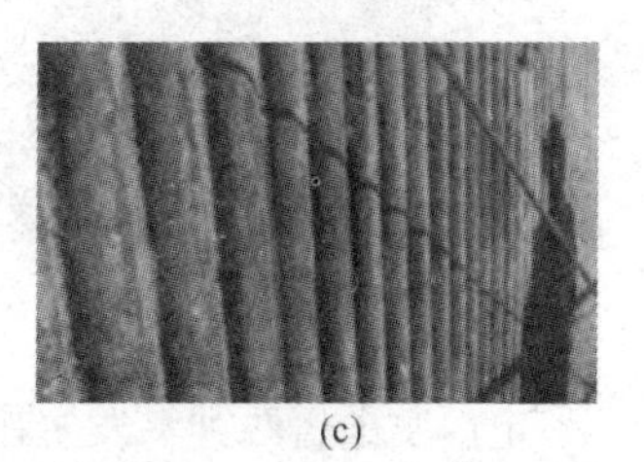
(c)

图 8-8　某电厂锅炉水冷壁腐蚀情况

（a）水冷壁高温腐蚀；（b）水冷壁爆管部位；（c）还原风区域水冷壁低氮燃烧后高温腐蚀

某厂炉管内壁、省煤器入口内壁、除氧器等发生了氧腐蚀（图 8-9）。另外，锅内水系统的管道、制水系统的树脂捕捉器、树脂再生塔等也出现了氧腐蚀。对于锅炉系统的腐蚀，可以采取以下措施控制和减缓腐蚀，如对锅炉进行停炉保护；锅炉运行中在锅水中添加保护药剂如氨水和联氨，控制锅水的 pH 和溶解氧含量；严格检测水汽品质，控制水的 pH、溶解氧和电导率等指标；对水冷壁等部件喷涂耐高温防腐防磨层；加装防磨瓦等减缓省煤器、低压过热器、低压再热器等设备的腐蚀损耗。

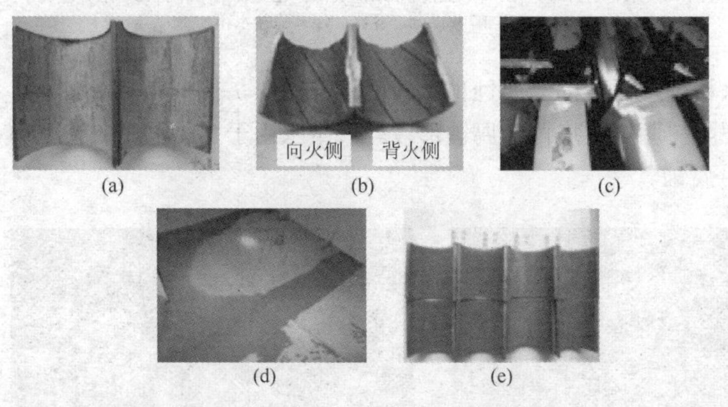

图 8-9 锅炉及炉水系统的腐蚀情况

（a）炉管内壁；（b）省煤器入口管内壁；（c）省煤器；（d）除氧器内部；（e）省煤器管内表面

3）汽轮机和发电机的腐蚀防护

电厂汽轮机的腐蚀易发生在低压缸叶片部分（图 8-10）。这是由于高温高压的水蒸气做完功后温度、压力下降，在低压缸中部分凝结，而初凝水中含有较多的杂质，可导致叶片发生酸腐蚀以及造成积盐而产生腐蚀。可以采用弹丸吹扫清除叶片积盐，另外停机时要对机组进行通风干燥保护。

图 8-10 汽轮机叶片腐蚀

电厂发电机腐蚀易发生在氢冷器和发电机定子冷却铜导线上，常见腐蚀产物堵塞空心导线使内冷水无法流通，从而导致线圈烧毁等事故，这可以通过内冷水处理，如控制内冷水 pH 呈弱碱性、加入一定量的铜缓蚀剂、控制内冷水电导率等方法来控制。

4）凝汽器的腐蚀与防护

凝汽器是发电厂易出现腐蚀的一类设备。腐蚀易发生在凝汽器冷却管管壁（图 8-11）、水室（图 8-12）、凝汽器管板和热井（图 8-13）等部位。这些部位主要与循环水接触，容易发生腐蚀与结垢；另外沿海电厂若采用腐蚀性大的海水作为冷却水，钢铁类管道更容易出现腐蚀问题。

图 8-11　凝结器不锈钢管腐蚀穿孔

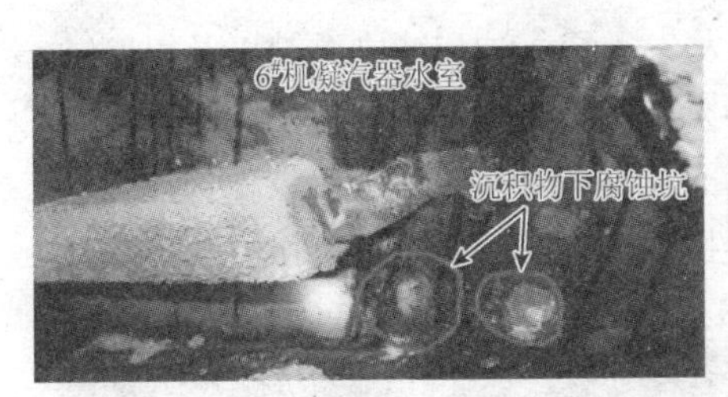

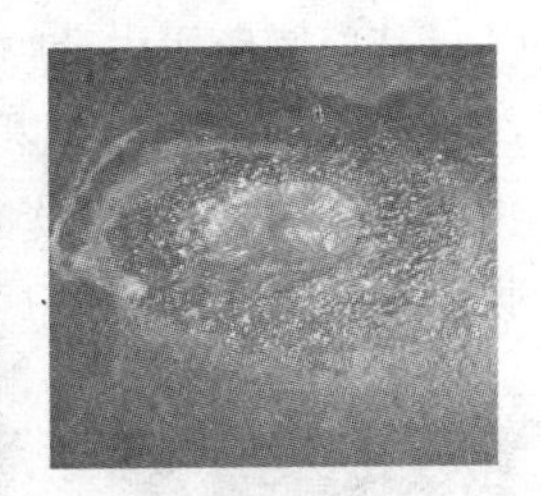

图 8-12　凝汽器水室腐蚀

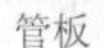

管板　热井

图 8-13　凝汽器管板和热井

另一电厂循环水系统在闭冷器水室内壁、凝汽器入口管板、管道等部位也出现腐蚀损坏（图 8-14），这多属于氧腐蚀和水流冲刷腐蚀等。凝汽器冷却管和管板的腐蚀可通过添加阻垢缓蚀剂、管板喷涂防腐涂层、阴极保护、采用更耐蚀材料等来控制。

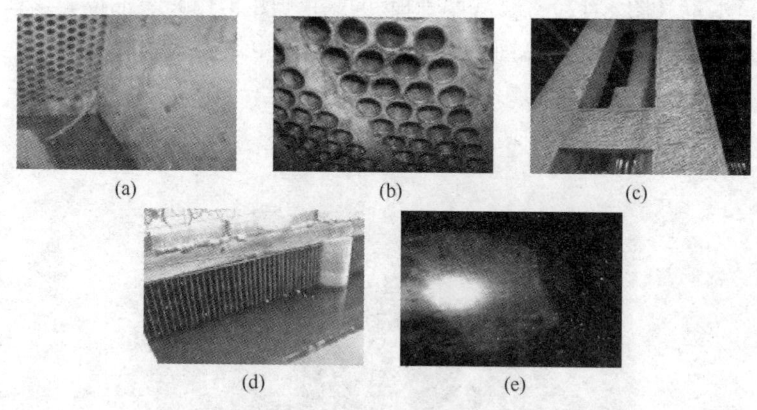

图 8-14　循环水系统的腐蚀

（a）闭冷器水室内壁；（b）凝汽器入口管板；（c）水泥柱；（d）与水接触的金属部件、管道等；（e）循环水出口管道

5）脱硫系统的腐蚀防护

某厂脱硫塔内壁喷淋层区、塔壁、钢架等发生了酸腐蚀和冲刷腐蚀以及氧腐蚀（图 8-15）。另外，风机叶片、烟道、浆液循环泵和围栏爬梯等也出现不同程度的腐蚀（图 8-15）。脱硫设备和管道的腐蚀控制通常采用衬胶和玻璃鳞片涂层保护，这些设备和管道在运行中需要经常检查涂层的完整性，并及时对涂层破损处进行修复。

(a)

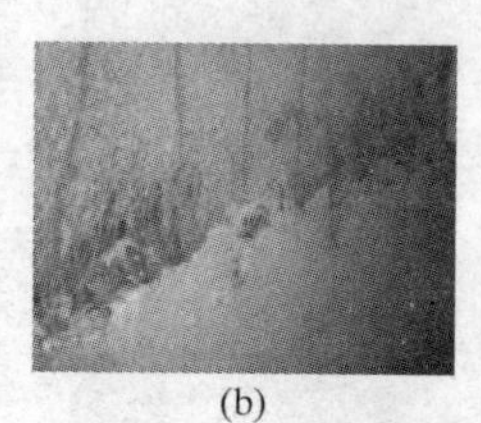

(b)

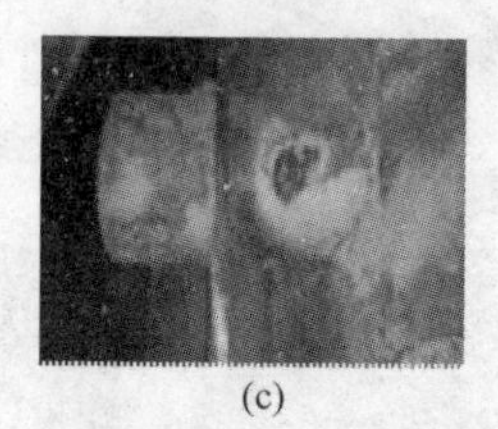

(c)

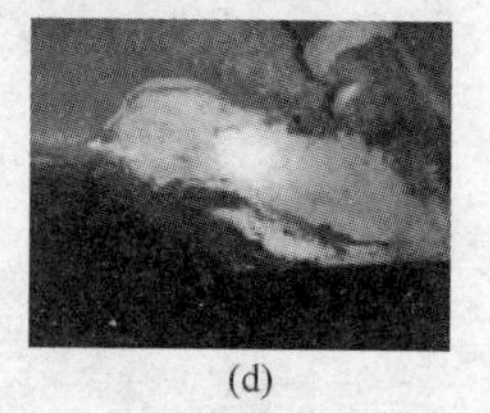

(d)

图 8-15　脱硫塔的腐蚀

（a）喷淋层大梁和支座衬胶；（b）脱硫塔喷淋层区域；（c）塔壁、钢架等；（d）脱硫吸收塔内部

6）燃烧系统及烟道的腐蚀防护

燃烧系统及烟道的腐蚀容易发生在炉管外壁、过热器和再热器外壁、烟气换热器、烟囱内壁和空气预热器等处。另外，电除尘器、框架栏杆、仓泵及除灰管道等处（图 8-16）也会出现不同程度的腐蚀。这些腐蚀主要是酸腐蚀和气流灰尘的冲刷腐蚀。此类腐蚀可以从提高燃煤品质（使用低硫煤等）、控制燃烧环境、设备表面刷涂防腐涂层、使用玻璃鳞片涂层、烟囱内壁采用钛复合材料保护等方面来控制。

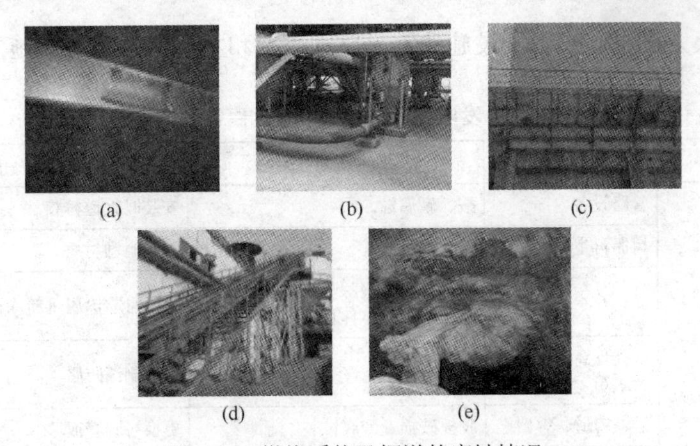

图 8-16 燃烧系统及烟道的腐蚀情况

（a）脱硝反应区进口烟道内部支撑管；（b）电除尘系统、框架栏杆、仓泵及除灰管道；（c）电除尘侧步道、栏杆；（d）二级输渣皮带框架、栏杆；（e）烟道

7）其他部位腐蚀防护

另外，锅炉本体钢梁、立柱、平台（图 8-17）、电缆桥架（图 8-18）等结构也会因为暴露于潮湿大气中而受到腐蚀。对于锅炉本体钢梁、立柱、平台、电缆桥架等部位出现的腐蚀可以采用涂层保护、及时更换腐蚀损坏部件、采用更耐蚀材料等来控制。

图 8-17 锅炉本体钢梁、立柱、平台锈蚀

图 8-18 电缆桥架老化腐蚀

部分火力发电厂设备及设施的常见腐蚀情况和主要腐蚀防护措施见表 8-4。

表 8-4　部分火力发电厂发电相关设备的腐蚀及常见防护措施

序号	名称	腐蚀部位	主要腐蚀原因	主要防腐措施
1	水处理系统	管路设备内部	酸、碱腐蚀	安装时管道衬胶
		树脂再生系统	酸、碱腐蚀	采用耐蚀材质
		凝、补水箱	凝、补水箱聚脲防腐层脱落，造成水箱金属本体直接接触除盐水	采用可靠涂层重新涂覆保护
		水处理离子交换器及水箱	环境潮湿	除锈刷漆防腐
		酸碱管道、容器	胶板破损、酸腐蚀	更换衬胶管道
		管道、容器外壁	防腐漆脱落，酸碱环境影响	打磨、涂刷防腐漆
		除盐水箱外壁	沿海地区雨水充沛，空气湿润，且空气中夹杂大量的盐分和氯离子	表面处理（去旧漆、去锈、磨平、去污物、除尘等）、涂装涂料保护
		精处理阳再生塔	胶板破损、酸腐蚀	将阳塔衬胶鼓包、破损部位进行修补处理，电火花检验合格
2	锅炉	省煤器内壁	氧腐蚀	做好停炉保护和日常水汽品质监督，控制好水汽指标中除氧水溶氧含量
		锅炉管道	锅水氧腐蚀、结垢	机组停炉保护措施；锅水加磷酸三钠和氨水进行处理，做好除氧工作
		省煤器、炉管、过热再热器、汽包	金属腐蚀、氧腐蚀、结垢	运行时加磷酸三钠和氨水进行处理，检修停炉时进行十八胺停炉保护
		前墙水冷壁内部	电化学腐蚀	做好停炉保护和日常水汽品质监督
		水冷壁外侧	高温腐蚀	热喷涂处理、喷涂防腐防磨层
		还原风区域水冷壁外侧	低氧燃烧后高温腐蚀	对高温腐蚀部位进行防腐电弧喷涂
		省煤器、低压过热器、低压再热器外壁	存在防磨瓦转向，以及低压再热器管卡子磨损断开	加装防磨瓦
		电缆桥架	老化腐蚀	更换或表层防腐
		锅炉本体钢梁、立柱、平台构筑物锈蚀	沿海地区雨水充沛，空气湿润，且空气中夹杂大量的盐分和氯离子	表面处理（去旧漆、去锈、磨平、去污物、除尘等）、涂装油漆（两底一中两面）
3	汽轮机	低压缸叶片、隔板	水汽湿度大，初凝水杂质含量高，停机时保护措施不彻底	加氨水提高蒸汽 pH，停机时通风干燥保护，解体时打磨清理
		高中压转子叶片	水汽品质恶化导致积盐，造成腐蚀	控制好水汽品质
		开式泵叶轮	水腐蚀	更换叶轮
		低压转子迎汽侧	机组停机后蒸汽未抽尽造成水汽凝结腐蚀	加强抽汽
		汽机本体及其附属管道外部	氧腐蚀	彻底清理旧的防腐层，设备管道表面重新做防腐层，刷漆

续表

序号	名称	腐蚀部位	主要腐蚀原因	主要防腐措施
4	发电机	氢冷器	内冷水腐蚀	内冷水加药
		发电机定子冷却铜导线	内冷水含 O_2 和 CO_2，造成氧腐蚀、酸腐蚀	通过控制内冷水 pH＞7 或进行内冷水处理
5	凝汽器	冷却管水侧	冷却水含氧量高，碱度硬度高，易结垢，水质较差	循环水中加阻垢缓蚀剂、杀菌剂；胶球清洗；停备用时进行酸洗、钝化防腐
		凝结器不锈钢管	不锈钢管堵塞，冷却水流动缓慢或不流动，造成穿孔腐蚀	1. 对循环水前池旋转滤网边缘缝隙进行封堵后效果良好。 2. 每次停机进行必要检查清理。 3. 对泄漏的管子进行封堵
		钛管	入口端腐蚀	加装防护套
		水室	存在垢下点蚀	打磨后，进行刷漆防腐
		循环水出口管道	牺牲阳极块损坏、防腐层脱落	更换循环水管道内失效的阳极块，防腐层修补
		凝汽器热井	停备用常温腐蚀	放干水后，热空气吹干
		管板、水室	氧腐蚀	防腐涂料喷涂，阴极保护
		旋转滤网、系统各衬胶阀门及附件，循环水管道内壁，流道闸板	海水腐蚀	补刷防腐涂层，更换不锈钢材质阀门及附件，更换牺牲阳极块
		水泥柱	冲刷腐蚀	使用环氧涂层保护
6	脱硫系统	脱硫塔内壁、风机叶片	酸、碱腐蚀，浆液冲刷腐蚀	控制硫含量；橡胶衬里和玻璃鳞片涂层保护
		喷淋层大梁和支座衬胶	脱落	进行衬胶和鳞片防腐
		湿烟气接触区域	冲刷、磨损及烟气腐蚀	修补或重新处理
		吸收塔、烟道、浆液循环泵等	硫氧化物腐蚀	定期检查、修复
		脱硫塔喷淋层区域	冲刷、磨损	重新打磨后，纤维增强树脂复合材料加强防腐
		塔壁、钢架、围栏爬梯等	吸收塔塔壁磨损、室外钢架及爬梯围栏油漆老化、锈蚀	塔壁进行鳞片防腐修复，室外碳钢表面油漆防腐
7	燃烧系统及烟道	过热再热器外壁、炉管外壁、烟气换热器、电除尘器、烟囱内壁	硫氧化物腐蚀	采用低硫煤，控制氧化性燃烧环境
		水冷壁外侧	高温腐蚀、处于还原性烟气环境	防腐涂层保护
		空气预热器	冷端低温腐蚀	更换搪瓷蓄热片
		脱硝反应区进口烟道内部支撑管	迎风面磨损	更换磨损严重的支撑管，外加角钢，并作龟甲网防磨

续表

序号	名称	腐蚀部位	主要腐蚀原因	主要防腐措施
7	燃烧系统及烟道	电除尘系统、框架栏杆及除灰管道	环境影响腐蚀严重	打磨除锈，防腐涂层保护
		二级输渣皮带框架、栏杆	环境影响腐蚀严重	打磨除锈，防腐涂层保护
		烟道	烟气腐蚀	玻璃鳞片涂层
8	其他建（构）筑物	管道阀门	氧腐蚀	做好防腐处理
		工业水池	化学腐蚀	加药处理
		综合管架及管道	沿海地区雨水充沛，空气湿润，且空气中夹杂大量的盐分和氯离子	表面处理，防腐涂层保护

8.2　案例分析

8.2.1　锅炉水冷壁腐蚀失效

锅炉过热器、再热器、水冷壁及省煤器（简称四管）的爆破泄漏事故一直是火力发电厂关注的焦点问题，更是导致非计划停机的主要因素。

某厂三台高压锅炉水冷壁材料均用 20G 钢。自 2013 年以来因水冷壁爆管泄漏停炉 6 次，造成很大损失。对锅炉水冷壁检查发现，在腐蚀处没有检测到脱碳现象，因而认为腐蚀类型主要是碱腐蚀。腐蚀产生的原因主要是凝汽器泄漏使冷却水进入水汽系统，水中碳酸盐水解产生氢氧化钠，或炉水补给水处理不完善导致补给水中存在 NaOH。腐蚀导致的锅炉爆管特征是管壁产生点状或坑状腐蚀，腐蚀形状为典型的贝壳状；裂纹为横断面开裂，爆口宽而钝[3]（图 8-19）。

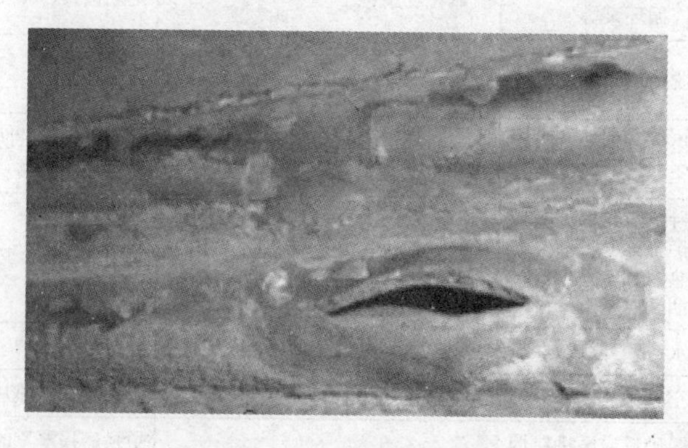

图 8-19　水冷壁爆管外观形貌

水冷壁是锅炉腐蚀事故的高发区域，进入锅炉的水在水冷壁管中部分汽化蒸发，化学物质浓缩百倍以上。水冷壁腐蚀主要发生在向火侧，与炉膛温度分布有关，温度越高，腐蚀越明显，同时水冷壁管中的沉积物和腐蚀坑会加速管道腐蚀的发生[4]（图 8-20）。

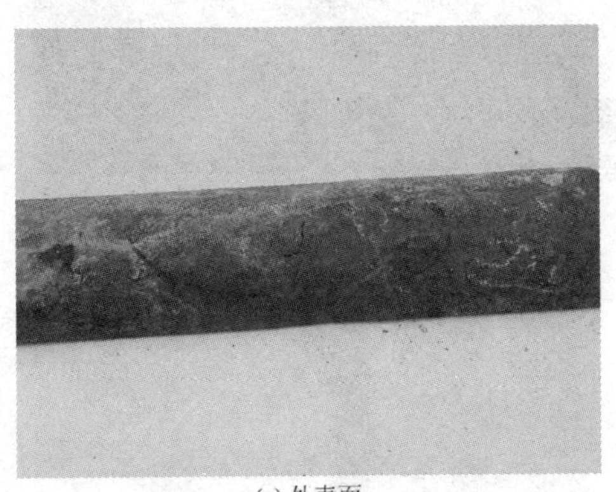

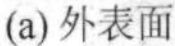

(a) 外表面

(b) 内表面

图 8-20　水冷壁管道腐蚀鼓包处形貌

8.2.2　高压加热器换热管

高压加热器（简称高加）泄漏影响机组水汽品质，严重时会影响机组的安全运行。某电厂 660MW 超临界机组投运后，凝汽器发生泄漏，立即进行停运检修，但仍有大量海水进入锅炉给水系统。检修结束后，机组运行 2 个月后，该机组 3 台高加先后出现泄漏。此机组高加换热管材质为 TP304 奥氏体不锈钢。高加换热管在管口位置存在径向裂纹，管板及隔板附近管段存在大量环向裂纹，一些环向裂纹由外至内贯穿管壁，导致换热管发生泄漏。

残余应力与苛刻腐蚀环境的共同作用使得多数换热管管口出现多条细微的径向裂纹（图 8-21）。由于高温蒸汽的高速冲击，管子振动，换热管外表面点蚀坑处出现应力疲劳，在换热管汽侧的高温腐蚀环境作用下，腐蚀疲劳裂纹快速扩展，最终导致管子出现贯穿裂纹，甚至断裂。在靠近管板位置及第一道隔板区域附近的环向腐蚀疲劳裂纹分布最严重（图 8-22、图 8-23）。

根据此案例分析，为防止高加泄漏，可在高加加工时尽量消除残余应力，提高机组运行水平，避免高加频繁启停，防止凝汽器泄漏，以及注意停备用保护等[5]。

图 8-21　换热管管口出现多条细微的径向裂纹

图 8-22　高加管板处的环向裂纹

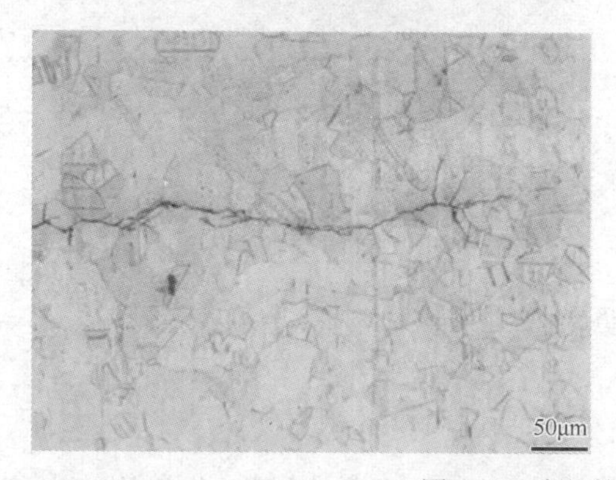

图 8-23　高加管疲劳腐蚀裂纹

8.2.3　汽轮机腐蚀

汽轮机在启动、停机以及高速旋转的过程中，动叶片会受到较高的静应力和交变应力作用。另外，汽缸内蒸汽流动的压力作用还会产生弯曲应力和扭力矩，而叶片在激振力的作用下会产生强迫振动。疲劳破坏的断裂面在最初阶段通常是一个小缺陷，然后经过一段较长时间的裂纹扩展，最终由于过载而失效（图 8-24）。

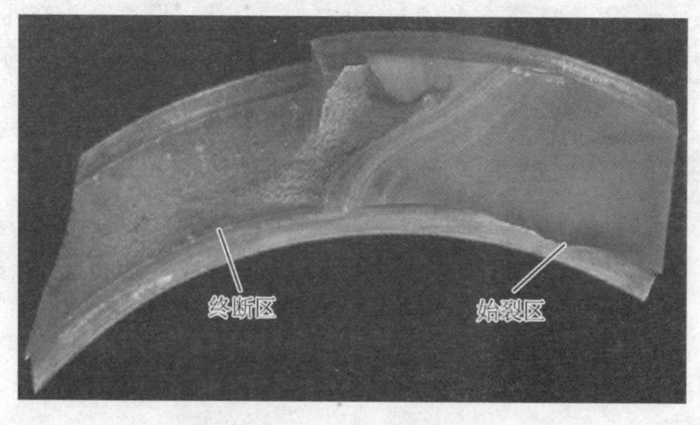

图 8-24　叶片疲劳断裂形貌

在尚未发生叶片断裂前，带有缺陷的叶片，通常伴随叶片振动加剧，或引起轴承振动的相位角突变。

疲劳断裂和液滴冲蚀（水蚀）是叶片发生故障的主要原因[6]。汽轮机低压缸的蒸汽湿度较大，工作介质为饱和蒸汽，随汽流流出的水滴，撞击叶片产生局部的塑性变形和表面硬化。在水滴冲击的反复作用下，叶片表面会逐渐产生点坑和凹陷，材料缺陷扩展进而产生疲劳裂纹，并最终发展形成金属颗粒大量脱落，出现蚀痕和蜂窝状的凹坑（图8-25）。水蚀产生是损伤缓慢累积的过程，缺陷逐渐扩大，机组运行时一般不会有明显的征兆。为防止发生汽轮机末级叶片水蚀带来较大的损伤现象，在叶片表面增加防护层是较为有效的方法之一，目前常用的有钎焊司太立合金片、表面硬化、涂覆多层纳米复合涂层等。在汽轮机运行中要加强监测，同时注意对机组进行必要的检修维护。在机组大修期间可采用相控阵超声检测技术等对汽轮机叶片进行金属检查，以发现隐患问题。

图8-25　末级叶片水蚀现象

另外，超超临界汽轮机组中水质控制是非常重要的，要尽可能除去水中的氯离子等腐蚀性物质，同时要做好停炉保护工作。

8.2.4　凝汽器管腐蚀

凝汽器由冷却水管、管板、外壳、前水室、后水室、排气进口和出口等构成。

凝汽器常用管材有黄铜管、不锈钢管和钛管。凝汽器黄铜管腐蚀形式有均匀层状脱锌腐蚀、坑点腐蚀、冲刷腐蚀、氨腐蚀、应力腐蚀、管端腐蚀、缝隙腐蚀、硫化物腐蚀、磨损腐蚀和微生物腐蚀等。不锈钢管主要是点蚀（图8-26[7]）、缝隙腐蚀、晶间腐蚀和应力腐蚀等。凝汽器冷却管的腐蚀控制方法主要有合理选材、使用合适的水质稳定剂、保持冷却管表面清洁（胶球清洗等）、涂层和阴极保护（管板）等方面。

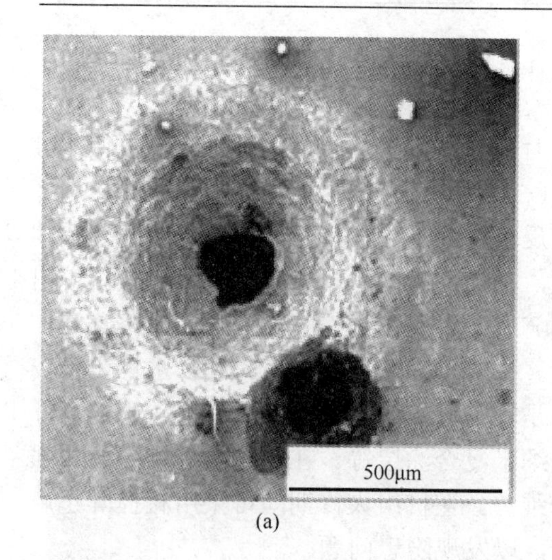

(a)

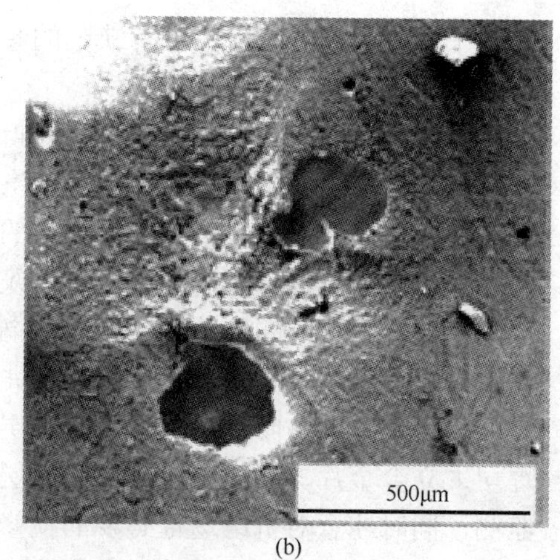

(b)

图 8-26　TP304 不锈钢凝汽器管点蚀穿孔情况

（a）内壁；（b）外壁

无论是铜合金、不锈钢还是钛管的凝汽器管材，其腐蚀防护主要从三方面入手：一是改变腐蚀环境，降低环境的腐蚀性，如加强监督凝结水、给水水质，改进水质处理工艺；二是改变管材的耐腐蚀性，如管板使用防腐涂料、管端加防护套管、进行阴极保护等；三是合理选材，合理设计设备结构，规范安装，加强监督管理并定期进行化学和机械清洗等[8]。

8.3　火电厂腐蚀检测及评估方法

腐蚀监测是测量各种工况条件下金属构筑物的腐蚀速率和变化趋势。腐蚀监测技术可提供被监测系统中金属损耗或腐蚀速率的直接和在线监测结果。对于火力发电厂而言主要是测量水、油、气等腐蚀介质中设备和设施的耐腐蚀性与腐蚀程度。腐蚀监测常采用机械式（如挂片）、电子式（如电极）以及光电式探头等。腐蚀监测可以提供与当前设备运行情况和各种维护要求相关的管理信息，测影响腐蚀速率的因素和参数，如压力、温度、pH 等，提供测试介质的腐蚀性、金属的腐蚀速率等数据；还可以评价系统过程参数的相关变化对系统腐蚀性的影响，对可能导致腐蚀失效的各种破坏性工况进行预警，诊断和研究特殊的腐蚀问题，评估腐蚀控制和防腐蚀技术的有效性，如缓蚀剂的最佳使用条件等。

腐蚀监测点的选择要遵循区域性、代表性、系统性原则。一般腐蚀监测点可设在生产现场腐蚀环境最苛刻、可能产生严重腐蚀的部位。火力发电厂常见的腐蚀监测评估技术简介如下：

1. 腐蚀挂片法

采用与现场生产设备设施相同材质的试片放置于同一腐蚀环境中，保持一定时间后根据试片质量的变化量计算试件的腐蚀速率。这是比较常见、应用比较多的一种腐蚀测试评估方法。此方法测试结果准确性高、腐蚀产物及微生物可以直接获得，还可以获取点蚀数据等，但是获取数据时间较长，不能获得实时监测数据。

2. 水样（油样、气样）分析法

这是对腐蚀介质中腐蚀性物质或腐蚀产生的物质的含量进行测定，从而评估环境介质的腐蚀性和腐蚀发生的程度的一种方法。常见的成分测试有氧含量的测定、总铁的测量、氯离子的测定、硫化氢的测定等。它的结果较为准确可靠，但这是一种非在线的检测方法。

3. 腐蚀表面成分分析及表面形貌观察法

对于设备检修更换下来的零部件或腐蚀挂片等采用金相显微镜、电子显微镜、电子能谱等进行形貌观察和表面腐蚀产物成分分析测定，这有助于分析腐蚀机理，提出腐蚀防护措施。

4. 电化学阻抗谱

电化学阻抗谱是一种电化学暂态测量技术，测量时对处于稳态的体系施加一个微小的正弦波扰动，这种测量不会导致金属表面结构发生大的变化。此外，EIS 的应用频率范围广（$10^{-2}\sim10^{6}$Hz），可以同时测量电极过程的动力学参数和传质参数，并可通过详细的理论模型或经验的等效电路元件（如电阻和电容等）来表示体系的法拉第过程、电荷和离子的传导过程等，说明非均态物质的微观分布性质。EIS 对于高阻电解液等许多介质条件下的测试结果可靠性高，但在较宽的频率范围内测量需要的时间较长，这样就很难做到实时监测腐蚀速率，不适合于实际的现场腐蚀监测。为了克服这个缺点，针对大多数腐蚀体系的阻抗特点，通过适当选择两个频率，监测金属的腐蚀速率，使用自动交流腐蚀监控器对腐蚀进行监测。

5. 电阻电极法

电阻电极法测定金属腐蚀速率，是根据金属试样由于腐蚀作用使横截面积减小，从而导致电阻增大的原理。电阻探针被称为“电子式”腐蚀挂片，把探针插入管线与腐蚀介质完全接触，探针电阻的变化量就可以折算成金属的腐蚀损失量。

该方法可以在设备运行过程中对设备的腐蚀状况进行连续监测，能准确反映出设备运行各阶段的腐蚀率及其变化，对腐蚀变化响应迅速，可用于预警，而且能适用于各种不同的介质，不受介质导电率的影响，其使用温度仅受制作材料的限制。它与失重法不同，不需要从腐蚀介质中取出试样，也不必除去腐蚀产物。电阻电极法快速、灵敏、方便，可以监控腐蚀速率较大的生产设备的腐蚀。但是当探针表面发生沉积物沉积时，测量数据误差大，甚至会得到错误信息，如对含硫化物的系统测量结果误差较大。

6. 线性极化法

线性极化法对腐蚀情况变化响应快，能获得瞬间腐蚀速率，比较灵敏，可以及时反映设备操作条件的变化，是一种可实现在线监测的方法。但它在导电性差的介质中不适用，而且当设备表面有一层致密的氧化膜或钝化膜，甚至堆积有腐蚀产物时，将产生假电容而引起很大的误差，甚至无法测量。此外，由线性极化法得到腐蚀速率的技术基础是基于稳态条件，所测体系发生均匀腐蚀或全面腐蚀，因此线性技术不能提供局部腐蚀的信息。在一些特殊的条件下检测金属腐蚀速率通常需要与其他测试方法进行比较以确保线性极化检测技术的准确性。

7. 电位法

作为一种腐蚀监测技术，电位监测有其明显优点：可以在不改变金属表面状态、不扰乱生产体系的条件下从生产装置本身得到快速响应，同时它也能用来测量插入生产装置的试样。电位法已在阴极保护和阳极保护、指示系统的活化-钝化行为、探测腐蚀的初期过程等方面得到广泛应用，并被用于确定局部腐蚀发生的条件，但它不能反映腐蚀速率。这种方法与所有电化学测量技术一样，只适用于电解质体系，并且要求溶液中的腐蚀性物质有良好的分散能力，探测到的结果是整个装置的全面电位状态。

8. 超声波检测法

超声波检测法是利用压电换能器产生的高频声波穿过材料，测量回声返回探头的时间或记录产生共鸣时声波的振幅作为信号，来检测缺陷或测量壁厚，可以直接显示缺陷，或给出厚度的数值。超声波检测法广泛地用于检测化工设备内部的缺陷、腐蚀损伤以及测量设备和管道的壁厚。超声波检测法可以对运转中的设备进行反复测量，但是难以获得足够的灵敏度来跟踪记录腐蚀速率的变化。

9. 电磁检测技术

电磁检测技术有磁阻法、涡流检测法、磁致伸缩导波检测、漏磁检测、磁粉检测等方法和技术。磁阻法即电感法，出现于20世纪90年代，是通过检测电磁场强度的变化来测试金属试样腐蚀减薄程度，该技术是挂片法的技术延伸和发展，其测试灵敏度高，适用于各种介质，可以实现在线腐蚀监测。智能清管器是装有测量仪器并沿管线内部前进的运行工具。将一强磁场加到测量管线上，沿管线表面检查漏磁特性的各种异常情况。在具有均匀壁厚的管中，探测元件得不到响应，但遇到金属腐蚀区域时，均匀的磁力线分布图形受到了干扰，这时可测得响应信号。

电磁检测技术还常用到涡流检测技术，它也是一种非接触式无损检测方法。涡流检测时线圈不需与被测物直接接触，可进行高速检测，易于实现自动化，但不适用于形状复杂的零件，而且只能检测导电材料的表面和近表面缺陷，检测结果也易受到材料本身及其他因素的干扰。

10. 电化学噪声技术

电化学噪声是指在电化学动力系统中，电化学状态参量（如电极电位、外测电流密度等）的随机非平衡波动现象。这种噪声产生于电化学系统本身，而不是来源于控制仪器的噪声或是其他的外来干扰。电化学噪声技术是一种原位无损的监测技术，在测量过程中无须对被测电极施加可能改变电极腐蚀过程的外界扰动，该技术无须预先建立被测体系的电极过程模型。另外，该技术无须满足阻纳测试的三个基本条件，而且可以实现远距离监测。电化学噪声技术可以监测诸如均匀腐蚀、孔蚀、缝隙腐蚀、应力腐蚀开裂等多种类型的腐蚀，并且能够判断金属腐蚀的类型。然而它的产生机理仍不完全清楚，测试得到数据的处理方法仍存在欠缺。因此，寻求更先进的数据解析方法已成为当前电化学噪声技术的一个关键问题。

11. 薄层活化技术

当难以接触到被测表面或被测表面被重叠结构遮盖时，带电粒子活化或中子活化等核反应方法就成为监测磨损腐蚀的强有力的工具。薄层活化方法（TLA）是一种先进的磨损测量技术，在现代工业中的应用越来越广。薄层活化技术在测量和检测由磨损或腐蚀而导致的材料剥落方面是一种非常有效的技术。同常规的磨损测量方法相比，薄层活化法是非接触式无损远程监测磨损、腐蚀和冲蚀等材料表面的剥蚀，不需拆卸零件，可在线进行磨损测量和在线腐蚀监测，可以同时测量一个机器中几个零部件表面的磨损量，且此方法有很高的灵敏度，该方法比常规方法所耗的费用更低，试验时间较短。从20世纪70年代开始，对TLA技术进行了深入的开发并成功地在商业领域中对其进行了推广应用。

12. 场图像技术

场图像技术（FSM）也译成电指纹法。通过在给定范围进行相应次数的电位测量，可对局部现象进行监测[9]。FSM 可将所有测量的电位同监测的初始值相比较，这些初始值代表了部件最初的几何形状，可以将它看作部件的“指纹”，电指纹法名称即得名于此。与传统的腐蚀监测方法（探针法）相比，FSM 在操作上没有元件暴露在腐蚀、磨蚀、高温和高压环境中，不会将杂物引入管道，不存在监测部件损耗问题，在进行装配或发生误操作时没有泄漏的危险。运用该方法对腐蚀速率的测量是在管道、罐或容器壁上进行的，不需要用小探针或试片测试。它的敏感性和灵活性要比大多数非破坏性试验好。此外该技术还可以对不能触及部位进行腐蚀监测，如对具有辐射危害的核能发电厂设备的危险区域裂纹的监测等。

13. 红外成像技术

在自然界中，一切物体都会辐射红外线，因此利用探测器测定目标本身和背景之间的红外线强度差，可以得到不同的红外图像，称为热图像。它是目标表面温度分布的图像。运用这一方法，可实现对目标进行远距离热状态图像成像和测温，并可进行智能分析判断[10]。红外热像仪能检测显示物体的表面温度分布，可以探测电气设备的不良接触，以及过热的机械部件，以免引起严重短路和火灾。我国曾利用热像仪对华北电网内的 20 座发电厂、8 座变电站和 24 条高压线的 10000 多个插头进行了过热检查，发现不正常发热点 500 多处，严重过热点为 100 处，由于及时处理，避免了火灾等事故的发生。

14. 光电化学方法

光电化学方法是一种原位研究方法，可用于研究钝化膜的光学和电子性质、金属及合金表面层的组成和结构以及金属腐蚀机理等。作为一种在微米及纳米尺度范围内研究光电活性材料及光诱导局部光电化学的技术，激光扫描光电化学显微技术可从微观的角度对金属氧化膜电极、半导体电极表面修饰及腐蚀过程等进行研究，它将在金属钝化膜的孔蚀及其破坏过程研究中有广阔的应用。

参 考 文 献

[1] 崔雄华，曹海涛，张维科，等. 锅炉高压蒸发器管泄漏原因分析. 失效分析与预防，2016，11（3）：182-189
[2] 黄兴德，游喆，赵泓，等. 超（超）临界汽轮机通流部位腐蚀沉积特征及对策. 华东电力，2014，42（11）：2451-2456
[3] 李伟，代真，李涛，等. 电站锅炉“四管”防磨防爆技术管理. 中国特种设备安全，2015，31（1）：48-51
[4] 王鹏举，王荣文，张宗棠，等. 锅炉水冷壁腐蚀失效的原因. 腐蚀与防护，2016，37（3）：255-259
[5] 宋飞，刘锋，赵广森，等. 某电厂高压加热器换热管开裂泄漏原因分析. 中国电力，2014，47（5）：20-24
[6] 许磊. 浅析汽轮机叶片的材料失效模式及处理预防. 电站系统工程，2016，32（3）：47-50

[7] 张维科，黄茜，姚波. TP304 不锈钢凝汽器管在不同工况下的腐蚀行为. 腐蚀与防护，2015，36（1）：91-94
[8] 吕旺燕，苏伟，刘世念，等. 凝汽器的腐蚀与防护研究进展. 全面腐蚀控制，2014，28（2）：25-29
[9] 马建兵. 场图像技术 FSM 在气田输气管道上的应用. 化工管理，2016，（12）：62
[10] 陈镜伊，张锋剑. 红外热成像技术在烟囱腐蚀检测中的应用. 河南建材，2014，（6）：31-33